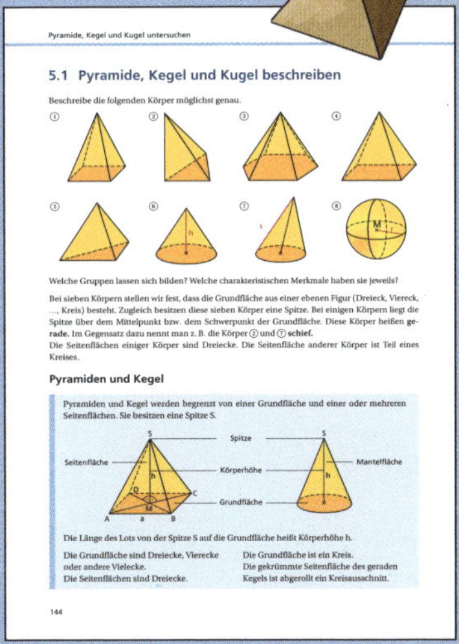

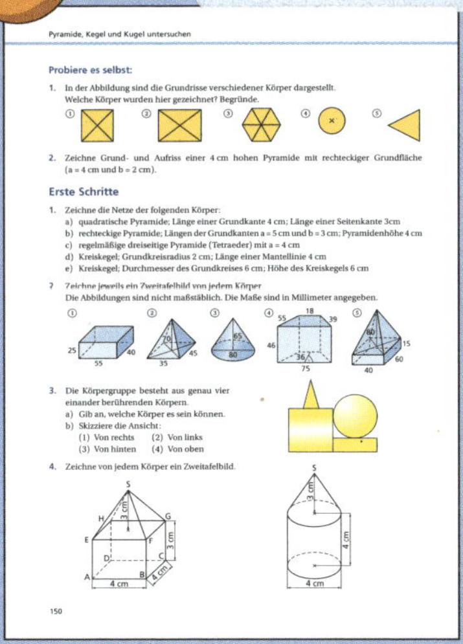

…rkstoff und … – mathematisches Wissen über wichtige Begriffe, Gesetze und Zusammenhänge.

Aufgaben

Mithilfe dieser Aufgaben kannst du den Lernstoff üben und anwenden. Du findest sie in den Abschnitten „Probiere es selbst“ bis „Gemischte Aufgaben“.

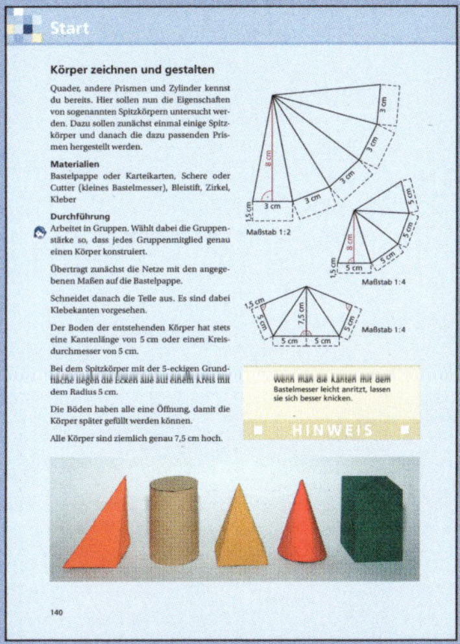

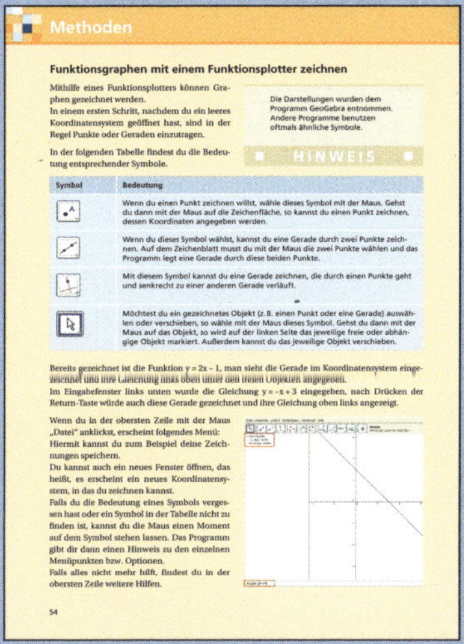

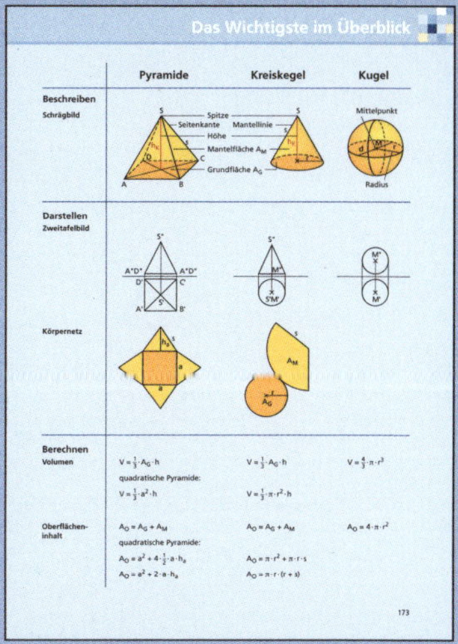

Start

Diese Seiten bieten Anregungen, gemeinsam mit deinen Mitschülern mathematische Probleme zu untersuchen und Neues zu entdecken.

Projekt/Mosaik/ Methoden

Diese Seiten enthalten neben Sachinformationen Tipps zum Lösen von Aufgaben, interessante Fragen und Aufträge, die du in der Gruppe bearbeiten kannst.

Das Wichtigste im Überblick

Diese Seiten findest du am Ende jedes Kapitels. Sie stellen das Wichtigste in übersichtlicher Form zusammen.

Mathematik 8

Gymnasium Thüringen

Duden Schulbuchverlag

Berlin · Mannheim

Landesbearbeiter
Evelyn Fiedler, Meiningen
Monika Hädrich, Ilmenau
Dr. Wilfried Zappe, Ilmenau

Autoren
Erhard Altendorf, Dr. Uwe Bahro, Kornelia Blümel, Dr. Axel Brückner, Margrit Busch, Christina Emmer, Heidemarie Heinrich, Sybille Hilmer, Andrea Jentsch, Thomas Klatte, Sabine Küfer, Jana Köppen, Petra Labsch, Karlheinz Lehmann (†), Dr. Günter Liesenberg, Angela Malke, Dr. Ehrentraud Meißner, Wilhelm Münchow, Hans-Detmar Pelz, Günther Rolles, Simone Roloff, Ellen Rudolph, Manuel Rumi, Dr. Klaus Scheibe, Ramona Schmidt, Uwe Schmidt, Christina Schneider, Dr. Rüdiger Scholz, Elke Schomaker, Dr. Irina Schultheiß, Rosemarie Schulz, Prof. Dr. Hans-Dieter Sill, Dr. Horst Thamm, Dr. Michael Unger, Hans-Joachim Warnemann, Dr. Jochen Weitendorf, Elvira Wittig, Karlheinz Witzel, Annemarie Wolke, Helmut Wunderling, Dr. Wilfried Zappe, Silvia Zesch

1. Auflage
1 5 4 3 2 1 | 2016 2015 2014 2013 2012
Alle Drucke dieser Auflage können im Unterricht nebeneinander benutzt werden.
Die letzte Zahl bezeichnet das Jahr des Druckes.

Internet www.duden-schulbuch.de

Redaktion Dr. Michael Unger
Gestaltungskonzept Britta Scharffenberg, Daniela Watzke
Einband Britta Scharffenberg
Layout Martina Holzinger
Grafik Martina Holzinger, Matthias Pflügner
Titelbild Bowling: Fotolia / Marvin Ristau; Architektur: iStockphoto / Nick Belton
Druck und Bindung DZA Druckerei zu Altenburg GmbH, Altenburg

ISBN 978-3-8355-1228-3

Inhaltsverzeichnis

1 Fit in Mathematik

Rätsel lösen

Von LEONHARD EULER stammen viele mathematische Entdeckungen, so auch diese Aufgabe:
Ein Vater hinterlässt seinen drei Söhnen ein Vermögen von 1600 Reichstalern. Nach seinem Testament soll der älteste Sohn 200 Reichstaler mehr haben als der zweite, der zweite aber 100 Reichstaler mehr als der dritte.
Wie viele Taler bekommt jeder?

Ein Amulett restaurieren

Bei Ausgrabungen wurde ein Stück eines sehr alten Amuletts gefunden. Wahrscheinlich hatte der vollständige Anhänger die Form eines Kreises.
Wie könnte man das Fundstück in seiner ursprünglichen Form und Größe zeichnen?

Schätzen

Paul schätzt die Größe des rechteckförmigen Schulhofs auf etwa 0,2 ha. Katja sagt: „Das kann doch nicht sein. Er ist doch nur 61,5 m lang und 31,5 m breit."
Werte Pauls Schätzung.
Um wie viel Prozent weicht sie von dem realen Ergebnis ab?
Erläutere dein Vorgehen.

Rechnen mit rationalen Zahlen

Addition und Subtraktion

Rationale Zahlen mit gleichem Vorzeichen werden addiert, indem man
- die Beträge addiert und
- dem Ergebnis das gemeinsame Vorzeichen gibt.

$(+3) + (+5) = +8$
$(-4) + (-5) = -9$

Zwei rationale Zahlen mit unterschiedlichen Vorzeichen werden addiert, indem man
- den kleineren Betrag vom größeren Betrag subtrahiert und
- dem Ergebnis das Vorzeichen des Summanden mit dem größeren Betrag gibt.

$(-12) + (+15) = +3$
$(+13) + (-20) = -7$

Man subtrahiert eine rationale Zahl, indem man ihre Gegenzahl addiert.

$3 - (+5) = 3 + (-5) = -2$
$3 - (-5) = 3 + (+5) = +8$

Wird 0 addiert oder subtrahiert, ändert sich im Ergebnis die Zahl nicht.

$3 + 0 = 0 + 3 = 3$
$3 - 0 = 3$

Multiplikation und Division

Zwei rationale Zahlen werden multipliziert bzw. dividiert, indem man
- die beiden Beträge multipliziert bzw. dividiert und
- das Vorzeichen des Ergebnisses bestimmt.

Das Ergebnis ist positiv, wenn beide Faktoren bzw. Dividend und Divisor das gleiche Vorzeichen haben.

$3 \cdot 7 = 21$
$(-48) : (-6) = 8$

Das Ergebnis ist negativ, wenn beide Faktoren bzw. Dividend und Divisor unterschiedliche Vorzeichen besitzen.

$2 \cdot (-11) = -22$
$(-32) : 4 = -8$

Ist ein Faktor 0, so ist das Produkt 0.
Die Division durch 0 ist nicht definiert.
Die Division von 0 durch eine von 0 verschiedene Zahl ergibt immer 0.

$0 \cdot 5 = 5 \cdot 0 = 0$
$5 : 0 = \text{n. def.}$
$0 : 5 = 0$

Rechengesetze

Kommutativgesetz

Für zwei rationale Zahlen gilt stets:
Summanden und Faktoren kann man vertauschen.

$(8) + (-7) = (-7) + (8)$
$(-7) \cdot (1{,}2) = (1{,}2) \cdot (-7)$

Assoziativgesetz

Für drei rationale Zahlen gilt stets:
Summanden bzw. Faktoren können zu beliebigen Teilsummen bzw. Teilprodukten zusammengefasst werden.

$(-3) \cdot [(-12) \cdot 5]$
$= [(-3) \cdot (-12)] \cdot 5$
$= 180$

Distributivgesetz

Für drei rationale Zahlen gilt:
Man kann eine Summe mit einem Faktor multiplizieren, indem man jedes Glied in der Klammer mit dem Faktor multipliziert und die Produkte addiert.

$(2 + 5) \cdot (-4)$
$= 2 \cdot (-4) + 5 \cdot (-4)$
$= -28$

Aufgaben

Die folgenden Aufgaben kannst du gemeinsam mit einem Mitschüler bearbeiten. Kontrolliert euch gegenseitig.

1. Erkläre, wie sich der Wert der Steine in der Zahlenmauer a aus den Basissteinen ergibt. Übertrage die beiden anderen Zahlenmauern (+) in dein Heft und vervollständige sie.

a)

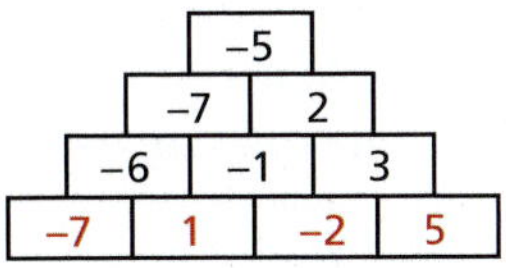

b)

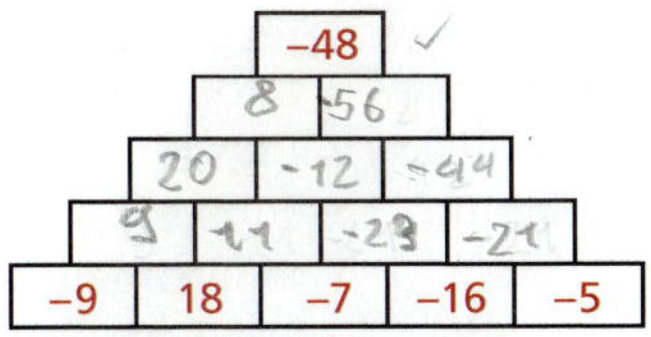

c)

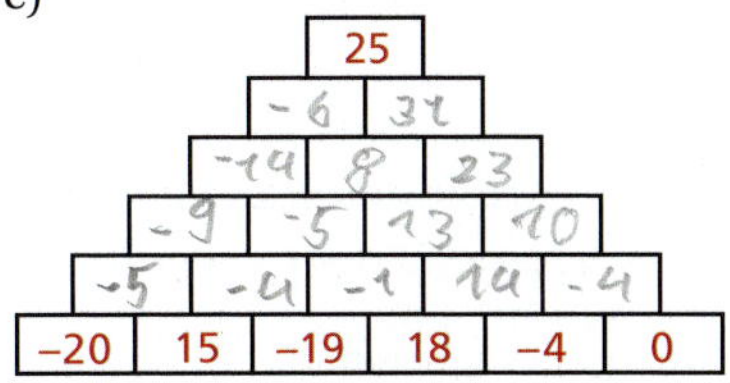

2. a) Vervollständige (+). Begründe, warum das Ergebnis im obersten Stein negativ sein muss.

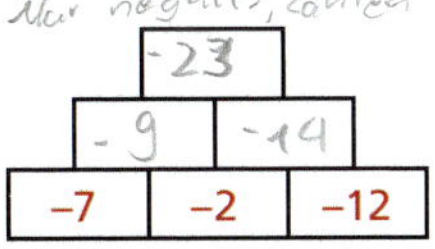

b) Baue selbst eine Zahlenmauer (+) so, dass der oberste Stein 0 ergibt. Erkläre.

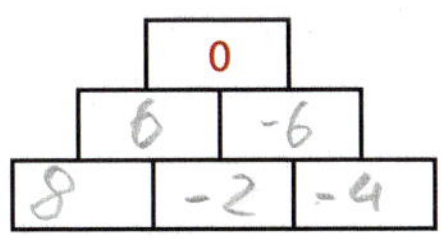

c) Vervollständige (+) so, dass der oberste Stein positiv ist.

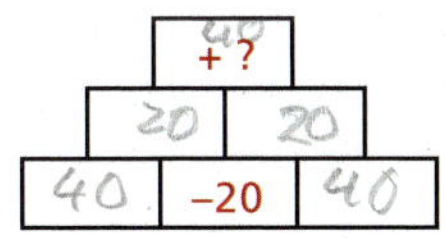

3. Übertrage die Zahlenmauern (+) in dein Heft. Wo gibt es verschiedene Möglichkeiten, die Zahlenmauer zu vervollständigen? Untersuche die Zahlenmauern auf Regelmäßigkeiten. Welcher Stein spielt eine besondere Rolle? Begründe.

a)

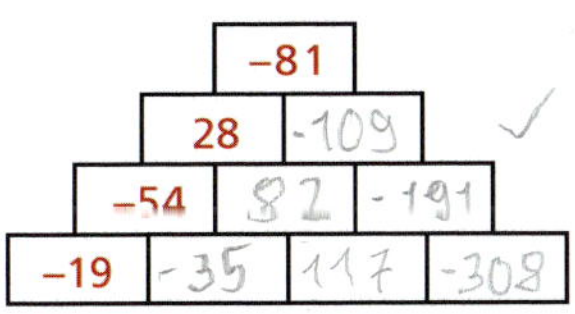

b)

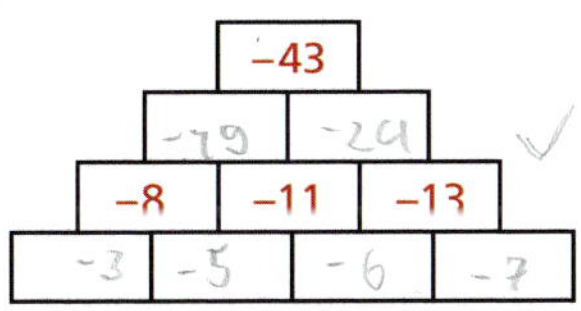

c)

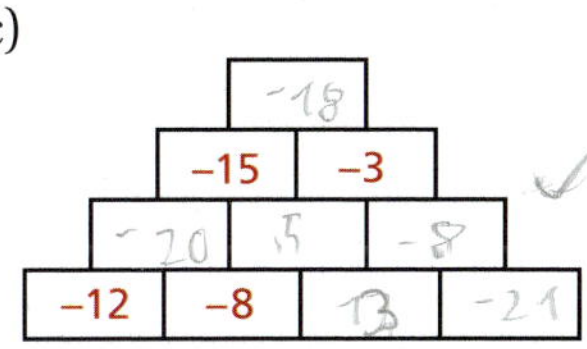

4. Erkläre, wie sich der Wert der Steine aus den Basissteinen ergibt. Übertrage die Zahlenmauern ins Heft und vervollständige sie. Beschreibe Besonderheiten der Multiplikationsmauern.

a)

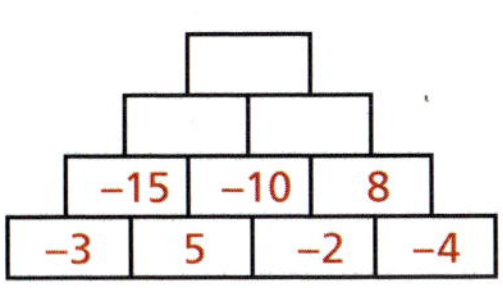

b)

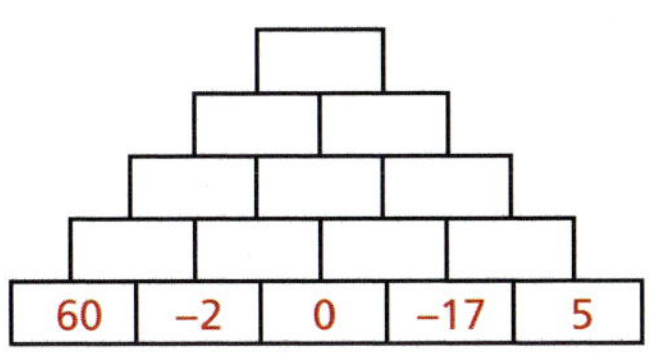

c)

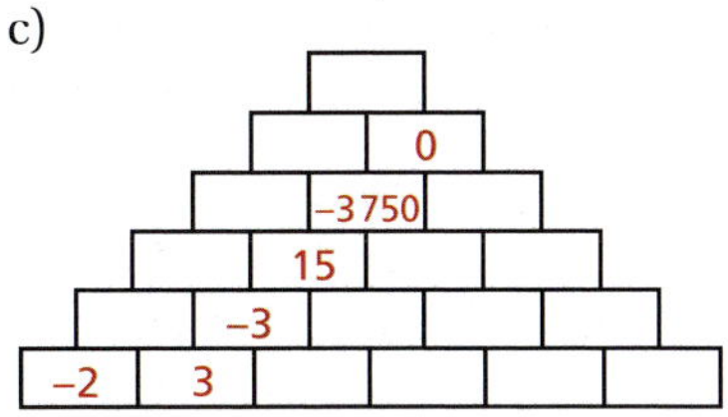

5. Welche Rechenregeln müssen beachtet werden? Notiere diese Regeln. Berechne.

a) $-6 + (-8) \cdot 11$
b) $20 - 5 \cdot (-15)$
c) $-15 - 21 : 3$
d) $3 \cdot (-5) + (-4) \cdot 4$
e) $(-7) \cdot (-6) - 5 \cdot 6$
f) $15 - (-3) \cdot (-9) + 23$
g) $(-25) : 5 - 4 : 2$
h) $31 - (-5) \cdot 3 - 15$
i) $48 : (-12) + (-7) \cdot 5$
j) $(14 + 7) \cdot -7$
k) $(32 - 8) : (-8)$
l) $503 \cdot (-11)$

Zuordnungen untersuchen

Bei einer **Zuordnung** ordnet man jeder Eingangsgröße eine Ausgangsgröße zu. Dies kann geschehen durch einen Text, eine Tabelle, einen Graphen in einem Koordinatensystem, ein Diagramm oder durch eine Rechenvorschrift.
Innerhalb der Zuordnungen treten zwei spezielle Arten von Zuordnungen auf, deren Eigenschaften wir näher untersucht haben.

Proportionale Zuordnung

Eine Zuordnung ist **proportional,** wenn sich die beiden einander zugeordneten Größen im **gleichen** Verhältnis ändern.

$\cdot 2$ $\quad \cdot 3$ $\quad :2$

y	2	4	12	6
x	5	10	30	15

$\cdot 2$ $\quad \cdot 3$ $\quad :2$

Alle Quotienten aus den zugeordneten Wertepaaren sind gleich.

$\frac{2}{5} = \frac{4}{10} = \frac{12}{30} = \frac{6}{15}$

Bei proportionalen Zuordnungen liegen die Punkte im Koordinatensystem auf einer Geraden durch den Koordinatenursprung.

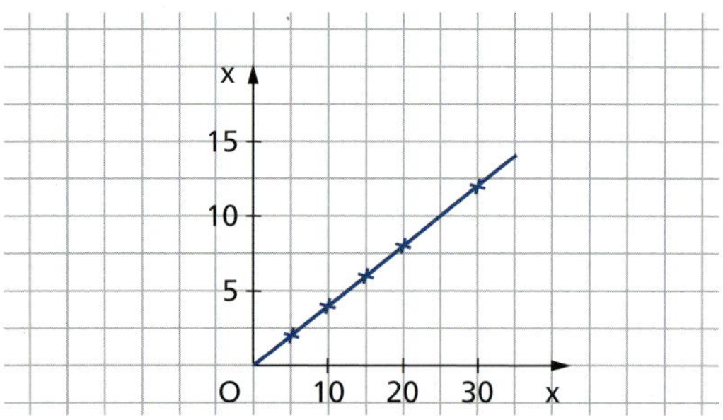

Umgekehrt proportionale Zuordnung

Eine Zuordnung ist **umgekehrt proportional,** wenn sich die beiden einander zugeordneten Größen im **umgekehrten** Verhältnis ändern.

$\cdot 2$ $\quad \cdot 6$ $\quad :8$

y	2	4	24	3
x	12	6	1	8

$:2$ $\quad :6$ $\quad \cdot 8$

Alle Produkte aus den zugeordneten Wertepaaren sind gleich.

$2 \cdot 12 = 4 \cdot 6 = 24 \cdot 1 = 3 \cdot 8$

Bei umgekehrt proportionalen Zuordnungen liegen die Punkte im Koordinatensystem auf einem Hyperbelast.

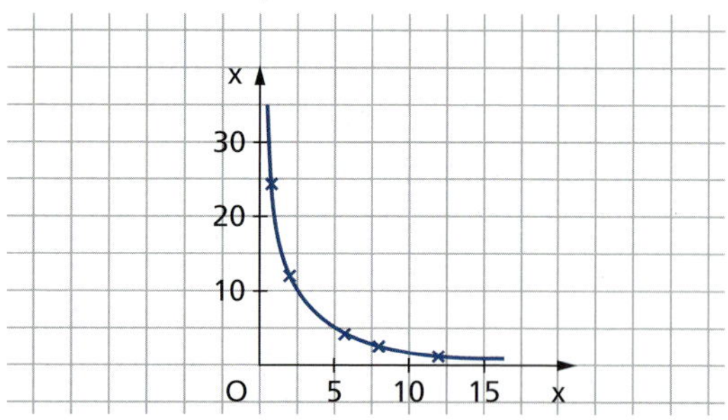

Wertepaare proportionaler oder umgekehrt proportionaler Zuordnungen lassen sich auch mit dem **Dreisatz** ermitteln:

5 Blumenzwiebeln kosten 2 €.
Wie viel Euro kosten 20 Zwiebeln?

1. *Dividieren* auf die Grundeinheit (auf die 1):
1 Blumenzwiebel kostet 2,00 € : 5 = 0,40 €.

2. *Multiplizieren* auf das Vielfache:
20 Zwiebeln kosten 0,40 € · 20 = 8,00 €.

Das Futter für 6 Pferde reicht genau 4 Tage.
Wie lange reicht das Futter für 3 Pferde?

1. *Multiplizieren* auf die Grundeinheit (auf die 1):
Für 1 Pferd reicht das Futter 6 · 4 Tage = 24 Tage.

2. *Dividieren* auf das Vielfache:
Für 3 Pferde reicht das Futter 24 Tage : 3 = 8 Tage.

Aufgaben

1. Welche Aufgaben kannst du mittels Zuordnungen lösen und welche nicht?
Ermittle, wenn möglich, die Lösung der Aufgaben.

a) Zum Streichen einer 4 m × 3 m großen Wandfläche benötigt man 2,4 kg Farbe. Wie viel Kilogramm der gleichen Farbe werden für eine 5 m × 3 m große Wandfläche benötigt?

b) Aus einer bestimmten Menge Zinn werden 250 Zinnfiguren zu je 15 g gegossen.
Wie viele Pferde mit Reiter können aus der gleichen Menge Zinn gegossen werden, wenn man für eine dieser Figuren 25 g Zinn benötigt?

c) Claudia, Uwe, Jens und Maren spielen „Mensch ärgere dich nicht“.
Nach 25 min hat Claudia eine Figur, Uwe zwei Figuren, Jens keine Figur und Maren alle vier Figuren im Spiel. Welche Aussage kannst du über das Spielgeschehen nach 50 min treffen?

d) Eine Schülerin löst eine Mathematikaufgabe in 9 min.
Wie lange brauchen drei Schülerinnen zum Lösen dieser Aufgabe?

e) Hannes geht Einkaufen. Am Wurststand sieht er, dass seine Lieblingswurst gerade im Angebot ist. Er kauft 225 g davon und bezahlt dafür 1,35 €.
Wie viel Euro kosten 100 g dieser Wurst?

f) Zwei Maurer brauchen zum Mauern einer Hauswand 10 h.
Wie lange brauchen fünf Maurer dafür?

g) In ein Regal passen genau neun Dosen (d = 11,5 cm) nebeneinander.
Wie viele Dosen mit einem Durchmesser von 10,5 cm passen in das Regal nebeneinander?

h) Drei Eier bekommt man für 45 ct. Wie viele Eier bekommt man für einen Euro?

2. Die folgenden Zusammenhänge sind entweder proportional oder umgekehrt proportional.
Berechne möglichst im Kopf und gib nur die Ergebnisse an.

a) Jan fährt mit dem Fahrrad in zwei Stunden 25 km.
Wie weit kommt er bei gleichem Tempo in drei Stunden?

b) Bernd kauft drei Packungen Milch und bezahlt 2,10 €.
Wie viel Euro muss Herr Petzold für fünf Packungen bezahlen?

c) Vier Freunde teilen sich eine große Packung Eis. Jeder bekommt sechs Kugeln.
Wie viele Kugeln bekommt jeder, wenn das Eis auf sechs Kinder aufgeteilt wird?

d) Lee hat Plätzchen gebacken. Wenn sie jeden Tag fünf davon isst, dann reichen die Plätzchen für zwölf Tage. Wann ist ihr Vorrat aufgebraucht, wenn sie täglich sechs Stück vernascht?

e) Bei einer Geschwindigkeit von 50 $\frac{\text{km}}{\text{h}}$ ist das Auto nach anderthalb Stunden am Ziel.
Wie schnell muss es fahren, um schon nach einer Stunde anzukommen?

f) Eine Rose kostet 70 Cent. Herr Neubert kauft einen Strauß mit 13 Stück.
Wie viel Euro muss er bezahlen?

g) Verbaut Sophia in jeder Schicht 20 Bausteine, reichen ihre Bausteine für ein Bauwerk, das 24 Schichten hoch ist.
Welche Höhe erreicht es, wenn sie pro Schicht nur 16 Bausteine verarbeitet?

h) Herr Meier trägt einen Sandberg ab. Wenn er jedes Mal 20 kg in der Schubkarre transportiert, muss er zwölf Fuhren machen. Wie viel Kilogramm Sand muss in der Schubkarre sein, wenn er es mit acht Fuhren schaffen will?

i) Für sechs gleiche Flaschen bekommt Jannick 150 Cent Pfandgeld.
Wie viel Pfandgeld gibt es je Flasche?

Flächen berechnen

Figur		Flächeninhalt	Umfang
Quadrat	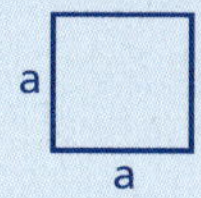	$A = a \cdot a$	$u = 4 \cdot a$
Rechteck	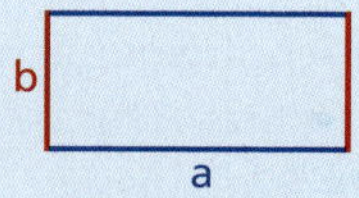	$A = a \cdot b$	$u = 2 \cdot a + 2 \cdot b$ $u = 2 \cdot (a + b)$
Dreieck	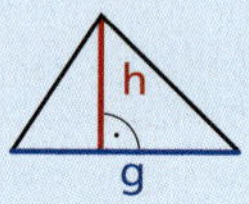	$A = \frac{g \cdot h}{2}$	Summe aller Seitenlängen
Parallelogramm	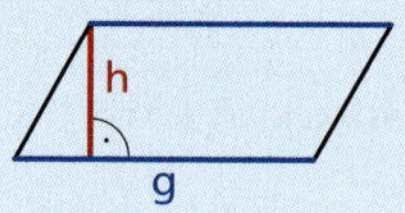	$A = g \cdot h$	Summe aller Seitenlängen
Trapez	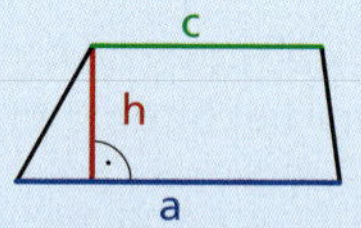	$A = \frac{a + c}{2} \cdot h$	Summe aller Seitenlängen
Vieleck (Beispiel)	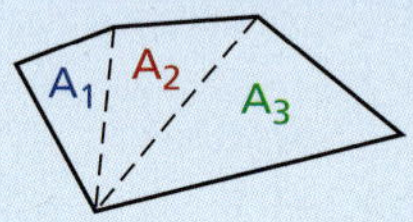	$A = A_1 + A_2 + A_3$	Summe aller Seitenlängen

Besonders leicht kann man einen Flächeninhalt bestimmen, wenn die Fläche in Rechtecke zerlegt werden kann.

Der Umfang wird berechnet, indem die Längen aller außen liegenden Seiten addiert werden.

Flächeninhalt A

① $A_{Trapez} = \frac{a + c}{2} \cdot h$

$A_{Trapez} = \frac{8{,}5\text{ cm}}{2} \cdot 2\text{ cm}$

$A_{Trapez} = 8{,}5\text{ cm}^2$

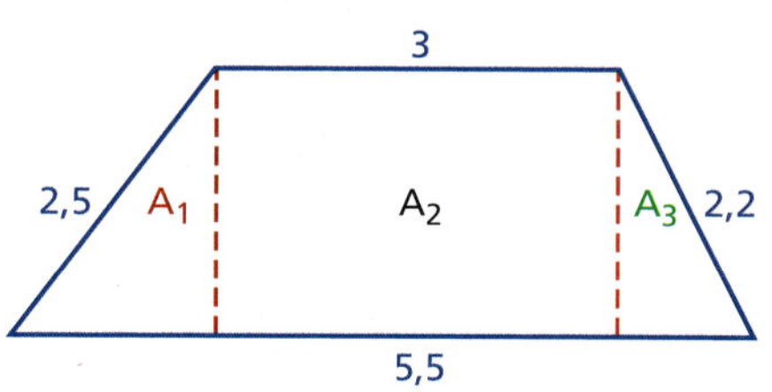

② $A = A_1 + A_2 + A_3$

$A = \frac{1}{2} \cdot 1{,}5\text{ cm} \cdot 2\text{ cm} + 3\text{ cm} \cdot 2\text{ cm} + \frac{1}{2} \cdot 1\text{ cm} \cdot 2\text{ cm}$

$A = 8{,}5\text{ cm}^2$

Umfang u

$u = a + b + c + d$

$u = (5{,}5 + 2{,}2 + 3{,}0 + 2{,}5)\text{ cm}$

$u = 13{,}2\text{ cm}$

Aufgaben

1. Ermittle den Umfang der nebenstehenden Figuren in Zentimetern.
Zeichne weitere Figuren mit gleichem Umfang.

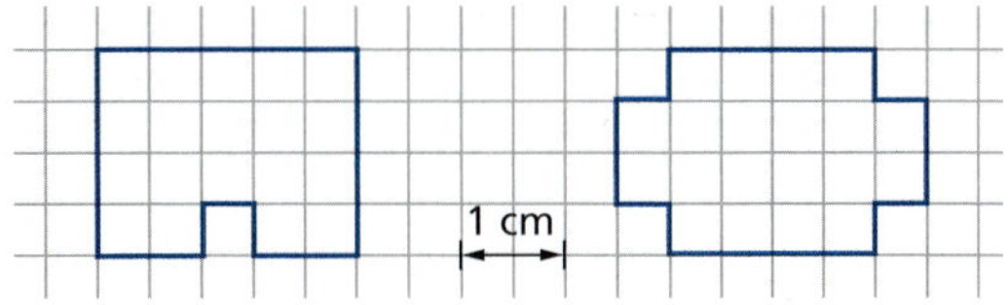

2. Bestimme den Flächeninhalt und den Umfang folgender Figuren.

a)

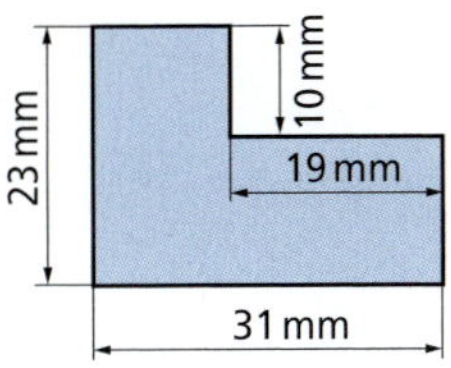

b)

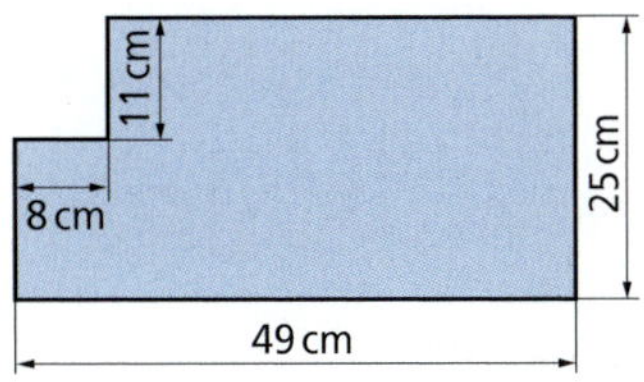

c)

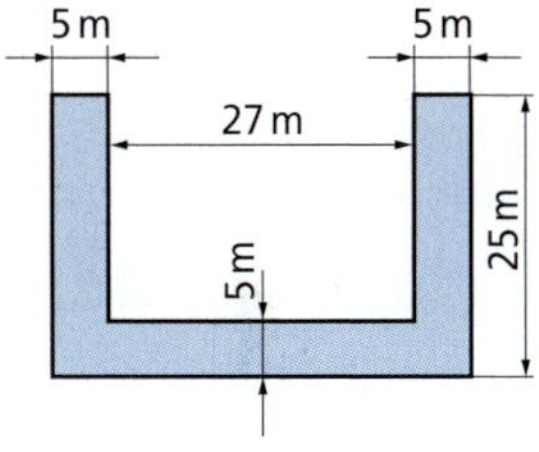

3. Der Umfang eines Rechtecks beträgt 24 cm. Zeichne ein mögliches Rechteck.
Gib verschiedene Möglichkeiten an. Berechne für jedes Rechteck den Flächeninhalt.
Was stellst du fest?

4. Wie groß ist jeweils der Flächeninhalt?
Schätze diesen durch Auszählen der Kästchen und überprüfe anschließend durch Rechnung.

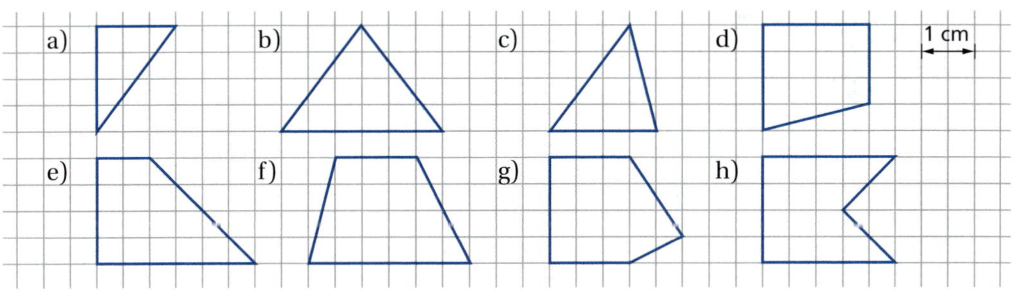

5. Ermittle den Flächeninhalt der Dreiecke.

a) $c = 5{,}2$ cm; $h_c = 14$ mm b) $a = 1{,}8$ dm; $h_a = 16$ cm c) $b = 320$ mm; $h_b = 2{,}4$ dm

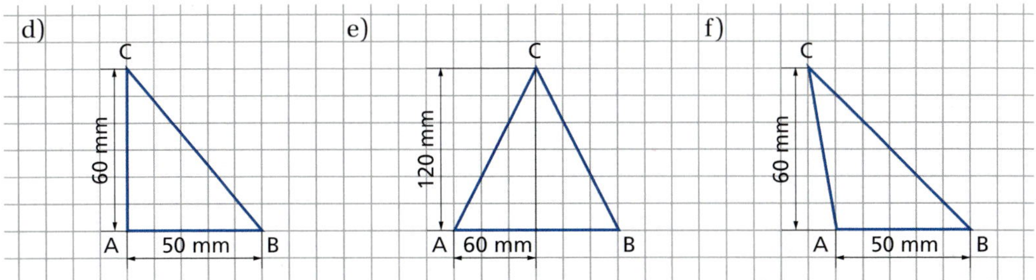

g) Welche Aussage kannst du treffen, wenn du die Flächeninhalte der Dreiecke d und f miteinander vergleichst. Begründe.

Terme und Gleichungen verwenden

Terme bearbeiten

Die Struktur eines Terms entscheidet darüber, ob bzw. wie eine Termumformung erfolgen kann. Untersuche den Term „von außen nach innen".

Der Term $\frac{5x - y}{6x^2y}$ ist ein Quotient $\frac{T_1}{T_2}$.

Der **Zähler** $T_1 = 5x - y = 5x + (-y)$ ist eine Summe.

Der **Nenner** $T_2 = 6x^2y = 6x^2 \cdot y$ ist ein Produkt.

Du kannst nur gleichartige Glieder in Termen **zusammenfassen.**

$2ab^2 + 5ab^2 = 2 \cdot a \cdot b \cdot b + 5 \cdot a \cdot b \cdot b = 7ab^2$
$2ab^2 + 5a^2b^2 = 2 \cdot a \cdot b \cdot b + 5 \cdot a \cdot a \cdot b \cdot b$

Zahlen und Variablen kannst du wie folgt **multiplizieren:**

1. Es wird das Vorzeichen ermittelt.
2. Es werden die Zahlen multipliziert.
3. Produkte aus gleichen Variablen werden als Potenz geschrieben.

$$\begin{aligned} 7xy \cdot (-3)x^2y &= -7 \cdot 3 \cdot xy \cdot x^2y \\ &= -21x \cdot x^2 \cdot y \cdot y \\ &= -21x^3 \cdot y^2 \end{aligned}$$

Eine **Summe** wird **mit einem Faktor multipliziert,** indem man jeden Summanden (jedes Glied) mit dem Faktor multipliziert und dann gleichartige Produkte addiert.

$$T_1 \cdot (T_2 + T_3) = T_1 \cdot T_2 + T_1 \cdot T_3$$

$$\begin{aligned} 2a \cdot (6b - 3c) &= 2a \cdot 6b + 2a \cdot (-3c) \\ &= 12ab - 6ac \end{aligned}$$

Gleichungen lösen

Verbindet man zwei Terme mit einem Gleichheitszeichen, entsteht eine **Gleichung.**

Gleichung:
$8x + 72 = 3x + 2$

Alle Zahlen oder Größen, die anstelle der Variablen eingesetzt werden können, bilden den **Grundbereich.**

Je nach Aufgabenstellung gilt z. B. $G = \mathbb{N}$; $G = \mathbb{Z}$ oder $G = \mathbb{Q}$.

Alle Elemente des Grundbereiches, die beim Einsetzen in die Gleichung eine wahre Aussage ergeben, bilden die **Lösungsmenge.**
Die Richtigkeit der Lösung lässt sich mittels **Probe** prüfen.

Gleichung: $3x + 1 = 13$
Grundbereich: $G = \mathbb{N}$
Lösung: $L = \{4\}$
Probe: $3 \cdot 4 + 1 = 13$

Die Lösungsmenge ändert sich nicht, wenn man auf beiden Seiten **Äquivalenzumformungen** vornimmt:

1. Addieren oder Subtrahieren des gleichen Terms,
2. Multiplizieren mit dem gleichen Term ($\neq 0$),
3. Dividieren durch den gleichen Term ($\neq 0$).

$$\begin{aligned} 4x - 1 &= 8 \quad &| +1 \\ 4x &= 9 \quad &| :4 \\ x &= \tfrac{9}{4} \end{aligned}$$

Die Seiten einer Gleichung können vertauscht werden.

Für das Umstellen von **Formeln** gelten die gleichen Regeln wie beim Umformen von Gleichungen.
Du kannst mit den Variablen wie mit Zahlen rechnen.

$$\begin{aligned} u &= 2 \cdot (a + b) \quad &| :2 \\ \tfrac{u}{2} &= a + b \quad &| -b \\ a &= \tfrac{u}{2} - b \end{aligned}$$

Aufgaben

1. Ersetze die Symbole durch Zahlen, sodass wahre Aussagen entstehen. Erläutere dein Vorgehen.

a) $\blacksquare + 700 = 1350$ b) $4\frac{1}{2} - \blacktriangle = \frac{1}{4}$ c) $5 \cdot \bullet + 50 = 550$

d) $-3 - \blacklozenge = -10$ e) $\frac{\blacksquare}{10} - \frac{1}{100} = \frac{9}{100}$ f) $-\frac{1}{2} \cdot \blacktriangle + 4 = 0$

g) $10^{\square} = 10\,000$ h) $(4 - \blacklozenge) \cdot 3 = 12$ i) $4 - \blacklozenge \cdot 4 = 12$

2. a) Schreibe zu jedem Rechenbaum einen zugehörigen Term und berechne ihn.

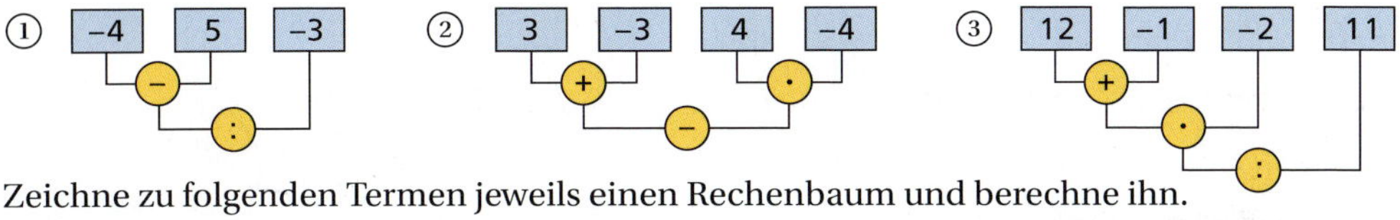

b) Zeichne zu folgenden Termen jeweils einen Rechenbaum und berechne ihn.

① $-5 \cdot 8 + 4 \cdot (-2)$ ② $(14 - 16) \cdot (-5 + 9)$ ③ $20 : (-4) + 5 \cdot (-4) - 13$

3. Fasse so weit wie möglich zusammen.

a) $-2a^2b + 8a^2b$ b) $-7xy^2 + 4xy^2$ c) $-5abc - 9a^2bc$ d) $(-3xy) \cdot 6x^2 \cdot (-2zy)$

4. Multipliziere aus.

a) $3ab(2a - b)$ b) $-4x^2y \cdot (y^2 - 3x)$ c) $(7rs + 12rq)(-rsq)$ d) $-a\left(4{,}9a^2 - \frac{3}{a}\right)$

5. Beschreibe mithilfe von Termen.

a) Das Dreifache einer Zahl wird mit dem um eins vermehrten Quadrat der Zahl multipliziert.

b) Das Quadrat der Summe zweier Zahlen wird um das Quadrat der Differenz derselben Zahlen vermindert.

c) Wird das Quadrat der Summe zweier Zahlen um das Quadrat der Differenz dieser Zahlen vermindert, so erhält man das Vierfache des Produkts der beiden Zahlen.

6. Löse die Gleichungen.

a) $4x - 9 = 15$ b) $7x + 3 = 17$ c) $-8 + 3x = 7$ d) $6 - 2x = -10$

e) $5x : 3 = 2$ f) $4 : (2x) = 8$ g) $7x : 3 = -6$ h) $5 : 5 \cdot x = -13$

i) $5x - 6 = 3x + 2$ j) $19x + 8 = 7 - 4x$ k) $3x + 4 = 5x + 7$ l) $9x - 9 = 5x - 11$

m) $7x - 6 = 8 - 3x$ n) $11 - 2x = 19 - 7x$ o) $3 - 6x = 5 - 2x$ p) $8 - 7x = -6 - 4x$

Lösungen: $8; 6; 5; 4; \frac{14}{3}; 2; \frac{8}{5}; \frac{14}{10}; \frac{6}{5}; \frac{1}{4}; -\frac{1}{23}; -\frac{1}{2}; -\frac{1}{2}; -\frac{3}{2}; -\frac{18}{7}; -13$

7. Löse die Gleichungen und überprüfe deine Ergebnisse mithilfe der Probe.

a) $6 - 3a = 5a - 26$ a = 4 b) $7 + (5x - 12) = -30$ x = -5 c) $7z + 9 - 18z = 10 - 15z + 29$

d) $-3b - (9 - 8b) = -49$ e) $x^2 + 12 = 48$ f) $3(4x - 5) + 17 = 2(6x - 1)$

8. Löse die Gleichungen. Führe auch jeweils eine Probe durch.

a) $4x - 13 = 23$ b) $10 - 5a = 3a - 22$ c) $10z - 7 - 2z = 17 + 4z$

d) $7 + (5x - 12) = -30$ e) $-3b - (7 - 9b) = -49$ f) $-4d - 2(3d - 8) = -14$

9. Übersetze folgende Texte in Gleichungen. Finde die gesuchten Zahlen. 12✓

a) Wird vom Dreifachen einer Zahl 7 subtrahiert, so erhalte ich 29. 3x - 7 = 29 ✓

b) Bildet man die Differenz aus dem Dreifachen einer Zahl und 9 und multipliziert man diese anschließend mit –2, so erhält man –12. 3x - 9 · -2 = -12 ✓

c) Der dritte Teil einer Zahl, vermehrt um 2,4, ist so groß wie die Zahl, vermindert um 3,6.

$\frac{1}{3}x + 2{,}4 = x - 3{,}6$ ✓ $x = 9$ ✓

Körper darstellen und berechnen

Geometrische Körper sind Modelle für reale Gegenstände. Sie können mithilfe ihrer Begrenzungsflächen (Art und Anzahl) beschrieben werden.

Prisma (gerade)	Kreiszylinder (gerade)
	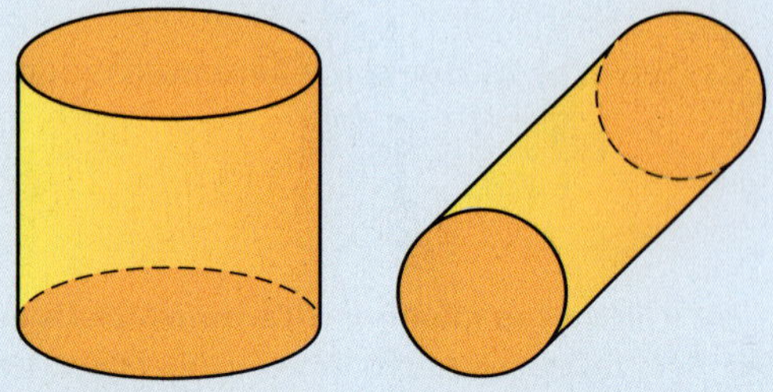
Grund- und Deckfläche	
zwei zueinander kongruente n-Ecke in parallelen Ebenen	zwei zueinander kongruente Kreise in parallelen Ebenen
Mantelfläche	
n Rechtecke	gekrümmte Fläche (abgewickelt: Rechteck)

Wir können die Körper mithilfe ihrer Netze darstellen. Ein **Körpernetz** entsteht, wenn alle Begrenzungsflächen in eine Ebene geklappt werden. Die Begrenzungsflächen sind dann in wahrer Größe und Gestalt dargestellt.

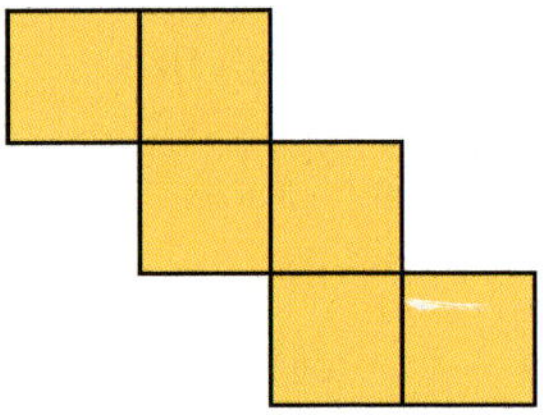

Würfelnetz

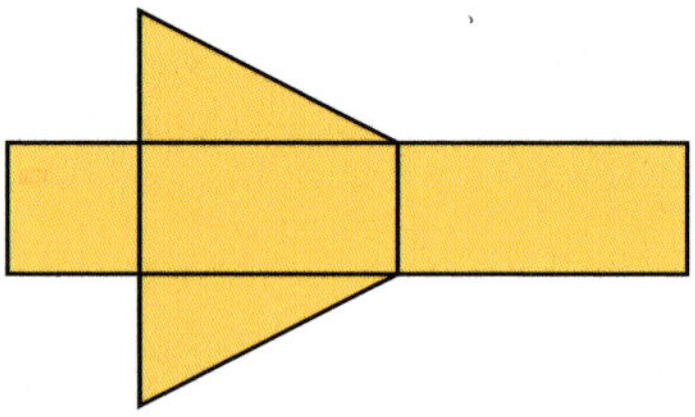

Netz eines dreiseitigen Prismas

Netz eines Kreiszylinders

Besonders anschauliche Darstellungen in Form von **Schrägbildern** entstehen, wenn Kanten oder Hilfslinien parallel zur Bildebene (Breitenlinien und Höhenlinien) in wahrer Länge und Kanten oder Hilfslinien senkrecht zur Bildebene (Tiefenlinien) verkürzt gezeichnet werden.

Eine besondere Darstellung mit $\alpha = 45°$ und $q = \frac{1}{2}$ wird **Kavalierperspektive** genannt.

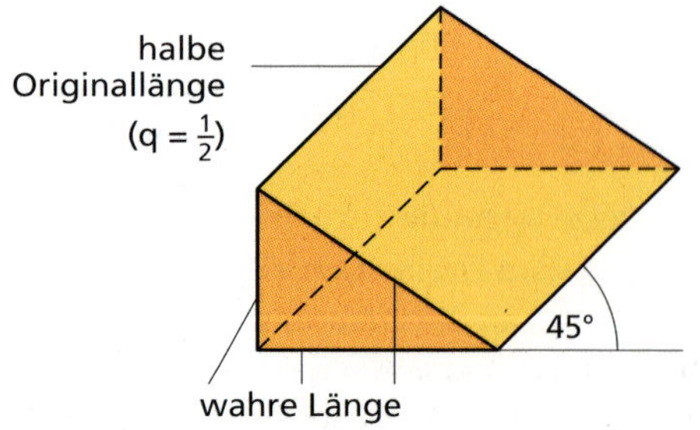

Um den Oberflächeninhalt der Körper zu berechnen, ist es notwendig, den Flächeninhalt der Begrenzungsflächen zu bestimmen. Zur Berechnung des Volumens von Prismen und Kreiszylindern werden die Höhe der Körper und die Größe der Grundfläche benötigt.

Quadrat	**Rechteck**	**Dreieck**	**Kreis**
$A = a^2$	$A = a \cdot b$	$A = \frac{1}{2} \cdot c \cdot h_c$	$A = \pi \cdot r^2 = \frac{\pi}{4} \cdot d^2$
Würfel	**Quader**	**Prisma**	**Kreiszylinder**
$A_O = 6 \cdot a^2$ $V = a^3$	$A_O = 2 \cdot (ab + ac + bc)$ $V = a \cdot b \cdot c$	$A_O = 2 \cdot A_G + A_M$ $V = A_G \cdot h$ A_G – Grundfläche; A_M – Mantelfläche; h – Höhe	$A_O = 2 \cdot A_G + A_M$ $V = A_G \cdot h$

Aufgaben

1. Berechne Volumen und Oberflächeninhalt folgender Körper.
Zeichne die Körper im Schrägbild. Wähle einen geeigneten Maßstab.
a) Quader: $a = 4$ cm; $b = 3{,}2$ cm; $c = 0{,}7$ dm
b) Würfel: $a = 0{,}3$ m
c) Prisma mit dreiseitiger Grundfläche ($c = 4$ cm; $a = 2{,}7$ cm; $b = 3{,}8$ cm) und $h = 2{,}5$ cm
d) Kreiszylinder: $d = 8$ cm; $h = 5{,}4$ cm
e) Kreiszylinder: $u = 20$ cm; $h = 8$ cm

2. Milchverpackungen sind oftmals quaderförmig und besitzen ein Fassungsvermögen von 1 *l*.
a) Miss die Kantenlängen einer Milchverpackung und berechne das Volumen. Vergleiche mit der Inhaltsangabe.
b) Berechne den Materialverbrauch für die Herstellung von einer Milchverpackung.

3. Wie ändert sich das Volumen folgender Körper:
a) eines Kreiszylinders, wenn bei gleichem Radius die Höhe verdoppelt wird,
b) eines Quaders, wenn alle Kantenlängen halbiert werden,
c) eines Kreiszylinders, wenn bei gleicher Höhe der Radius verdreifacht wird?

4. Ermittle Volumen und Oberflächeninhalt des liegenden Prismas (siehe Skizze).

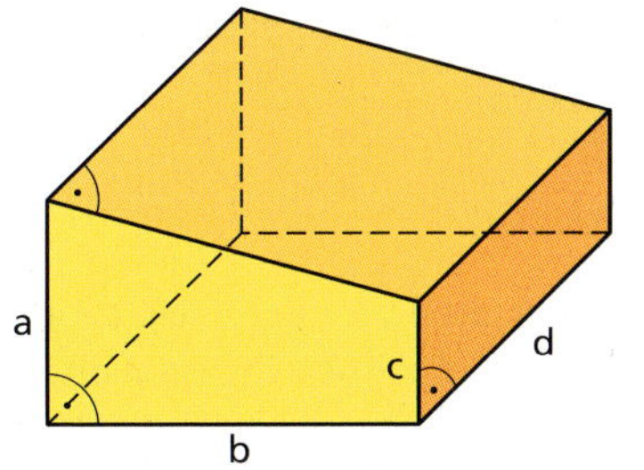

a = 50 cm
b = 60 cm
c = 30 cm
d = 45 cm

(Skizze nicht maßstäblich)

5. Ermittle das Volumen folgender Körper:
a) Zylinder mit $r = 10$ cm, $h = 15$ cm
b) Würfel mit $a = 12$ cm
c) Prisma mit gleichseitigem Dreieck als Grundfläche ($a = 10$ cm) und einer Höhe $h_P = 12$ cm

6. Ein 5,5 m langer Baumstamm hat einen Durchmesser von 60 cm. Wie schwer ist er? Die Dichte des Holzes beträgt $0{,}7\ \frac{g}{cm^3}$.

7. Aus einem 50 cm langen Rundstab von 1 cm Durchmesser wird ohne Materialverlust ein Draht von 0,6 mm Durchmesser gezogen. Berechne die Länge des Drahtes.

Mit dem Zufall rechnen

Ergebnis und Ereignis

Das mehrfache Wiederholen eines zufälligen Vorgangs unter gleichen Bedingungen, z. B. das zehnmalige Werfen eines Würfels, nennt man **Zufallsexperiment.**

Die **Ergebnismenge** ist die Menge aller möglichen Ergebnisse eines Zufallsexperimentes, beim Werfen eines Würfels also

$\Omega = \{1; 2; 3; 4; 5; 6\}$.

Jede Teilmenge einer Ergebnismenge Ω wird **Ereignis** genannt.

Ein mögliches Ereignis beim einmaligen Werfen eines Würfels ist z. B. „es wird eine ungerade Zahl gewürfelt", also

$E = \{1; 3; 5\}$.

Ein Ereignis $\overline{E}$ heißt **Gegenereignis** von E, falls $\overline{E}$ genau dann eintritt, wenn E nicht einritt.

E (Es wird eine ungerade Zahl gewürfelt) $= \{1; 3; 5\}$
$\overline{E}$ (Es wird keine ungerade Zahl gewürfelt) $= \{2; 4; 6\}$

Absolute und relative Häufigkeit

Die **absolute Häufigkeit** $H_n(E)$ gibt an, wie oft ein bestimmtes Ereignis E bei n Wiederholungen eines Vorgangs aufgetreten ist.

Die **relative Häufigkeit** $h_n(E)$ eines Ereignisses E beim n-maligen Wiederholen eines Vorgangs ergibt sich als Quotient aus der absoluten Häufigkeit und der Anzahl der Wiederholungen:

$h_n(E) = \frac{H_n(E)}{n}$

Bei einem Versuch wurde 150-mal gewürfelt und 24-mal die Zahl 4 erzielt.
E - Es wird die Zahl 4 gewürfelt. $H_n(E) = 24$ $n = 150$
$h_n(E) = \frac{H_n(E)}{n} = \frac{24}{150} = 0{,}16$

Wahrscheinlichkeit

Die relativen Häufigkeiten für das Eintreten eines Ereignisses E bei hinreichend großer Anzahl von Versuchen schwanken um einen festen Wert, der **Wahrscheinlichkeit** P(E) genannt wird. Nach der Laplace-Regel wird die Wahrscheinlichkeit P(E) eines Ereignisses wie folgt berechnet:

$P(E) = \frac{\text{Anzahl der für E günstigen Ergebnisse}}{\text{Anzahl der möglichen Ergebnisse}}$

Beim einmaligen Werfen eines (idealen) Würfels beträgt die Wahrscheinlichkeit für das Ereignis „Augenzahl 5":

$P(5) = \frac{1}{6} = 0{,}167 = 16{,}7\ \%$

Aufgaben

1. Gib für folgende Zufallsexperimente die Ergebnismenge an:
a) Werfen eines Würfels
b) Werfen einer Münze
c) Ziehen einer Ass-Karte aus einem Skatspiel
d) Geburt eines Kindes
e) Geburt von Zwillingen

2. Mit einem Würfel wird zweimal geworfen.
Gib für folgende Ereignisse entweder die Menge oder die Bedingung an:
a) E: Die Augensumme soll 4 sein.
b) $E = \{(1; 2); (2; 3); (3; 4)\ (4; 5); (5; 6)\}$
c) E: Das Produkt der Zahlen soll 6 sein.
d) $E = \{(1; 1); (2; 2); (3; 3); (4; 4); (5; 5); (6; 6)\}$
e) E: Die Augensumme soll 5 sein.
f) $E = \{(1; 2); (2; 4); (3; 6)\}$

3. Beim Würfeln werden die folgenden Ereignisse untersucht:
E_1: Es wird eine 6 gewürfelt
E_2: Es wird eine durch 3 teilbare Zahl gewürfelt.
E_3: Es wird die Zahl 7 gewürfelt.
E_4: Es wird eine Primzahl gewürfelt.
a) Gib die Ereignisse und die zugehörigen Gegenereignisse jeweils als Menge an.
b) Formuliere ein mögliches Ereignis beim Würfeln und lasse von deinem Nachbarn das zugehörige Gegenereignis nennen und als Menge darstellen.

4. Ein Würfel wird mehrfach geworfen. Es zeigen sich folgende Zahlen:
5; 1; 2; 2; 5; 4; 6; 3; 2; 5; 6; 2; 1; 3; 5; 4; 6; 4; 4; 1; 3; 5; 1; 6; 4
Mit welcher absoluten bzw. relativen Häufigkeit treten die einzelnen Zahlen auf?

5. Wie groß ist die Wahrscheinlichkeit,
a) mit einem Würfel eine gerade Zahl zu werfen,
b) aus einem Skatspiel eine Karte zu ziehen, auf der eine Person abgebildet ist,
c) bei zweimaligem Werfen einer Münze zweimal Wappen zu haben?

6. In einer Urne befinden sich rote und weiße Kugeln. Ermittle jeweils die Wahrscheinlichkeit (in Prozent), beim Ziehen einer Kugel eine rote auszuwählen.

	a)	b)	c)	d)	e)	f)
rote Kugeln	5	10	20	25	60	1
weiße Kugeln	5	20	10	100	40	99

7. Von 30 Schülern der Klasse 8a haben 5 Schüler ihre Hausaufgaben in Mathematik nicht und 7 Schüler nur unvollständig angefertigt. Aus Zeitgründen wählt die Lehrerin nach dem Zufallsprinzip ein Heft zur Kontrolle aus.
Wie groß ist die Wahrscheinlichkeit, dass sich in diesem Heft
a) eine unvollständige Hausaufgabe,
b) eine vollständige Hausaufgabe,
c) keine Hausaufgabe befindet?

2 Lineare Funktionen untersuchen

Nach den Ferien

Nach den Ferien trifft Annett ihre Freundin Nicola und erzählt von ihrem Sommerurlaub. Annett sagt nur, dass der Ort direkt am Meer nicht weit von Leiden liegt. Der Ortsname besteht aus sieben Buchstaben und enthält zwei Vokale. Der Strand ist so breit, dass man prima Volleyball spielen kann.

Entnimm aus der Karte den Namen des Ortes, an dem Annett ihre Ferien verbrachte.

Reiseroute von Annett

Nicola fragt Annett, auf welchem Weg sie von Suhl zum Urlaubsort gefahren ist. Annett findet einen Zettel mit den ersten Orten, an denen sie vorbei gefahren sind. Sie hat jeweils die Zeit notiert und später ein Diagramm gezeichnet.

Welche Informationen könnt ihr hieraus entnehmen?

Fahrt nach ???

Suhl	0 km
Kassel	140 km
Dortmund	348 km
Arnheim	500 km
Utrecht	564 km
Gouda	503 km
Leiden	600 km
???	617 km

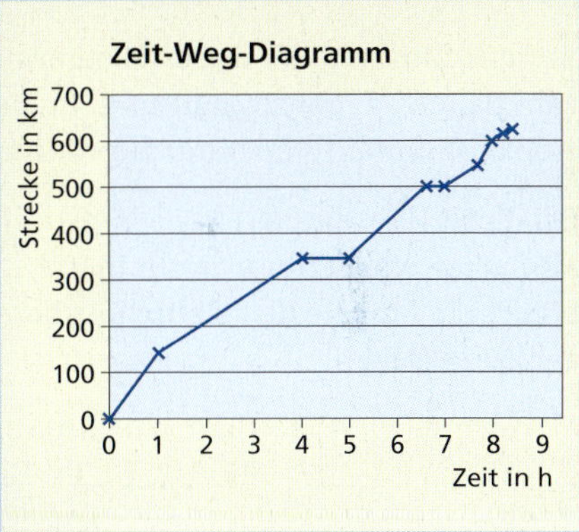

Deine Urlaubsreise

Erfinde eine Urlaubsreise.

Recherchiere im Internet und erstelle eine Liste mit mindestens fünf Zwischenstationen und deren Entfernungen von deinem Wohnort.

Fertige aus den Daten zwei Diagramme an.

Präsentiert einzelne Ergebnisse vor der Klasse und diskutiert diese.

Rund um den Urlaub

Nicola will von Annett wissen, ob es möglich ist, in der Nordsee vor Katwijk zu schwimmen, ohne allzu sehr zu frieren.
Annett zeigte ihr aus einem Reiseführer über die Niederlande ein Säulendiagramm.

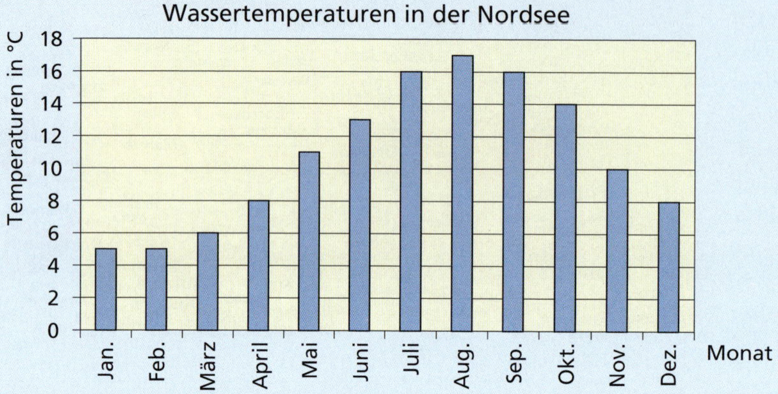

Annett kann mithilfe dieses Diagramms erkennen, dass die Monate Juli, August und September zum Baden am günstigsten sind. In diesem Säulendiagramm ist nämlich jedem Monat des Jahres eine bestimmte Temperatur zugeordnet.

Bei dieser Zuordnung:
Monat → Wassertemperatur in °C
bilden die Monate den Definitionsbereich und die angegebenen Temperaturen den Wertebereich der Zuordnung.

Man schreibt: D = {Januar, Februar, ..., Dezember}
W = {5, 6, 8, 10, 11, 13, 14, 16, 17}

In demselben Reiseführer wird auch angegeben, wie viele Stunden die Sonne durchschnittlich am Tag scheint.

Für diese Zuordnung:
Monat → Sonnenschein Stunden pro Tag
gilt: D = {Januar, Februar, ..., Dezember}
W = {1, 2, 3, 4, 5, 6, 7}

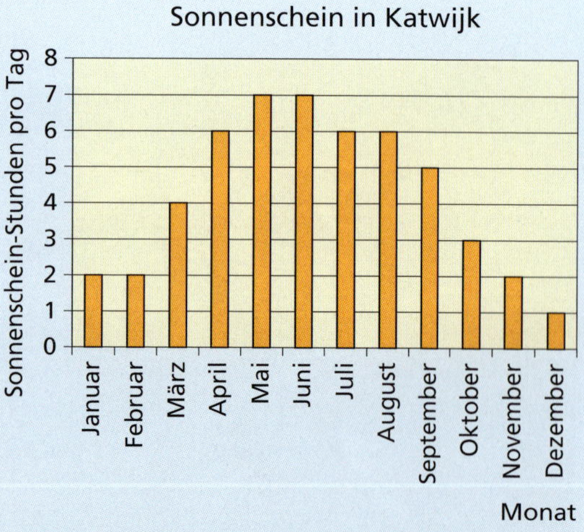

Welche weiteren Zuordnungen findest du, wenn du an deinen Urlaub im vergangenen Jahr denkst? Stelle deinen Mitschülern eine Zuordnung vor und lasse von ihnen Beispiele für den jeweiligen Definitions- und Wertebereich nennen. Stelle deine Zuordnung in der Form von Worten, mit Pfeilen, einer Tabelle und einem Diagramm vor.

Vielleicht habt ihr euren Urlaub auch im Ausland verbracht. Sucht aus euren Urlaubsbildern ein Foto heraus, das eine bekannte Sehenswürdigkeit dieses Landes zeigt.
Fordert eure Mitschüler auf, euer Urlaubsland zu erraten.
Ihr könnt dieses Spiel auch in der Form von „Wer wird Millionär" gestalten, indem ihr z. B. eine Sehenswürdigkeit und vier mögliche Antworten (Länder) vorgebt.
Wer von euch kennt sich am besten aus?

In der nebenstehenden Abbildung wird jedem europäischen Land die Hauptstadt durch einen Pfeil zugeordnet.

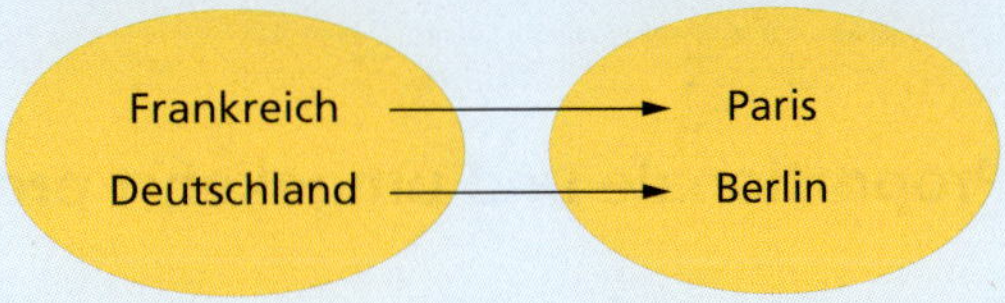

Arbeitet an der Tafel so, dass eine Tafelhälfte für die Länder und die andere für deren Hauptstädte verwendet wird.
Wer ein weiteres Paar weiß, schreibt dieses an die Tafel.
Die Aufgabe ist gelöst, wenn 10 Länder und ihre Hauptstädte eingetragen sind.

Wie lauten der Definitionsbereich und der Wertebereich dieser Zuordnung?
Informiert euch über die Einwohnerzahlen der genannten Hauptstädte und stellt die sich ergebende Zuordnung in einem geeigneten Diagramm dar. Welchen Diagrammtyp habt ihr gewählt und was kann man aus dem Diagramm ablesen?

Ein bekanntes Spiel ist „Stadt-Land-Fluss- ...". Der erste Buchstabe war ein R, der zweite das M.

Buchstabe	Stadt	Land	Fluss
R	Rotterdam	Rumänien	Rhein
M	München	Mexiko	Mosel

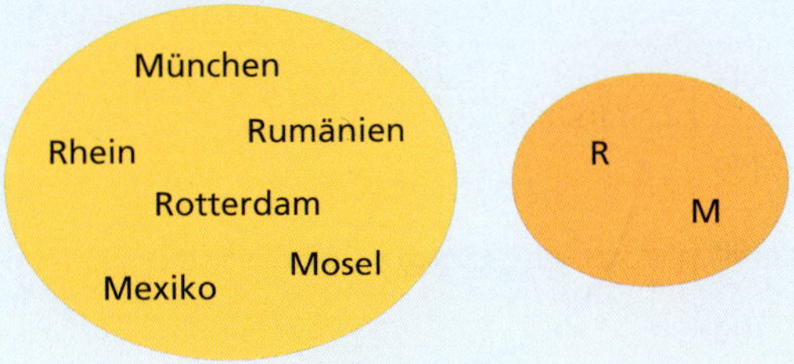

Übernehmt das Diagramm und ergänzt die Pfeile. Spielt jeweils in Gruppen mit maximal vier Personen und fertigt ein solches Diagramm mit Pfeilen für die nächsten beiden Buchstaben an.

Das Koordinatensystem

Ein Punkt im Koordinatensystem ist durch seine **Koordinaten,** d. h. durch die Abstände zu den Achsen, eindeutig festgelegt.
Die Abstände heißen **Abszisse** (x-Wert) und **Ordinate** (y-Wert).
Die Achsen heißen **x-Achse** (Abszissenachse) und **y-Achse** (Ordinatenachse).
Die beiden Achsen stehen senkrecht aufeinander und schneiden einander im **Koordinatenursprung** O. Dieser hat die Koordinaten (0|0).

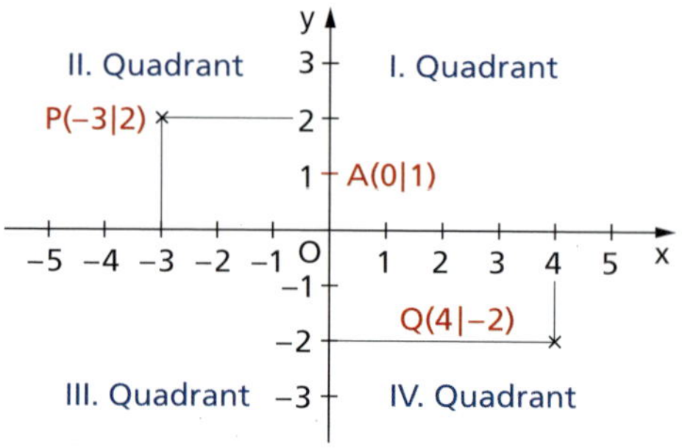

Proportionale und umgekehrt proportionale Zuordnungen

Proportionale Zuordnungen

Man bezeichnet eine Zuordnung als proportional, wenn zwei veränderbare Größen x und y immer den gleichen Quotienten k **(Proportionalitätsfaktor)** bilden.

Es gilt: $k = \frac{y}{x}$ $x \sim y$

x Masse in kg	2	4	6	12
y Preis in €	10	20	30	60

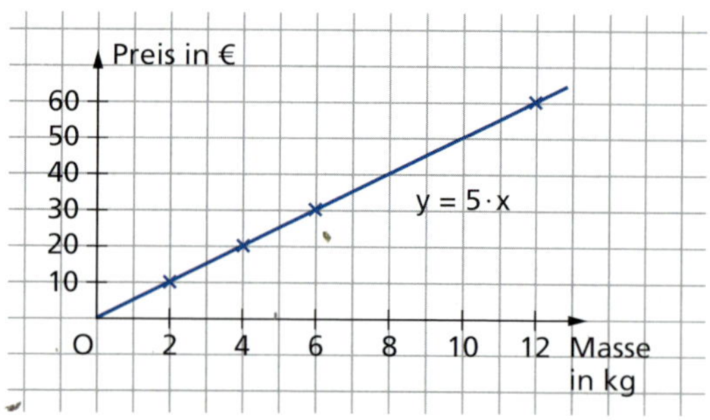

Die Quotientengleichheit kann zur Berechnung fehlender Werte benutzt werden. Der Graph einer proportionalen Zuordnung ist eine Gerade durch den Koordinatenursprung.

Umgekehrt proportionale Zuordnungen

Man bezeichnet eine Zuordnung als umgekehrt proportional, wenn zwei veränderbare Größen x und y immer das gleiche Produkt k bilden.

Es gilt: $k = x \cdot y$

x Geschwindigkeit in $\frac{km}{h}$	30	60	120	150
y Zeit in min	300	150	75	60

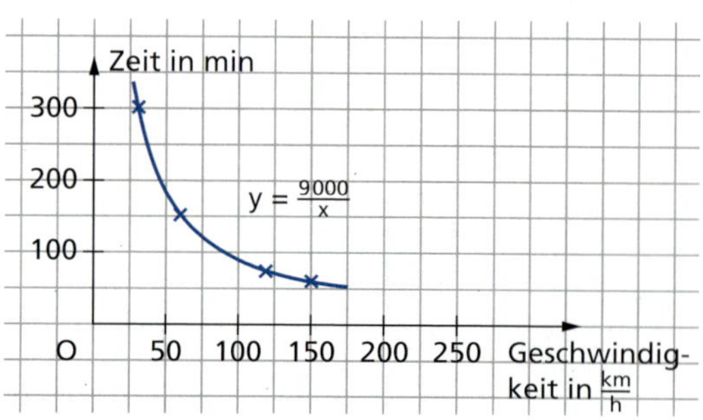

Die Produktgleichheit kann zur Berechnung fehlender Werte benutzt werden. Der Graph einer umgekehrt proportionalen Zuordnung ist eine gekrümmte Linie, die als Hyperbelast bezeichnet wird.

Aufgaben

1. Untersuche, ob die Zuordnungen proportional oder umgekehrt proportional sind. Gib, falls vorhanden, den Proportionalitätsfaktor oder das konstante Produkt sowie eine Gleichung an.

a)

x	0,2	0,4	0,7	0,9	1,2	3,5
y	0,9	1,8	3,15	4,05	5,4	15,75

b)

x	9	7	6	3	0,5
y	2,25	1,75	1,5	0,75	0,125

2. Übertrage die Tabellen in dein Heft. Entscheide, welche Art der Proportionalität vorliegt, und ergänze dann entsprechend die Tabellen. Gib die Zuordnung jeweils als Gleichung an.

a)

x	2		5		11	14
y		5,4	9	14,4		25,2

b)

x		5	6		12	
y	2,5		1,25	0,9375	0,625	0,5

c)

x	0,23	0,5		1,6		3,15
y	0,69		2,4		7,2	9,45

d)

x	0,4	0,5	$\frac{2}{3}$		1,25	1,6
y			$\frac{4}{3}$	1,5	2,50	

3. Untersuche die grafischen Darstellungen auf Proportionalität. Gib, wenn möglich, die Art der Proportionalität und den Proportionalitätsfaktor an. Formuliere jeweils eine Gleichung.

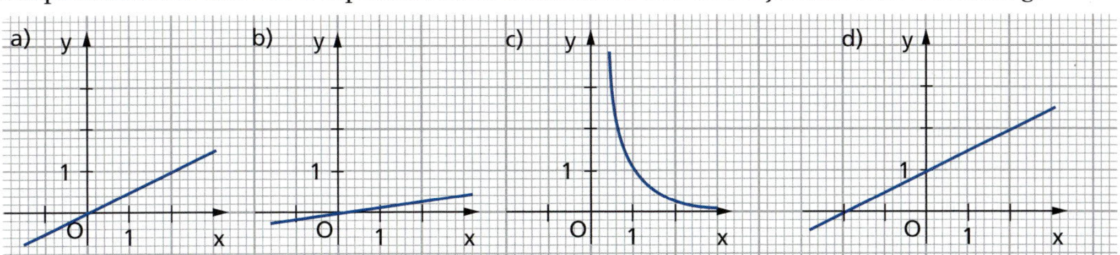

4. Auf einem Segelschiff sollen 21 Matrosen ihren Dienst verrichten. Für die Dauer der Reise (sechs Wochen) werden entsprechend Lebensmittelvorräte an Bord gebracht.

a) Bei Reisebeginn fehlen drei Matrosen. Um wie viele Tage kann die Reise (theoretisch) verlängert werden? eine Woche

b) Um wie viele Matrosen kann die Mannschaft verstärkt werden, wenn sich die ursprüngliche Dauer der Reise um ein Drittel verkürzt? 10 Matrosen

5. Familie Schmidt ist auf der Suche nach einer neuen Mietwohnung. Die Wohnungen, die ihr zusagen, sind 110 m^2 bzw. 102 m^2 groß. Die erste kostet 745,80 € Miete monatlich, die zweite Wohnung in vergleichbarer Lage dagegen 693,60 €.
Entscheide, welche der beiden Wohnungen kostengünstiger ist. Die mit 110 m^2

6. Für eine Strecke von 10 km benötigen ein Mopedfahrer, ein Inlineskater, ein Fahrradfahrer und ein Fußgänger unterschiedlich lange Zeiten. Der Fußgänger geht durchschnittlich 5 $\frac{km}{h}$ schnell, der Inlineskater bewegt sich mit 20 $\frac{km}{h}$, der Fahrradfahrer mit 25 $\frac{km}{h}$ und der Mopedfahrer mit 40 $\frac{km}{h}$. Es soll der Zusammenhang zwischen der Geschwindigkeit und der benötigten Zeit untersucht werden. Fertige eine grafische Darstellung zu diesem Sachverhalt an.

2.1 Zuordnungen und Funktionen betrachten

Funktionsbegriff

Vergleicht man die folgenden Zuordnungen, so lassen sich Unterschiede in der Art der Zuordnung erkennen.

Zuordnung 1:	**Zuordnung 2:**	**Zuordnung 3:**
Drei Schüler geben ihre Blutgruppen an.	Drei Schüler haben die Sportarten, die sie in der Freizeit betreiben, angegeben.	Drei Schüler nennen ihr Alter.
Schüler | Blutgruppe Ingo | 0 Antje | A Tina | AB	Schüler | Sportart Grit | Schwimmen Stefan | Fußball Tanja | Judo, Handball	Schüler | Alter Lars | 13 Peter | 14 Ines | 13
In der Zuordnung 1 wird jedem Schüler seine Blutgruppe zugeordnet.	In der Zuordnung 2 wird einer Schülerin mehr als eine Sportart zugeordnet.	In der Zuordnung 3 wird jedem Schüler sein Alter zugeordnet.

Eine eindeutige Zuordnung, bei der jedem Element einer Menge D_f **genau ein** Element einer Menge W zugeordnet wird, nennt man **Funktion.** Die Menge D_f heißt **Definitionsbereich** der Funktion f und ihre Elemente **Argumente.** Die Menge W_f heißt **Wertebereich** der Funktion und ihre Elemente **Funktionswerte.**
Die Zuordnungsvorschrift wird als **Funktionsgleichung** $y = f(x)$ (gesprochen: y gleich f von x) mit $x \in D_f$ und $y \in W_f$ geschrieben.

Zuordnung 1:	**Zuordnung 2:**	**Zuordnung 3:**
Mensch → Blutgruppe Die Zuordnung ist eine Funktion.	Da Tanja zwei Sportarten zugeordnet werden, ist die Zuordnung *keine* Funktion.	Schüler → Alter Die Zuordnung ist eine Funktion.
Wertepaare: (Ingo|0), (Antje|A), (Tina|AB)		Wertepaare: (Lars|13), (Ines|13), (Peter|14)

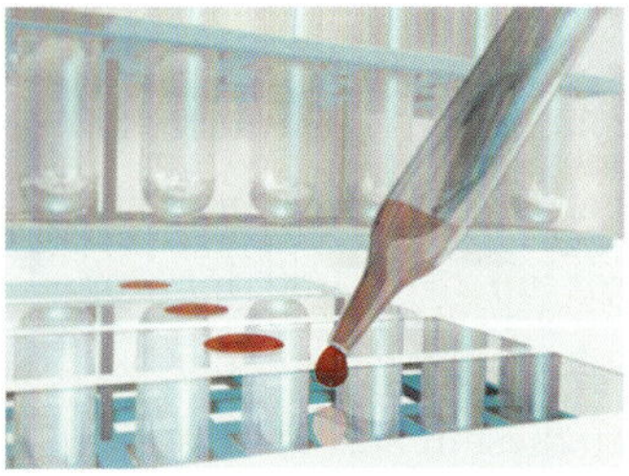

Zahl-Zahl-Funktionen

f: natürliche Zahl Definitionsbereich: $\mathbb{N}$	$\to$	Nachfolger der Zahl Wertebereich: $\mathbb{N}$ außer Null	$f(4) = 5$	$f(7) = 8$
g: ganze Zahl Definitionsbereich: $\mathbb{Z}$	$\to$	Quadrat der Zahl Wertebereich: Menge der Quadratzahlen	$g(2) = 4$	$g(-2) = 4$

Für die Zuordnungsvorschrift benutzt man verschiedene Schreibweisen:
f: $x \mapsto y$; $x \in D_f$ und $y \in W_f$ oder f: $x \mapsto f(x)$; $x \in D_f$ und $y \in W_f$;
als Funktionsgleichung $y = f(x)$ oder $\{(x|f(x)) : x \in D_f\}$
Gesprochen: Menge der geordneten Paare $(x|f(x))$ mit x aus D_f

Eine weitere Darstellungsform für Zuordnungen sind **Pfeildiagramme.** Hier kann man sehr gut erkennen, ob eine Funktion vorliegt.

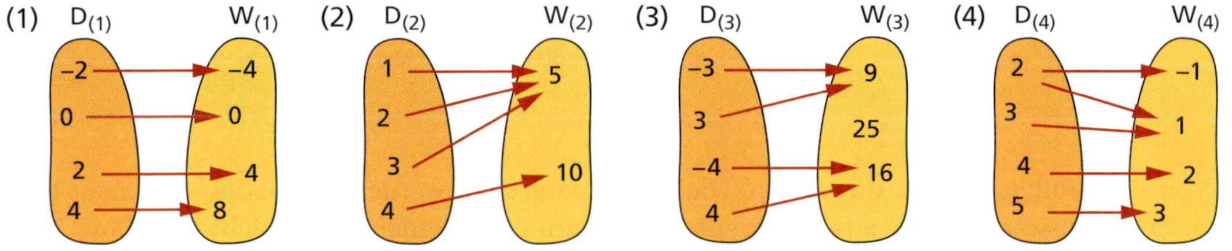

Die Zuordnungen (1) bis (3) sind Funktionen. Jedem Element des Definitionsbereiches wird eindeutig ein Element des Wertebereiches zugeordnet. Dabei ist es unerheblich, ob mehrere Argumente auf den gleichen Funktionswert abgebildet werden.
Die Zuordnung (4) ist keine Funktion. x_1 besitzt keinen eindeutigen Funktionswert.

Probiere es selbst:

1. Handelt es sich bei nebenstehender Zuordnung um eine Funktion? Begründe.

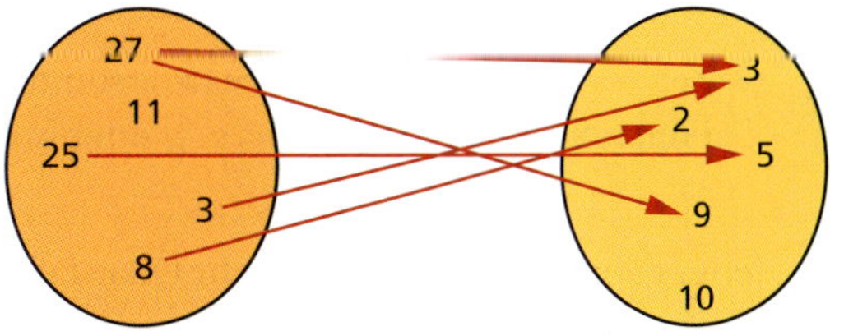

2. Alle 28 Schüler einer achten Klasse werden bei einer Kurzkontrolle bewertet. Entscheide, welche der folgenden Zuordnungen eine Funktion ist. Begründe.
a) Zuordnung Schüler $\to$ Zensur
b) Zuordnung Zensur $\to$ Schüler

3. Begründe, ob eine Funktion vorliegt.
a) Jeder Mensch hat eine der vier Blutgruppen A, B, AB, 0.
b) Jedem Auto wird ein Kennzeichen zugeordnet.
c) Den Postleitzahlen 99084, 99510, 36433, 07545 und 99974 werden die Orte zugeordnet.
d) Für die Zuordnung „fließt durch“ sind die Flüsse Rhein, Havel, Elbe, Donau sowie die Städte Hamburg, Köln, Berlin, Brandenburg, Regensburg und Leipzig gegeben.
Stelle diese Zuordnung als Pfeildiagramm dar.
Erkläre, wie du an einem Pfeildiagramm erkennen kannst, ob eine Funktion vorliegt.

Darstellungsformen von Funktionen

(1) **Wörtliche Beschreibung**
Ordne jede natürliche Zahl ihrem Quadrat zu.

(2) **Wertetabelle**
Bevölkerungsentwicklung der Stadt Jena von 1965 bis 2010.

Jahr	1965	1975	1985	1995	2005	2010
Einwohnerzahl	85032	100180	107401	101061	102752	105129

(3) **Graph in einem Koordinatensystem**
z. B. Aktienkurs

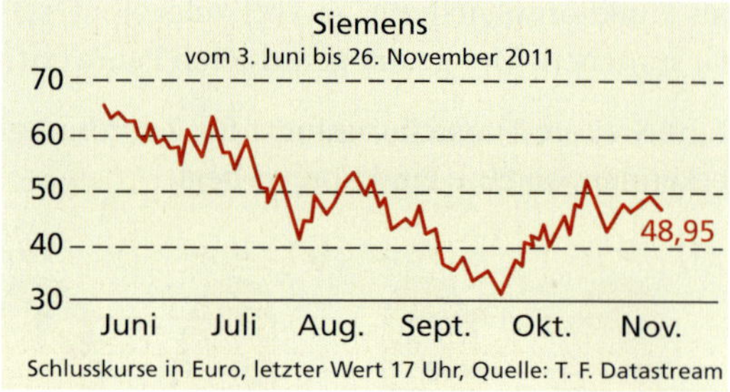

(4) **Gleichung (Funktionsgleichung)**
$y = f(x) = 1{,}80x + 2{,}00$
$f\colon\ x \to y$
$f\colon\ x \to 1{,}80x + 2{,}00$ (Zuordnungsvorschrift)

Viele Funktionen können durch eine Gleichung dargestellt werden. Für jedes Argument kann der Funktionswert mithilfe einer Rechenvorschrift ermittelt werden. Eine solche Gleichung heißt **Funktionsgleichung.** Für die linke Seite der Gleichung wird die Schreibweise f(x) (gesprochen: f von x) oder eine geeignete Variable verwendet.

Für $f(x) = 2x$ bedeutet die Schreibweise $f(2) = 4$, dass der Funktionswert der Funktion f an der Stelle $x = 2$ den Wert $4 = 2 \cdot 2$ hat.

f: gebrochene Zahl → Doppeltes der Zahl vermehrt um 3:
Funktionsgleichung: $f(x) = 2x + 3$ oder $y = 2x + 3$

v: Zeit → Geschwindigkeit bei konstantem Weg s:
Funktionsgleichung: $v(t) = s \cdot \frac{1}{t}$ oder $v = \frac{s}{t}$

Jeder gebrochenen Zahl wird ihr Quadrat zugeordnet.

(1) Die Funktion ist als wörtliche Beschreibung gegeben.

(2) Wertetabelle (Auswahl)

x	0	0,5	1	1,5	2	2,5	3
y	0	0,25	1	2,25	4	6,25	9

(3) Grafische Darstellung

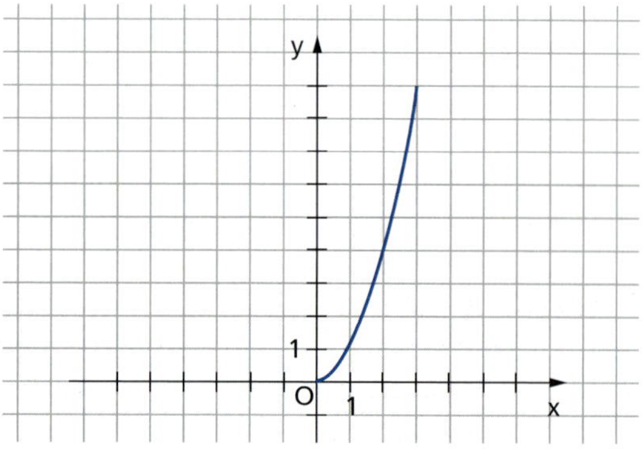

(4) Funktionsgleichung $y = f(x) = x^2$
$f\colon\ x \to y$
$f\colon\ x \to x^2$ (Zuordnungsvorschrift)

Fahrpreis pro gefahrene Wegstrecke

(1) Wörtliche Beschreibung
Für die Fahrt mit einem Taxi berechnet der Fahrer 1,80 € pro gefahrenen Kilometer und eine Grundgebühr von 2,00 €.

(2) Wertetabelle

x	0	1	2	3	4	5
y	2,00	3,80	5,60	7,90	9,20	11,00

(3) Grafische Darstellung

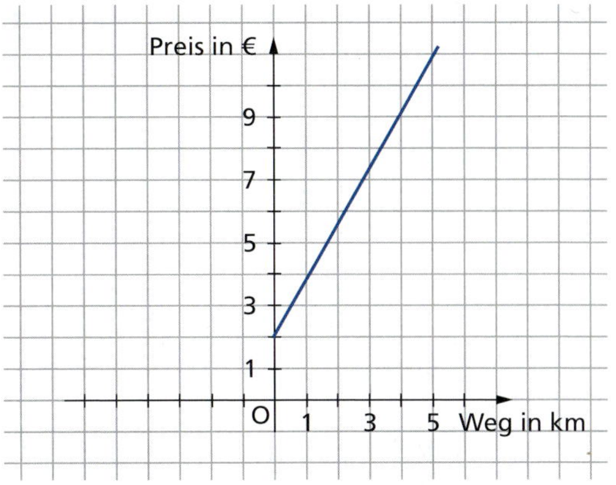

(4) Funktionsgleichung $y = f(x) = 1{,}80x + 2$
$f\colon x \to y$
$f\colon x \to 1{,}80x + 2$ (Zuordnungsvorschrift)

Eine neue Funktion ergibt sich, wenn die Frage untersucht wird, wie viele Kilometer man für einen vorgegebenen Geldbetrag mit dem Taxi fahren kann.

Linas Oma wohnt im 4 km entfernten Nachbarort. Lina möchte leckere Muffins für 6,00 € kaufen und mit dem Taxi einen Besuch machen. Reichen 15 € für die Muffins und die Taxifahrt?

Für die Taxifahrt bleiben nach dem Kauf der Muffins 9 € übrig. Nach dem Abzug der Grundgebühr stehen für die gefahrenen Kilometer noch 7 € zur Verfügung. Die Strecke von 4 km würde jedoch 7,20 € kosten. Das Geld würde also nicht reichen, um die Muffins zu kaufen und die ganze Strecke mit dem Taxi zu fahren.

Beim Aufstellen der Funktion f lag die Fragestellung zugrunde, wie viel Euro die Taxifahrt bei einer vorgegebenen Entfernung kostet. Die umgekehrte Fragestellung lautet: Wie viele Kilometer kann man für einen vorgegebenen Geldbetrag mit dem Taxi fahren? Die Lösung ergibt sich durch das Umstellen der Funktionsgleichung von f nach x:

$$\begin{aligned} y &= 1{,}80x + 2 \quad && |-2 \\ y - 2 &= 1{,}80x && |:1{,}80 \\ (y-2):1{,}80 &= x \end{aligned}$$

Bei Funktionen ist es üblich, die vorgegebene Größe mit x und die davon abhängige Größe mit y zu bezeichnen. Durch Vertauschen der Variablenbezeichnungen lautet die Gleichung dann:

$$y = (x-2):1{,}80$$

Das ist die Gleichung einer neuen Funktion g. Sie heißt **Umkehrfunktion** der Funktion f.

Probiere es selbst:

Tina fährt mit ihrem Rad mit einer Geschwindigkeit von 24 $\frac{km}{h}$. Sie legt bei diesem Tempo in jeder Viertelstunde einen Weg von 6 km zurück. Stelle die hier beschriebene Funktion auf möglichst viele verschiedene Weisen dar.

Erste Schritte

1. Entscheide jeweils, ob der vorliegende Graph zu einer Funktion gehört. Begründe.

a) 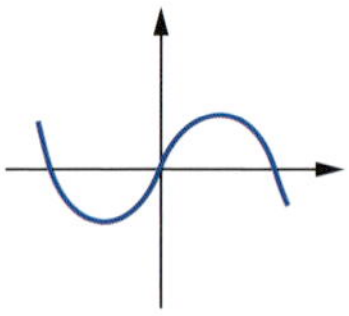

b) 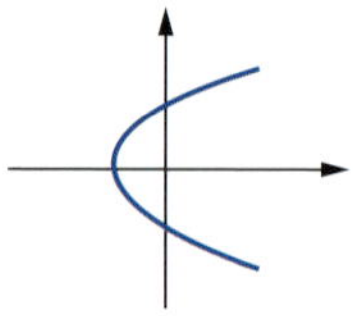

c) 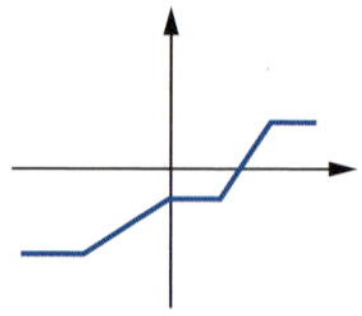

d) 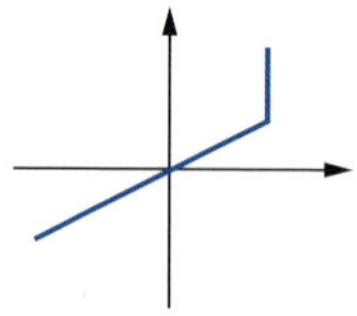

e) 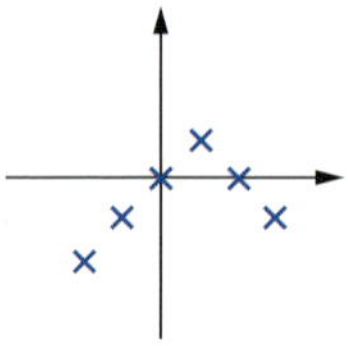

f) 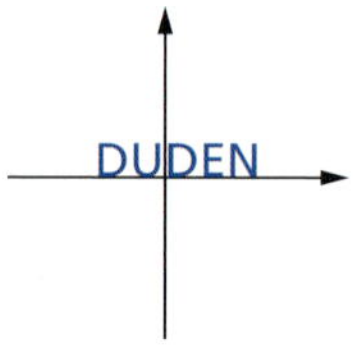

g) 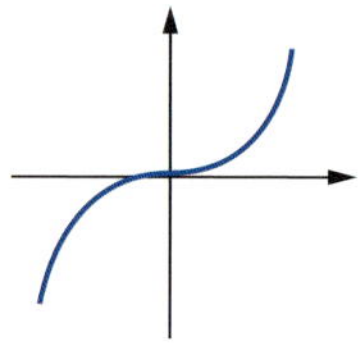

h) 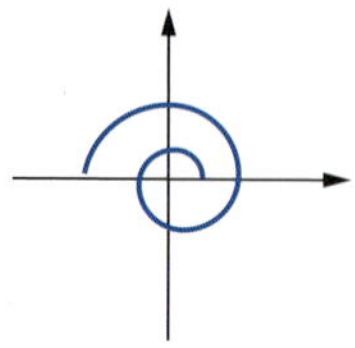

2. Entscheide, ob die folgenden Zuordnungen eindeutig sind oder nicht. Begründe:

a) ein bestimmter Schüler deiner Klasse → die Anzahl der Dreien auf dem Zeugnis
b) die Anzahl der Dreien auf dem Zeugnis → ein bestimmter Schüler
c) eine bestimmte Automarke → die Anzahl der Türen eines Autos der Marke
d) ein bestimmter Staat → seine Hauptstadt
e) ein bestimmter Tag → sein Datum
f) zwei gegebene Zahlen → ihr arithmetisches Mittel

3. Überprüfe, ob es sich bei folgenden Zuordnungen um eine Funktion handelt. Begründe.

a) Jeder natürlichen Zahl wird ihr Dreifaches zugeordnet.
b) Jeder ganzen Zahl wird ihr Quadrat zugeordnet.
c) Jeder positiven rationalen Zahl wird ihr vierter Teil zugeordnet.
d) Jeder rationalen Zahl wird ihr Doppeltes zugeordnet.
e) Jeder natürlichen Zahl werden ihre Teiler zugeordnet.
f) In einem Geschäft werden den Waren Preise zugeordnet.
g) In einem Geschäft werden den Preisen Waren zugeordnet.

4. Auf dem skizzierten 5 km langen Rundkurs findet ein Radrennen statt.

a) Beschreibe mögliche Geschwindigkeits-veränderungen im Laufe der ersten Runde.
b) Skizziere in einem Diagramm die Abhängigkeit der Geschwindigkeit eines Radfahrers vom Weg in der ersten Runde.

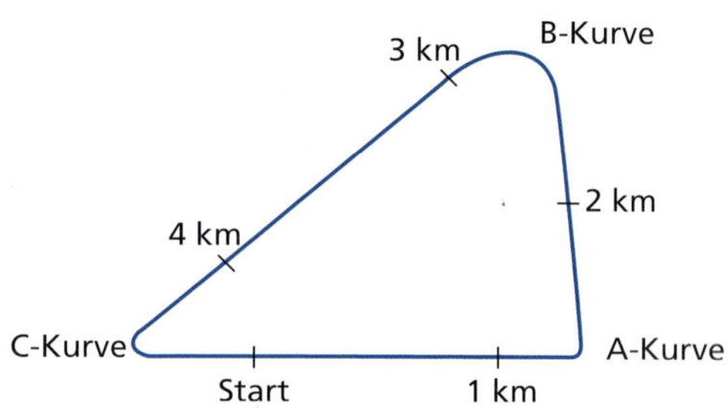

5. Gib für die durch Wertetabellen beschriebenen Funktionen jeweils eine mögliche Funktionsgleichung an. Zeichne die Funktionen als Graphen in ein Koordinatensystem ein.

a)

x	−2	−0,5	0	1	2,5
f(x)	−4	−2,5	−2	−1	0,5

b)

x	−2	−0,5	0	0,5	2,5
g(x)	−6	−1,5	0	1,5	7,5

Weiterführende Aufgaben

1. Gib jeweils eine Funktionsgleichung an und berechne die Funktionswerte für die Argumente -5; $-2{,}5$; 0; $\frac{1}{3}$; 8; 12,5.

a) Jeder Zahl wird ihr Dreifaches zugeordnet.
b) Jeder Zahl wird ihr Kehrwert zugeordnet.
c) Jeder Zahl wird ihr Betrag zugeordnet.
d) Jeder Zahl wird das um 5 vermehrte Doppelte der Zahl zugeordnet.

2. Ein Internetprovider bietet eine Flatrate zum Surfen für eine monatliche Gebühr von 20 €.
a) Der Zeitdauer, die ein Nutzer in einem Monat im Internet verbringt, werden die Kosten zugeordnet. Stelle die Zuordnung grafisch dar und begründe, warum es sich um eine Funktion handelt.
b) Gib zu der Funktion aus Aufgabe a) den Definitionsbereich und die Gleichung an.
c) Überlege, ob man bei einer Flatrate aus der monatlichen Gebühr auf die Zeitdauer schließen kann, die ein Nutzer im Internet unterwegs ist.

3. Unter welchen Bedingungen ist y eine Funktion von x?
a) y: Preis für eine Taxifahrt
x: gefahrene Kilometer
b) y: Preis für eine Bahnfahrt
x: Länge der Fahrstrecke
c) y: verbleibende Brennzeit
x: Länge einer Kerze
d) y: Volumen eines Quaders
x: Größe der Grundfläche

4. Ein Auto verbraucht durchschnittlich 7 *l* auf 100 km.
Der durchschnittliche Verbrauch sei proportional zur zurückgelegten Entfernung.
a) Zeichne in ein Koordinatensystem den Graphen der Zuordnung
Fahrstrecke (in km) → durchschnittlicher Verbrauch (in *l*).
b) Lies den Benzinverbrauch für eine Strecke von 200 km (250 km; 500 km; 370 km; 450 km) ab und trage die Werte in eine Tabelle ein.
c) Bestimme mithilfe des Graphen die Fahrstrecke bei einem Verbrauch von 10 *l* (21 *l*; 38 *l*; 18 *l*; 11 *l*).
d) Beschreibe den Verlauf des Graphen der Zuordnung für ein Fahrzeug, das lediglich 5,5 *l* auf 100 km verbraucht. Worin unterscheidet sich dieser Graph vom Graphen der Zuordnung (7 *l* auf 100 km)?

5. Untersuche, wie sich das Volumen eines Würfels ändert, wenn sich die Seitenlänge vergrößert. Stelle dazu eine Wertetabelle für Werte zwischen 0 cm und 3 cm auf und zeichne den zugehörigen Graphen.

6. Bei einem Rechteck soll die Länge a dreimal so lang sein wie die Breite b.
a) Der Breite soll der Umfang des Rechtecks zugeordnet werden.
Gib möglichst viele Darstellungen dieser Funktion an.
b) Bestimme aus dem Graphen den Umfang für $b = 2{,}5$ cm.
c) Finde ähnliche Zuordnungen an anderen geometrischen Figuren.

7. Gib Zuordnungen an, bei denen es sich nicht um Funktionen handelt. Begründe jeweils und versuche, eventuell durch eine Änderung des Definitionsbereiches zu erreichen, dass es eine Funktion wird.

2.2 Lineare Funktionen

Lineare Funktionen mit der Gleichung $y = f(x) = mx \ (m \neq 0)$

Annett und Klaus gehen in Katwijk zum Strand. Hier betreibt Florian eine Wassersportschule. Die Preise für Wasserski und Parasailing sind auf der Tafel angegeben.

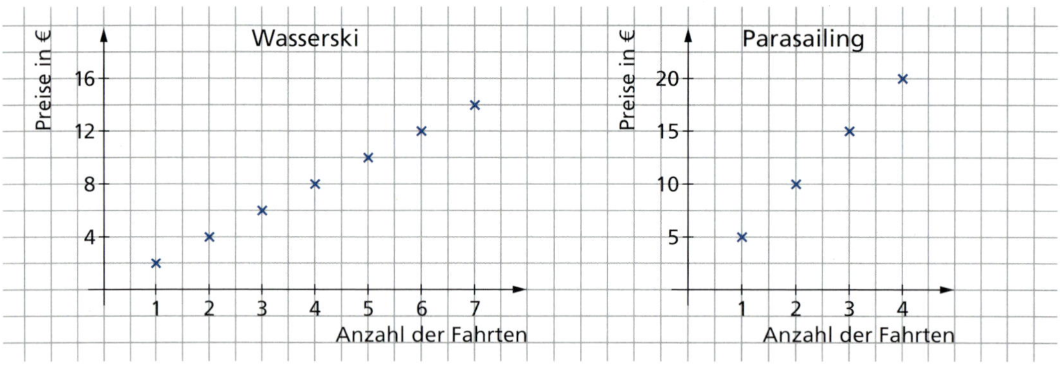

Der Zusammenhang der beiden Größen „Anzahl der Fahrten" und „Preise in €" kann jeweils durch eine Gleichung beschrieben werden.

Bei den Wasserskifahrten liegen die Punkte auf einer Geraden mit der Gleichung: $y = 2 \cdot x$
Bei dem Parasailing liegen die Punkte auf einer Geraden mit der Gleichung: $y = 5 \cdot x$

Da $\frac{y}{x}$ immer einen konstanten Wert ergibt, handelt es sich in beiden Fällen um einen proportionalen Zusammenhang.

Jede Funktion f, die sich durch eine Gleichung der Form $y = f(x) = mx \ (m \in \mathbb{Q})$ beschreiben lässt, heißt **lineare Funktion**. Die Graphen linearer Funktionen sind Geraden.
In der Gleichung einer linearen Funktion $y = mx$ heißt m Steigungsfaktor, auch kurz **Steigung** oder **Anstieg.** Er bestimmt die Steigung der zugehörigen Gerade.

$m > 0$	$y = 2 \cdot x$	Wenn x um 2 zunimmt, so nimmt y um $2 \cdot 2 = 4$ zu.
$m < 0$	$y = -2 \cdot x$	Wenn x um 2 zunimmt, so nimmt y um $2 \cdot (-2) = -4$ ab.

Da alle Graphen der linearen Funktionen mit $y = mx$ durch den Koordinatenursprung verlaufen, benötigt man lediglich die Koordinaten eines weiteren Punkts, um die Gerade zeichnen zu können.

y	0	y_1
x	0	x_1

Gleichungen der Form $y = f(x) = mx$ beschreiben lineare Funktionen, die sich nur im Anstieg m unterscheiden. Ihre Graphen gehen alle durch den Ursprung des Koordinatensystems.

Es gilt: Ist $m > 0$, so steigt die Gerade.
Ist $m < 0$, so fällt die Gerade.
Ist $m = 0$, so ist die Gerade die x-Achse.

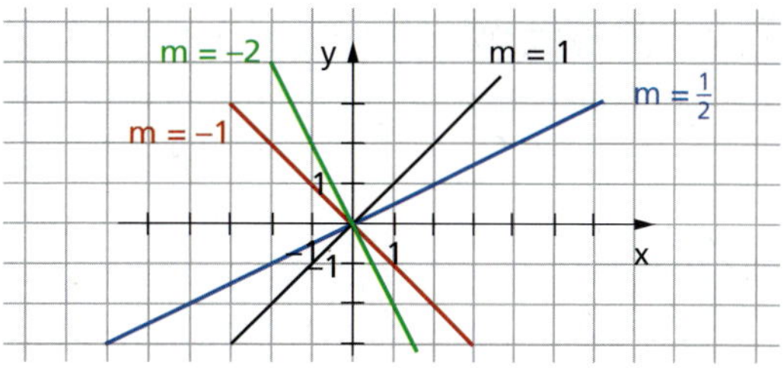

Probiere es selbst:

Die Bewegungsabläufe eines Fußgängers, eines Radfahrers und eines Pkw sind in nebenstehender Abbildung dargestellt.

a) Ordne jeder Linie einen der genannten Bewegungsabläufe zu. Begründe.
b) Gib für jeden Bewegungsvorgang die Funktionsgleichung an.
c) Was kannst du über die Geschwindigkeiten aussagen?

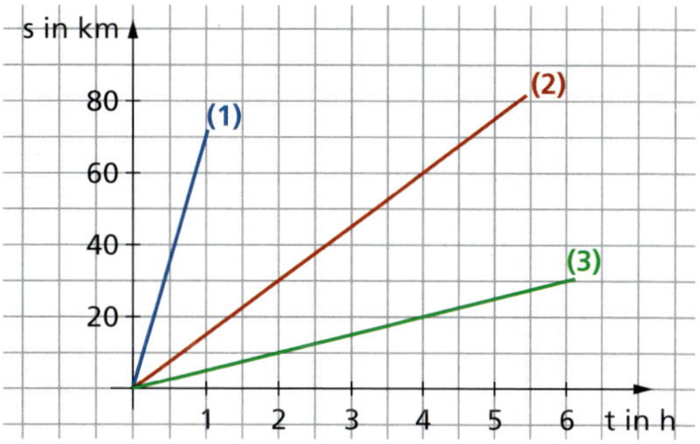

Den Anstieg ermitteln

Für die Gerade g kann der Anstieg nach der Gleichung $m = \frac{\text{Länge des senkrechten Abschnittes}}{\text{Länge des waagerechten Abschnittes}}$ bestimmt werden.

Durch Spiegelung von g an der x-Achse ergibt sich die Gerade g'. Würde man bei g' den Anstieg m wieder als Streckenverhältnis angeben, so würde sich trotz des anderen Verlaufs von g' der gleiche positive Anstieg ergeben.
Das schließen wir aus, wenn der Anstieg m als Quotient angesehen und mit der Gleichung $m = \frac{y_2 - y_1}{x_2 - x_1}$ beschrieben wird.

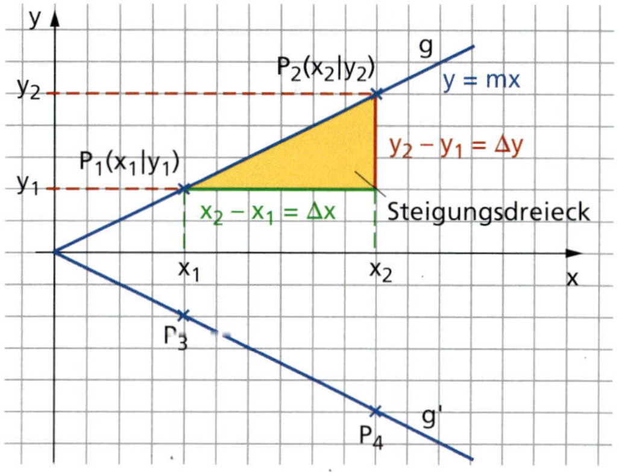

Dabei sind $P_1(x_1|y_1)$ und $P_2(x_2|y_2)$ zwei voneinander verschiedene Punkte auf der Geraden.

In der Mathematik sind für diese Differenzen Abkürzungen üblich:
Für $y_2 - y_1$ schreibt man Δy (gesprochen: Delta y).
Für $x_2 - x_1$ schreibt man Δx (gesprochen: Delta x).

Δ ist der vierte große Buchstabe im griechischen Alphabet und steht für Differenz.

HINWEIS

$$m = \underbrace{\frac{f(x_2) - f(x_1)}{x_2 - x_1}}_{} = \underbrace{\frac{y_2 - y_1}{x_2 - x_1}}_{}$$

Differenzenquotient

Für $P_1(0\,|\,0)$ gilt: $m = \frac{y_2 - 0}{x_2 - 0} = \frac{y_2}{x_2}$

Erste Schritte

1. Gehören folgende Punkte zum Graphen der Funktion $y = 4{,}5x$:

a) $P(0|5)$ b) $R(-2|-9)$ c) $S(0{,}5|2{,}25)$ d) $T\left(\frac{1}{3}\middle|\frac{3}{2}\right)$ e) $V\left(\frac{5}{9}\middle|\frac{2}{5}\right)$

2. Stelle zu folgenden Funktionen eine Wertetabelle mit fünf Wertepaaren auf und trage die Punkte jeweils in ein geeignetes Koordinatensystem ein:

a) $y = 2x$ b) $y = 0{,}5x$ c) $y = 300x$ d) $y = 0{,}01x$

3. Zeichne jeweils den Graphen einer Funktion $y = f(x) = mx$ mithilfe eines Steigungsdreiecks. Lies zur Kontrolle die Koordinaten eines Punktes der Geraden ab und überprüfe, ob die Koordinaten die Funktionsgleichung erfüllen.

a) $m = 3$ b) $m = 0{,}5$ c) $m = 4$ d) $m = \frac{3}{4}$ e) $m = 1{,}7$

4. Gib jeweils den Anstieg an und zeichne die Graphen in ein Koordinatensystem.

a) $y = 1{,}5\,x$ b) $y = \frac{2}{3}x$ c) $y = 0{,}4\,x$ d) $y = 1{,}75\,x$ e) $y = 4{,}7x$

5. Zeichne jeweils den Graphen einer Funktion $y = f(x) = mx$, der durch folgende Punkte geht. Gib in jedem Fall m an.

a) $P(2|3)$ b) $Q(4|0{,}5)$ c) $R(0{,}8|2)$ d) $S(-1|-3{,}5)$

6. a) Gib die Gleichungen der Funktionen f, g und h mit den abgebildeten Graphen an.

b) Nenne Gemeinsamkeiten und Unterschiede im Verlauf der Geraden.

c) Bestimme die Funktionswerte für $f(3)$, $g(3)$ und $h(3)$.

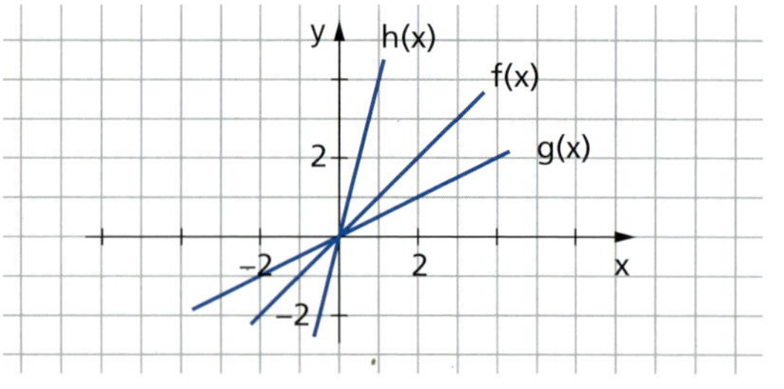

7. Gib zwei Größen y und x an, die zueinander proportional sind und die Funktionsgleichung $y = mx$ mit den folgenden Proportionalitätsfaktoren erfüllen:

a) $60\,\frac{\text{km}}{\text{h}}$ b) $8{,}90\,\frac{€}{\text{kg}}$ c) $7{,}8\,\frac{\text{g}}{\text{cm}^3}$ d) 15 € pro Stunde

8. In den folgenden Aussagen wird ein Wertepaar eines proportionalen Zusammenhangs zweier Größen angegeben. Stelle die eine Größe als Funktion der anderen Größe mithilfe einer Funktionsgleichung dar. Fertige zuerst eine Wertetabelle an.

a) Ein Liter Öl kostet 0,50 €.
b) Für 10 € gibt es 8 kg Orangen.
c) 100 g Käse kosten 1,20 €.
d) 2,5 kg Farbe reichen für 25 m^2.

9. Ein leeres quaderförmiges Becken wird gleichmäßig mit Wasser gefüllt. Der Wasserspiegel steigt in fünf Minuten jeweils um acht Zentimeter an.

a) Wie hoch steht das Wasser nach 5 min, nach 10 min, nach 15 min, nach 300 min?
b) Gib eine Gleichung für die Wasserhöhe als Funktion der Zeit an.
c) Zeichne den Graphen im Bereich von 0 bis 30 min in ein Koordinatensystem.
d) Nach welcher Zeit hat der Wasserstand eine Höhe von 12 cm, 15 cm, 28 cm, 35 cm erreicht? Lies die Werte aus dem Graphen ab und kontrolliere rechnerisch.

Weiterführende Aufgaben

1. a) Gib für folgende elektrische Geräte die verbrauchte Energie als Funktion der Zeit mithilfe einer Gleichung an:
Mikrowelle (0,75 kW), Heizstrahler (1,2 kW), Fernseher (0,2 kW), Waschmaschine (2 kW)

b) Stelle die Funktionen gemeinsam in einem geeigneten Koordinatensystem dar. Wähle als Definitionsbereich 0 bis 10 Stunden.

2. Gib jeweils die Funktionsgleichung für die grafische Darstellung an.

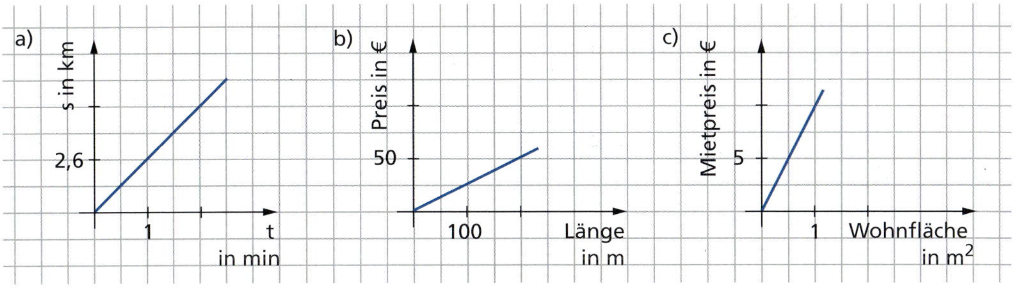

3. Der Graph einer Funktion $y = f(x) = mx$ geht durch die Punkte A und B. Ermittle jeweils den Anstieg m und die fehlenden Koordinaten (Abszissen | Ordinaten).

a) A(1 | 1)
B(2 | y)

b) A(3 | 6)
B(x | −4)

c) A(−2 | −0,5)
B(x | −8)

d) A(−0,8 | −1,6)
B(2,5 | y)

4. Zeichne den Graphen der Funktion f mit $y = f(x) = 0{,}5x$ in einem Koordinatensystem.

a) Zeichne eine Gerade g, die senkrecht zum Graphen der Funktion f ist und durch den Punkt P(0 | 0) geht, in demselben Koordinatensystem.

b) Finde die Funktionsgleichung, die zu dieser Geraden gehört.

c) Suche nach dem Zusammenhang zwischen den Anstiegen m_1 und m_2 zweier Funktionen $y = f_1(x) = m_1x$ und $y = f_2(x) = m_2x$, deren Graphen senkrecht (orthogonal) zueinander sind, indem du weitere selbst gewählte Beispiele betrachtest. Präsentiere deine Vermutung.

5. Salz wird am Arabischen Golf aus Meerwasser gewonnen. Aus einem 20 m^3 großen Becken mit Meerwasser können etwa 700 kg Salz gewonnen werden.

a) Zeichne den Graphen der Funktion Volumen des Wassers → Masse des Salzes und lies ab, wie viel Tonnen Salz (unter gleichen Bedingungen) 30 m^3, 50 m^3, 80 m^3 bzw. 100 m^3 Meerwasser enthalten.

b) Beschreibe den Zusammenhang zwischen Volumen des Meerwassers und Masse des erhaltenen Salzes mithilfe von zwei Funktionsgleichungen.

c) Zeichne den Graphen der Funktion Masse des Salzes → Volumen des Wassers und lies ab, wie viel Kubikmeter Meerwasser zur Gewinnung von 0,5 t, 1 t, 2 t, 3,5 t Salz benötigt werden.

Lineare Funktionen mit der Gleichung $y = f(x) = mx + n$ ($m, n \in \mathbb{Q}$, $m \neq 0$)

In Florians Wassersportschule können Annett und Klaus auch Surfbretter leihen. Die Preise kann man der Tafel entnehmen.
Für den Fall, dass kein Neoprenanzug ausgeliehen wird, ergibt sich nebenstehende grafische Darstellung.

Windsurfing*

Surfbrett	5 € pro Stunde
Neoprenanzug	3 €

* Beim Verleih von Surfbrettern müssen pro Person 10 € Pfand hinterlegt werden.

a) Fertige mithilfe einer Wertetabelle einen entsprechenden Graphen für den Fall an, dass Annett ein Surfbrett ausleiht.
b) Erkläre, wie sich der Graph ändert, wenn Klaus sich zusätzlich einen Neoprenanzug ausleiht. Zeichne in das Koordinatensystem von a) den entsprechenden Graphen, ohne eine Wertetabelle anzufertigen.
c) Gib an, wie lange sie in beiden Fällen surfen können, wenn sie 70 € dabeihaben.
d) Gib für beide Fälle eine Gleichung an, die den Zusammenhang zwischen Preis in Euro und Anzahl der Stunden beschreibt.

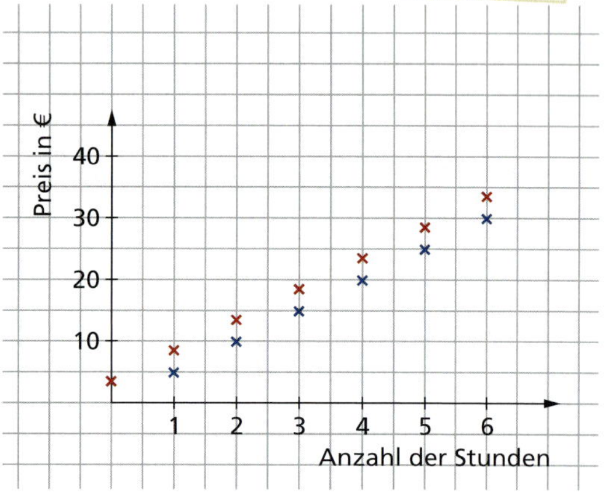

Eine Funktion mit der Funktionsgleichung $y = m \cdot x + n$ (wobei $x, m, n \in \mathbb{Q}$) nennt man **lineare Funktion.** Der Graph einer linearen Funktion ist geradlinig.
m ist die Steigung des Graphen. n nennt man den **y-Achsenabschnitt.**
m und n nennt man **Parameter,** d. h., für eine jeweilige Funktionsgleichung sind es feste Zahlen oder Größen.

Der Graph der Funktionsgleichung schneidet die y-Achse in dem Punkt $(0 \mid n)$.
In unserem Beispiel oben ist es der Punkt $(0 \mid 3)$.

Ist $n = 0$, so ergibt sich eine Funktion mit der Gleichung $y = m \cdot x$, das heißt, der Graph ist eine Gerade, die durch den Koordinatenursprung verläuft.

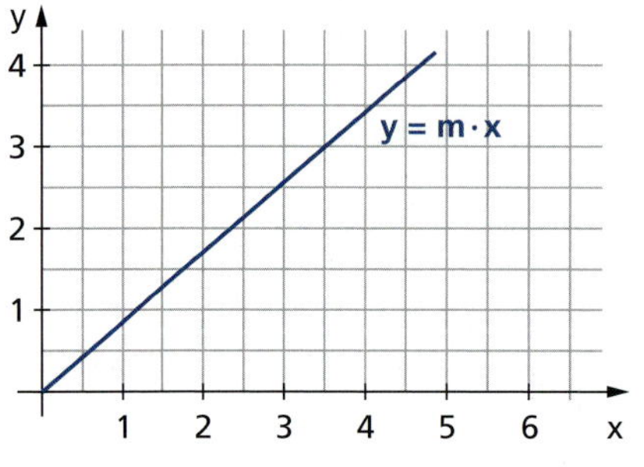

Ist $m = 0$, so ergibt sich eine Funktion mit der Gleichung $y = n$, das heißt, der Graph ist eine Gerade, die parallel zur x-Achse verläuft.

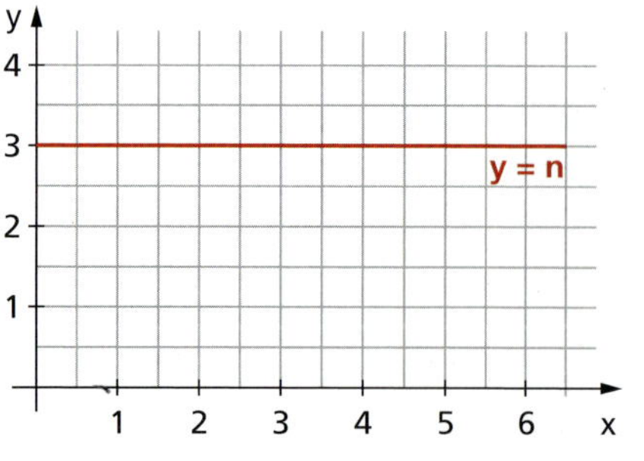

$y = 2x - 3$
$y = mx + n$
$m = 2$

Der Anstieg der Funktion beträgt 2.

$n = -3$

Das absolute Glied ist –3. Der Schnittpunkt des Graphen mit der y-Achse hat die Koordinaten $(0 \mid -3)$.

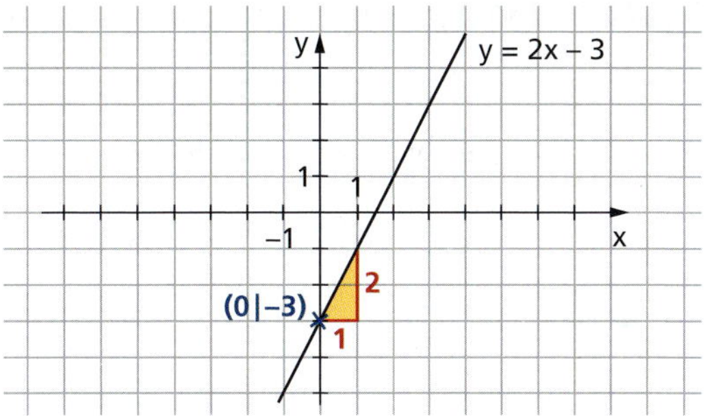

Wenn in der Gleichung $y = f(x) = mx + n$ für das Argument $x = 0$ eingesetzt wird, ergibt sich $y = f(0) = 0 \cdot x + n = n$. Der Punkt $P(0 \mid n)$ gehört also zum Graphen der Funktion $y = mx + n$. Da $P(0 \mid n)$ auf der y-Achse liegt, heißt **n** auch **Achsenabschnitt** auf der y-Achse.
Man sagt auch: Das absolute Glied n in der Gleichung $y = f(x) = mx + n$ ist eine additive Konstante, es bewirkt eine Parallelverschiebung des Graphen von $y = mx$ um n Einheiten in Richtung der y-Achse.

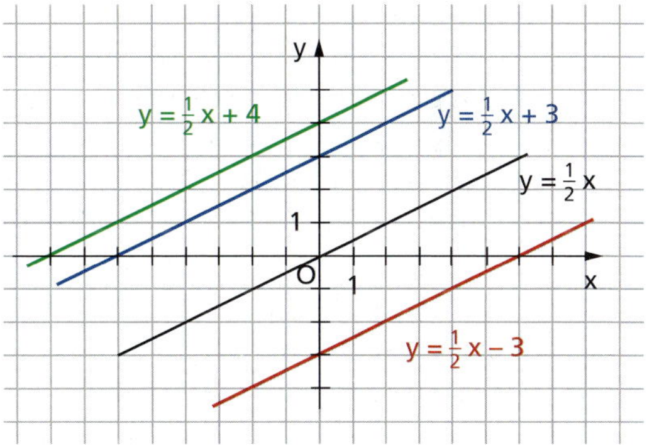

Setzt man z. B. in $y = f(x) = \frac{1}{2}x + n$ für n die Zahlen $\{-3; 0; 3; 4\}$ ein, so erhält man eine Schar von zueinander parallel verlaufenden Geraden, man spricht auch von einer **Funktionenschar.**

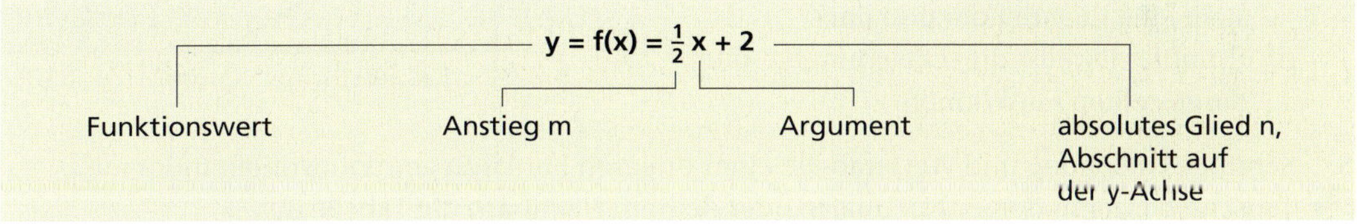

Probiere es selbst:

Gib den passenden Graphen zu $y = 2x + 3$ an.
Begründe deine Entscheidung und beschreibe die Fehler bei den anderen beiden Graphen.

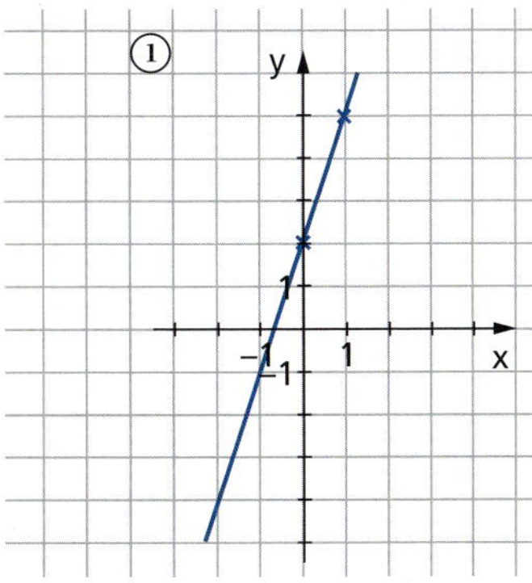

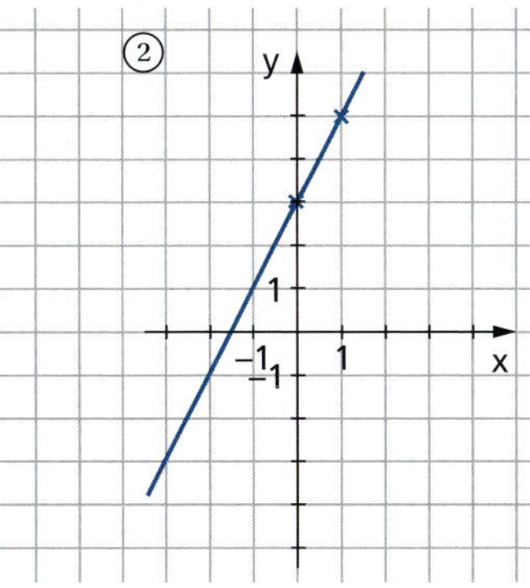

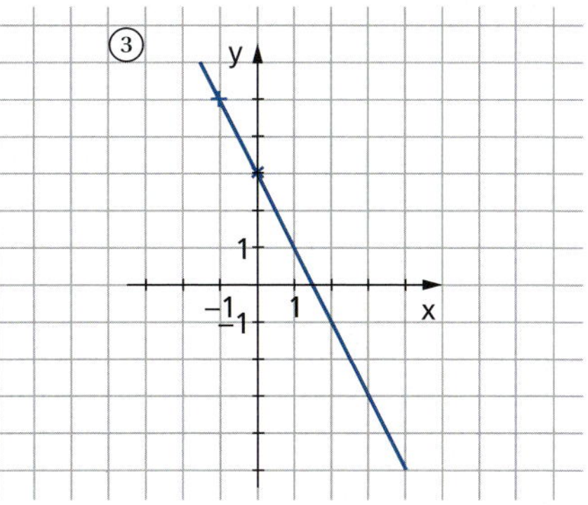

Erste Schritte

1. Prüfe rechnerisch, ob die Punkte zum Graphen der Funktion $y = f(x) = 4x - 0{,}5$ gehören.

P(1|3,5) Q(−2|7) R(−2,5|−11) S(−1,5|−6,5) $T\left(\frac{1}{10}\middle|-\frac{1}{10}\right)$

2. Bestimme jeweils den Anstieg m und zeichne den Graphen der linearen Funktion.

a) $f(x) = 2x + 3$ b) $g(x) = -2x + 3$ c) $h(x) = 0{,}5x - 6$
d) $k(x) = \frac{3}{2}x - 0{,}5$ e) $m(x) = -\frac{4}{5}x + 6{,}8$ f) $n(x) = x - 0{,}8x$

3. Gib die Funktionsgleichungen der Graphen an. Beschreibe gleiche und unterschiedliche Eigenschaften der Funktionen. Überprüfe deine Gleichungen mithilfe eines CAS.

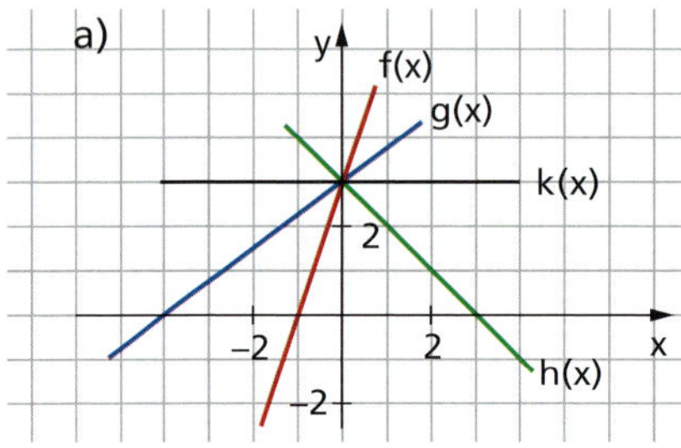

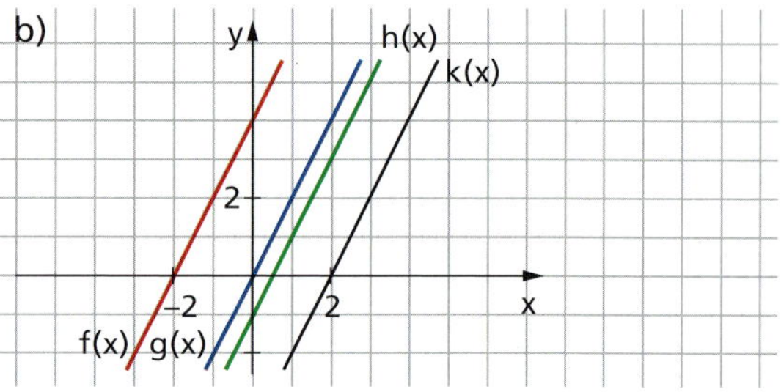

4. a) Gib die Koordinaten der Punkte A, B und C an.
b) Berechne den Flächeninhalt des Dreiecks ABC.
c) Welche der Geraden AB, BC bzw. CA stellt eine lineare Funktion dar?
d) Ermittle jeweils die Gleichungen der dargestellten Funktionen.

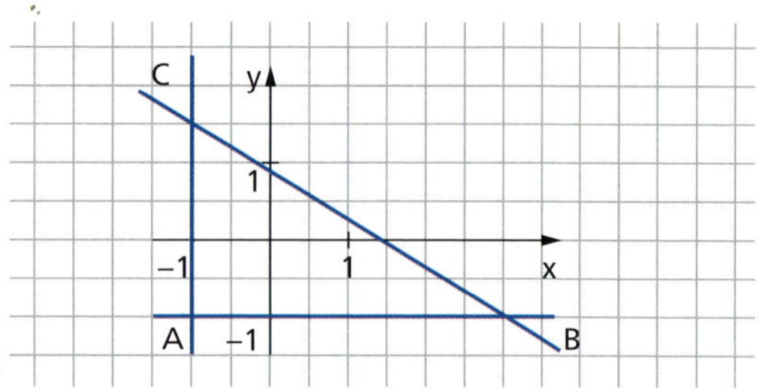

5. Schreibe Gleichung und Wertetabelle einer linearen Funktion getrennt voneinander auf. Tausche dann mit deiner Nachbarin oder deinem Nachbarn die Tabelle aus. Ermittelt gegenseitig eure Gleichungen.

6. Zeichne den Graphen der Funktion f mit $y = 3 \cdot x - 2$.
Zeichne in das gleiche Koordinatensystem Graphen mit den folgenden Eigenschaften und gib deren Funktionsgleichungen an:
a) k hat die gleiche Steigung wie f und verläuft durch Q(1 | 2).
b) h schneidet die y-Achse im gleichen Punkt wie f und hat die Steigung −1.
c) g verläuft parallel zu f und durch P(0 | 2).

7. In einer Tüte sind 42 Süßigkeiten.
Jette und Florian essen jeder drei Stück pro Stunde.
a) Untersuche, ob die Zuordnung Zeit t → Anzahl der Gummibärchen n eine proportionale Zuordnung ist.
b) Bestimme die Funktionsgleichung und zeichne den Graphen.
c) Ermittle, wie viele Gummibärchen nach 2 ($3\frac{1}{2}$; 5) Stunden noch in der Packung sind.
d) Bestimme den Zeitpunkt, an dem die Packung leer ist.

2.3 Eigenschaften linearer Funktionen ermitteln

Zeichnen des Graphen einer linearen Funktion

Für das Zeichnen der Graphen linearer Funktionen gibt es mehrere Möglichkeiten (siehe S. 54).

1. Achsenabschnitt auf der y-Achse und Steigungsdreieck

Gegeben ist die lineare Funktion mit der Funktionsgleichung $y = f(x) = -\frac{3}{4}x + 2$.

Gesucht ist der Graph der Funktion.

Lösung: (1) $y = -\frac{3}{4}x + 2 \rightarrow P(0|2)$

(2) $m = -\frac{3}{4}$

$\frac{\Delta y}{\Delta x} = -\frac{3}{4}$

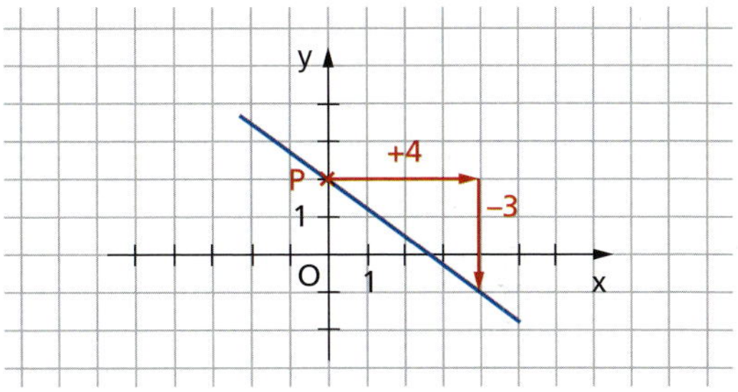

Das Steigungsdreieck wird vom Punkt P aus gezeichnet.

2. Berechnen der Koordinaten zweier (mehrerer) Punkte

Funktionsgleichung: $y = f(x) = -\frac{3}{4}x + 2$

Wertetabelle:

x	0	4
y	2	–1

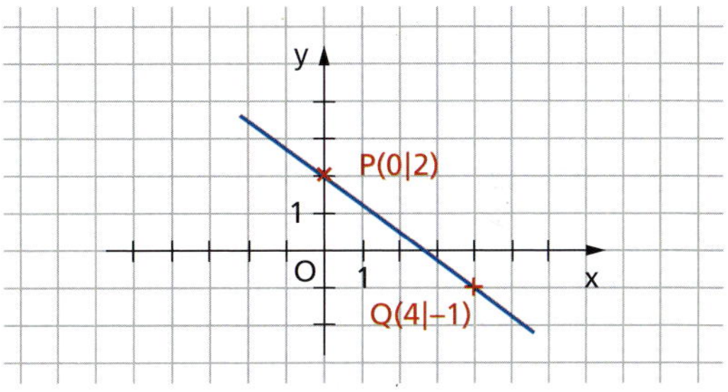

Lösung:
Die Punkte P(0|2) und Q(4|–1) werden in das Koordinatensystem eingetragen.
Der Graph der Funktion verläuft durch diese beiden Punkte.

3. Achsenabschnitte auf der y- und der x-Achse

Funktionsgleichung: $y = f(x) = -\frac{3}{4}x + 2$

Lösung: $n = 2$
Der y-Achsenabschnitt beträgt 2 LE.

Berechnung des x-Achsenabschnittes:

$y = 0 \qquad 0 = -\frac{3}{4}x + 2 \qquad |-2$

$-2 = -\frac{3}{4}x \qquad |:\left(-\frac{3}{4}\right)$

$\frac{8}{3} = x$

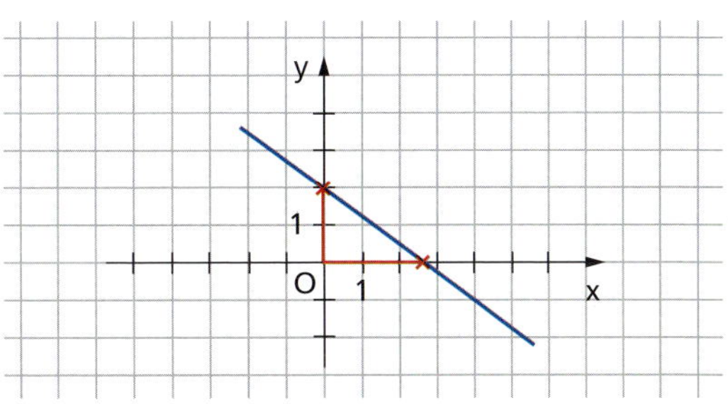

Der Graph der Funktion verläuft durch die beiden Schnittpunkte mit den Achsen.

Bestimmen der Funktionsgleichung einer linearen Funktion

1. Achsenabschnitt n und Anstieg m gegeben

Sind der y-Achsenabschnitt $n = 4$ und der Anstieg $m = -3$ gegeben, setzt man m und n in die allgemeine Form $y = f(x) = mx + n$ ein.
$y = f(x) = -3x + 4$

2. Koordinaten zweier Punkte sind gegeben

Sind die Koordinaten zweier verschiedener Punkte P(−4|3) und R(2|1) des Graphen einer Funktion f gegeben, bestimmt man Anstieg m und y-Achsenabschnitt n.
1. Schritt: Anstieg als Differenzenquotienten bestimmen

$m = \frac{y_2 - y_1}{x_2 - x_1} = \frac{1-3}{2-(-4)} = \frac{-2}{6} = \frac{-1}{3}$ $\qquad y = f(x) = -\frac{1}{3}x + n \quad (*)$

2. Schritt: Koordinaten von P oder R in die Gleichung (*) einsetzen und n berechnen

$3 = -\frac{1}{3}\cdot(-4) + n$

$3 = \frac{4}{3} + n \qquad |-\frac{4}{3}$

$\frac{5}{3} = n \qquad y = f(x) = -\frac{1}{3}x + \frac{5}{3}$

3. Graph der Funktion ist gegeben

Ist der Graph der Funktion f gegeben, liest man den y-Achsenabschnitt n ab und ermittelt den Anstieg m.

1. Schritt:
den y-Achsenabschnitt ablesen → $n = 4$

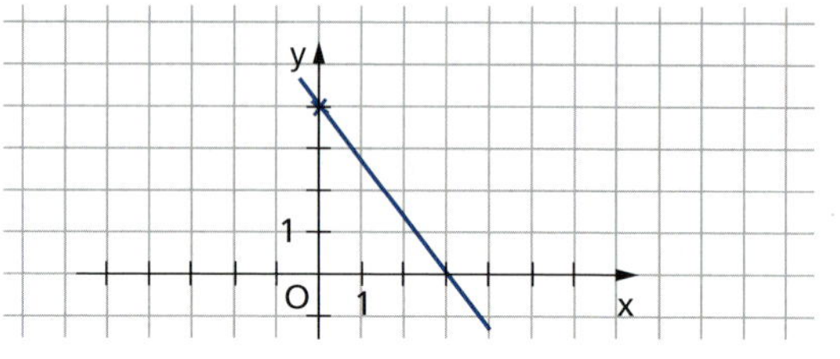

2. Schritt:
Koordinaten eines weiteren Punktes ablesen, z. B. P(3|0),
dann m berechnen

$y = mx + 4 \qquad n = 4;\ P(3|0)$

$0 = m\cdot 3 + 4$

oder m am Steigungsdreieck ablesen

$m = -\frac{4}{3}$

$y = f(x) = -\frac{4}{3}x + 4$

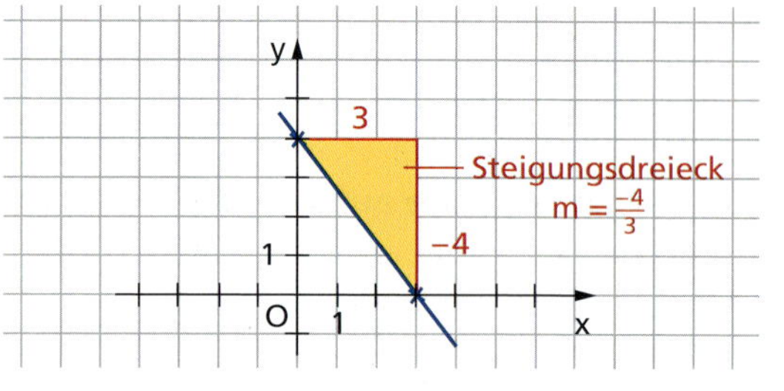

Probiere es selbst:

Zeichne den Graphen der Funktion f mit $y = 3\cdot x - 2$.
Zeichne in das gleiche Koordinatensystem Graphen mit den folgenden Eigenschaften und gib deren Funktionsgleichungen an:

a) k hat die gleiche Steigung wie f und verläuft durch Q(1 | 2).
b) h schneidet die y-Achse im gleichen Punkt wie f und hat die Steigung −1.
c) g verläuft parallel zu f und durch P(0 | 2).

Nullstellen ermitteln

In Kerstana soll ein neues Erdölfeld erschlossen werden. Die prognostizierten Vorräte betragen 100 Mio. Tonnen. Jährlich sollen 8 Mio. Tonnen Rohöl durch einen Mineralölkonzern gefördert werden.
Wie lange reichen die Vorräte?
Der Zusammenhang kann durch eine lineare Funktion beschrieben werden.

$$y = \underbrace{-8\,\frac{\text{Mio. t}}{\text{a}}}_{m} \cdot x + \underbrace{100\text{ Mio. t}}_{n}$$

$$y = m \cdot x + n$$

- n: Vorräte zu Beginn der Förderung
- x: Zeit in Jahren
- m: Förderung pro Jahr
- y: verbleibende Vorräte

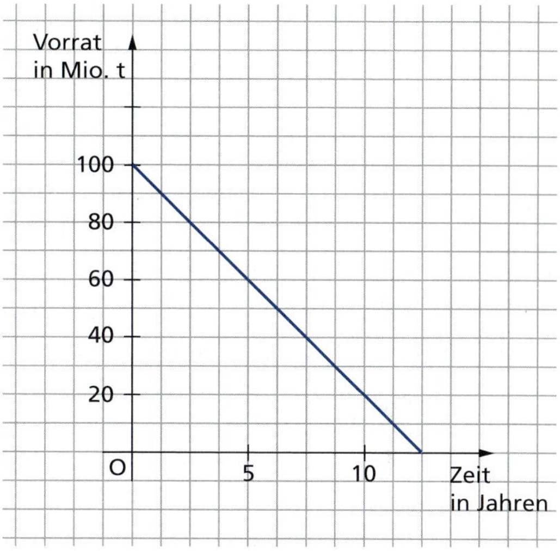

Der Vorrat erreicht den Wert 0 nach 12,5 Jahren.

> Eine Stelle, an der eine Funktion den Wert 0 annimmt, heißt **Nullstelle** dieser Funktion.

Für die Nullstelle x_0 einer linearen Funktion gilt $f(x_0) = 0$.
In der grafischen Darstellung einer linearen Funktion erkennt man die Nullstelle x_0 als x-Wert des Schnittpunkts $P(x_0 \mid 0)$ des Graphen mit der x-Achse.
Für $m \neq 0$ gibt es bei linearen Funktionen immer genau eine Nullstelle

Die Funktion $f(x) = 2x - 3{,}5$ hat bei $x = 1{,}75$ eine Nullstelle. Der Schnittpunkt ihres Graphen mit der x-Achse ist $P(1{,}75|0)$.
Die Nullstelle einer linearen Funktion kann man aus dem Graphen einer Funktion näherungsweise ermitteln oder mit der Gleichung $f(x) = 0$ berechnen.

Bei konstanten Funktionen $y = n$ mit $n \neq 0$ gibt es keine Nullstellen, denn die Graphen verlaufen parallel zur x-Achse und schneiden diese nicht ($g(x) = 4$).

Die konstante Funktion $y = 0$ ist identisch mit der x-Achse. Der Graph hat unendlich viele Schnittpunkte mit der x-Achse.
Man sagt: Die Funktion hat unendlich viele Nullstellen.

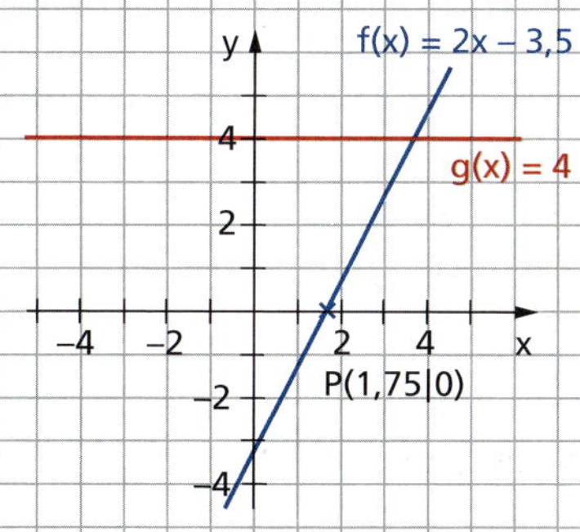

$f(x) = 2x - 3{,}5$ für $f(x) = 0$

$$0 = 2x - 3{,}5$$
$$2x = 3{,}5 \text{ also}$$
$$x = 1{,}75$$

Erste Schritte

1. Zeichne die Graphen der Funktionen.
Nutze ein Steigungsdreieck und den Schnittpunkt mit der y-Achse.

a) $f(x) = x + 1$ b) $g(x) = -x + 2$ c) $h(x) = 2x - 3$

d) $k(x) = 0{,}5x + \frac{3}{4}$ e) $m(x) = -\frac{3}{4}x - 0{,}5$ f) $n(x) = \frac{1}{5}x + 3{,}5$

g) $o(x) = \frac{7}{3}x - 3$ h) $p(x) = -1{,}5\,x$ i) $q(x) = 1{,}25x + 4$

2. Gib die Funktionsgleichungen der Graphen aus nebenstehender Zeichnung an. Ermittle dazu jeweils ihren Anstieg und ihren Schnittpunkt mit der y-Achse.

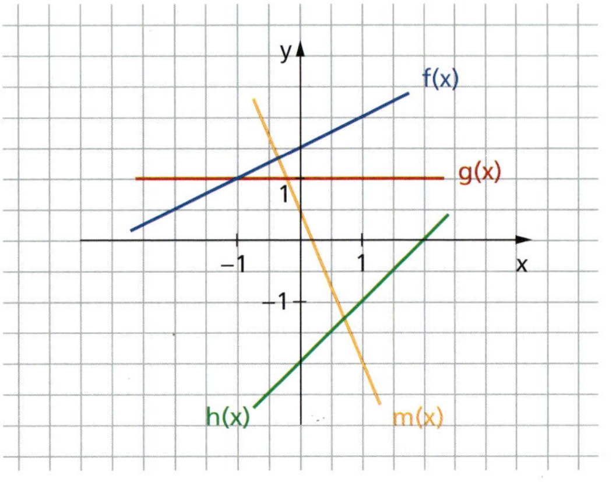

3. Der Graph der Funktion $y = f(x) = mx + n$ geht durch den Punkt A und besitzt den Abschnitt n auf der y-Achse.
Gib die Funktionsgleichung an.

a) $A(2|1)$, $n = 4$ b) $A(-1|3)$, $n = 2$ c) $A(-4|-3)$, $n = -1$

d) $A(0{,}5|-2)$, $n = 4{,}4$ e) $A(-1{,}5|6)$, $n = 0$ f) $A(0|1{,}5)$, $n = 4$

4. a) Für $x_1 = 2$ hat eine lineare Funktion den Funktionswert $y_1 = -3$, für $x_2 = -2$ den Funktionswert $y_2 = 6$. Bestimme die Gleichung der Funktion. Berechne den Funktionswert für $x_3 = 5$.
b) Gib die Gleichung einer linearen Funktion mit $n = 3$ an, deren Graph durch $P(2|-1)$ geht.
c) Ermittle die Gleichung einer linearen Funktion, deren Graph die y-Achse im Punkt $S(0|2)$ schneidet und für $x_1 = -2$ den Funktionswert $y_1 = 1$ hat.

5. Trage die Wertepaare in ein Koordinatensystem ein und gib eine Funktionsgleichung an, deren Graph die Punkte enthält.

a)

x	–2	–0,5	1	2,5
f(x)	–7	–2,5	2	6,5

b)

x	–1	–0,4	0,5	2	0
g(x)	1	0,4	0,5	2	0

6. Gib die Gleichung einer linearen Funktion an, deren Graph durch die Punkte R und S geht.

a) $R(4|6)$, $S(-4|-2)$ b) $R(4|-6)$, $S(0|6)$ c) $R(-2|-4)$, $S(8|1)$

d) $R(1|1)$, $S(-2|3)$ e) $R(4|4)$, $S(5|6)$ f) $R(-3|-2)$, $S(0|3)$

g) $R\left(0{,}5\middle|-\frac{1}{4}\right)$, $S(2|-2)$ h) $R\left(-1\middle|\frac{1}{3}\right)$, $S\left(\frac{1}{6}\middle|-1{,}5\right)$ i) $R\left(-\frac{1}{2}\middle|-\frac{1}{8}\right)$, $S(2|0)$

7. Zeichne die Graphen der Funktionen jeweils in ein und dasselbe Koordinatensystem.

a) $f(x) = 2x + 4$
$g(x) = -3x + 4$
$h(x) = 4$

b) $f(x) = -2{,}5x + \frac{5}{2}$
$g(x) = -2{,}5x - 3$
$h(x) = -\frac{2}{5}x + 1$

c) $f(x) = 0{,}8x - 1$
$g(x) = 0{,}8x + 1$
$h(x) = \frac{5}{4}x + \frac{5}{4}$

Lagebeziehung der Graphen zweier linearer Funktionen

Es können grundsätzlich zwei Fälle unterschieden werden.

Fall 1: Die Graphen schneiden einander.

I $y = f(x) = 2x - 2$ $\qquad y = f(x) = m_1x + n_1$

II $y = h(x) = -0{,}5x + 1$ $\qquad y = h(x) = m_2x + n_2$

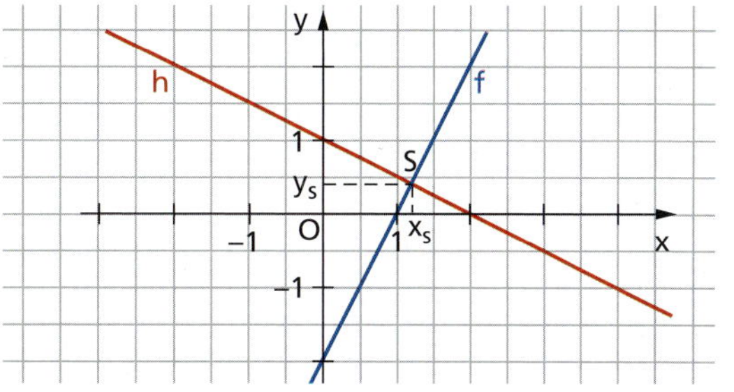

Der Punkt S liegt sowohl auf dem Graphen der Funktion f als auch auf dem Graphen der Funktion h. Demzufolge müssen die Koordinaten des gemeinsamen Punktes S beide Funktionsgleichungen erfüllen.

Für die Koordinaten des Schnittpunktes gilt: $f(x) = h(x)$

(1) Ermittlung der x-Koordinate (Abszisse)

$2x - 2 = -0{,}5x + 1$

$2{,}5x = 3$

$x = 1{,}2$

(2) Ermittlung der y-Koordinate (Ordinate)

$y = f(1{,}2) = 2 \cdot 1{,}2 - 2 = 0{,}4$

Probe: Punktprobe – Einsetzen in h(x)

linke Seite		rechte Seite	
0,4		$-\frac{1}{2} \cdot 1{,}2 + 1$	
0,4		$-0{,}6 + 1$	
0,4	=	0,4	wahre Aussage

$\Rightarrow S(1{,}2 \mid 0{,}4)$

Fall 2a: Die Graphen sind parallel zueinander.

I $y = f(x) = 2x - 1$ $\qquad y = f(x) = m_1x + n_1$

II $y = g(x) = 2x + 1$ $\qquad y = g(x) = m_2x + n_2$

Die Graphen der linearen Funktionen f und g schneiden einander nicht.

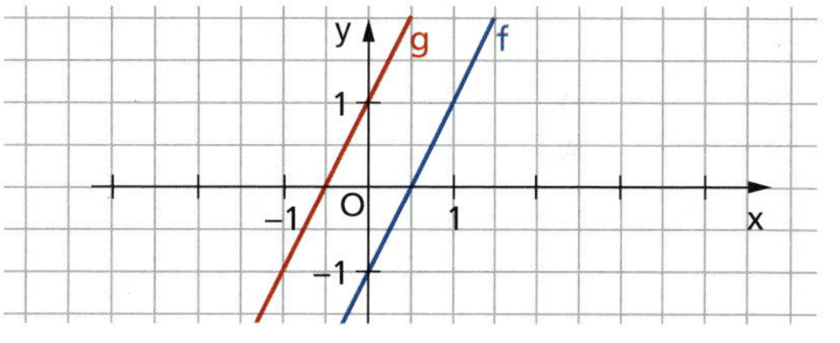

Fall 2b: Die Graphen liegen übereinander.

I $y = f(x) = 2x - 1$ $\qquad y = f(x) = m_1x + n_1$

II $y = g(x) = -1 + 2x$ $\qquad y = g(x) = m_2x + n_2$

Die Graphen der linearen Funktionen f und g sind identisch.

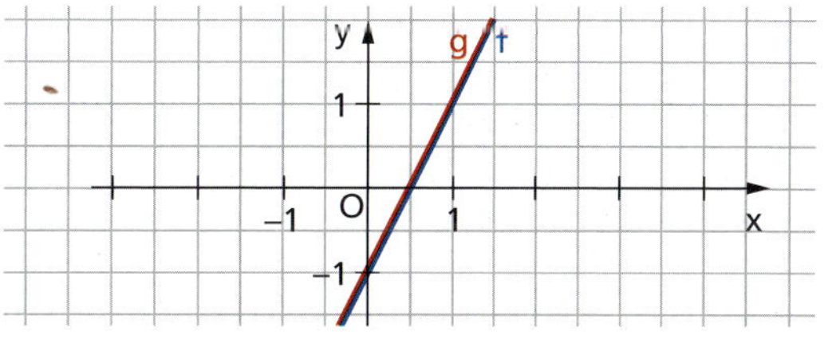

Gilt $m_1 \neq m_2$, so **schneiden sich** die Graphen der linearen Funktionen.
Sind m_1 und m_2 gleich, so verlaufen die Graphen der linearen Funktionen **parallel zueinander.** Sind darüber hinaus (auch) n_1 und n_2 gleich, so sind die Graphen **identisch.**

Probiere es selbst:

Gegeben ist die lineare Funktion f mit $f(x) = -\frac{1}{2}x + 2$.

Gib jeweils eine weitere Funktion g mittels Gleichung so an, dass für die Graphen von f und g gilt:

a) Sie schneiden einander. b) Sie sind parallel zueinander. c) Sie sind identisch.

Monotonie

Für den Verlauf des Graphen können drei Fälle unterschieden werden (siehe S. 33):

1. Fall: $m > 0$
Für $\Delta x > 0$ ist auch $\Delta y > 0$.
Man sagt, die Funktion ist **monoton wachsend.**
2. Fall: $m = 0$ (Es gilt: $y = f(x) = n$)
Für $\Delta x > 0$ ist stets $\Delta y = 0$.
Die Funktion $y = n$ heißt **konstante Funktion.**
3. Fall: $m < 0$
Für $\Delta x > 0$ ist $\Delta y < 0$.
Man sagt, die Funktion ist **monoton fallend.**

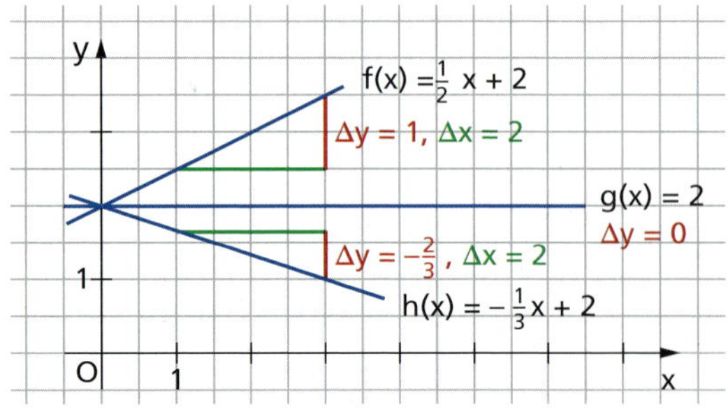

Probiere es selbst:

1. a) Lies die Nullstellen der dargestellten Funktionen f(x), g(x), h(x) und k(x) in der nebenstehenden Abbildung ab.
b) Beschreibe den Verlauf der Graphen.

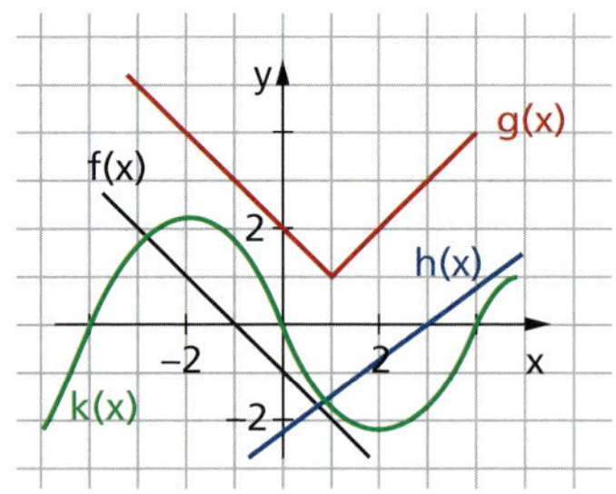

2. Berechne die Schnittpunkte der Funktionsgraphen mit den Koordinatenachsen.
Zeichne die Graphen und kontrolliere deine Rechnung.

a) $y = f(x) = -x + 2$
b) $y = g(x) = 3x - 0{,}5$
c) $y = k(x) = -0{,}5x + 1{,}5$
d) $y = n(x) = -\frac{2}{3}x + \frac{1}{4}$

Erste Schritte

1. a) Nenne den Unterschied zwischen einer Nullstelle der Funktion und der Stelle $x = 0$.
b) Nenne den Unterschied zwischen der Nullstelle einer Funktion und dem Schnittpunkt ihres Graphen mit der x-Achse.

2. Berechne die Schnittpunkte der Funktionsgraphen mit den Koordinatenachsen.
Zeichne die Graphen und kontrolliere deine Rechnung.

a) $y = f(x) = x + 1$
b) $y = g(x) = \frac{1}{3}x - 2$
c) $y = h(x) = 2x - \frac{4}{5}$
d) $y = k(x) = -\frac{2}{5}x + \frac{1}{2}$
e) $y = m(x) = 2{,}5x - 6$
f) $3x - 4y + 8 = 0$

3. Weise nach, dass der Schnittpunkt des Graphen der Funktion $y = mx + n$ $(m \neq 0)$ mit der x-Achse die Koordinaten $\left(-\frac{n}{m} \middle| 0\right)$ hat.

4. In einem Tankwagen befinden sich 5 000 *l* Heizöl. Beim Befüllen eines 4 000-Liter-Tanks, in dem sich noch 300 *l* Heizöl befinden, werden pro Minute 200 *l* Heizöl in den Tank gepumpt.
a) Stelle eine Wertetabelle für die Füllzeit → Ölmenge im Tankwagen für die ersten 5 min auf und stelle den Zusammenhang in einem Koordinatensystem dar.
b) Gib eine Gleichung für die Funktion an.
c) Wie lange würde es dauern, bis der gesamte Tankwagen leer wäre?
d) Welche Bedeutung haben in der Aufgabe folgende Merkmale der Funktion: Definitionsbereich, Wertebereich, Anstieg, Abschnitt auf der y-Achse, Nullstelle?

5. Entscheide, ob die Graphen der Funktionen (1) und (2) einander schneiden.
Ermittle die Koordinaten der Schnittpunkte zeichnerisch.

a) (1) $y = 2x - 5$
(2) $y = x + 1$

b) (1) $x - 3y = 6$
(2) $4y = 2x - 8$

c) (1) $4x = 3y$
(2) $-9y = -12x$

d) (1) $12y = 15$
(2) $-15 = 3y$

6. Entscheide, ob die Graphen jeweils einander schneiden oder zueinander parallel sind.

a) $f(x) = 2x - 7$
$g(x) = 2x + 7$

b) $f(x) = -x + 2$
$g(x) = x - 2$

c) $f(x) = \frac{1}{10}x - 3{,}2$
$g(x) = 7x - 3{,}2$

d) $f(x) = 4x + 5$
$g(x) = 8x + 10$

e) $f(x) = 4x + 2$
$g(x) = -3x + 2$

f) $f(x) = 4$
$g(x) = 6$

g) $f(x) = x - 3$
$g(x) = 7x - 3{,}2$

h) $f(x) = 3$
$g(x) = 4x + 3$

7. Berechne den Schnittpunkt der Funktionsgraphen.

a) $y = 4x - 3$
$y = 2x + 5$

b) $y = 0{,}2x + 0{,}4$
$y = 3x + 4$

c) $y = -12 - 6x$
$y = 0{,}5x + 1$

8. Gegeben ist eine Wertetabelle. Ermittle die Funktionsgleichung und ergänze die Tabelle.

x	−4	−3	−2	−1	0	1	2	2,5	3	4
y		7,5			1,5	−0,5		−3,5	−4,5	

a) Trage die Punkte in ein Koordinatensystem ein. Zeichne durch die Punkte die Gerade g.
b) Eine zweite Funktion h ist durch die Gleichung $y = x - 3$ beschrieben.
Zeichne den Graphen.
c) Beide Graphen schneiden einander im Punkt S. Gib die Koordinaten von S an.
d) Überprüfe rechnerisch, ob der Schnittpunkt beide Funktionsgleichungen erfüllt.

9. Gib jeweils zwei Gleichungen linearer Funktionen an, deren Graphen folgende Eigenschaften besitzen:

a) Sie sind zueinander parallel. Die Funktionswerte unterscheiden sich um 2.
b) Sie schneiden einander im Punkt (2|−2).
c) Sie liegen genau übereinander und haben den Anstieg 2.

10. Arbeitet zu zweit. Zeichnet den Graphen der Funktion $f(x) = 3{,}5x - 3$.
Zeichnet in das gleiche Koordinatensystem die Graphen von g(x), h(x), k(x), r(x)und s(x) mit den folgenden Eigenschaften und gebt deren Funktionsgleichungen an:

a) Die Graphen von f(x) und g(x) sind parallel zueinander.
b) Die Graphen von h(x) und f(x) schneiden die y-Achse im gleichen Punkt.
c) Der Graph von k(x) geht durch P(0|2) und hat den gleichen Anstieg wie der Graph von f(x).
d) Die Graphen von r(x) und f(x) schneiden die x-Achse im gleichen Punkt.
e) Der Graph von s(x) schneidet den Graphen von f(x) in R(2|4) und fällt.

11. Beschreibe die Lage der Graphen folgender Funktionen, ohne sie zu zeichnen:

a) $f(x) = 3x - 12$
$f(x) = 4x$
$f(x) = \frac{1}{3}x + 4$

b) $g(x) = -3x - 12$
$g(x) = 4x - 2$
$g(x) = \frac{1}{3}x - 5$

c) $h(x) = 3x + 4$
$h(x) = 4x + 2$
$h(x) = \frac{1}{3}x$

d) $k(x) = -3x + 4$
$k(x) = -4x$
$k(x) = -\frac{1}{3}x - 5$

Abschnittsweise definierte lineare Funktionen

Funktionen, deren Graphen aus verschiedenen geradlinigen Stücken bestehen, heißen **abschnittweise definierte lineare Funktionen.** Die einzelnen Abschnitte des Graphen lassen sich mittels linearer Gleichungen beschreiben.

Bewegungsablauf eines Busses im Stadtverkehr

① Anfahren von einer Haltestelle, gleichmäßig beschleunigte Geschwindigkeit
② Fahren mit konstanter Geschwindigkeit
③ Abbremsen vor einer Haltestelle und halten
④ Anfahren mit gleichmäßig beschleunigter Geschwindigkeit

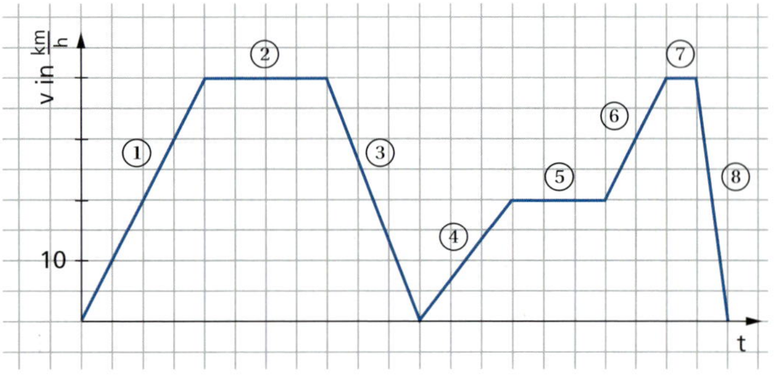

⑤ Fahren mit geringer konstanter Geschwindigkeit (wegen einer Baustelle)
⑥ Beschleunigen
⑦ Fahren mit konstanter Geschwindigkeit
⑧ Verkehrsbedingtes starkes Bremsen bis zum Stillstand

Wenn die Geradenstücke nicht zusammenhängend sind, muss gekennzeichnet werden, ob die Endpunkte der Strecken zum Graphenabschnitt gehören oder nicht.
Der Definitionsbereich der Funktion besteht aus mehreren Abschnitten der x-Achse, die man als Intervalle bezeichnet.
Stellen, an denen der Graph einen „Sprung“ macht, nennt man Sprungstellen.
Der Graph einer Funktion, die stückweise aus konstanten Funktionen besteht, ähnelt einer Treppe. Solche Funktionen heißen **Treppenfunktionen.**

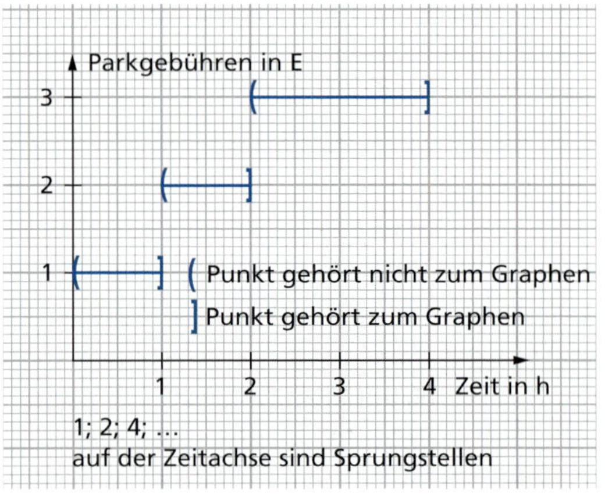

Eine besondere lineare Funktion, deren Graph sich in zwei Abschnitte aufteilt, ist die **Betragsfunktion.**
Der Betrag von a hat die Lösungen a und –a.
$|a| = |-a|$
Der Betrag kann niemals negativ sein. Der Graph der zugehörigen Funktion liegt demzufolge oberhalb der x-Achse und besteht aus zwei „Ästen“, die symmetrisch zur y-Achse verlaufen.

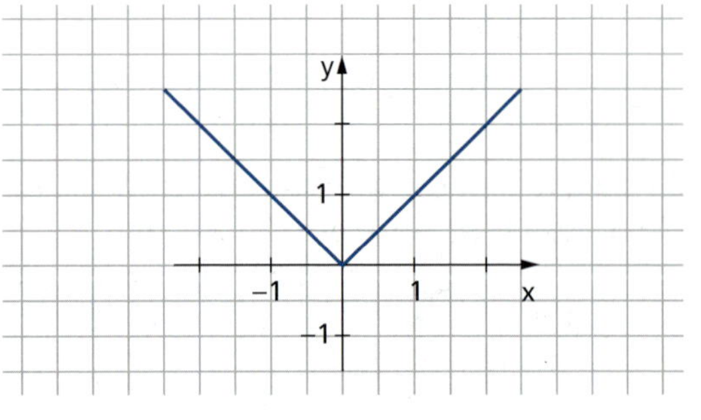

Probiere es selbst

Gib für jedes Geradenstück eine Funktionsgleichung an.

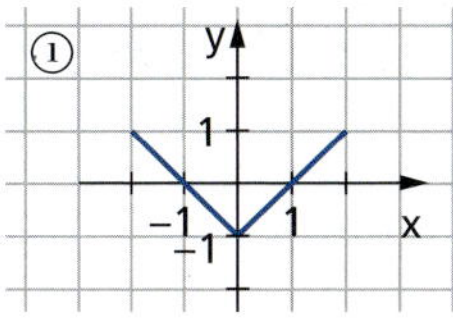

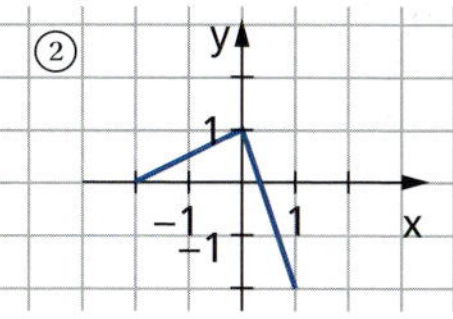

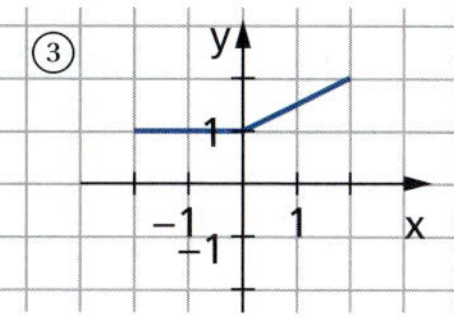

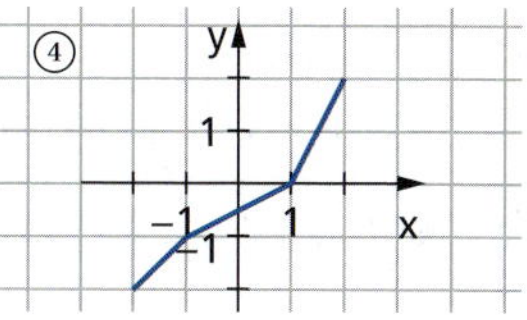

Erste Schritte

1. In dem nebenstehenden Koordinatensystem ist der Verlauf einer Fahrradtour dargestellt.

a) Ordne den einzelnen Abschnitten die entsprechende Funktionsgleichung zu.

$y = 30$ 4 ✓ $y = 7{,}5x$ 3 ✓ $y = 10x$ 1 ✓
$y = 6x$ 5 ✓ $y = 15$ 2 ✓

b) Gib zu jeder Funktionsgleichung auch das zugehörige Intervall an.

$2 < x < 4$ 3 $0 < x < 1{,}5$ 1 $5 < x < 6{,}5$ 5
$1{,}5 < x < 2$ 2 $4 < x < 5$ 4

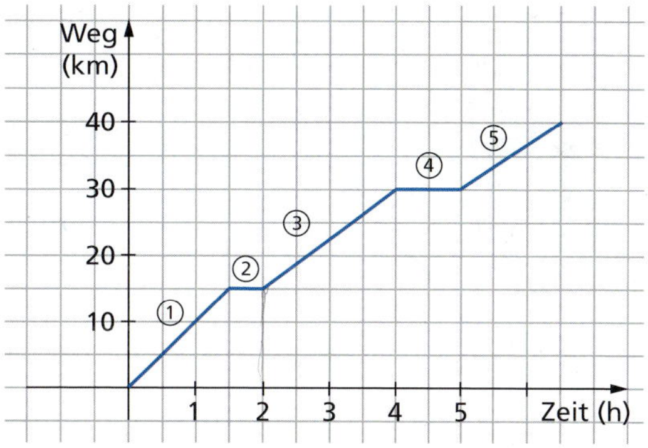

2. In einer Abfüllanlage werden 1-Liter-Flaschen mit Mineralwasser gefüllt. Stelle den Zusammenhang zwischen der abgefüllten Menge und der Anzahl der abgefüllten Flaschen in einem Koordinatensystem dar. Wähle als Definitionsbereich das Intervall von $0\,l$ bis $6\,l$.

3. Stelle die Funktionen $y = |x|$, $y = |0{,}5x|$ und $y = |2x|$ in einem Koordinatensystem dar.

4. Zeichne die Graphen folgender Funktionen in ein und dasselbe Koordinatensystem:

a) ~~① $y = 2x + 4$ im Intervall $-2 \le x \le 2$~~
② $y = -3x + 4$ im Intervall $[0;\ 3]$
~~③ $y = \frac{1}{4}x + 4$ im Intervall $-3 \le x < 2$~~

b) ① $y = -2{,}5x + 2{,}5$ im Intervall $-1 \le x \le 2$
~~② $y = -2{,}5x$~~ im Intervall $[-1;\ 2]$
③ $y = -2{,}5x + 2{,}5$ im Intervall ~~$-1 \le x \le 2$~~

5. Ina fährt mit dem Fahrrad zur Schule. In dem Diagramm ist ihr Weg beschrieben.

a) War Ina pünktlich in der Schule, wenn der Unterricht um 8.00 Uhr beginnt? Ja ✓

b) Wie lange war sie unterwegs? 1 h ✓

c) Welche Geschwindigkeit hatte sie um 7.45 Uhr? 7,5 km ✓

d) Was könnte um 7.55 Uhr passiert sein? Sie musste halt machen

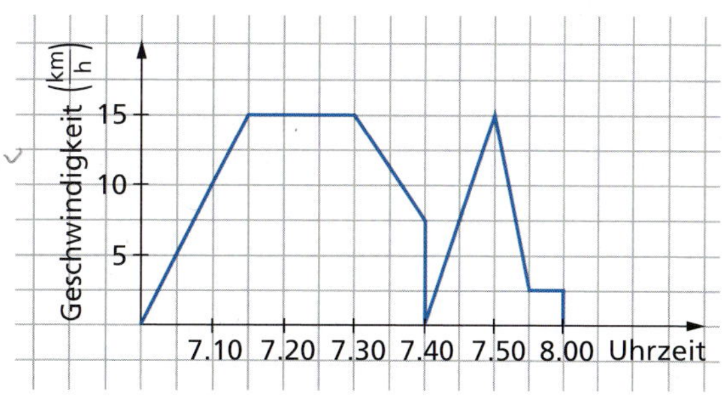

6. Auf Seite 21 hat Annett die Fahrt nach Katwijk in einem Zeit-Weg-Diagramm beschrieben.

a) Zeichnet einen präzisen Graphen in ein Koordinatensystem auf Millimeterpapier.

b) Diskutiert, ob es sinnvoll ist, die Punkte des Graphen zu verbinden.

c) Erklärt, ob es möglich ist, den Zusammenhang durch eine oder mehrere Funktionsgleichungen darzustellen.

Weiterführende Aufgaben

1. Funktionen, deren Graphen aus verschiedenen geradlinigen Stücken bestehen, heißen stückweise lineare Funktionen. Der Graph zeigt den Zusammenhang zwischen dem Wasserinhalt einer Badewanne und der Zeit des Badens. Beschreibe und deute den Verlauf des Graphen in den einzelnen Zeitabschnitten.
Gib für jeden Zeitabschnitt eine Gleichung für den funktionalen Zusammenhang an.

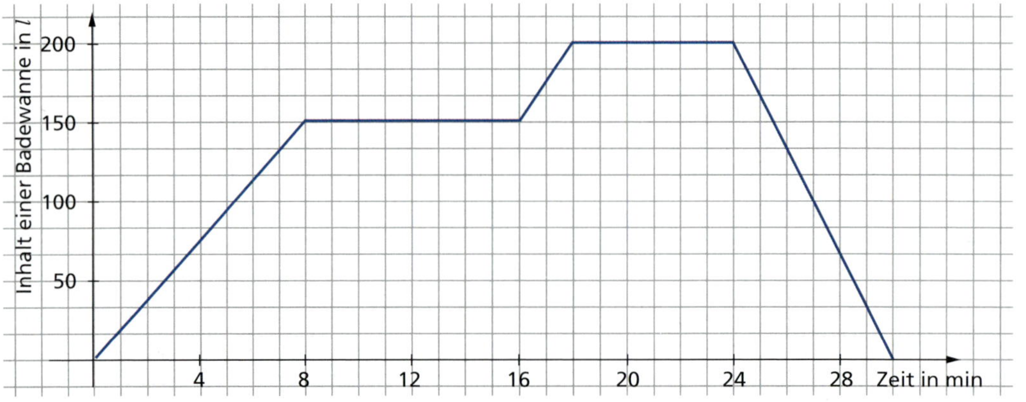

2. Für den Erdgasverbrauch zahlt man bei einem Großanbieter einen Grundpreis von 144 € im Jahr und einen Arbeitspreis von 47,8 ct je Kubikmeter.
a) Berechne die Kosten für einen Verbrauch von 100 m^3, 250 m^3, 500 m^3, 1 000 m^3 im Jahr.
b) Fertige ein Diagramm an.
c) Lies ab, wie viel Kubikmeter Gas man bei Kosten von 300 € etwa verbraucht hat.
d) Lies ab, wie viel Euro man zirka für 850 m^3 Gas zahlen muss.

3. Gegeben sind die Punkte A(–1|–1), B(3|–1) und C(–1|1,5)
a) Zeichne die Punkte in ein Koordinatensystem, verbinde sie miteinander und berechne den Flächeninhalt der Figur.
b) Welche der Geraden AB, AC und BC stellen Graphen linearer Funktionen dar? Begründe.
c) Ermittle jeweils die Gleichung der dargestellten Funktion.

4. Eine Kerze von zehn Zentimeter Länge brennt gleichmäßig ab. Nachdem sie zehn Minuten gebrannt hat, ist sie noch acht Zentimeter lang.
a) Stelle den Zusammenhang zwischen Brennzeit und Länge der Kerze grafisch dar.
b) Gib eine Gleichung an, die den Zusammenhang beschreibt.
c) Bestimme mithilfe der grafischen Darstellung und mithilfe einer Gleichung unter Verwendung des Anstiegs die Zeit, bis die Kerze vollständig abgebrannt ist.

5. Im Katalog eines Versandhauses stehen die nebenstehenden Versandbedingungen klein gedruckt.
a) Zeichne den Graphen der Funktion Bestellwert → Versandkosten.
b) Erläutere, was du aus dem grafischen Verlauf ablesen kannst.

Der Mindestbestellwert beträgt 25,– €. Bis zu einem Bestellwert von 250,– € werden 4,– € für Porto und Verpackung sowie 1 % des Bestellwerts für die Transportversicherung erhoben. Ab einem Bestellwert über 250,– € betragen die Versandkosten pauschal nur 2,– € und ab 500,– € Bestellwert übernimmt das Versandhaus alle Kosten des Transports.

2.4 Gemischte Aufgaben

1. Eine Telefongesellschaft hat verschiedene Angebote für Inlandsgespräche:

Angebot 1	Angebot 2	Angebot 3
keine Grundgebühr eine Gesprächsminute 0,03 €	Grundgebühr 10 € eine Gesprächsminute 0,01 €	Flatrate 20 €

a) Stelle jeweils die Zuordnung Zeitdauer der Gespräche pro Monat t → Preis P in € in einem Koordinatensystem mithilfe einer Wertetabelle dar.

b) Gib für die drei Angebote jeweils die Funktionsgleichung an und begründe, in welchem Fall es sich um eine proportionale Zuordnung handelt.

c) Bestimme den Preis einer Gesprächszeit von 300 min (600 min) für jedes Angebot.

d) Bestimme die Zeitintervalle, in denen die jeweiligen Angebote am günstigsten sind.

e) Präsentiere deine Ergebnisse vor der Klasse.

2. Bei der Fahrt nach Katwijk ergab sich nebenstehendes Zeit-Weg-Diagramm. Es handelt sich um eine abschnittsweise definierte Funktion.
Arbeitet zu zweit.

a) Ermittelt die Intervalle, über denen die jeweiligen linearen Funktionen definiert sind.

b) Bestimmt über jedem Intervall die Funktionsgleichung.

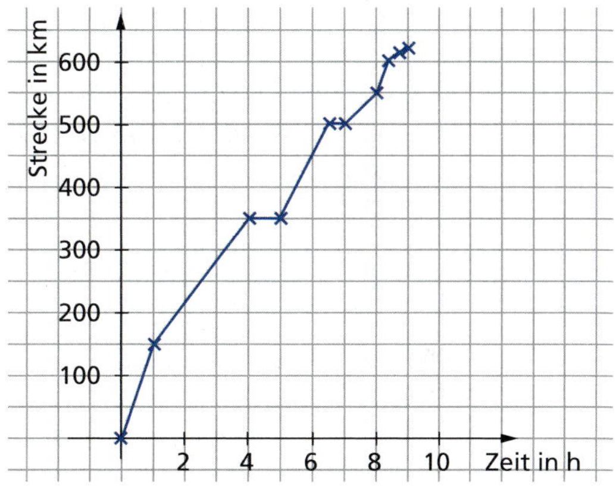

3. Zwei lineare Funktionen haben die Funktionsgleichungen $f(x) = y = \frac{1}{2} \cdot x - 6$ und $g(x) = y = 2 \cdot x + 4$.

a) Ermittle die Nullstellen der linearen Funktionen.

b) Stelle zeichnerisch und rechnerisch fest, in welchem Punkt sich die Graphen schneiden.

c) Gib die Menge aller Funktionsgleichungen an, deren Graphen parallel zu dem Graphen von f verlaufen.

4. Zwischen Heimstadt und Astadt verkehren Busse. In jedem Ort fährt ein Bus zur gleichen Zeit (um 8.00 Uhr) los.
Der Bus von Heimstadt nach Astadt kommt nicht so schnell voran wie der Bus der Gegenrichtung, da die Verkehrsdichte größer ist.

a) Wie lange fahren die Busse?

b) Wann treffen sich die beiden Busse?

c) Die Busfahrer wollen sich um 8.45 Uhr treffen. Ist das realistisch?

d) Gib für jede Gerade eine Gleichung an.

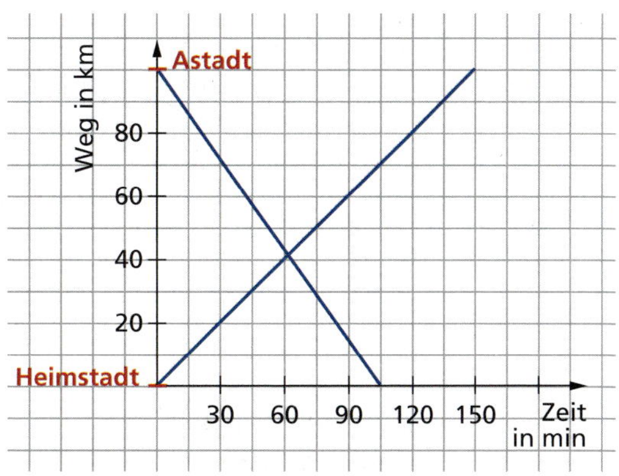

5. Begründe, welche der folgenden Aussagen wahr sind.

a) Jede lineare Funktion kann als eine proportionale Zuordnung beschrieben werden.

b) Jede proportionale Zuordnung kann als Funktion beschrieben werden.

c) Ist der Graph einer Funktion eine Hyperbel, so handelt es sich um eine antiproportionale Zuordnung.

d) Das Bild einer proportionalen Zuordnung ist eine Gerade, die durch den Koordinatenursprung geht.

e) Der Graph einer linearen Funktion verläuft durch den Koordinatenursprung.

6. Ein Fallschirmspringer befindet sich 15 s nach Öffnen des Fallschirms in einer Höhe von 300 m über dem Landeplatz. In 1 Sekunde sinkt er um 4 m.

a) Berechne, in welcher Höhe er den Fallschirm geöffnet hat.

b) Stelle grafisch die Funktion Fallzeit → Höhe in einem Koordinatensystem dar.

c) Ermittle mithilfe des Graphen die Höhe nach 5 s, 20 s und 30 s. Bestimme, nach welcher Zeit er den Landeplatz erreicht.

d) Welche Faktoren beeinflussen die Dauer des Sprungs? Wie verändert sich der Graph?

7. a) Stelle die folgenden beiden Funktionen in einem Koordinatensystem dar:
$f(x) = 3 \cdot x - 4$ und $g(x) = -2 \cdot x + 1$.

b) Ermittle mithilfe des Graphen die Nullstellen beider Funktionen und überprüfe das Ergebnis rechnerisch.

c) Bestimme zeichnerisch die Koordinaten des Schnittpunktes S der beiden Graphen.

d) Der Graph von f schneidet die y-Achse im Punkt A. Der Graph von g schneidet die y-Achse im Punkt B. Ermittle die Koordinaten der Punkte A und B.

e) Bestimme den Flächeninhalt des Dreiecks ASB. Beschreibe, wie du vorgegangen bist.

8. Eine Kerze ist anfangs 35 cm lang. Beim Brennen wird sie jede Stunde um 2 cm kürzer.

a) Untersuche, ob die Zuordnung
Brenndauer x → Länge der Kerze y
eine proportionale Zuordnung ist.

b) Bestimme die Funktionsgleichung der Zuordnung
Brenndauer x → Länge der Kerze y
und zeichne den Graphen.

c) Ermittle mithilfe des Graphen, wie lang die Kerze noch nach 3 (10,5; 15) Stunden ist.

d) Ermittle zeichnerisch und rechnerisch die Zeit, in der die Kerze auf 6 cm abgebrannt ist.

e) Gib an, nach wie viel Stunden die Kerze komplett abgebrannt ist.

9. Die Funktion $y = mx + n$ enthält die Parameter m und n. Untersuche den Einfluss dieser Parameter auf den Verlauf des Graphen.

a) Stelle hierfür eine Tabelle mittels einer Tabellenkalkulation auf.

b) Berechne geeignete Funktionswerte für die Funktionen $y = x$, $y = mx$, $y = x + n$ und $y = mx + n$ und stelle die zugehörigen Graphen dar.

c) Verändere die Werte für m und n systematisch. Was stellst du fest?

10. Du hast sicher schon einmal die Erfahrung im Schwimmbad gemacht, dass du beim Tauchen ein Druckgefühl auf den Ohren spürst. Je tiefer man taucht, desto stärker ist es. Zwischen der Tauchtiefe und dem Druck besteht ein linearer Zusammenhang. In Meeresspiegelhöhe beträgt der Druck 1 bar, in 10 m Tiefe sind es bereits 2 bar.

a) Stelle die Zuordnung Wassertiefe (bis zu 50 m) $\rightarrow$ Druck in einem Koordinatensystem dar.
b) Stelle eine Gleichung für den Sachverhalt auf.
c) Bestimme mithilfe der Gleichung den Druck in 2 m, 3 m, 4 m, 5 m und 15 m Tiefe. Überprüfe deine Ergebnisse mittels eines Graphen.
d) Recherchiere die Tauchtiefen von Tiefseetauchern.
e) Erkläre, welche Gefahren für den menschlichen Körper beim Tiefseetauchen auftreten.
f) Im Jahre 1960 tauchte JACQUES PICCARD 11 000 m tief mit einer Taucherkugel. Bestimme den Druck in dieser Tiefe und die Kraft, die auf einem Quadratzentimeter der Kugel wirkte. Beschreibe, wie du vorgegangen bist. Vergleiche diese Kraft mit anderen dir bekannten Kräften.

11. Spiegele die Graphen der Funktionen $f(x) = 2x$ und $g(x) = -0{,}5x$ zuerst an der x-Achse und danach an der y-Achse.
Welche Funktionsgleichungen gehören zu den so entstandenen Graphen?
Welche Gemeinsamkeiten bzw. Unterschiede haben die Graphen der Funktionen?

12. Zeichne folgende Funktionenpaare in ein Koordinatensystem und vergleiche die Lage der Graphen zueinander. Welche Vermutung ergibt sich?
a) $f(x) = x + 1$ und $g(x) = x + 2$
b) $f(x) = -2x + 2$ und $g(x) = 2x + 2$
c) $f(x) = 4x$ und $g(x) = -\frac{1}{4}x$
d) $f(x) = 2x$ und $g(x) = -\frac{1}{2}x + 1$

13. Berechne für folgende Funktionen die Funktionswerte an den Stellen 1; –1; 2 sowie –2 und vergleiche sie mit dem Anstieg:
a) $f(x) = 2x$
b) $f(x) = 1{,}5x$
c) $f(x) = 0{,}5x$
d) $f(x) = 0{,}01x$

14. Welche der folgenden Aussagen sind wahr, welche sind falsch? Begründe.
a) Der Graph jeder linearen Funktion geht durch den Punkt $P(0|0)$.
b) Eine Funktion hat mindestens eine Nullstelle.
c) Die Nullstelle einer Funktion ist der Schnittpunkt des Graphen mit der x-Achse.
d) Die Nullstelle einer linearen Funktion ist die Abszisse des Schnittpunktes des Graphen mit der x-Achse.
e) Zum Funktionswert $y_1 = 0$ einer Funktion gehört ein Argument x_1, das Nullstelle heißt.
f) Die Nullstelle einer linearen Funktion ist immer die Zahl 0.
g) Die Nullstellen einer Funktion $f(x)$ sind auch Lösungen der Gleichung $f(x) = 0$.

15. Begründe, dass für Funktionen mit der Gleichung $y = f(x) = mx$ folgende Beziehungen für $x \in \mathbb{Q}$ und $m \in \mathbb{Q}$ gelten. Drücke die jeweilige Beziehung in Worten aus.
a) $f(1) = m$
b) $f(2 \cdot x) = 2 \cdot f(x)$
c) $f\left(\frac{x}{2}\right) = \frac{1}{2}f(x)$
d) $f(-x) = -f(x)$

16. Untersuche, ob für folgende Funktionen die Beziehung $f(a \cdot x) = a \cdot f(x)$ für alle $x \in \mathbb{Q}$ und $a \in \mathbb{Q}$ gilt:
a) $f(x) = 2x$ b) $f(x) = 2x + 1$ c) $f(x) = mx$

17. Beweise, dass für jede lineare Funktion $f(x) = mx + n$ folgende Beziehungen für alle $x \in \mathbb{Q}$ und $a \in \mathbb{Q}$ gelten. Drücke die jeweilige Beziehung in Worten aus.
a) $f(1) = m + n$ b) $f(x + 1) = f(x) + m$ c) $f(x + a) = f(x) + m \cdot a$

18. Untersuche, ob die Eigenschaft (1) bzw. (2) gilt. Dabei ist a ein Parameter mit $a \in \mathbb{Q}_+$ und $a \neq 0$.
(1) Wird x verdoppelt, verdoppelt sich auch y.
(2) Wird x um 1 vergrößert, ist der Zuwachs von y stets gleich.
a) $y = ax$ b) $y = x^2$ c) $y = 2(x + a)$ d) $y = 4x$

19. Welche Geraden in einem Koordinatensystem sind keine Graphen linearer Funktionen?

20. Die Jahresgrundgebühr für Wasseruhr und Anschlüsse beträgt 120,00 €. Ein Kubikmeter Trinkwasser kostet 5,65 € (einschließlich Abwasserkosten). Familie Maier verbraucht im Jahr 115 m^3 Trinkwasser.

a) Wie viel Euro muss Familie Maier im Jahr bezahlen?
b) Familie Müller verbraucht 151 m^3 Trinkwasser im Jahr. Wie viel Euro muss sie dafür bezahlen?
c) Beschreibe den Zusammenhang mit einer linearen Funktion. Gib jeweils die Funktionsgleichung an.

21. Stephan und Robert wollen Billard spielen. Sie müssen zunächst fünf Euro bezahlen, unabhängig davon, wie lange sie spielen wollen. Für die erste Stunde müssen sie drei Euro bezahlen. Jede weitere Stunde kostet 1,60 €. Sie können den Billardtisch auch für einen ganzen Abend buchen und bezahlen dann 15 €.
a) Welches Angebot ist am günstigsten, wenn sie vier Stunden spielen wollen?
b) Wie lange müssten sie mindestens spielen, damit sich das „Abendangebot" von 15 € lohnt?

22. Die Preise für Kalksandsteine einer bestimmten Sorte richten sich nach der Bestellmenge.
a) Stelle die Abhängigkeit des Preises von der Bestellmenge in einem Koordinatensystem dar.
b) Wann lohnt es sich, mehr zu bestellen, als man benötigt?

Bestellmenge	Preis pro 1 000 Stück
bis 2 000 Stück	800 €
ab 2 001 bis 4 000 Stück	700 €
ab 4 001 Stück	600 €

23. Familie Freudig möchte übers Wochenende ein Auto mieten. Der Vater holt die folgenden drei Angebote ein:
(1) Grundgebühr 25,00 €; 0,27 € pro gefahrenen Kilometer
(2) Grundgebühr 22,50 €; 0,30 € pro gefahrenen Kilometer
(3) Grundgebühr 24,00 €; 0,26 € pro gefahrenen Kilometer

Für welches Angebot sollte sich Familie Freudig entscheiden? Begründe mithilfe einer zeichnerischen Darstellung den Zusammenhang von Preis und Streckenlänge.

24. Die Parkgebühren im Parkhaus eines Einkaufszentrums richten sich nach der Parkzeit.

a) Stelle die abgebildete Gebührenordnung in einem Koordinatensystem grafisch dar.

b) Beschreibe den Zusammenhang mit Worten.

Parkentgeltordnung
für Kurzparker
bis 1 Stunde kostenlos

bis 2 Stunden	1 €
bis 3 Stunden	2 €
bis 4 Stunden	3 €
bis 5 Stunden	4 €
über 5 – 24 Std.	5 €

25. Eine Energiegesellschaft bietet folgende zwei Tarife an (Stand 2011):

	Preis je kWh	Jahresgrundgebühr
Tarif I	20,8 ct	67,00 €
Tarif II	22,5 ct	56,00 €

a) Gib für jeden Tarif eine Funktionsgleichung an.

b) Ermittle für jeden Tarif die Gesamtkosten im Jahr für einen Bedarf von 100 kWh, 500 kWh, 750 kWh, 1 000 kWh, 2 500 kWh, 3 000 kWh, 5 000 kWh.

c) Veranschauliche den Zusammenhang zwischen dem jährlichen Verbrauch und den Gesamtkosten für beide Tarife in einem Koordinatensystem.

d) Wann ist Tarif I und wann ist Tarif II der günstigere Tarif?
Für welchen Energiebedarf zahlt man bei beiden Tarifen gleich viel?

e) Erkundige dich zu Hause nach dem jährlichen Stromverbrauch und erstelle einen Berechnungsbescheid.

f) Ermittle für deinen Wohnort im Internet zwei Stromanbieter, suche jeweils ein Tarifangebot dieser Anbieter für Privatkunden heraus und stelle die Abhängigkeit der Stromkosten vom jährlichen Verbrauch für beide Tarife in einem Koordinatensystem dar.

26. Ein Fallschirmspringer springt aus einer Höhe von 900 m über der Erdoberfläche aus einem Flugzeug. Nach 300 m hat sich der Fallschirm vollständig geöffnet. Nun bewegt sich der Fallschirmspringer geradlinig-gleichförmig mit einer Geschwindigkeit von $3{,}0\,\frac{\text{m}}{\text{s}}$.

a) Gib die fehlenden Höhenangaben an.

Fallzeit in Sekunden (geradlinig-gleichförmig)	0	50	80	120	150	175	190
Höhe über der Erdoberfläche in Meter	h_1	h_2	h_3	h_4	h_5	h_6	h_7

b) Gib eine Gleichung an, mit der die Bewegung des Fallschirmspringers mit geöffnetem Schirm beschrieben werden kann.

c) Wie lange dauert der Sinkflug mit geöffnetem Fallschirm?
Löse die Aufgabe sowohl rechnerisch als auch zeichnerisch.

27. Ein Stein sinkt in einen 18 m tiefen See mit einer gleichbleibenden Geschwindigkeit von $30\,\frac{\text{cm}}{\text{s}}$.

a) Stelle eine Wertetabelle auf.

b) Nach wie viel Sekunden ist der Stein auf dem Grund des Sees angelangt?

c) Stelle den Sachverhalt in einem Koordinatensystem zeichnerisch dar.

d) Beschreibe den Sachverhalt mithilfe einer Funktionsgleichung.
Gib auch Definitions- und Wertebereich an.

Funktionsgraphen mit einem Funktionsplotter zeichnen

Mithilfe eines Funktionsplotters können Graphen gezeichnet werden.
In einem ersten Schritt, nachdem du ein leeres Koordinatensystem geöffnet hast, sind in der Regel Punkte oder Geraden einzutragen.

In der folgenden Tabelle findest du die Bedeutung entsprechender Symbole.

Die Darstellungen wurden dem Programm GeoGebra entnommen. Andere Programme benutzen oftmals ähnliche Symbole.

HINWEIS

Symbol	Bedeutung
	Wenn du einen Punkt zeichnen willst, wähle dieses Symbol mit der Maus. Gehst du dann mit der Maus auf die Zeichenfläche, so kannst du einen Punkt zeichnen, dessen Koordinaten angegeben werden.
	Wenn du dieses Symbol wählst, kannst du eine Gerade durch zwei Punkte zeichnen. Auf dem Zeichenblatt musst du mit der Maus die zwei Punkte wählen und das Programm legt eine Gerade durch diese beiden Punkte.
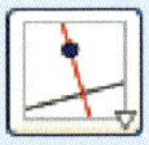	Mit diesem Symbol kannst du eine Gerade zeichnen, die durch einen Punkte geht und senkrecht zu einer anderen Gerade verläuft.
	Möchtest du ein gezeichnetes Objekt (z. B. einen Punkt oder eine Gerade) auswählen oder verschieben, so wähle mit der Maus dieses Symbol. Gehst du dann mit der Maus auf das Objekt, so wird auf der linken Seite das jeweilige freie oder abhängige Objekt markiert. Außerdem kannst du das jeweilige Objekt verschieben.

Bereits gezeichnet ist die Funktion $y = 2x - 1$, man sieht die Gerade im Koordinatensystem eingezeichnet und ihre Gleichung links oben unter den freien Objekten angegeben.
Im Eingabefenster links unten wurde die Gleichung $y = -x + 3$ eingegeben, nach Drücken der Return-Taste würde auch diese Gerade gezeichnet und ihre Gleichung oben links angezeigt.

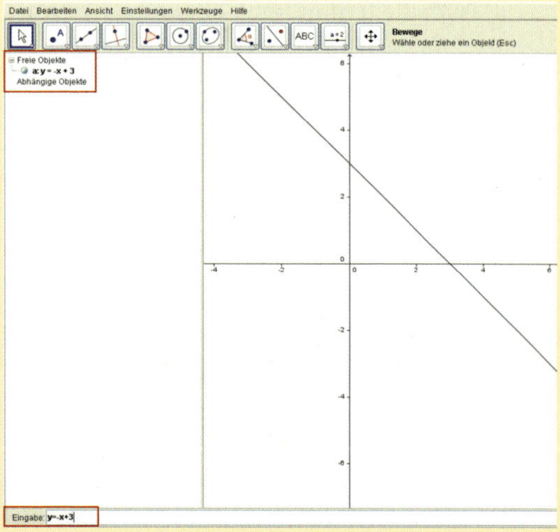

Wenn du in der obersten Zeile mit der Maus „Datei“ anklickst, erscheint folgendes Menü:
Hiermit kannst du zum Beispiel deine Zeichnungen speichern.
Du kannst auch ein neues Fenster öffnen, das heißt, es erscheint ein neues Koordinatensystem, in das du zeichnen kannst.
Falls du die Bedeutung eines Symbols vergessen hast oder ein Symbol in der Tabelle nicht zu finden ist, kannst du die Maus einen Moment auf dem Symbol stehen lassen. Das Programm gibt dir dann einen Hinweis zu den einzelnen Menüpunkten bzw. Optionen.
Falls alles nicht mehr hilft, findest du in der obersten Zeile weitere Hilfen.

1. a) Wähle das Symbol und zeichne einen beliebigen Punkt in das Koordinatensystem.
Wähle das Symbol und verschiebe den Punkt so lange, bis es der Punkt A(0 | 2) ist.

b) Zeichne mit dem Symbol eine Gerade durch die Punkte B(−3 | 5) und C(3 | 4).
Überprüfe, ob A auf der Geraden durch B und C liegt.

c) Zeichne mithilfe des Symbols eine Gerade durch A, die senkrecht zu der Geraden durch B und C verläuft. Lies aus dem Graphen die Koordinaten des Schnittpunkts S ab.

2. Zeichne mithilfe des Funktionsplotters in ein Koordinatensystem:

a) eine Gerade, die durch die Punkte A(1 | 3) und B(7 | 4) verläuft,

b) eine Gerade mit der Funktionsgleichung: $y = \frac{1}{2}x - 3$,

c) eine Gerade, welche die Koordinatenachsen bei x = 7 und y = 3 schneidet.

3. a) Zeichne eine Gerade, die durch die Punkte A(−3 | −2) und B(6 | 3) verläuft.
Verschiebe diese parallel, sodass sie durch den Punkt C(3 | 4) geht.

b) Beschreibe mithilfe der verwendeten Symbole deine Vorgehensweise bei der Konstruktion in Teilaufgabe a).

c) Lies beide Achsenabschnitte ab.

d) Entnimm dem Graphen, welche Steigung m die Gerade durch A und B hat.

4. Ein Lkw fährt von Köln nach Hannover mit einer gleich bleibenden Geschwindigkeit von 80 $\frac{km}{h}$.
Ein Pkw fährt 30 min später los und legt die gleiche Strecke mit etwa 120 $\frac{km}{h}$ zurück.

a) Fertige einen Graphen an, der diesen Sachverhalt beschreibt.

b) Lies aus diesem Graphen ab, nach welcher Zeit der Pkw den Lkw einholt. Bestimme, wie weit die beiden Fahrzeuge dann von Köln entfernt sind.

5. Prüfe rechnerisch und mittels Funktionsplotter, ob der Punkt A(0,25| 0) auf dem Graphen der Funktion y = −2x + 0,5 liegt.

6. Ein Stein sinkt in einen 70 m tiefen Brunnen mit gleichbleibender Geschwindigkeit von 40 $\frac{cm}{s}$.

a) Beschreibe den Sachverhalt mithilfe einer Funktionsgleichung.

b) Stelle den Graphen der Funktion mit einem Funktionsplotter dar.

c) Nach wie viel Sekunden ist der Stein auf dem Grund des Brunnens angelangt?

d) Stelle mit dem Funktionsplotter die Abhängigkeit des grafischen Verlaufs von der Sinkgeschwindigkeit dar.

7. a) Konstruiere mithilfe des Programms Geraden, Punkte und Graphen nach deiner Wahl.

b) Gib eine Konstruktionsbeschreibung zu dem Graphen aus a) an.

c) Lass deinen Nachbarn aufgrund der Konstruktionsbeschreibung in b) einen Graphen anfertigen. Vergleicht eure Graphen.

Teste dich selbst

1. a) Stelle die Funktionen f_1, f_2, f_3 und f_4 grafisch dar.
$f_1(x) = 4x - 3$ $\quad$ $f_2(x) = -x$ $\quad$ $f_3(x) = \frac{1}{3}x + 1$ $\quad$ $f_4(x) = 0 \cdot x + 3$
b) Berechne die Nullstellen der Funktionen.
c) Gib die Schnittpunkte der Geraden mit der y-Achse an.
d) Überprüfe rechnerisch, auf welcher Geraden der Punkt $P\left(\frac{3}{2} \middle| \frac{3}{2}\right)$ liegt.
e) Bestimme rechnerisch die Eckpunkte des Dreiecks, das aus den Graphen von f_1, f_2 und f_4 gebildet wird. Wie groß ist der Flächeninhalt dieses Dreiecks?

2. Bestimme rechnerisch die Gleichungen der linearen Funktionen.
a) Gegeben sind der Achsenabschnitt $n = \frac{3}{5}$ und der Punkt $P(3{,}5|-2)$, der auf dem Graphen liegt.
b) Die Punkte $P(-7|-2)$ und $P(-3|5)$ liegen auf dem Graphen.
c) Der Graph verläuft durch den Punkt $S\left(\frac{-3}{4} \middle| \frac{1}{2}\right)$ und besitzt eine Steigung von $\frac{5}{6}$.

3. Gib die Gleichungen der Funktionen an, die zu folgenden Graphen gehören:

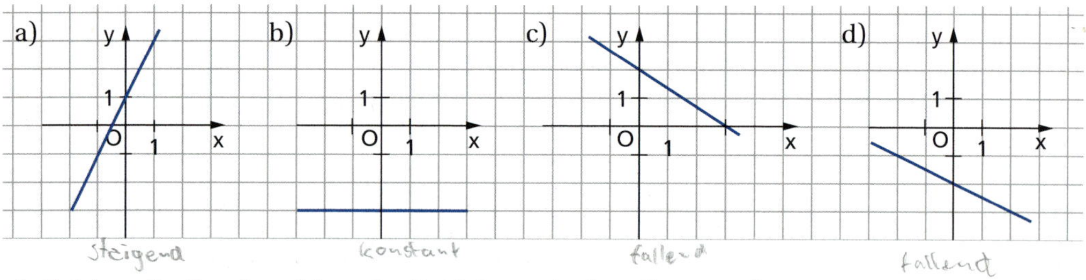

4. a) Zeichne die Graphen folgender Funktionen in dasselbe Koordinatensystem:
$f(x) = 2x + 4$, $g(x) = -3x + 4$ und $h(x) = 0{,}25x + 2$.
b) Bestimme zeichnerisch und rechnerisch die jeweiligen Schnittpunkte.
c) Gib jeweils die Nullstellen an.

5. Zeichne den Graphen f der Funktion mit $f(x) = 3{,}5x - 3$.
Zeichne in das gleiche Koordinatensystem Graphen g, h, k, r und s mit den folgenden Eigenschaften und gib deren Funktionsgleichungen an:
a) g verläuft parallel zu f.
b) h schneidet die y-Achse im gleichen Punkt wie f.
c) k verläuft durch $P(0|2)$ und hat den gleichen Anstieg wie f.
d) r schneidet die x-Achse im gleichen Punkt wie f.
e) s schneidet f im Punkt $R(2|4)$ und fällt.

6. a) Ermittle den Anstieg der einzelnen Geradenstücke.
b) Gib für jedes Geradenstück eine Funktionsgleichung, den Definitionsbereich und den Wertebereich an.

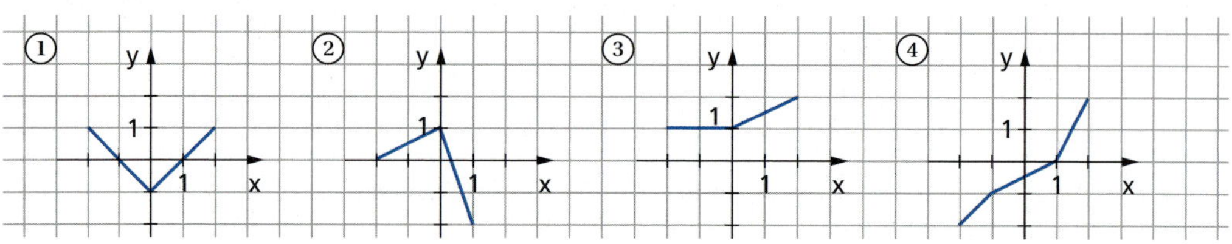

Lineare Funktionen

Eine Funktion ist eine Zuordnung, bei der jeder Eingangsgröße genau eine Ausgangsgröße zugeordnet wird. Man kürzt Funktionen oft mit dem Buchstaben f ab.

Die Gesamtheit aller Eingangsgrößen heißt Definitionsbereich (Schreibweise: D).
Die Gesamtheit aller Ausgangsgrößen heißt Wertebereich (Schreibweise: W).

Funktionen darstellen

- wörtliche Beschreibung
- Pfeildiagramm

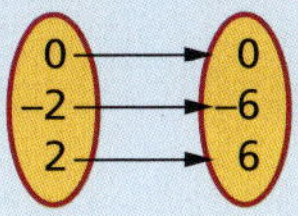

- Wertetabelle
- Zuordnungsvorschrift
- Gleichung
- Graph in einem Koordinatensystem

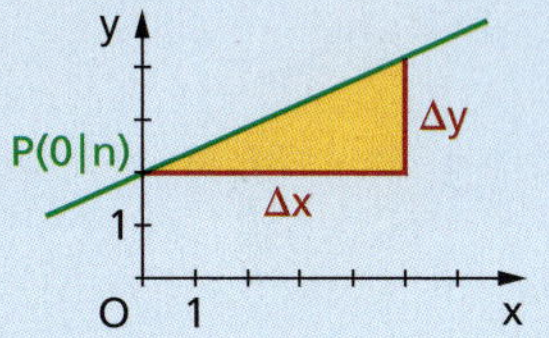

Eigenschaften untersuchen

- Definitionsbereich
- Nullstelle
- Wertebereich
- Monotonie
- Schnittpunkte mit den Koordinatenachsen

Lineare Funktionen	Allgemeine lineare Funktion	Spezialfälle	
		Proportionale Funktion	Konstante Funktion
Zuordnung	$x \mapsto mx + n$	$x \mapsto mx$	$x \mapsto n$
Funktionsgleichung	$y = mx + n$	$y = mx$	$y = n$
Schnittpunkt mit der y-Achse	Q(0|n)	Q(0|0)	Q(0|n)
Schnittpunkt mit der x-Achse	$P\left(-\frac{n}{m} \middle| 0\right)$	P(0|0)	für $n \neq 0$ kein Punkt
Nullstelle	$x_0 = -\frac{n}{m}$	$x_0 = 0$	für $n \neq 0$ keine
Anstieg	m > 0: Graph steigend m < 0: Graph fallend Je größer (kleiner) |m|, umso steiler (flacher) verläuft der Graph.	m > 0: Graph steigend m < 0: Graph fallend Je größer (kleiner) |m|, umso steiler (flacher) verläuft der Graph.	Der Graph ist parallel zur x-Achse. Bei n = 0 liegt der Graph auf der x-Achse.
Graph	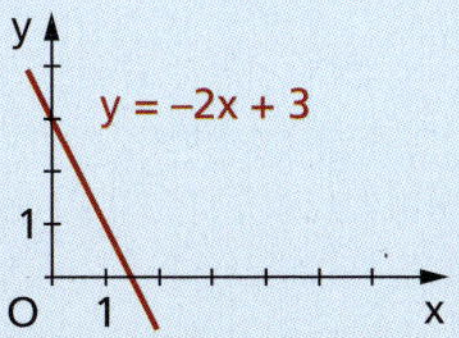	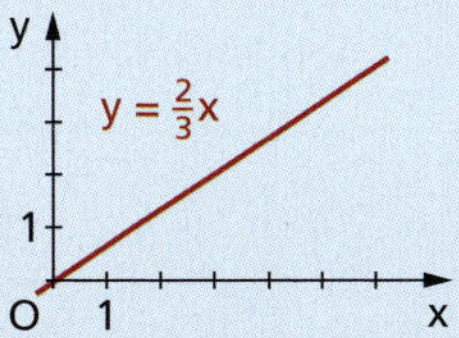	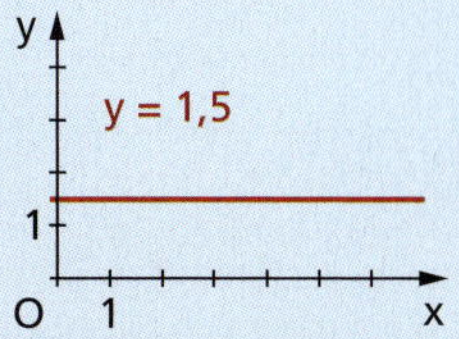

3 Mit Variablen, Termen und Potenzen arbeiten

Die Erde in Zahlen

In einem Schülerlexikon (www.schuelerlexikon.de) findet man die folgenden Angaben zur Erde:

Masse: $5{,}976 \cdot 10^{24}$ kg

Rauminhalt: $1{,}08 \cdot 10^{15}$ m^3

Durchmesser: ca. $1{,}28 \cdot 10^{7}$ m

Schreibe diese Zahlen ohne abgetrennte Zehnerpotenzen.

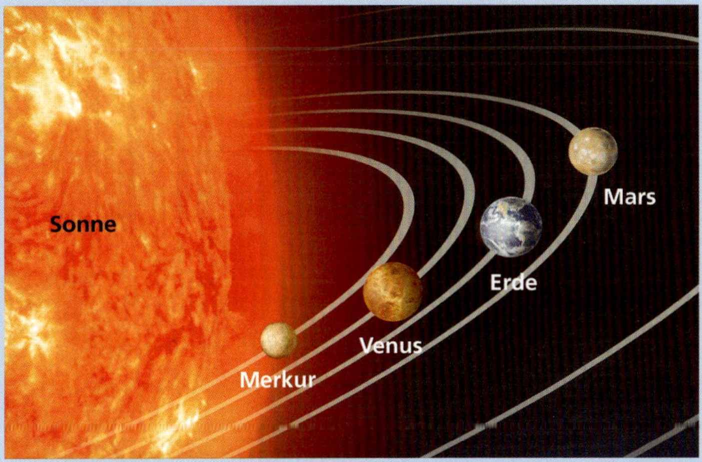

Unser Sonnensystem

Um unsere Sonne bewegen sich viele Planeten auf nahezu kreisförmigen Bahnen.
Ihre Entfernungen zueinander und ihre Größen sind für uns oft nur schwer vorstellbar.
Informiere dich über den größten Planeten unseres Sonnensystems. Welcher Planet bewegt sich am dichtesten an der Erde vorbei und welcher Planet ist etwa nur halb so schnell wie die Erde?

Zinseszins

Wenn ein Kapital länger als ein Jahr verzinst wird, werden im Allgemeinen jeweils am Jahresende die Zinsen berechnet, dem Kapital zugeschlagen und dann im folgenden Jahr mit verzinst. Das Anfangskapital wächst um einen bestimmten Faktor.
Wie wird dieser Faktor berechnet?

Mathematische Beziehungen erkunden

Bearbeitet die nachfolgenden Aufgaben in Gruppen. Stellt eure Ergebnisse so zusammen, dass ihr sie der Klasse präsentieren könnt.

Rund ums Geld

1. Informiert euch über Konditionen zu Geldanlagen verschiedener Geldinstitute. Vergleicht die Angebote miteinander.
2. Setzt einen beliebigen Sparbetrag fest und berechnet die Zinsen für ein Jahr.
3. Berechnet den angesparten Betrag nach dem 2. Jahr und dem 3. Jahr, wenn die Zinsen wieder mit angelegt werden. Ihr könnt dazu ein Tabellenkalkulationsprogramm verwenden.
4. Überlegt, wie man das Kapital inklusive der Zinsen z. B. nach fünf Jahren berechnen kann, ohne schrittweise das Kapital für jedes Jahr berechnen zu müssen.
5. Stellt eure Überlegungen in Form einer mathematischen Gleichung dar.
6. Überprüft diese mathematische Beziehung, indem ihr das angesparte Kapital nach zwei und drei Jahren mit der neuen Gleichung berechnet.
7. Bereitet eine Präsentation eurer Ergebnisse vor.

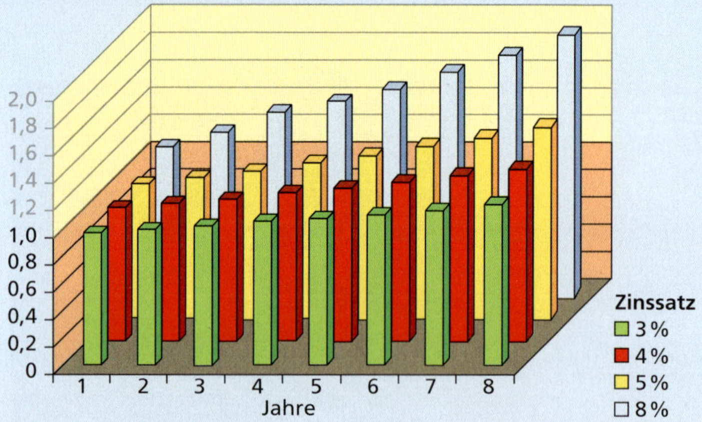

Wurzeln geometrisch ermitteln

1. Informiert euch über ein Verfahren, mit dem man ohne Taschenrechner die Wurzel einer natürlichen Zahl auf beliebig viele Stellen genau ermitteln kann.
2. Diskutiert, inwieweit man in dem nachfolgenden Beispiel durch die Umwandlung des Rechtecks zu einem flächengleichen Quadrat die Wurzel aus der Zahl 20 näherungsweise bestimmen kann.

	Seitenlänge	Flächeninhalt
① 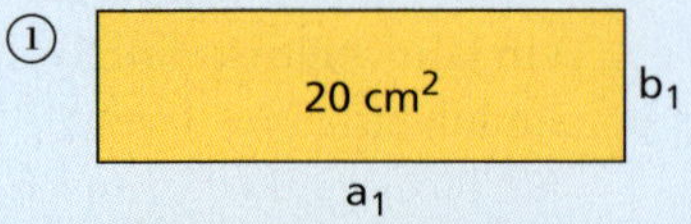	$a_1 = 10$ cm $b_1 = 2$ cm	$A_1 = 10\text{ cm} \cdot 2\text{ cm} = 20\text{ cm}^2$
② 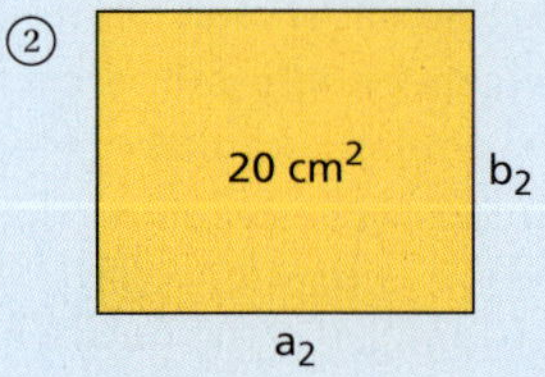	$a_2 = \frac{a_1 + b_1}{2} = \frac{10\text{ cm} + 2\text{ cm}}{2}$ $a_2 = 6$ cm $b_2 = \frac{A}{a_2} = \frac{20\text{ cm}^2}{6\text{ cm}} = \frac{10}{3}$ cm $b_2 \approx 3{,}3$ cm	$A_2 = 6\text{ cm} \cdot \frac{10}{3}\text{ cm} = 20\text{ cm}^2$

③ 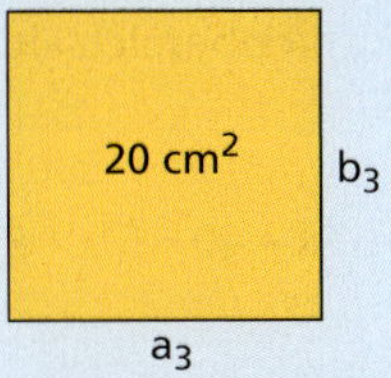

Seitenlänge

$$a_3 = \frac{a_2 + b_2}{2} = \frac{6\,\text{cm} + \frac{10}{3}\,\text{cm}}{2}$$

$$a_3 \approx 4{,}67\ \text{cm}$$

$$b_3 = \frac{A}{a_3} = \frac{20\,\text{cm}^2}{\frac{14}{3}\,\text{cm}} = \frac{30}{7}\,\text{cm}$$

$$b_3 \approx 4{,}29\ \text{cm}$$

Flächeninhalt

$$A_3 = \frac{14}{3}\,\text{cm} \cdot \frac{30}{7}\,\text{cm} = 20\,\text{cm}^2$$

3. Vollzieht die einzelnen Rechenschritte nach und gebt die nächsten beiden Schritte des Verfahrens an.
5. Formuliert eine Beschreibung des Verfahrens so, dass eure Mitschüler die Wurzelbestimmung anwenden können.
6. Testet eure Beschreibung an einem selbstgewählten Beispiel.
7. Informiert euch z. B. im Internet, wie man dieses Verfahren nennt.
8. Bereitet eine Präsentation eurer Ergebnisse vor.

Terme umformen mithilfe der Geometrie

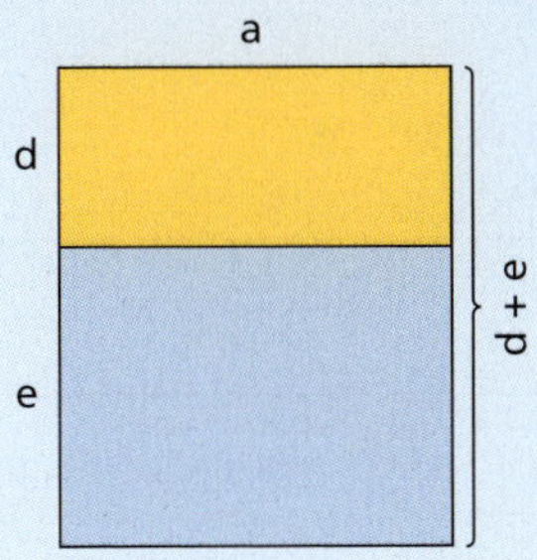

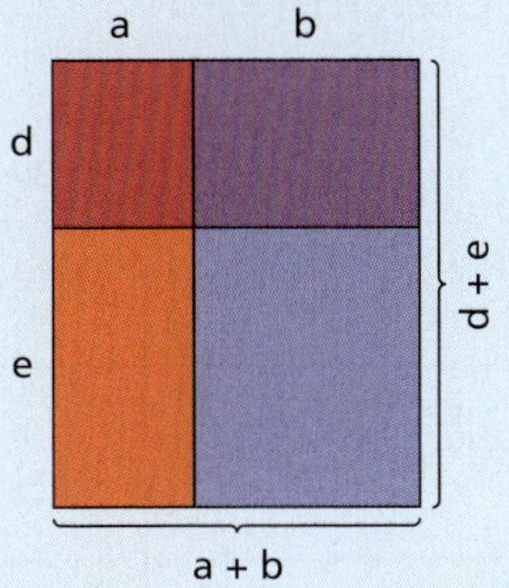

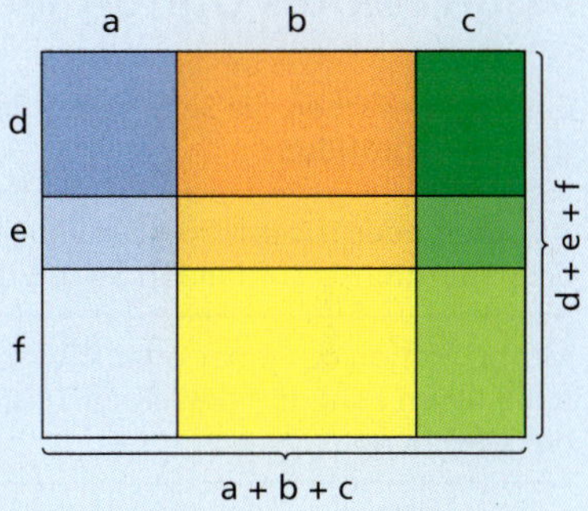

1. Beschreibt den Aufbau der drei Rechtecksflächen.
2. Überlegt, wie sich jeweils der Flächeninhalt des Rechtecks berechnen lässt. Erstellt dazu eine Tabelle, in der ihr die Länge und die Breite der Rechtecke erfasst.

	Länge	Breite
(A)	a	d + e
(B)	a + b	d + e
(C)	a + b + c	d + e + f

3. Gebt für jedes Rechteck einen Term an, mit dem aus Länge und Breite der Flächeninhalt ermittelt werden kann.
4. Betrachtet nun die Zerlegung der Rechtecke in Teilflächen. Stellt erneut jeweils einen Term so auf, dass sich der Gesamtflächeninhalt aus den Teilflächen berechnen lässt.
5. Stellt eure beiden Lösungen in einer Tabelle dar.
6. Diskutiert, ob die beiden Terme jeweils äquivalent sind, sich also ineinander umformen lassen.
7. Überprüft eure Vermutung, indem ihr mathematische Regeln und Gesetze nutzt.
8. Formuliert eine mathematische Aussage, die ihr eurer Klasse präsentieren könnt.

	1. Lösung	2. Lösung
(A)		
(B)		
(C)		

Rückblick

Termumformungen

Alle Umformungen nach den Rechengesetzen in dem entsprechenden Zahlenbereich sind Termumformungen.

$7(a+4) = 7a + 28$ $\qquad 12x - x + 3x = 14x$ $\qquad 5x + 40 = 5(x+8)$

Äquivalenzumformungen

Äquivalenzumformungen sind Termumformungen, bei denen sich die Lösungsmenge einer Gleichung nicht ändert.

$x - 8 = 14 \quad |+8 \quad x \in \mathbb{Q}$
$x = 22$
$L = \{22\}$

$3x + 5 = 8 \quad |-5 \quad x \in \mathbb{N}$
$3x = 3 \quad |:3$
$x = 1 \quad L = \{1\}$

Äquivalentes Umformen von Gleichungen

Zum Vereinfachen die Seiten der Gleichung zusammenfassen, Klammern auflösen	$4x - x = 5x + 10 + 3x - 28$ $3x = 8x - 18$
Addition oder Subtraktion derselben rationalen Zahl und desselben Terms auf beiden Seiten der Gleichung	$4x - 1 = 8 \quad |+1$ $4x = 9$
Multiplikation mit einer oder Division durch eine von 0 verschiedenen Zahl und desselben Terms ($\neq 0$) auf beiden Seiten der Gleichung	$\frac{x}{2} = 8 \quad |\cdot 2$ $x = 16$
Seiten vertauschen	$5 = 2x - 3$ $2x - 3 = 5$

Zinsrechnung

Prozentrechnung	Grundwert G	Prozentsatz p %	Prozentwert W	$\frac{W}{G} = \frac{p}{100}$
Zinsrechnung	Kapital K	Zinssatz p %	Zinsen Z	$\frac{Z}{K} = \frac{p}{100}$

Ein Kapital von 20 000 € wird ein Jahr lang mit einem Zinssatz von 4,3 % p. a. (lat.: per annum – pro Jahr) angelegt. Wie viel Euro Zinsen fallen an?

Gleichung:

$$\frac{Z}{K} = \frac{p}{100} \quad |\cdot K$$

$$Z = \frac{p}{100} \cdot K$$

$$Z = \frac{4{,}3 \cdot 20\,000\ €}{100}$$

$$Z = 860\ €$$

Dreisatz (Tabelle):

	Prozent	Euro	
:100	100	20 000	:100
·4,3	1	200	·4,3
	4,3	860	

Antwort: Das Kapital bringt 860 € Zinsen.

Aufgaben

1. Beschreibe mithilfe eines Terms:

a) Das Dreifache einer beliebigen Zahl
b) Das Doppelte einer beliebigen Zahl vermehrt um 7
c) Den fünften Teil einer beliebigen Zahl
d) Das Achtfache einer beliebigen Zahl
e) Die Differenz zweier verschiedener beliebiger Zahlen
f) Den Quotienten aus 9 und den um 3 verminderten fünften Teil der Zahl a
g) Die Summe aus einer beliebigen Zahl und 9, die 17 ergibt
h) Den dritten Teil einer Zahl a vermindert um 7
i) Das Quadrat einer Zahl b geteilt durch 5

2. Berechne.

a) $(3+12)\cdot 2$ b) $(-45+15)\cdot 6$ c) $(15-25):5$ d) $(4{,}5-8{,}4)\cdot 1{,}1$
e) $(-88+55):11$ f) $(-8-17)\cdot(-4)$ g) $(-72-48):(-4)$ h) $-3\cdot(-17+25)$
i) $40:(-18+22)$ j) $(108+108):12$ k) $(38-171):19$ l) $-3{,}9-8{,}1\cdot 2$

3. Fasse zusammen.

a) $a+a+b+b+b$ b) $15x-8x+7x$ c) $5a+6b-17a-b$
d) $b+b+2c+2b-a$ e) $-8a+9a-12a$ f) $3c+6d+8d+9c$
g) $-12a+5-6a+17a$ h) $8{,}4y-7{,}1y-y$ i) $10x-2y-x-5y$
j) $4x+(9x+3)$ k) $13a-(17a-7b)$ l) $-(-7a+6b)+8b$

4. Bestimme die Lösungsmenge.

a) $15+x=7$ b) $20=38-3x$ c) $13-2x=5+3x$
d) $\frac{x}{7}+5=-1$ e) $-13x=5x-20+2x$ f) $8(x+7)=192$
g) $3x-(4x-5)=25$ h) $\frac{7x}{8}=\frac{49}{64}$ i) $\frac{22}{x}-\frac{3}{5}=\frac{1}{2}$

5. Gib die Lösungsmenge im vorgegebenen Grundbereich an.

a) $x\cdot x=16$ $(x\in\mathbb{N})$ b) $x\cdot x=16$ $(x\in\mathbb{Z})$ c) $x+x=2x$ $(x\in\mathbb{N})$
d) $x+x=2x$ $(x\in\mathbb{Z})$ e) $3y+4=5y$ $(y\in\mathbb{Q})$ f) $\frac{a}{3}=-6$ $(a\in\mathbb{N})$

6. Begründe, ob in den Beispielen Äquivalenzumformungen vorliegen. Beschreibe auftretende Fehler und korrigiere die Lösungen.

a)
$$3\cdot(2-x)+6=15$$
$$6-3x+6=15$$
$$-3x+12=15 \quad |-12$$
$$-3x=3 \quad |:(-3)$$
$$x=-1$$

b)
$$3d+2=d+4d$$
$$3d+2=5d \quad |:d$$
$$3+2=5$$
$$5=5$$

7. Berechne die Zinsen nach einem Jahr.

Kapital	500 €	320 €	7 675 €	1 780,40 €	850 €
Zinssatz p. a.	3 %	2,8 %	4,6 %	5,2 %	3,8 %

3.1 Potenzen berechnen

Potenzbegriff

Die Multiplikation gleicher Faktoren kann mithilfe der Potenzschreibweise vereinfacht werden.

$\underbrace{a \cdot a \cdot a \cdot \ldots \cdot a}_{\text{n-mal}} = a^n = c$

a^n – Potenz (Sprechweise: a hoch n)

c – Potenzwert

a – Basis

n – Exponent ($n \in \mathbb{N}$; $n \geq 2$)

$2^3 = 2 \cdot 2 \cdot 2$ Sprechweise: 2 hoch 3 (2 wird mit 3 potenziert)

Das **Potenzieren** ist eine Verkürzung der Multiplikation gleicher Faktoren.

$3^5 = 3 \cdot 3 \cdot 3 \cdot 3 \cdot 3$ $\quad x^4 = x \cdot x \cdot x \cdot x$ $\quad (-7)^5 = (-7) \cdot (-7) \cdot (-7) \cdot (-7) \cdot (-7)$

$ab \cdot ab = (ab)^2$ $\quad (-4) \cdot (-4) \cdot (-4) = (-4)^3$ $\quad (y + 5) \cdot (y + 5) \cdot (y + 5) = (y + 5)^3$

Eine Potenz mit negativer Basis ist **positiv,** wenn der **Exponent gerade** ist.
Eine Potenz mit negativer Basis ist **negativ,** wenn der **Exponent ungerade** ist.

$(-2)^2 = (-2) \cdot (-2) = 4$ $\quad (-2)^3 = (-2) \cdot (-2) \cdot (-2) = -8$

$(-3)^4 = (-3) \cdot (-3) \cdot (-3) \cdot (-3) = 81$ $\quad (-3)^5 = (-3) \cdot (-3) \cdot (-3) \cdot (-3) \cdot (-3) = -243$

aber: $-3^4 = -(3^4) = -(3 \cdot 3 \cdot 3 \cdot 3) = -81$ $\quad -3^5 = -(3^5) = -(3 \cdot 3 \cdot 3 \cdot 3 \cdot 3) = -243$

Vielfache ein und derselben Potenz können durch Anwenden des Distributivgesetzes umgeformt werden. Bei gleichen Potenzen werden die Koeffizienten addiert bzw. subtrahiert.

$2x^5 + 3x^5 = (2 + 3) \cdot x^5 = 5x^5$

$a^3 - 2a^3 + 8a^3 = (1 - 2 + 8) \cdot a^3 = 7a^3$

$4x^2 + 3y^2 - 2x^2 - y^2 = (4 - 2) \cdot x^2 + (3 - 1) \cdot y^2 = 2x^2 + 2y^2$

Probiere es selbst:

1. Schreibe als Potenz.

a) $(-4) \cdot (-4)$ b) $0{,}3 \cdot 0{,}3 \cdot 0{,}3 \cdot 0{,}3$ c) $\frac{1}{2} \cdot \frac{1}{2} \cdot \frac{1}{2} \cdot \frac{1}{2} \cdot \frac{1}{2}$ d) $(xy) \cdot (xy) \cdot (xy)$

e) $x \cdot x \cdot x \cdot x \cdot x \cdot x$ f) $(-b) \cdot (-b) \cdot (-b) \cdot (-b)$ g) $(-ab) \cdot (-ab) \cdot (-ab)$ h) $(-3) \cdot (-3) \cdot (-3)$

2. Berechne die Potenzwerte im Kopf.

a) 4^3; 5^2; 2^5 b) $(-4)^2$; 4^2; $(-4)^1$ c) $(-3)^2$; $(-3)^3$; $(-1)^5$

d) $\left(\frac{2}{3}\right)^2$; $-\left(\frac{2}{3}\right)^3$; $-\left(\frac{2}{3}\right)^4$ e) $0{,}5^2$; $1{,}3^2$; $(-0{,}1)^3$ f) $\left(\frac{1}{2}\right)^2$; $\left(-\frac{1}{2}\right)^2$; $\left(-\frac{1}{2}\right)^3$

3. Berechne die folgenden Potenzwerte mithilfe eines Taschenrechners:
3^5; $3{,}5^3$; $0{,}8^6$; $3{,}7^4$; $0{,}02^3$; 124^4; $(-4{,}93)^7$

Erste Schritte

1. Vereinfache.
Nutze die Potenzschreibweise.

a) $5a \cdot 5a \cdot 5a$ b) $11vwvwvwvvvw$
c) $rstsrtrsrts$ d) $4ababab \cdot 3a$
e) $3xy \cdot 7yx \cdot 4x \cdot 5y$ f) $\frac{1}{2} \cdot x \cdot \frac{2}{5} yxy \cdot 1{,}2$
g) $8p \cdot 3q \cdot pq$ h) $0{,}5m \cdot 4\,mn \cdot \frac{1}{3}n$

2. Entscheide, ob der Potenzwert positiv oder negativ ist. Begründe deine Antwort.

a) $-0{,}8^3$ b) $(-0{,}8)^3$ c) $(-0{,}8)^4$ d) $-0{,}8^4$
e) $-1{,}2^6$ f) $(-1{,}2)^6$ g) $-1{,}2^5$ h) $(-1{,}2)^5$

3. Ordne folgende Potenzen der Größe nach. Beginne mit der kleinsten.
Kannst du die Reihenfolge festlegen, ohne die Potenzen zu berechnen?

a) $1^5;\ -1^{10};\ 2^4;\ -2^{10}$ b) $3^4;\ -3^4;\ 4^3;\ (-4)^3$
c) $2^6;\ -2^6;\ -3^5;\ 3^5;\ 6^3;\ (-6)^3;\ -6^3$ d) $2^5;\ 3^5;\ 4^5;\ 8^5;\ (-1)^5;\ 10^5$
e) $(-2)^6;\ (-3)^5;\ (-4)^4;\ (-5)^3;\ (-6)^2$ f) $\left(\frac{1}{2}\right)^2;\ 2^2;\ (-2)^2;\ \left(-\frac{1}{2}\right)^2;\ \left(-\frac{1}{2}\right)^3$

4. Berechne und vergleiche.

a) $(-2)^3$ und -2^3 b) $(-4)^2;\ 4^2;\ (-4)^1$ c) $(-3)^2;\ (-3)^3;\ (-1)^5$
d) $(-4)^4$ und -4^4 e) $(-4)^5$ und -4^5 f) -6^2 und $-(-6)^2$

5. Setze das richtige Zeichen (<; =; >) für das Kästchen ein.

a) $2^2\ \square\ 2^3$ b) $(-2)^2\ \square\ (-2)^3$ c) $3^2\ \square\ (-3)^2$
d) $(-4)^2\ \square\ (-2)^4$ e) $5^3\ \square\ -3^5$ f) $\left(\frac{1}{3}\right)^2\ \square\ -\left(\frac{3}{1}\right)^4$

6. Schreibe als Potenz.

a) 9 b) 81 c) 289 d) 1 000 e) 16 f) 27
g) 625 h) 1 600 i) −100 000 j) $\frac{1}{9}$ k) 0,04 l) 0,0001

7. Welchen Wert hat der Term a^3, wenn $a^2 = 31{,}36$ und $a > 0$ ist?

8. Vereinfache.

a) $3x^2 + 8x^2$ b) $7a^9 - 2a^9$ c) $x^7 \cdot 3 - x^7 \cdot 4$
d) $4a^3 + 7a^3 - 5a^3 + 6a^3$ e) $5x^3 + 8y^4 - 4x^3 - 3y^4$ f) $17a^9 - 13b^4 + 7a^9 - 6b^4$
g) $2a^2 + 3b^2 - 2a^3 + 9b^2$ h) $6b^3 - b^3 - b^3 - b^3 + 6$ i) $a \cdot b^2 + c \cdot b^2$

9. Multipliziere aus und vereinfache.

a) $2(m^2 + x^2) + 3(m^2 + z^2) + 4(x^2 + z^2)$ b) $2(m^3 - x^2) + 2(m^4 + z^4) - 6(x^2 - m^3)$
c) $1{,}8(a^2 + b^2) - 1{,}4(a^3 - b^3) + 2{,}6(a^2 - b^3)$ d) $8(c^4 - d^4) - 2(c^4 - d^4 + e^4) - 6c^4$
e) $-3(a^2 + b^2) + 6(c^2 - b^2)$ f) $5 \cdot (x^2 + y^2) - 3(x^2 - y^2)$

10. Zwischen welchen „benachbarten“ ganzen Zahlen befinden sich die folgenden Quadrate?

a) $0{,}3^2$; b) $22{,}4^2$; c) $6{,}9^2$; d) $202{,}4^2$; e) $0{,}04^2$; f) $1{,}7^2$?

Zehnerpotenzen verwenden

Taschenrechner zeigen sehr große bzw. sehr kleine Zahlen unter anderem mit der Exponentenschreibweise an. Die rechts oben stehende kleine zweistellige Zahl ist der Exponent der Zehnerpotenz. Die mit größeren Ziffern geschriebene Dezimalzahl muss mit der Zehnerpotenz multipliziert werden. Eine positive Zahl bedeutet ein Verschieben des Kommas nach rechts, eine negative Zahl ein Verschieben des Kommas nach links.

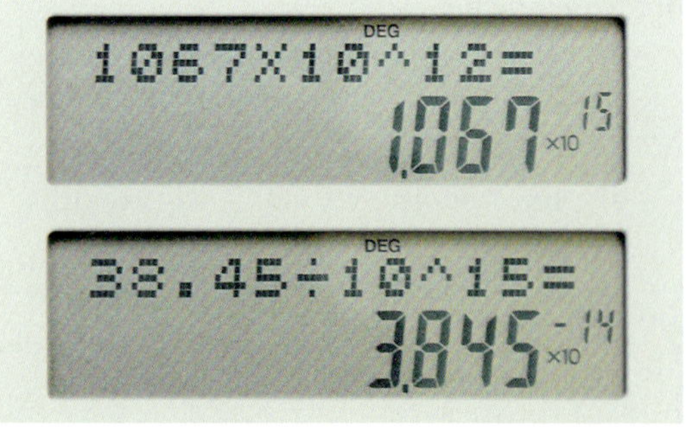

Man nennt Potenzen mit der Basis 10 **Zehnerpotenzen.**
Bei Division einer Zehnerpotenz durch 10 verringert sich der Exponent in der Potenzschreibweise um 1.
Bei Fortsetzung dieser Gesetzmäßigkeit entstehen Zehnerpotenzen mit den Exponenten 0; –1; – 2; – 3 ...

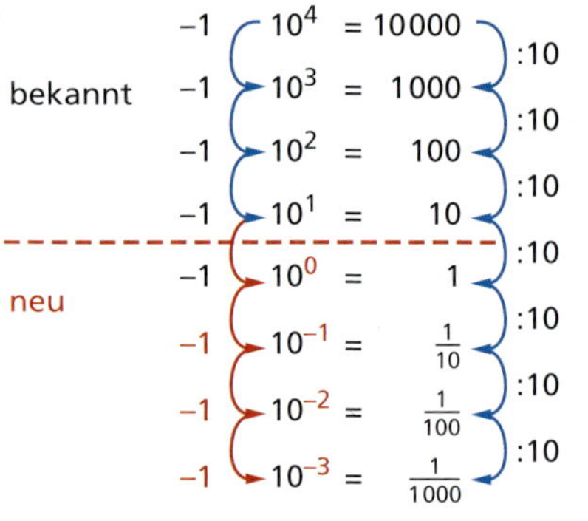

Die folgende Definition gibt für derartige Exponenten eine sinnvolle Erklärung:

Es gilt: $10^0 = 1$ $\qquad 10^{-n} = \frac{1}{10^n} \quad (n \in \mathbb{N})$

$10^{-2} = \frac{1}{100} = 0{,}01$ — 2 Nullen $\qquad 10^{-3} = \frac{1}{1000} = 0{,}001$ — 3 Nullen $\qquad 10^{-6} = \frac{1}{1\,000\,000} = 0{,}000001$ — 6 Nullen

Die Zehnerpotenz 10^{-n} hat als Dezimalbruch n Nullen links von der 1.

Für das Multiplizieren mit Zehnerpotenzen gilt:
Bei der Multiplikation mit 10^n wird das Komma um n Stellen nach rechts verschoben.
Bei der Multiplikation mit 10^{-n} wird das Komma um n Stellen nach links verschoben.

$2{,}8 \cdot 10^3 = 2\,800$ (1 2 3) — 3 Stellen nach rechts

$2{,}8 \cdot 10^{-3} = 0{,}0028$ (3 2 1) — 3 Stellen nach links

Probiere es selbst:

Schreibe jeweils als Zehnerpotenz.

a) 10 000 b) 10 000 000 c) 10 d) 1 e) $\frac{1}{100}$

f) 1000 g) 0,1 h) $\frac{1}{1000}$ i) 1 Million j) 100 000

Zahlen mit abgetrennten Zehnerpotenzen darstellen

Jede Zahl lässt sich in ein Produkt aus einer Zahl zwischen 1 und 10 und aus einer Zehnerpotenz zerlegen.

Es gilt:
$z = a \cdot 10^k \quad (1 \le a < 10;\ k \in \mathbb{Z})$

$14\,560 = 1{,}456 \cdot 10^4$ $\quad$ $180\,204 = 1{,}80204 \cdot 10^5$
$0{,}8 = 8 \cdot 10^{-1}$ $\quad$ $0{,}0304 = 3{,}04 \cdot 10^{-2}$

Diese Schreibweise einer Zahl nennt man **Darstellung mit abgetrennten Zehnerpotenzen.**

Mit einer solchen Darstellung lassen sich sehr große und sehr kleine Zahlen kürzer schreiben. Ihre Größenordnung wird schneller erkennbar und ein Vergleich von Zahlen ist besser möglich.

Die Masse unserer Erde beträgt $5\,976\,000\,000\,000\,000\,000\,000$ t $= 5{,}976 \cdot 10^{21}$ t.
Die Masse eines Wasserstoffatoms beträgt $0{,}000\,000\,000\,000\,000\,000\,000\,00167$ g $= 1{,}67 \cdot 10^{-24}$ g.

Für Zehnerpotenzen mit den Exponenten 2, 1, –1 und –2 sowie mit vielen ganzzahligen Vielfachen von 3 gibt es spezielle Vorsätze und Zeichen.

Bedeutung	Vorsatz		Zehnerpotenz	Bedeutung	Vorsatz		Zehnerpotenz
Trillion	Exa	E	10^{18} ↶ +3	Zehn	Deka	da	10^1
Billiarde	Peta	P	10^{15} ↶ +3	Zehntel	Dezi	d	10^{-1}
Billion	Tera	T	10^{12} ↶ +3	Hundertstel	Zenti	c	10^{-2}
Milliarde	Giga	G	10^9 ↶ +3	Tausendstel	Milli	m	10^{-3} ↶ +3
Million	Mega	M	10^6 ↶ +3	Millionstel	Mikro	µ	10^{-6} ↶ +3
Tausend	Kilo	k	10^3	Milliardstel	Nano	n	10^{-9} ↶ +3
Hundert	Hekto	h	10^2	Billionstel	Pico	p	10^{-12}

Die Speicherkapazität einer CD-ROM kann 879 MByte betragen, also $879 \cdot 10^6$ Bytes.

Ein biologischer Virus kann eine Größe von bis zu 170 nm erreichen,
also $170\ \text{nm} = 170 \cdot 10^{-9}\ \text{m} = 0{,}000\,000\,17\ \text{m}$.

Schreibweisen mit abgetrennten Zehnerpotenzen werden häufig „passend“ gemacht, um Vorsätze verwenden zu können.

$3{,}4 \cdot 10^7\ \text{W} = 3{,}4 \cdot 10\,000\,000\ \text{W} = 34 \cdot 10^6\ \text{W} = 34\ \text{MW}$ (Megawatt)

Probiere es selbst:

1. Schreibe ausführlich (ohne Exponent). Gib möglichst jeweils auch ein Zahlwort an.

a) 10^4 b) 10^{-3} c) 10^8 d) 10^{-6} e) 10^{-5}

f) 10^0 g) 10^{13} h) 10^{-1} i) 10^{10} j) 10^{-10}

2. Schreibe mit abgetrennten Zehnerpotenzen.

Beispiel: $126\,000\,000 = 1{,}26 \cdot 100\,000\,000 = 1{,}26 \cdot 10^8$

a) 34 500 b) 206 000 c) 8 674 000 d) 54 Milliarden

e) 0,345 f) 0,00206 g) 0,00008674 h) 0,0000000000054

Erste Schritte

1. Der nebenstehende Zeitungsartikel enthält einige interessante Angaben.

a) Prüfe, ob die Angaben stimmen können.

b) Prüfe, ob du selbst noch eine Milliarde Sekunden leben könntest.

c) Suche selbst Artikel mit sehr großen oder sehr kleinen Zahlen.

Eine Billion – was ist das schon?
Eine Billion – man sagt das so dahin und hat doch kaum eine Vorstellung von der Größe dieser Zahl. Der Sprung von der Million zur Billion ist in Wirklichkeit ganz gewaltig. In elfeinhalb Tagen sind eine Million Sekunden vergangen. Eine Billion Sekunden dagegen umfassen den Zeitraum von 31 709 Jahren …

2. Schreibe ausführlich (ohne Exponent).

a) $3 \cdot 10^7$ b) $3{,}8 \cdot 10^7$ c) $3{,}86 \cdot 10^7$ d) $3{,}862 \cdot 10^7$ e) $3{,}8628 \cdot 10^7$

f) $4 \cdot 10^{-3}$ g) $4{,}5 \cdot 10^{-3}$ h) $4{,}51 \cdot 10^{-3}$ i) $4{,}517 \cdot 10^{-3}$ j) $4{,}5179 \cdot 10^{-3}$

3. Schreibe jeweils mit abgetrennten Zehnerpotenzen.
Runde dazu sinnvoll, wo es erforderlich ist.

a) Die Dauer eines Blitzes beträgt 0,0001 s.

b) 1995 betrug die Anzahl der Menschen auf der Erde 5 629 614 000.

c) Ein Mensch hat ca. 60 000 000 000 000 Zellen, davon sind ca. 100 000 000 000 Nervenzellen im Gehirn.

d) Spürhunde finden radioaktive Bestandteile ab einer Masse von 0,000001 g.

4. Welche der folgenden Zahlen sind gleich groß:

a) $1{,}4 \cdot 10^6$; 14 Millionen; 1 Million vierhunderttausend; $14 \cdot 10^5$; $0{,}140 \cdot 10^8$

b) 0,00038; $\frac{38}{10\,000}$; $3{,}8 \cdot 10^{-4}$; $380 \cdot 10^{-6}$; $\frac{0{,}38}{1\,000}$

5. Schreibe jeweils mit den entsprechenden Vorsätzen für Einheiten.

a) 10^3 m b) 10^{-2} m c) 10^{-3} l d) 10^3 W e) 10^2 l

f) 10^{-12} F g) 10^{-1} t h) 10^6 J i) 10^9 Byte j) 10^{-6} m

6. Wandle um in Volt: 2,8 mV; 1,6 mV; 14 mV; 2 kV; 4,75 MV

Potenzen mit beliebiger Basis bestimmen

Die Regeln und Gesetzmäßigkeiten für Zehnerpotenzen mit ganzzahligen Exponenten lassen sich auf Potenzen mit beliebigen Basen übertragen.

Es gilt: $a^1 = a$ $\quad a^0 = 1$ $\quad a^{-n} = \frac{1}{a^n}$ $\quad (a \in \mathbb{Q};\ a \neq 0;\ n \in \mathbb{Z})$

$5^1 = 5$ $\quad 27{,}3^1 = 27{,}3$ $\quad x^0 = 1\ (x \neq 0)$ $\quad 3{,}2^0 = 1$

$a^{-4} = \frac{1}{a^4}\ (a \neq 0)$ $\quad 5^{-2} = \frac{1}{5^2}$ $\quad b^{-3} = \frac{1}{b^3}\ (b \neq 0)$ $\quad \frac{1}{6} = 6^{-1}$

Negative Exponenten treten auch bei Einheiten auf.

$6{,}5\,\frac{g}{cm^3} = 6{,}5\ g \cdot cm^{-3}$ $\quad 60\ km \cdot h^{-1} = 60\,\frac{km}{h}$

Wurzeln berechnen

Ist für eine Potenz die Basis zu bestimmen, so kann man sie als **Wurzel** schreiben.
Es wird die Zahl a gesucht, die n-mal mit sich selbst multipliziert c ergibt.

Quadratwurzel: $\sqrt[2]{c} = \sqrt{c}$

Kubikwurzel: $\sqrt[3]{c}$

$a^n = c$	$a \geq 0$	Wurzelwert
	$n \in \mathbb{N},\ n \geq 2$	Wurzelexponent
$a = \sqrt[n]{c}$	$c \geq 0$	Radikand

Das **Wurzelziehen** (Radizieren) ist eine Umkehrung des **Potenzierens.**

$\sqrt[2]{64} = \sqrt{64} = 8$, denn $8^2 = 64$ $\quad \sqrt[3]{27} = 3$, denn $3^3 = 27$

Probiere es selbst:

1. Berechne die Werte folgender Quadratwurzeln ohne Taschenrechner:

a) $\sqrt{49}$ b) $\sqrt{121}$ c) $\sqrt{324}$ d) $\sqrt{484}$ e) $\sqrt{625}$
f) $\sqrt{1{,}44}$ g) $\sqrt{0{,}64}$ h) $\sqrt{0{,}0025}$ i) $\sqrt{0{,}0004}$ j) $\sqrt{1{,}69}$
k) $\sqrt{8\,100}$ l) $\sqrt{19\,600}$ m) $\sqrt{9\,000\,000}$ n) $\sqrt{5^2}$ o) $\sqrt{2^4}$

Lösungen: 3000; 140; 90; 25; 22; 18; 11; 7; 5; 4; 1,3; 1,2; 0,8; 0,05; 0,02

2. Berechne.

a) $\sqrt{8^2 + 15^2}$ b) $\sqrt{8^2} + \sqrt{15^2}$ c) $\sqrt{\left(\frac{5}{6}\right)^2} - \sqrt{\left(\frac{2}{3}\right)^2}$ d) $\sqrt{\left(\frac{5}{6}\right)^2 - \left(\frac{2}{3}\right)^2}$ e) $\sqrt{\frac{61}{25} - \frac{12}{25}}$

3. Gib die Ergebnisse auf drei Ziffern genau an.

a) $\sqrt{15}$ b) $\sqrt{60}$ c) $\sqrt{150}$ d) $\sqrt{1\,500}$ e) $\sqrt{2}$ f) $\sqrt{0{,}2}$ g) $\sqrt{30}$

Erste Schritte

1. Berechne.

a) $25 + \sqrt{144}$ b) $\sqrt{25} + 144$ c) $\sqrt{25} + \sqrt{144}$ d) $\sqrt{25 + 144}$ e) $\sqrt{25} \cdot \sqrt{144}$

2. Zwischen welchen benachbarten natürlichen Zahlen liegen die folgenden Quadratwurzeln?

a) $\sqrt{0{,}6}$ b) $\sqrt{4{,}1}$ c) $\sqrt{12{,}3}$ d) $\sqrt{37{,}1}$ e) $\sqrt{247}$ f) $\sqrt{619}$

3. Zwischen welchen benachbarten natürlichen Zahlen liegen die Wurzelwerte der Kubikwurzeln? Schreibe als doppete Ungleichung ($3 < \sqrt{15} < 4$)

a) $\sqrt[3]{32}$ b) $\sqrt[3]{4{,}8}$ c) $\sqrt[3]{81{,}5}$ d) $\sqrt[3]{1\,001}$ e) $\sqrt[3]{32{,}768}$

4. a) Ersetze die Buchstaben so durch Ziffern, dass jeweils dreistellige Quadratzahlen entstehen. Gleiche Buchstaben bedeuten gleiche Ziffern, verschiedene Buchstaben bedeuten verschiedene Ziffern:
ABA; ABB; AAB

b) Stelle auch vierstellige Quadratzahlen dar, die aus maximal 2 (3) unterschiedlichen Ziffern bestehen. Lasse die Buchstaben von deinem Nachbarn durch Ziffern ersetzen.

5. Berechne mit einem Taschenrechner. Runde auf drei Dezimalstellen.

a) $\sqrt[3]{37}$ b) $\sqrt[3]{5{,}4}$ c) $\sqrt[3]{89}$ d) $\sqrt[3]{1\,111}$ e) $\sqrt[3]{0{,}042}$

f) $\sqrt[3]{-8{,}5}$ g) $\sqrt[3]{\frac{2}{7}}$ h) $\sqrt[3]{(-4)^2}$ i) $\sqrt[3]{(1{,}8 + 5{,}4)^2}$ j) $\sqrt[3]{2^3 + 3^3 + 4^3}$

6. Berechne. Runde gegebenfalls sinnvoll.

a) $3 \cdot 4^3$ b) $3^3 - 4^3$ c) $3^3 \cdot 4$ d) $(3+4)^3$ e) $3 - 3 \cdot 4^3$

f) $3 : 4^3$ g) $3^3 \cdot 4^3$ h) $\sqrt[3]{3} \cdot \sqrt[3]{4}$ i) $4 \cdot \sqrt[3]{3}$ j) $\sqrt[3]{3} \cdot \sqrt{4}$

7. Berechne das Volumen der Würfel mit folgenden Kantenlängen:

a) 3,4 cm b) 0,5 dm c) 17 mm d) 1,1 m e) 0,3 cm
f) 34 cm g) 5 dm h) 0,017 mm i) 110 m j) 0,003 cm

8. Berechne die Kantenlängen der Würfel mit folgenden Rauminhalten:

a) 125 cm^3 b) 4,25 cm^3 c) 18 dm^3 d) 270 ml e) 0,9 *l*
f) 12,5 cm^3 g) 4 250 cm^3 h) 0,018 dm^3 i) 270 000 ml j) 900 *l*

9. Eine quadratische Weide mit einer Fläche von 1,75 ha soll eingezäunt werden. Berechne die Länge des Zauns.

10. Berechne die fehlenden Längen.

a)

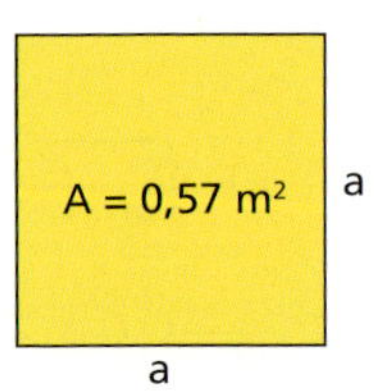

b)

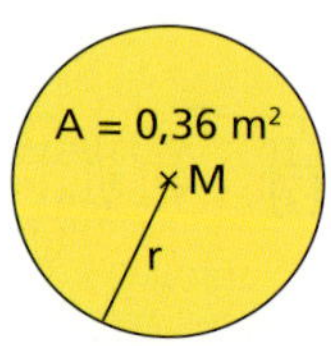

c)

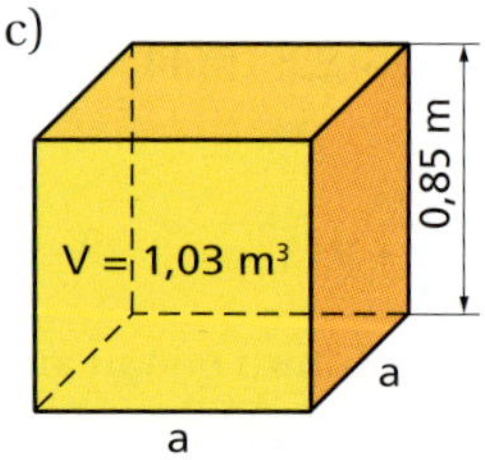

d)

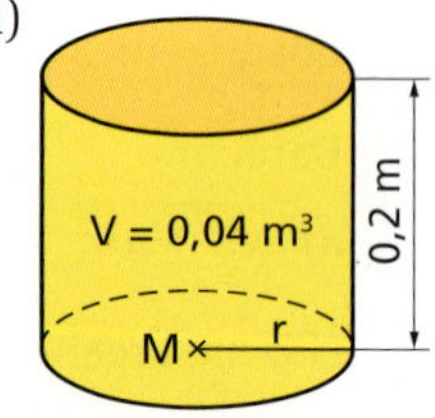

Zinseszins ermitteln

Wird von einem Sparkonto der Jahreszins am Jahresende nicht abgehoben, so erhöht sich das Guthaben um den Jahreszins. Diese Zinsen werden im folgenden Jahr auch verzinst.
Das Anfangskapital wächst um einen bestimmten Faktor.
Zinsen von Zinsen nennt man **Zinseszins.** Die entsprechende Rechnung heißt **Zinseszinsrechnung.**

Monika hat auf ihrem Sparkonto 2 500 € für vier Jahre zu 3,25 % fest angelegt. Auf dem Konto sind in dieser Zeit keine Ein- und Auszahlungen möglich.
Über welches Guthaben verfügt Monika nach vier Jahren?

Gegeben: $K_0 = 2\,500$ € ; $p = 3{,}25$

Gesucht: Z_1 bis Z_4 (Jahreszinsen); K_4 (Kapital nach vier Jahren)

Lösung: $Z = \frac{p}{100} \cdot K$

1. Jahr: $Z_1 = \frac{3{,}25}{100} \cdot 2\,500$ €

$Z_1 = 0{,}0325 \cdot 2\,500$ € $= 81{,}25$ €

Die Jahreszinsen betragen 81,25 €. Das neue Kapital beträgt 2 581,25 €.

2. Jahr: $Z_2 = \frac{3{,}25}{100} \cdot 2\,581{,}25$ €

$Z_2 = 0{,}0325 \cdot 2\,581{,}25$ € $= 83{,}89$ €

Die Jahreszinsen betragen 83,89 €. Das neue Kapital beträgt 2 665,14 €.

3. Jahr: $Z_3 = \frac{3{,}25}{100} \cdot 2\,665{,}14$ €

$Z_3 = 0{,}0325 \cdot 2\,665{,}14$ € $= 86{,}62$ €

Das neue Kapital beträgt 2 751,76 €.

4. Jahr: $Z_4 = \frac{3{,}25}{100} \cdot 2\,751{,}76$ €

$Z4 = 0{,}035 \cdot 2\,751{,}76$ € $= 89{,}43$ €

Antwort: Nach vier Jahren hat Monika ein Guthaben von 2 841,19 € auf dem Konto.

Das Anfangskapital von 2 500 € wächst jedes Jahr um 3,25 %, also auf 103,25 %.

Solche prozentualen Veränderungen kann man mithilfe des **Zinsfaktors q** (Wachstumsfaktors) auch kürzer berechnen:

$q = 1 + \frac{p}{100}$

$q = 1 + \frac{3{,}25}{100} = 1{,}0325$

$1{,}0325 \mathrel{\hat{=}} 103{,}25\,\%$

$2\,500$ € $\cdot 1{,}0325 = 2\,581{,}25$ €

Das Kapital beträgt nach einem Jahr 2 581,25 €.

n	Anfangskapital K_0	Zinsfaktor q	Endkapital K_n
1. Jahr	2 500,00 €	1,0325	2 581,25 €
2. Jahr	2 581,25 €	1,0325	2 665,14 €
3. Jahr	2 665,14 €	1,0325	2 751,76 €
4. Jahr	2 751,76 €	1,0325	2 841,19 €

Also gilt: $K_4 = 2\,500\text{ €} \cdot 1{,}0325 \cdot 1{,}0325 \cdot 1{,}0325 \cdot 1{,}0325$
$K_4 = 2\,500\text{ €} \cdot 1{,}0325^4 = 2\,841{,}19\text{ €}$

Allgemein gilt: $K_n = K_0 \cdot q^n \quad \left(q = 1 + \frac{p}{100}\right)$

Berechne das Endkapital nach sechs Jahren für ein Festzinssparbuch mit einem Zinssatz von 5,5 %. Das Anfangskapital beträgt 15 000 €.

Gegeben: $K_0 = 15\,000\text{ €}$
$p = 5{,}5$
$n = 6$

Gesucht: K_n

Lösung: $K_n = K_0 \cdot q^n$
$K_6 = 15\,000\text{ €} \cdot 1{,}055^6$
$K_6 = 20\,682{,}64\text{ €}$

$q = 1 + \frac{5{,}5}{100}$
$q = 1{,}055$

Antwort: Das Endkapital beträgt nach sechs Jahren 20 682,64 €.

Probiere es selbst:

1. Gib zu folgenden Zinssätzen den Zinsfaktor q an:
a) 3 % b) 7 % c) 8,4 % d) 13 % e) 10 % f) 4,25 %

2. Übernimm die Tabelle und berechne die fehlenden Werte.

	a)	b)	c)	d)
Anfangskapital (K_0)	4 000 €	3 200 €	500 €	12 000 €
Zinssatz (p %)	5 %	3,5 %	1,25 %	3,75 %
Zinsfaktor (q)				
Laufzeit (in Jahren)	2	4	6	8
Endkapital (K_n)				

3. Auf wie viel Euro wächst das folgende Kapital nach einem Jahr (zwei Jahren, drei Jahren) an:
a) 750 €; 3 % b) 1 360 €; 4 % c) 9 900 €; 4,5 %

Erste Schritte

1. Als Onkel Fritz zu Moritz' zehntem Geburtstag zu Besuch kommt und die „Großen" viel von ihrem Führerschein reden, denkt er sich: „Ich werde noch heute ein Sparbuch zu 6 % p. a. eröffnen, damit ich dem Moritz in acht Jahren 1 000 € für seinen Führerschein schenken kann."
Wie hoch ist der einmalige Betrag, den Onkel Fritz heute dafür anlegen muss?

2. Ein Guthaben von 3 000,00 € wird mit 5 % p. a. verzinst. Es ist nach einem Jahr auf 3 150,00 € (3 000,00 € · 1,05) angewachsen. Nach zwei Jahren sind es 3 307,50 € (3 000,00 € · 1,05 · 1,05) usw. (siehe S. 71).
Wie hoch ist der Sparbetrag nach folgenden Jahren?
Vergleiche jeweils den Zuwachs.

3 Jahre b) 6 Jahre c) 9 Jahre d) 12 Jahre e) 15 Jahre

3. Ermittle die fehlenden Angaben.

	Kapital K_0	Zinssatz p %	Kapital nach 1. Jahr K_1	Anzahl der Jahre n	Endkapital K_n
a)	1 000,00 €	4 %		3	
b)		4 %		3	1 000,00 €
c)	550,00 €		569,20 €	5	
d)		7,5 %	9 156,00 €	8	
e)	12 345,67 €	8,5 %			30 286,00 €
f)			558,68 €	6	859,60 €
g)	512,55 €	9 %		12	
h)		4,5 %	12 540,00 €		13 693,66 €
i)	0,01 €	13 %		80	
j)	1,00 €		2,00 €		16 777 216 €

k) Erfinde Aufgabentexte zu den Daten in jeder Zeile.

4. Ein Anfangskapital K_0 von 4 000 € wird zu einem Zinssatz von 6 % p. a. drei Jahre lang ausgeliehen.

a) Berechne die Kapitalentwicklung K_1, K_2, K_3.
b) Stelle die Entwicklung grafisch dar.
c) Gib den Zinsfaktor an und berechne das Kapital K_3 direkt aus K_0.

Weiterführende Aufgaben

1. Schreibe ausführlich (ohne Exponent).
a) 10^4 b) 10^7 c) $9 \cdot 10^3$ d) $5{,}3 \cdot 10^8$ e) $6{,}54321 \cdot 10^5$

2. Das Licht legt in einer Sekunde 300 000 km zurück. Berechne die Entfernung, die das Licht in einem Jahr zurücklegt (Lichtjahr).
Schreibe die Entfernung als Zehnerpotenz.

3. Der Polarstern ist 300 Lichtjahre von der Erde entfernt.
Gib die Entfernung in Kilometer an und schreibe sie als Zehnerpotenz.

4. Berechne folgende Wurzeln:

a) $\sqrt{0{,}25}$ b) $\sqrt{0{,}0016}$ c) $\sqrt{2{,}25}$ d) $\sqrt{7{,}29}$ e) $\sqrt{26{,}01}$

f) $\sqrt{123{,}21}$ g) $\sqrt{20{,}25}$ h) $\sqrt{156{,}25}$ i) $\sqrt{10816}$ j) $\sqrt{43014{,}76}$

k) $\sqrt{\frac{4}{121}}$ l) $\sqrt{\frac{484}{225}}$ m) $\sqrt{\frac{49}{64}}$ n) $\sqrt{\frac{900}{6889}}$ o) $\sqrt{\frac{0{,}36}{0{,}0025}}$

p) $\sqrt[3]{0{,}125}$ q) $\sqrt[3]{\frac{8}{125}}$ r) $\sqrt[3]{421{,}875}$ s) $\sqrt[3]{0{,}001}$ t) $\sqrt[3]{1953125}$

5. Die Klasse 8a beschließt, im übernächsten Schuljahr eine Abschlussfahrt zu unternehmen. Diese wird ca. 300 € je Schüler kosten. Dazu haben sich die Schüler ein raffiniertes Sparsystem ausgedacht. Sie wollen im ersten Monat 2 ct, im zweiten Monat 4 ct, im dritten Monat 8 ct usw. sparen, also in jedem Monat das Doppelte vom Vormonat.

a) Wie lange muss jeder Schüler sparen?
Fülle dazu die „Spartabelle" in deinem Heft aus.

Monat	1.	2.	3.	4.	5.	6.
Sparbetrag in Cent	2	4	8	16		
Erspartes in Euro	0,02	0,06	0,14			

b) Schreibe die monatlichen Sparbeiträge als Potenz.
c) Lässt sich das Sparguthaben nach n Monaten mit dem Term $0{,}02 \cdot (2^n - 1)$ berechnen?

6. Gegeben ist:

Anfangskapital K_0	4 000 €	2 000 €	2 000 €	3 000 €	1 500 €	250 €	40 000 €
Zinssatz p % p. a.	3 %	3 %	1,5 %	5 %	4 %	3,5 %	4,4 %
Anzahl der Jahre n	6	12	3	4	4	2	5

a) Berechne das jeweilige Endkapital.
b) Berechne jeweils die Gesamtzinsen.
c) Wie hoch müsste jeweils der Zinssatz gewesen sein, wenn bei einer Verzinsung für ein Jahr und sonst gleichen Ausgangsdaten dasselbe Endkapital erreicht werden soll?
d) Gib an, nach wie vielen Jahren sich das Kapital verdoppelt hat.
Erläutere dein Vorgehen.

3.2 Rechnen mit Termen und ihren Potenzen

Zusammenfassen von Summen und Differenzen

Eine Möglichkeit zum Umformen von Termen ist das Zusammenfassen von Bestandteilen einer Summe oder einer Differenz.

$2x + 3x = 5x$ $\qquad$ $7y - 10y = -3y$

Die Zahl, die als Faktor vor einer Variablen auftritt, heißt **Koeffizient** der Variablen:
$-2x = (-2) \cdot x$ $\qquad$ Koeffizient von x: -2
Die Bestandteile einer Summe heißen Glieder der Summe. Glieder einer Summe, die sich nur in den Koeffizienten unterscheiden, heißen **gleichartig.**

Bei Summen ist es günstig, alle Plus- bzw. Minuszeichen als Vorzeichen aufzufassen.

Summe: $-2y + 3x - 5xy + 2x + 7y$

Glieder der Summe

gleichartige Glieder: $3x$ und $2x$; $-2y$ und $7y$

Glieder einer Summe kann man ordnen. Gleichartige Glieder kann man zusammenfassen.
$-2y + 3x - 5xy + 2x + 7y = 3x + 2x - 2y + 7y - 5xy = 5x + 5y - 5xy$

Nur „Gleichartiges“ kann man zusammenfassen.
$2a + 3a = 5a$, denn $2a + 3a = a + a + a + a + a = 5a$
$2a + 3b = 2a + 3b$, denn $2a + 3b = a + a + b + b + b$

Klammern, vor denen nur ein Plus- oder Minuszeichen steht, kann man auflösen. *Klammern um einzelne Glieder* einer Summe werden aufgelöst wie Klammern um rationale Zahlen.

$+(3xy) = 3xy$ $\qquad$ $+(-3ab^2) = -3ab^2$
$-(5{,}1x^3) = -5{,}1x^3$ $\qquad$ $-(-2x) = 2x$

Analog werden Klammern um *Summen mit mehreren Gliedern* aufgelöst.

Eine Summe wird addiert, indem man jedes Glied addiert. Dazu kann man das Pluszeichen vor der Klammer und die Klammer um die Summe weglassen.
$-x + (-9xy + 2y) = -x - 9xy + 2y$

Eine Summe wird subtrahiert, indem man das Entgegengesetzte jedes Gliedes addiert. Dazu kann man die Vorzeichen aller Glieder ändern und dann das Minuszeichen vor der Klammer und die Klammer um die Summe weglassen.
$-x - (-9xy + 2y) = -x + 9xy - 2y$

Probiere es selbst:

Fasse (wenn möglich) zusammen.

a) $2x + 3x$ $\quad$ b) $a + a + a + a$ $\quad$ c) $s + s + s + 3 + 3 + 3$ $\quad$ d) $20k - 4r + 5r - 21k$
e) $4 + 4x + 4y$ $\quad$ f) $2ab + 4ba - 12ab$ $\quad$ g) $5k + 12k^2 - 2k^2 + 15k$ $\quad$ i) $(-4) + (-4x) + (-4y)$

Vereinfachen von Produkten

Produkte haben wir bereits beim Arbeiten mit Termen vereinfacht.

Schritte beim ausführlichen Vorgehen	Beispiel
1. Vorzeichen des Produktes ermitteln, ordnen und ausführlich schreiben	$8a^2b \cdot (-3ad) = -8 \cdot 3 \cdot a \cdot a \cdot a \cdot b \cdot d$
2. Zahlen multiplizieren und Produkte gleicher Variablen als Potenz schreiben	$= -24 \cdot a^3 \cdot b \cdot d$
3. Schreibweise verkürzen	$= -24a^3bd$

Probiere es selbst:

Vereinfache.

a) $30 \cdot 8a$ b) $-6xy \cdot 2x \cdot (-3x)$ c) $\frac{1}{2}xy \cdot 0{,}5x$ d) $-5a \cdot (-4b)$

Rechnen mit Quotienten

Maria und Paul berechnen den Termwert von $(5ab - 10b^2):(a - 2b)$ für $a = -17{,}5$ und $b = -0{,}5$.

Maria: $(5ab - 10b^2):(a - 2b) = \frac{5ab - 10b^2}{a - 2b} = \frac{5b \cdot (a - 2b)}{a - 2b} = 5b$ $5 \cdot (-0{,}5) = -2{,}5$

Paul: $(5ab - 10b^2):(a - 2b) = (43{,}75 - 2{,}5):(-17{,}5 + 1) = 41{,}25:(-17{,}5 + 1) = 41{,}25:(-16{,}5) = -2{,}5$

Was sagst du zu Marias und Pauls Rechnungen?

Jeder Quotient aus zwei Termen kann in Bruchform dargestellt werden.

$2a:3b = \frac{2a}{3b}$ $(2x + 5):(x - 1) = \frac{2x + 5}{x - 1}$ $15a^2b:3ab = \frac{15a^2b}{3ab}$

Das Rechnen mit Quotienten erfolgt analog zum Rechnen mit Brüchen.

Rechnen mit Brüchen	Rechnen mit Quotienten
Erweitern und Kürzen	
Zähler und Nenner mit der gleichen Zahl n ≠ 0 multiplizieren bzw. durch die gleiche Zahl n ≠ 0 dividieren. $\frac{3}{4} \overset{\cdot 2}{=} \frac{6}{8}$; $\frac{12}{15} \overset{:3}{=} \frac{4}{5}$	Zähler und Nenner mit dem gleichen Term multiplizieren bzw. durch den gleichen Term dividieren. Der Term darf nicht den Wert 0 annehmen. $\frac{3}{a} \overset{\cdot b}{=} \frac{3b}{ab}$; $\frac{2x}{3xy} \overset{:x}{=} \frac{2}{3y}$
Addieren und Subtrahieren	
1. Hauptnenner (HN) und Erweiterungszahlen (EZ) ermitteln. 2. Brüche auf Hauptnenner erweitern. 3. Zähler addieren bzw. subtrahieren und Nenner beibehalten.	1. Gemeinsamen Nenner (GN) und Erweiterungsterme (ET) bestimmen. 2. Brüche auf gemeinsamen Nenner erweitern. 3. Zähler addieren bzw. subtrahieren und Nenner beibehalten.
$\frac{3}{4} + \frac{5}{6}$; HN: 12; EZ: 3 und 2 $\frac{3}{4} + \frac{5}{6} = \frac{9}{12} + \frac{10}{12} = \frac{19}{12}$	$\frac{2}{ab} + \frac{3}{a^2c}$; GN: a^2bc; ET: ac und b $\frac{2}{ab} + \frac{3}{a^2c} = \frac{2ac}{a^2bc} + \frac{3b}{a^2bc} = \frac{2ac + 3b}{a^2bc}$

Multiplizieren

1. Brüche mit einem Bruchstrich darstellen und so weit wie möglich kürzen.
2. Zähler vereinfachen (multiplizieren) und Nenner vereinfachen (multiplizieren).

$\frac{5}{9}\cdot\frac{12}{25}=\frac{{}^{1}5\cdot 12^{4}}{{}_{3}9\cdot 25_{5}}=\frac{4}{15}$	$\frac{2xy}{x+1}\cdot\frac{(x+1)^2}{xy^2}=\frac{2xy\cdot(x+1)^2}{(x+1)\cdot xy^2}=\frac{2(x+1)}{y}$

Dividieren

1. Kehrwert des Divisors bilden.
2. Dividend mit Kehrwert des Divisors multiplizieren.

$\frac{5}{9}:\frac{25}{12}=\frac{5}{9}\cdot\frac{12}{25}=\frac{{}^{1}5\cdot 12^{4}}{{}_{3}9\cdot 25_{5}}=\frac{4}{15}$	$\frac{2xy}{x+1}:\frac{xy^3}{(x+1)^2}=\frac{2xy\cdot(x+1)^2}{5(x+1)\cdot xy^3}=\frac{2(y+1)}{y^2}$

Probiere es selbst:

1. Erweitere den Term $\frac{2x}{3y}$ mit 4; s; 3y und (x + y).

2. Addiere die Quotienten $\frac{3}{mn}$ und $\frac{2}{m^2}$.

3. Multipliziere $\frac{15m}{18}$ mit $\frac{3}{5mn}$.

4. Dividiere den Quotienten $\frac{15x}{6y^2}$ durch den Term $\frac{45x^2}{18y}$.

Erste Schritte

1. Erweitere jeweils.

a) $\frac{1}{2}$ (mit 7) b) $\frac{1}{2x}$ (mit 5) c) $\frac{5}{a^2}$ (mit −3) d) $\frac{1}{2}$ (mit x)

e) $\frac{x}{4}$ (mit x) f) $\frac{2a}{3b}$ (mit 5a) g) $\frac{1}{r+1}$ (mit 4) h) $\frac{3}{a-b}$ (mit a)

2. Erweitere jeweils auf den angegebenen Nenner.
Gib den Zähler und den Erweiterungsterm an.

a) $\frac{a}{36}=\frac{\square}{72}$ b) $\frac{2}{3}=\frac{\square}{3a}$ c) $\frac{3}{x}=\frac{\square}{4x^2}$ d) $\frac{2x}{15y}=\frac{\square}{45xy^2}$

3. Die folgenden Quotienten sollen jeweils (durch Erweitern) gleichnamig gemacht werden:

a) $\frac{7}{8}$ und $\frac{5}{24}$ b) $\frac{a}{5}$ und $\frac{b}{7}$ c) $\frac{2a}{3b}$ und $\frac{4}{9ab}$ d) $\frac{1}{4x^2}$ und $\frac{1}{28x}$

e) $\frac{c}{5ab^2}$ und $\frac{c^2}{a^2b}$ f) $\frac{r}{3}$ und $\frac{3}{r+3}$ g) $\frac{a}{2^3}$ und $\frac{b}{2^5}$ h) $\frac{1}{4a}$; $\frac{2}{3ab}$ und $\frac{3}{2a^2b}$

4. Kürze so weit wie möglich.

a) $\frac{28}{42}$ b) $\frac{4\cdot5\cdot2}{10\cdot8}$ c) $\frac{42x}{84y}$ d) $\frac{3ab}{12b}$ e) $\frac{13+7}{10\cdot14}$

f) $\frac{-11uv^2w^3}{-22u^2vw^2}$ g) $\frac{(xy)^2}{2xy^3}$ h) $\frac{2(a+b)}{5(a+b)^2}$ i) $\frac{5x-15}{10x}$ j) $\frac{a-b}{3a-3b}$

5. Rechne. Vereinfache die Quotienten danach so weit wie möglich.

a) $\frac{2}{3}-\frac{1}{4}+\frac{1}{8}$ b) $\frac{4x}{9}+\frac{5x}{9}$ c) $\frac{5e}{8}-\frac{e}{4}$ d) $\frac{2a+1}{5}+\frac{4-3a}{5}$ e) $\frac{2a}{5x}-\frac{3b}{10x}$

f) $\frac{1}{x^2}+\frac{2}{x}$ g) $\frac{a}{4b}+\frac{4}{3a}$ h) $\frac{2}{3xy^2}+\frac{5}{6x^2y}$ i) $\frac{1}{2x}+\frac{2}{3x^2}-\frac{3}{4x^3}$ j) $\frac{4}{a}+\frac{b}{a+b}$

Weiterführende Aufgaben

1. Hier haben sich Fehler eingeschlichen. Finde sie heraus und korrigiere sie.

a) $\frac{1}{a}+\frac{1}{b}=\frac{2}{ab}$ b) $\frac{7}{35c}+\frac{6}{42c}=\frac{12}{35c}$ d) $4-\frac{1}{d}=\frac{4d-1}{d}$

e) $\frac{1}{4+e}+\frac{1}{4-e}=\frac{8}{16-e^2}$ f) $\frac{8}{5-f}-3=\frac{f-7}{5-f}$ g) $\frac{g+3}{g-5}-\frac{g+2}{g-5}=1$

2. Es sei $T_1 = x$; $T_2 = x + 1$ und $T_3 = 4x$. Berechne.

a) $\frac{T_1}{T_2}+\frac{T_3}{T_2}$ b) $\frac{T_2}{T_1}-\frac{T_2}{T_3}$ c) $\frac{T_1}{T_2}+T_3$ d) $T_2-\frac{T_1}{T_3}$ e) $\frac{1}{T_2}-T_3+\frac{1}{T_1}$

3. Nenne alle Zahlen, für die die Terme nicht definiert sind. Zeige, dass für alle anderen Zahlen die folgenden Gleichungen gelten:

a) $\frac{x-1}{x}+\frac{2}{x}=\frac{x+1}{x}$ b) $\frac{a-b}{a}-\frac{1}{2}=\frac{a-2}{2a}$ c) $\frac{1}{3+r}-\frac{1}{3-r}=\frac{2r}{r^2-9}$

d) $\frac{d+3}{d-5}-\frac{d+2}{d-5}=1$ e) $\frac{1}{4+e}+\frac{1}{4-e}=\frac{8}{16-e^2}$ f) $\frac{8}{5-g}-3=\frac{g-7}{5-g}$

4. Multipliziere. Versuche, vor dem Ausmultiplizieren zu kürzen.

a) $\frac{2}{5}\cdot\frac{1}{3}$ b) $\frac{a^2b}{cd^3}\cdot\frac{c^2d^4}{ab}$ c) $\frac{8xy}{-14z}\cdot\frac{-7z}{xy^2}$ d) $\frac{15x}{x+y}\cdot\frac{2(x+y)}{45x^2}$

5. Dividiere. Versuche, vor dem Ausmultiplizieren zu kürzen.

a) $\frac{12}{21}:\frac{24}{14}$ b) $\frac{15x^2}{6y^3}:\frac{45x}{18y}$ c) $\frac{28u^2v}{u^3}:\frac{56v}{u^4}$ d) $\frac{x+2}{y}:\frac{x}{4y}$

6. Wurde hier richtig umgeformt? Beseitige gegebenenfalls die Fehler.

a) $\frac{16x}{48ab}\cdot\frac{a}{3x}=\frac{1}{9b}$ b) $\frac{2x}{x-y}\cdot(x-y)^2=2x^2-2xy$ c) $\frac{8y^2}{x}:\frac{4y}{3x^2}=6xy$

7. Dividiere. Führe zur Kontrolle die Multiplikation aus.

Beispiel: $(a^2+a-6):(a-2)=a+3$ $(a^2:a=a)$

$-(a^2-2a)$ ← $\cdot(a-2)$

$3a-6$ $(3a:a=3)$

$-(3a-6)$ ← $\cdot(a-2)$

0

a) $(12x^2-4x^3y):(4x)$ b) $(8a^3b^3-6a^2b^2+4ab^3):(2ab^2)$

c) $(x^3+x^2y-2xy^2):(x-y)$ d) $(a^3-3a^2+3a-1):(a-1)$

8. Überprüfe. Korrigiere – falls erforderlich – in deinem Heft.

a) $(x^3-5x^2+8x-4):(x-1)=x^2-4x+4$

x^3-x^2

$-4x^2+8x$

$-4x^2+4x$

$4x-4$

$4x-4$

0

b) $(a^3+1):(a-1)=a^2+a+1,$ Rest 2

a^3-a^2

a^2+1

a^2-a

$a+1$

$a-1$

Rest 2

Ausmultiplizieren und Ausklammern

Das Produkt $a \cdot (b + c)$ kann mithilfe des Distributivgesetzes in eine Summe umgewandelt werden.

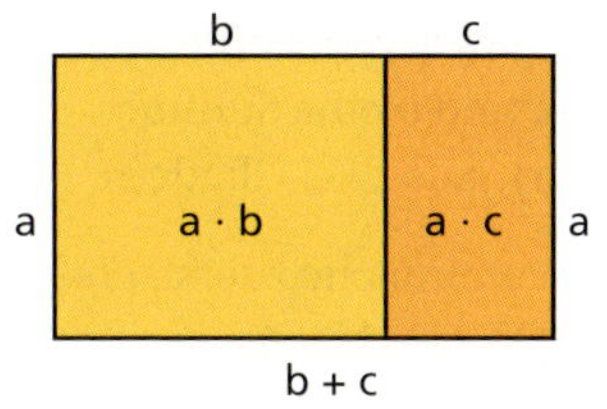

$a \cdot (b + c) = a \cdot b + a \cdot c$

Man sagt, die Klammer wird **ausmultipliziert.** Das Distributivgesetz für Zahlen gilt auch für das Rechnen mit Termen.

> Man multipliziert eine Summe mit einem Faktor, indem man jedes Glied der Summe mit dem Faktor multipliziert und die Produkte addiert.
>
> $T_1 \cdot (T_2 + T_3) = T_1 \cdot T_2 + T_1 \cdot T_3$

$3x \cdot (2y + z) = 3x \cdot 2y + 3x \cdot z = 6xy + 3xz$

$-3x \cdot (2y + z) = -3x \cdot 2y + (-3x) \cdot z = -6xy - 3xz$

Eine Umkehrung des Ausmultiplizierens ist das **Ausklammern.** Durch das Ausklammern wird eine Summe in ein Produkt umgewandelt.

Schritte beim ausführlichen Vorgehen	Beispiel
1. einen gemeinsamen Teiler der Zahlen ermitteln	$12a^2 - 20ab = 4 \cdot 3a^2 - 4 \cdot 5ab$
2. die Produkte der Variablen in Faktoren zerlegen und die gemeinsamen Faktoren bestimmen	$= 4 \cdot 3 \cdot a \cdot a - 4 \cdot 5 \cdot a \cdot b$
3. alle gemeinsamen Faktoren vor die Klammer setzen	$= 4a(3a - 5b)$

Hinweis: Wird ein Summand vollständig ausgeklammert, bleibt 1 oder –1 übrig.
$2ab + 2a = 2 \cdot a \cdot b + 2 \cdot a \cdot 1 = 2a(b + 1)$ $\quad 7x^2 - 7x = 7 \cdot x \cdot x - 7 \cdot x \cdot 1 = 7x(x - 1)$

Probiere es selbst:

1. Löse die Klammern durch Ausmultiplizieren auf.

a) $8 \cdot (2a - 3b)$ b) $(3x - 5y) \cdot (-2)$ c) $2a \cdot (7b + 3c - 15)$
d) $(a + b) \cdot 2c$ e) $(2u - v) \cdot (-w)$ f) $0{,}5p \cdot (p - 3q + r^2)$

2. Zerlege die Summanden in Faktoren und unterstreiche gleiche Faktoren mit gleicher Farbe. Klammere aus und multipliziere zur Kontrolle die Klammern wieder aus.
Beispiel: $12ab - 8a = 4 \cdot 3 \cdot a \cdot b - 4 \cdot 2 \cdot a = 4a(3b - 2) = 12ab - 8a$

a) $9xy + 18yz$ b) $10k^2r - 40r^2m$ c) $16adf + 24def - 48aef$
d) $60x^2y - 135y^2 + 75\,xy^2$ e) $18x^2 - 27xy + 36y^2$ f) $-8a^2 - 16a$

3. Klammere den angegebenen Faktor aus.

a) $4x^2 - 16xy;\ 4x$ b) $1{,}8rt^2 - 2{,}7r^2t;\ 9rt$ c) $15a^2 - 30ab + 60a;\ 15a$

Erste Schritte

1. Bilde jeweils unter Verwendung von einigen der Koeffizienten 3; –2; –1; 1; $\frac{3}{4}$ und der Variablen a und b eine Summe.

a) aus zwei Gliedern, b) aus drei Gliedern, c) aus fünf Gliedern.

2. Vereinfache zuerst, ersetze dann die Variablen und berechne den Termwert.

a) $2a + 3a + 5a + a \quad (a = 2)$ b) $3a + b + 2a \quad (a = 4;\ b = 2)$

3. Berechne vorteilhaft für $x = 12$.

a) $10x + 13x - 9x$ b) $2{,}5x \cdot 4$ c) $0{,}8x - 1{,}2x + 0{,}4x + x$

4. Gegeben sei der Term $(3a - 4b + 7a) + (-6a - 6b) - (10b - 5a)$.

a) Berechne den Wert des Terms für $a = 2$ und $b = 3$, ohne den Term vorher zu vereinfachen.

b) Vereinfache den Term und berechne den Wert für $a = 2$ und $b = 3$.

5. Berechne vorteilhaft für $x = 2$ und $y = 2{,}5$.

a) $y - x + 2x + y$ b) $-2x + y + 3x$ c) $-2x + (-2y)$

d) $0{,}5x \cdot 5y - 5x \cdot 0{,}5y$ e) $-y - 2x + y$ f) $-2y - (-2x)$

6. Suche und beschreibe die Fehler.
Korrigiere so, dass Gleichwertigkeit zwischen den Termen entsteht.

a) $2x + 3x - 4 + x = -2x$ b) $5x + 5y = 10xy$ c) $4ab - 4b = a$

d) $4a - 5a + 1 = 0$ e) $4x + 4y = 8xy$ f) $2ab + b = 3ab$

7. Fasse zusammen.

a) $24p - 12r + 12r - 18p - r$ b) $-6{,}1k + 3{,}4m + 1{,}7k - k + 1{,}03\,m$

c) $-\frac{1}{2}a + 16\frac{1}{4}b - 5\frac{3}{4}a - 8\frac{1}{2}b + 6\frac{2}{5}a$ d) $\frac{6}{7}h + \frac{5}{6}g - \frac{1}{7}h + h$

8. Löse die Klammern auf und fasse zusammen.

a) $(-5a - 3b) + (-4b + 4a) - (2a - 8b)$ b) $-(x + y) + (x + y) + (x - y) + (x - y) - (-x - y)$

9. Berechne für $a = -2$, $b = 3$ und $c = -1$ jeweils die Termwerte vorteilhaft.

a) $\frac{-2ab}{8ab}$ b) $8ab : (-4ac)$ c) $2 \cdot b^2 : \left(\frac{1}{2}b\right)$

d) $\frac{(2a)^2}{2ab^2}$ e) $|-2ab| : |4c|$ f) $17\frac{a^3 \cdot c^2}{b} : \left(51\frac{a^2 \cdot c^2}{b}\right)$

10. Hier wurden Fehler gemacht, finde sie heraus und korrigiere die rechte Seite:

a) $-5ax \cdot 7ay = 35a^2xy$ b) $24a^2bc : (-8abc) = -3abc$ c) $-12x^2y : (-6x^2y^2) = \frac{2x}{y}$

11. Gib Terme für die Volumina der Quader an. Vereinfache so weit wie möglich.

a)
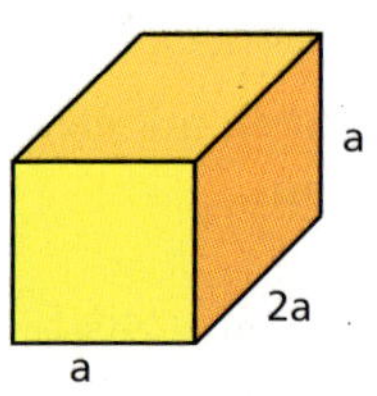

b)
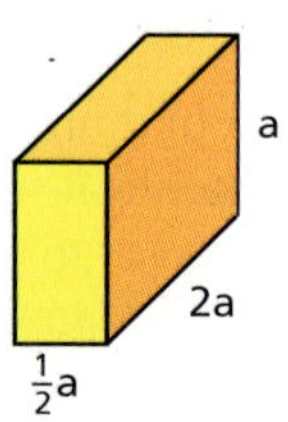

c)
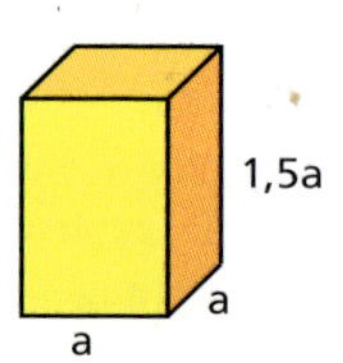

12. Von einem Quader ist bekannt: Er ist viermal so lang wie breit und nur halb so hoch wie breit. Gib eine mögliche Formel für das Volumen des Quaders an.

13. a) Löse in den beiden Termen die Klammern auf. Was stellst du fest?

$\frac{1}{3} \cdot (18x + 21y)$ und $(18x + 21y) : 3$

b) Löse in einem der beiden Terme die Klammern auf. Suche dir selbst den bequemsten Weg.

① $(-18x + 21y) : (-3)$ oder $-\frac{1}{3}(-18x - 21y)$

② $(18x + 21y) \cdot \frac{1}{3}$ oder $(18x + 21y) : 3$

14. Gib für den Flächeninhalt des Giebels zwei verschiedene Terme entsprechend der eingezeichneten Zerlegung an und zeige, dass beide Terme gleichwertig sind.

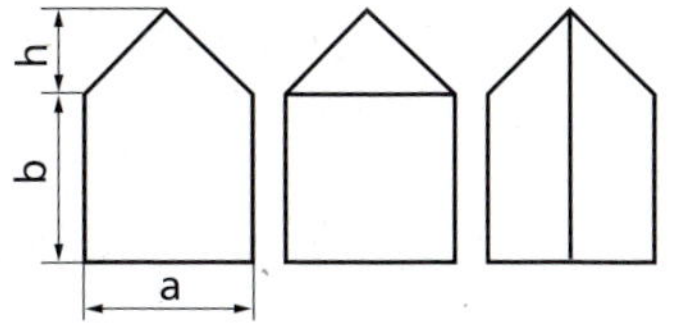

15. Vereinfache die Terme durch Dividieren.

a) $(24x - 66y + 36) : 6$ b) $(12x^2 - 36y + 44) : 4$ c) $(8x^2y - 88x) : (8x)$

d) $\frac{15ab - 10bc}{5b}$ e) $\frac{3a^2b + 7ab^2 + ab}{-ab}$ f) $(3a^2b + 7ab^2) : (ab)$

16. Klammere alle gemeinsamen Faktoren aus.

a) $4ax + 8bx$ b) $12pq - 24pr + 48ps$ c) $9xy + 27y^2$

d) $15x - 30y + 60z$ e) $8ab - 16bc + 8abc$ f) $8x - 8$

g) $ab + a$ h) $4ax - 4a$ i) $uvw - uvw$

j) $2xy^2 + 8x^2y$ k) $a^2b^2c^2 - 2ab^2c + 3a^2bc^2$ l) $u^2vw^2 - uv^2w^2$

17. Wurde hier richtig ausgeklammert? Falls nicht, berichtige.

a) $5abc + 5a = 5a\,(bc)$ b) $3a^2b + 6a^2b = 3(a^2b + 2a^2b)$

c) $9xy - 12x^2 = 3x(3y - 4)$ d) $3d^2e + 4de^2 - de = de(3d + 4e - 1)$

e) $\left(\frac{1}{2}x - 2y\right) \cdot 0{,}1 = \frac{1}{20}x - 0{,}2y$ f) $xy - 6x = 0{,}5x \cdot (2y - 2x)$

18. Klammere als gemeinsamen Faktor die Summe bzw. die Differenz aus.

a) $3a(c - d) - 5b(c - d)$ b) $2a(5v + 10w) - 5b(10w + 5v)$

c) $2x(y - z) - 3(-z + y)$ d) $2a^2(x - 2y) + 2b^2(2y - x)$

e) $2x(a - b) + 3y(b - a)$ f) $24x^2(2a + b) - 18xy^2(2a + b)$

19. Klammere den größtmöglichen Faktor aus. Zur Kontrolle sind die Lösungen vorgegeben. Ordne der Teilaufgabe den entsprechenden Buchstaben zu. Das Lösungswort gibt dir Auskunft darüber, wie Ausklammern auch noch genannt wird.

a) $3u^2 - 9u$ b) $m^2n + mn^2$

c) $mn + mp$ d) $12a - 24b$

e) $8a + 8b$ f) $xy^3 - ay^2$

g) $3b^3 + 7b$ h) $27r + 18s$

i) $b^6 + b^4$ j) $5p + 7p$

k) $a^2 + 5a$ l) $rt - t^3v$

m) $a^2x + a^3x^2$

E	$12p$	N	$a^2x(1 + ax)$
F	$3u(u - 3)$	T	$12(a - 2b)$
A	$mn(m + n)$	O	$8(a + b)$
R	$a(a + 5)$	E	$t(r - t^2v)$
I	$b(3b^2 + 7)$	R	$y^2(xy - a)$
I	$b^4(b^2 + 1)$	S	$9(3r + 2s)$
K	$m(n + p)$		

Multiplizieren von Summen

Den Flächeninhalt eines Rechtecks mit den Seiten $a + b$ und $c + d$ kann man auf zwei Arten berechnen:

(1) $A = (a + b) \cdot (c + d)$

(2) $A = A_1 + A_2 + A_3 + A_4$

$A = ac + ad + bc + bd$

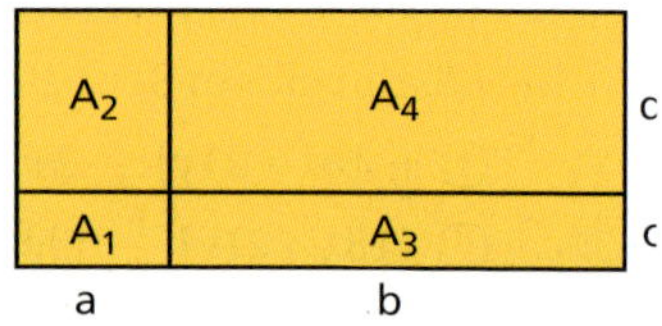

Für beliebige rationale Zahlen lässt sich das Problem der Multiplikation der beiden Summen $a + b$ und $c + d$ auf die Anwendung des Distributivgesetzes zurückführen, wenn eine der beiden Summen zunächst durch eine Hilfsvariable ersetzt wird.

$$\begin{aligned}(a + b) \cdot (c + d) &= h \cdot (c + d) \qquad \text{mit } h = a + b\\ &= h \cdot c + h \cdot d\\ &= (a + b) \cdot c + (a + b) \cdot d\\ &= a \cdot c + b \cdot c + a \cdot d + b \cdot d\\ &= ac + ad + bc + bd\end{aligned}$$

Man multipliziert zwei Summen miteinander, indem man

1. jeden Summanden der einen Summe mit jedem Summanden der anderen Summe multipliziert und
2. die entstandenen Produkte addiert.

$$(a + b) \cdot (c + d) = ac + ad + bc + bd$$

1. 2. 3. 4.

(1) $(5 + x) \cdot (y + 3) = 5 \cdot y + 5 \cdot 3 + x \cdot y + x \cdot 3$ (Klammern auflösen, ausmultiplizieren)

1. 2. 3. 4.

$= 5y + 15 + xy + 3x$ (vereinfachen)

$= 3x + 5y + xy + 15$ (ordnen)

(2) $(2 - 3b) \cdot (-6a + 7) = 2 \cdot (-6a) + 2 \cdot 7 + (-3b) \cdot (-6a) + (-3b) \cdot 7$ (Klammern auflösen, ausmultiplizieren)

$= -12a + 14 + 18ab - 21b$ (vereinfachen)

$= -12a - 21b + 18ab + 14$ (ordnen)

Probiere es selbst:

Multipliziere aus, fasse zusammen und ordne.

Hinweis: Kennzeichne bei den ersten Aufgaben mit Pfeilen die Multiplikationen.

a) $(2a + b) \cdot (5a - 3b - 1)$ $10a^2 - 6ab - 2a + 5ba - 3b^2 - 6$

b) $(13x + 6) \cdot (3x^2 - 5x + 6)$

c) $(x^2 + x - 2) \cdot (x^2 - x + 2)$

d) $(a^3 + a^2b + ab^2 + b^3) \cdot (a - b)$

e) $(z + 1) \cdot (z^5 - z^4 + z^3 - z^2 + z - 1)$

f) $(-3a - b + 1) \cdot (2a - 8) + (3a + 2) \cdot (5a - 4)$

$(x + y) \cdot (2x - y + 1)$

$= x \cdot 2x + x \cdot (-y) + x \cdot 1 + y \cdot 2x + y \cdot (-y) + y \cdot 1$

$= 2x^2 - xy + x + 2xy - y^2 + y$

$= 2x^2 + x + xy - y^2 + y$

Binomische Formeln untersuchen

Eine Summe oder eine Differenz, die aus zwei Gliedern besteht, heißt Binom.

Binome sind z. B.:

$x + 1$ $a - b$ $3z + 4u$ $a^2 + b^2$ $2A - abc$ $x - \frac{p}{2}$

Probiere es selbst:

Prüfe, ob es sich jeweils um ein Binom handelt.

a) $a + b$ b) $0{,}5u - a$ c) $(x - y) : 2$ d) $x^2 + y^2$ e) $(x + y)^2$

Produkte zweier Binome können durch mehrfaches Anwenden des Distributivgesetzes in Summen umgeformt werden.

Der Term $(a + b) \cdot (a + b)$ besteht aus zwei gleichen Binomen.

Wenn wir die Produkte von speziellen Summanden geschickt zusammenstellen, werden einfache Rechenregeln erkennbar, die dir Rechenvorteile verschaffen können.

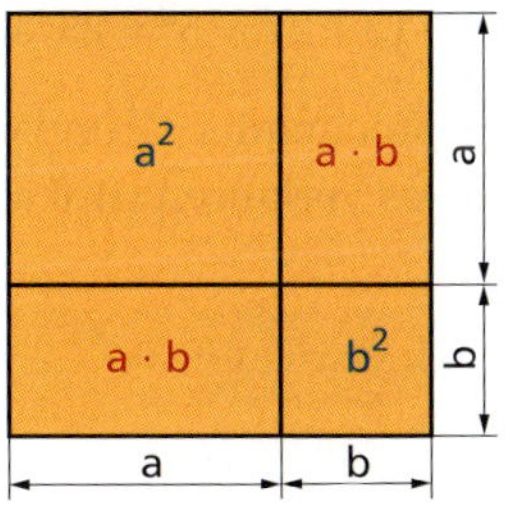

$(a + b)^2 = a^2 + 2ab + b^2$

1. Fall:

$(a + b) \cdot (a + b)$
$= a \cdot a + a \cdot b + b \cdot a + b \cdot b$
$= a^2 + ab + ab + b^2$
$= a^2 + 2ab + b^2$

Da $(a + b) \cdot (a + b) = (a + b)^2$ ist, können wir auch schreiben $(a + b)^2 = a^2 + 2ab + b^2$.

2. Fall:

$(a - b) \cdot (a - b)$
$= a \cdot a + a \cdot (-b) + (-b) \cdot a + (-b) \cdot (-b)$
$= a^2 - ab - ab + b^2$
$= a^2 - 2ab + b^2$

3. Fall:

$(a + b) \cdot (a - b)$
$= a \cdot a + a \cdot (-b) + b \cdot a + b \cdot (-b)$
$= a^2 - ab + ab - b^2$
$= a^2 - b^2$

Die Regeln für das Ausmultiplizieren bestimmter Binome werden **binomische Formeln** genannt:

$$(a + b) \cdot (a + b) = a \cdot a + a \cdot b + b \cdot a + b \cdot b = a^2 + 2ab + b^2$$
$$(a - b) \cdot (a - b) = a \cdot a - a \cdot b - b \cdot a - b \cdot b = a^2 - 2ab + b^2$$
$$(a + b) \cdot (a - b) = a \cdot a - a \cdot b + b \cdot a - b \cdot b = a^2 - b^2$$

Hinweise:

- Die Glieder a^2 und b^2 heißen **quadratische Glieder.**
- Das Glied 2ab heißt **gemischtes Glied.**
- Die Variablen a und b können auch durch Terme belegt sein.

Probiere es selbst:

Stelle die 2. Binomische Formel $(a - b) \cdot (a - b)$ mit Hilfe eines Quadrats dar.

Term	Grundstruktur	a	b	Anwendung der Formel
$(7x + 3y)^2$	$(a + b)^2$	7x	3y	$(7x)^2 + 2 \cdot 7x \cdot 3y + (3y)^2 = 49x^2 + 42xy + 9y^2$
$(2x - 3y)^2$	$(a - b)^2$	2x	3y	$(2x)^2 - 2 \cdot 2x \cdot 3y + (3y)^2 = 4x^2 - 12xy + 9y^2$
$(4x + 3y) \cdot (4x - 3y)$	$(a + b) \cdot (a - b)$	4x	3y	$(4x)^2 - (3y)^2 = 16x^2 - 9y^2$

Beachte:

Das Quadrat eines Produktes ist gleich dem Produkt der Quadrate der Faktoren.
$(3x)^2 = (3 \cdot x)^2 = 3^2 \cdot x^2 = 9 \cdot x^2 = 9x^2$

Aber:

Das Quadrat einer Summe ist **nicht** gleich der Summe der Quadrate der Summanden.

Es gilt: $(a + b)^2 \neq a^2 + b^2$ für a; $b \neq 0$

Für a = 3 und b = 2 gilt: $(3 + 2)^2 = 5^2 = 25$, aber $3^2 + 2^2 = 9 + 4 = 13$; $25 \neq 13$

Summen können bei entsprechender Grundstruktur mithilfe binomischer Formeln in Produkte umgewandelt werden. Dieses Verfahren wird auch **Faktorisieren** genannt.

Summe	Quadratische Glieder	Gemischtes Glied	Anwendung einer Formel
$49e^2 - 84ef + 36f^2$	$49e^2 = (7e)^2 = a^2$ $36f^2 = (6f)^2 = b^2$	$2 \cdot 7e \cdot 6f = 84ef$	$a^2 - 2ab + b^2 = (a - b) \cdot (a - b)$ $(7e - 6f)^2$
$121y^2 - 16x^2$	$121y^2 = (11y)^2 = a^2$ $16x^2 = (4x)^2 = b^2$	nicht vorhanden	$a^2 - b^2 = (a + b) \cdot (a - b)$ $(11y + 4x) \cdot (11y - 4x)$

1. $a^2 + 2ab + b^2 = (a + b) \cdot (a + b)$; $a = 3x$, $b = 2y$; $2ab = 2 \cdot 3x \cdot 2y = 12xy$
   $9x^2 + 12xy^2 + 4y^4 = (3x + 2y) \cdot (3x + 2y) = (3x + 2y)^2$
2. $a^2 - b^2 = (a + b) \cdot (a - b)$; $a = 8s$, $b = 5t$
   $64s^2 - 25t^2 = (8s + 5t) \cdot (8s - 5t)$

Probiere es selbst:

1. Forme mithilfe der binomischen Formeln jeweils in eine Summe um.

a) $(g + h)^2$ b) $(2x + 6)^2$ c) $(3r - 8f)^2$
d) $(5d^2 - t)^2$ e) $(z - 4s)^2$ f) $(5v - 4e)(5v + 4e)$
g) $(0{,}5w + 7)(0{,}5w - 7)$ h) $\left(\frac{1}{2}a + \frac{1}{3}\right)^2$ i) $\left(\frac{2}{3}t - \frac{1}{3}\right)^2$
j) $(-6q - 1)(-6q + 1)$ k) $(x^2 - y)(-y - x^2)$ l) $\left(\frac{12}{5}g - \frac{7}{3}h\right)^2$

2. In folgenden Aufgaben haben sich beim Umformen Fehler eingeschlichen.
Finde diese und beschreibe jeweils ausführlich, wodurch sie entstanden sind.

a) $(2x + 2)^2 = 4x^2 + 4x + 4$ b) $(3y - 2z)^2 = 9y - 12yz + 4z$
c) $(-4x + 5)(-4x + 5) = 16x^2 + 40x + 25$ d) $(-3x + 8)^2 = 9x^2 + 48x + 64$

Erste Schritte

1. Forme in eine Summe um.

a) $(-a+b)(-4)(b-a)\cdot 4$ b) $(x-2)(x+2)(4x+8)$ c) $(a-b)(a+b)(a-b)(a+b)$
d) $(v+5)(-v-5)(v+5)$ e) $(x-5)^2(x+5)^2$ f) $(r^2-9)(r^4-81)(r^2+9)$

2. Berechne mithilfe einer binomischen Formel wie in den Beispielen.

Beispiele: $101^2 = (100+1)^2 = 10\,000 + 200 + 1 = 10\,201$
$112 \cdot 108 = (110+2)(110-2) = 12\,100 - 4 = 12\,096$

a) 61^2; 42^2; 91^2 b) 99^2; 49^2; 58^2
c) 55^2; 65^2; 105^2 d) $49\cdot 51$; $43\cdot 37$; $98\cdot 102$
e) $390\cdot 410$; $93\cdot 107$; $991\cdot 1009$ f) $72\cdot 68$; $18\cdot 22$; $111\cdot 89$

3. Wandle jeweils in ein Produkt um.

a) $9+24r+16r^2$ b) $9a^2+30a+25$ c) $4x^2-8xy+4y^2$
d) $64t^2+240t+225$ e) $9z^2-64e^4$ f) $144u^6-72u^3+9$
g) $a^2b^2+2abcd+c^2d^2$ h) $25r^2s^2-81w^4$ i) p^2-1
j) $1024-256d^2$ k) $2{,}25w^2-6{,}25b^2$ l) $\frac{1}{100}x^2-\frac{1}{900}y^2$

4. Klammere aus, wenn möglich, und faktorisiere dann mithilfe einer binomischen Formel.

a) $3r^2-6rs+3s^2$ b) $12a^2-48b^2$ c) $8-0{,}5t^2$
d) $11w^2+44w+44$ e) $abh^2+2abhg+abg^2$ f) $u^2v+2uv^2+v^3$
g) $\frac{1}{28}a^2b-\frac{1}{63}b^3$ h) $\frac{1}{25}x^3yz+\frac{1}{10}x^2y^2z+\frac{1}{16}xy^3z$ i) $\frac{3}{2}d^2f-2def+\frac{2}{3}e^2f$

5. Ergänze, so dass du mithilfe einer binomischen Formel faktorisieren kannst.

a) $w^2+\square+t^4$ b) $25a^2-20ab+\square$ c) $\square+8u+1$ d) $\square-8xv+16x^2$
e) $\frac{1}{4}d^2+\square+\frac{1}{9}z^4$ f) $64r^2-\square$ g) $\square+1{,}125ab+2{,}25b^2$ h) $f^2-\frac{4}{3}fg+\square$

6. Ergänze und faktorisiere.

a) $(\square+\square)(-\square)=196-400z^3$ b) $0{,}25s^2-1{,}5st+\square=\square$
c) $\square-442de+\square=(13\square-\square)^2$ d) $\frac{36}{121}a^2-\square+\frac{81g^2}{100}=\square$
e) $(\square+\text{tack})^2=(\text{tick})^2+\square+\square$ f) $\square+\frac{1}{400}ab+(0{,}05b)^2=\square$

7. Im Beispiel siehst du eine weitere Möglichkeit, wie du faktorisieren kannst. Erläutere das Vorgehen und verfahre mit den angegebenen Termen ebenso.

Beispiel: $x^2-6x+5=x^2-6x+9-4=(x-3)^2-4=[(x-3)+2][(x-3)-2]=(x-1)(x-5)$

a) $x^2+14x+24$ b) $x^2+2x-120$ c) $x^2+16x+48$
d) x^2-6x+8 e) x^2-2x-3 f) $\frac{1}{4}x^2+\frac{3}{8}x-\frac{1}{4}$

8. Forme die Summen in Produkte um.

Beispiel: $6ac+18ad-4bc-12bd=6a(c+3d)-4b(c+3d)=(c+3d)(6a-4b)$ oder
$6ac+18ad-4bc-12bd=6ac-4bc+18ad-12bd=2c(3a-2b)+6d(3a-2b)$
$=(3a-2b)(2c+6d)$

a) $3xy-9sy-5xt+15st$ b) $4eh-4fg-5eh+5fh$ c) $uv-v-2u+2$
d) $h^2+11hg-11hk-121gk$ e) $\frac{1}{15}rt-\frac{1}{3}r+\frac{9}{5}st-9s$ f) $mn+16m-n^2-16n$

Das Pascalsche Dreieck

	n		
		1	
$(a+b)^n$	n = 1	1 1	$(a+b)^1$
	n = 2	1 2 1	$(a+b)^2$
	n = 3	1 3 3 1	$(a+b)^3$
	n = 4	1 4 6 4 1	$(a+b)^4$
	n = 5	1 5 10 10 5 1	$(a+b)^5$
	n = 6	1 6 15 20 15 6 1	$(a+b)^6$

Im Jahre 1303 wurde erstmalig von dem chinesischen Mathematiker Chu Shih-Chiem das abgebildete dreieckige Zahlenschema veröffentlicht.

Der französische Mathematiker BLAISE PASCAL (1623 bis 1662) untersuchte es näher und fand viele interessante Eigenschaften der Zahlenanordnung.
Nach ihm wurde es später Pascalsches Dreieck genannt.

1. Ermittelt das Bildungsgesetz der Zahlen in einer Zeile des Pascalschen Dreiecks.
   Beachtet die Zahlen in der darüber liegenden Zeile.

2. Übertragt das Dreieck in euer Heft und ergänzt die nächsten zwei Zeilen.

3. Berechnet $(a+b)^3$ und $(a+b)^4$.
   Vergleicht die Koeffizienten der Glieder dieser Summen mit den Zahlen im Pascalschen Dreieck. Welchen Zusammenhang stellt ihr fest?

4. Berechne mithilfe des Pascalschen Dreiecks die folgenden Terme.
   a) $(2a+b)^3$ b) $(a-b)^3$
   c) $(2x-3y)^3$ d) $(a+b)^5$
   e) $(a+b)^6$ f) $(a+b)^7$

5. Versucht im Pascalschen Dreieck möglichst viele Besonderheiten und Regelmäßigkeiten in der Anordnung der Zahlen zu finden.
   Betrachtet dazu die Zahlen auf waagerechten, senkrechten oder schrägen Linien.
   Bildet Summen oder Differenzen benachbarter Zahlen.
   Stellt eure Ergebnisse der Klasse vor.

6. Informiert euch im Internet über das Pascalsche Dreieck.
   Ergänzt eure Informationen und stellt die Besonderheiten auch anschaulich dar.

3.3 Gemischte Aufgaben

1. Forme die folgenden Terme um. Gehe in vier Schritten vor.
(1) Bestimme den Aufgabentyp. Ermittle die Umformung.
(2) Nenne die anzuwendende Regel.
(3) Führe die Umformung durch.
(4) Kontrolliere.
a) $-3a + 5a$ b) $-(2b + 3b)$ c) $(27x - 9y) \cdot 3$
d) $-5ab^2 + 2a^2b$ e) $(2x + y):2$ f) $12x - 4xy + 8x$

2. Vereinfache.
a) $-5a \cdot (-6b) + 12a \cdot 3b$ b) $-30x \cdot (-2y) - (-6x) \cdot (-8y)$
c) $4x \cdot (-5y) - (-2x) \cdot (3y) + 4 \cdot x \cdot y$ d) $5u^2 \cdot 2v^3 \cdot u^3 + 4u^3v \cdot 2u^2v^2 - 3u^3 \cdot 2v \cdot v^2$

3. Gegeben sind die Terme: $T_1 = \frac{1}{2}x^2$; $T_2 = \frac{1}{2}x$; $T_3 = \frac{1}{2} - x$; $T_4 = \frac{1}{2} + 2x$

Bilde daraus folgende Terme. Vereinfache diese, wenn möglich.
a) $T_1 \cdot T_3$ b) $T_2 \cdot T_2$ c) $T_1 \cdot T_4$ d) $T_2 \cdot T_4$ e) $T_1 \cdot T_2 \cdot T_4$

4. Schreibe als Produkt.
a) $\frac{1}{4}x^2 - 0{,}04x$ b) $16y^2 + 9y - 4y^3$ c) $a^2 + 2ab + b^2$

5. Zeige durch Einsetzen von Zahlen für die Variablen, dass die vorgenommenen Umformungen keine gleichwertigen Terme ergeben.
a) $9x \cdot 3y + z = 27xyz$ b) $2a \cdot (-5ab) \cdot 6b = -120a^2b^2$

6. Der Term $a - (b + c)$ soll umgeformt werden. Welche der folgenden Ergebnisse sind richtig:
a) $ab - ac$ b) $a + b - c$ c) $a - b - c$
d) $a + b + c$ e) $ab - c$ f) $a - b + c$
g) $-(-a + b + c)$ h) $-(b + c) + a$ i) $-b + a - c$

7. Gegeben sind die Terme $T_1 = 5x - 2y + 3(x - y)$ und $T_3 = 20x - 25y$.
Gib einen Term T_2 an, der aus T_1 durch Setzen einer Klammer hervorgeht und der gleichwertig zu T_3 ist.

8. Finde heraus, welche Terme gleichwertig sind. Überprüfe, indem du Vereinfachungen vornimmst. Welche Möglichkeiten hättest du sonst noch, die Gleichwertigkeit zu zeigen?

A	$3(9x - 4) - 7x + 4$	G	$4\left(x + \frac{2}{3}\right) + 6 \cdot \left(x + \frac{2}{3}\right)$	M	$10\,(2x - 1)$
B	$4 \cdot 2x + 7 \cdot 3 - 3 - 6x - 3 \cdot 4$	H	$5x^2 + 5y^2$	N	$x + \frac{2}{3} \cdot 10$
C	$8 - 3(2x + 6) + 8(x - 2)$	I	$2(x + 3)$	O	$6 \cdot (x + 2y)$
D	$2 \cdot \left(\frac{x}{3} - 4\right) - 10 + 4x$	J	$\frac{2}{3}(7x - 27)$	P	$(x - 13) : \frac{1}{2}$
E	$1{,}5x^2$	K	$(x^2 - 2) : 2 + 1 + x^2$	Q	$5(x^2 + y^2)$
F	$\frac{3}{4}(12y - 8x) + 6 \cdot 2x + 3y$	L	$\frac{1}{4}(16x - 36) - 5x + 2x \cdot 3$	R	$5x - 9$

9. Schreibe jeweils mit abgetrennten Zehnerpotenzen. Runde sinnvoll, wo es erforderlich ist.
- a) 2011 betrug die Anzahl der Menschen auf der Erde 6 934 000 000.
- b) Ein Mensch hat insgesamt ca. 60 000 000 000 000 Zellen, davon sind ca. 100 000 000 000 Nervenzellen im Gehirn.
- c) Der Erreger der Tollwut hat einen Durchmesser von 0,000125 cm.
- d) Die Dauer eines Blitzes beträgt etwa 0,0001 s.
- e) Spürhunde suchen nach radioaktiven Bestandteilen von bis zu 0,000001 g.

10. Ein Kilogramm Braunkohle liefert eine Energiemenge von rund 9 MJ. Ein Kraftwerk benötigt pro Tag $8 \cdot 10^5$ t Braunkohle.
- a) Welche Energiemenge wird in dem Kraftwerk pro Tag aus Braunkohle gewonnen?
- b) Wie viel Kohlendioxid wird dabei erzeugt, wenn pro Kilowattstunde 800 g Kohlendioxid entstehen?

11. Schreibe die Größenangaben jeweils mit den entsprechenden Einheitenvorsätzen.
- a) Das Fassungsvermögen eines Behälters beträgt 1 000 *l*.
- b) Die Länge des Äquators beträgt 40 075 161 m.
- c) Die Frequenz eines Pentium-III-Prozessors beträgt $7{,}33 \cdot 10^8$ Hz.
- d) Die Festplatte eines Computers hat eine Speicherkapazität von $3{,}05 \cdot 10^{11}$ Byte.
- e) Die Leistung eines Wasserkraftwerkes beträgt ca. $1{,}5 \cdot 10^9$ Watt.
- f) Die Wellenlänge des sichtbaren Lichtes liegt zwischen $4 \cdot 10^{-11}$ und $8 \cdot 10^{-11}$ m.

12. Emely hat 2 000 € gespart. Sie legt das Geld für vier Jahre bei einer Bank an. Der Zinssatz beträgt 5,5 % p. a. Die Zinsen werden am Jahresende dem Sparguthaben hinzugerechnet und jeweils im nächsten Jahr mitverzinst.
Auf wie viel Euro wächst Emelys Sparguthaben an? Wie groß ist der Zinsanteil?

13. Ein Lottogewinn von einer halben Million Euro wird mit einem Zinssatz von 6 % p. a. angelegt.
- a) Über welchen Betrag verfügt der Gewinner nach acht Jahren?
- b) Welcher Zugewinn entsteht durch Zinseszins?

14. a) Welche der Zahlen in der nebenstehenden Abbildung sind Quadratzahlen?
b) Welche Zahlen sind Kubikzahlen?

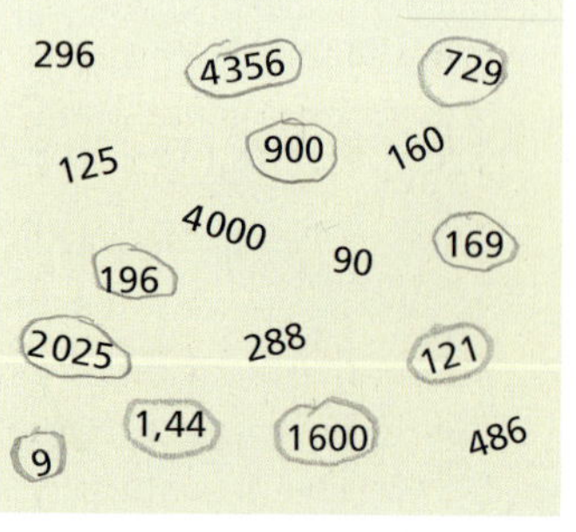

15. Bestimme x.

a) $\sqrt{16} + x = \sqrt{81}$ x = 14

b) $2x - \sqrt{64} = \sqrt{400}$ x = 17

c) $x - \sqrt{169} = \sqrt{16}$

d) $\frac{\sqrt{50}}{\sqrt{2}}x + \sqrt{9}\,x = \sqrt{\frac{128}{2}}$

e) $\sqrt[3]{64}\,x - \sqrt[3]{125}\,x = -x$

f) $\sqrt{\sqrt{2401}}\left(x - \sqrt{\frac{45}{5}}\right) = x\frac{\sqrt{78}}{\sqrt{13}} - 4^2$

x = alle Zahlen

x ≈ 1,1

16. Löse die Klammern auf und fasse (wenn möglich) zusammen.
a) $12a - (3b - 4a) + 2b$ b) $-(-4x + 2y) + (-x + y)$ c) $15c(2d - 3c + 4d)$
d) $(m - 3n) \cdot (-5) + 7m - n$ e) $(24r^2 - 16r) : (-8r)$ f) $(6f - 9h) \cdot (-f + 2h)$

17. Schreibe jeden Term als Produkt. ausklammern
a) $30a^2 - 45ab^2$ b) $24xy^2 + 8x^2y^2 - 16x^2y$ c) $4r^2 - 9s^2$
d) $3(m + n) - a(m + n)$ e) $25a^2 - 10ab + b^2$ f) $(27k - 17k) : (-2)$

18. Erweitere immer auf den in der Klammer angegebenen Nenner.
Gib jeweils auch den Erweiterungsterm an.
a) $\frac{2a}{3b}$; $(12ab)$ b) $\frac{x + y}{3xy}$; $(12xy^2)$ c) $\frac{4yz}{15x}$; $(60x^2yz)$

19. Rechne. Vereinfache so weit wie möglich.
a) $\frac{2x^2y^2}{3ab} \cdot \frac{9a^2b}{8xy}$ b) $\frac{18a^2b^3}{5cd^2} \cdot \frac{5c^2d^3}{9ab^5}$ c) $\frac{3x + 3y}{x} \cdot \frac{x^2}{6(x + y)}$

20. Kürze so weit wie möglich. Wandle Summen vor dem Kürzen in Produkte um.
a) $\frac{10b}{15b}$ b) $\frac{12ab^2}{60ab}$ c) $\frac{34x^3y^5z}{17xy^2z^2}$ d) $\frac{k \cdot (m + n)}{mnk}$ e) $\frac{r + 1}{2r + 2}$ f) $\frac{3a + 9ab}{27a^2}$

21. Addiere bzw. subtrahiere. Vereinfache, wenn möglich.
a) $\frac{b}{2a} + \frac{2}{3ab}$ b) $\frac{8x}{15y^2} - \frac{7}{20xy}$ c) $\frac{3x}{2y} - \frac{3x + 1}{x - 1}$

22. Erkläre den Unterschied zwischen Ausmultiplizieren und Ausklammern an konkreten Beispielen.

23. Übertrage die Zahlenmauern (Multiplikation) in dein Heft und vervollständige sie.

a)
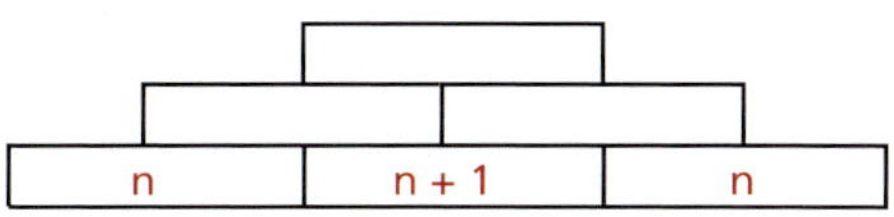

b)
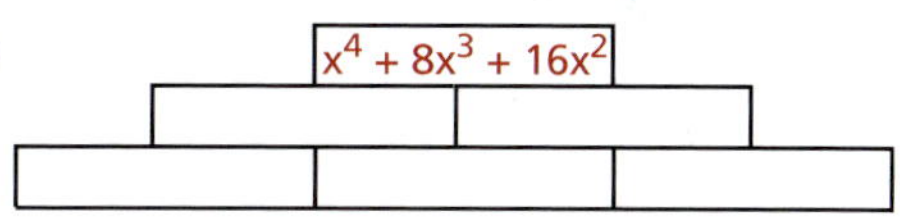

c)
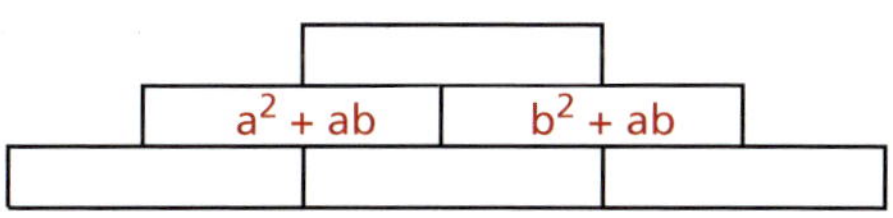

d)
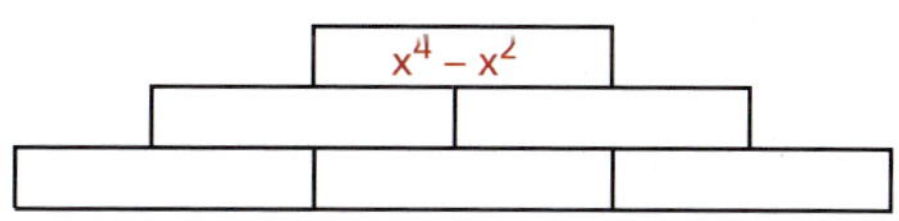

24. Schreibe die Summen als Produkt. binomische Formeln
a) $x^2 + 4x + 4$ b) $4y^2 - 12y + 9$ c) $25a^2 - b^2$ d) $9x^2 - 6x + 1$
e) $x^4 - 10x^2 + 25$ f) $36x^2y^2 - 9y^2$ g) $-9x^2 + y^2$ h) $25a^2 + 70ab + 49b^2$

25. Berechne mithilfe der 3. binomischen Formel im Kopf das Produkt folgender Faktoren. Sie sind gleich weit von einem Vielfachen von Zehn entfernt.
Beispiel: $41 \cdot 39 = (40 + 1) \cdot (40 - 1) = 40^2 - 1^2 = 1600 - 1 = 1599$
a) $19 \cdot 21$ b) $18 \cdot 22$ c) $31 \cdot 29$
d) $102 \cdot 98$ e) $197 \cdot 203$ f) $67 \cdot 73$

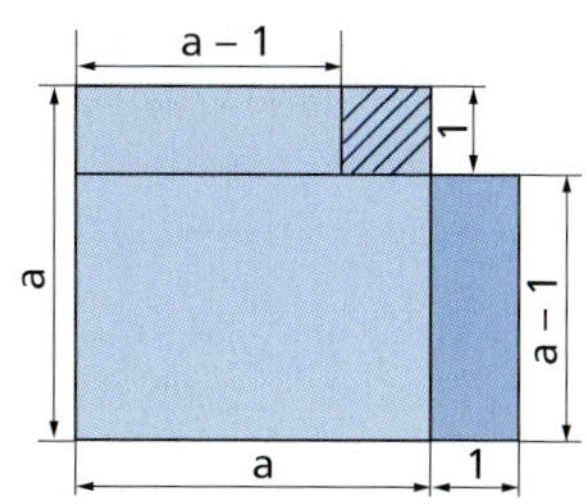

$(a + 1) \cdot (a - 1) = a^2 - 1$

26. Sabine behauptet, dass bei der Multiplikation von gleichen Binomen der zweite Summand niemals ungerade sein kann. Hat Sabine recht? Begründe.

Teste dich selbst

1. Klammere aus, faktorisiere.

a) $9x - 18x$ b) $9x^2 - 18x$ c) $9x - 18x^2$

d) $-4r^3s^2t^4 + 6r^2s^4t^3 - 8r^4s^3t^2 + 2r^2s^2t^2$

2. Forme folgende Produkte in Summen um.

a) $(3 + y)(x + 6)$ b) $(3x - 4y)(-2x + 2y)$ c) $(x - 4y)^2$

d) $(5x + 6)^2$ e) $(4x - y)(4x + y)$ f) $(-x - y)(x + y)$

3. a) Forme folgende Summen in Produkte um:

① $x^2 - 4x + xy - 4y$ ② $6a^2 + 10ab + 4b^2$ ③ $4x^2 - 4xy + y^2$ ④ $9x^2 - 16y^2$

b) Bei welchen Aufgaben lassen sich die binomischen Formeln anwenden? Begründe.

4. In folgenden Aufgaben haben sich beim Ausklammern bzw. Ausmultiplizieren Fehler eingeschlichen. Finde die Fehler und beschreibe sie.

a) $(3a - 5b)(-2a + 6b) = 6a^2 + 18ab - 10ab + 30b^2 = 6a^2 + 8ab + 30b^2$

b) $(3x + 9)^2 = 9x^2 + 27x + 81$

c) $25x^2 - 30x + 9 = (5x - 6)^2$

5. Übersetze folgende Texte in Terme und schreibe diese dann als Summen.

a) Multipliziere die Summe aus einer unbekannten Zahl und 4 mit der Differenz einer anderen unbekannten Zahl und 9.

b) Quadriere die Differenz aus dem Doppelten einer unbekannten Zahl und 14.

c) Bilde das Quadrat der Summe aus dem Dreifachen einer Zahl und 5.

6. a) Erweitere den Term $\frac{a+b}{a-b}$ auf den Nenner $(a^2 - b^2)$.

b) Kürze den Quotienten $\frac{24x^2y^3z}{36xy^2z}$.

c) Subtrahiere von $\frac{12a}{25b^2}$ den Term $\frac{8}{20ab}$.

7. Schreibe mit abgetrennten Zehnerpotenzen.

a) 75 075 000 000 b) 128 000 000 000 000 000

c) 104 080 000 000 000 d) 0,00000000006023

8. Schreibe ohne abgetrennte Zehnerpotenzen.

$1{,}68 \cdot 10^4$ b) $3{,}5 \cdot 10^2$ c) $1{,}5 \cdot 10^6$ d) $5{,}0 \cdot 10^{-2}$

9. Ein Quadrat hat einen Flächeninhalt von 144 dm^2. Gib die Seitenlänge des Quadrats an.

10. Ein Würfel hat ein Volumen von 27 000 cm^3. Gib die Kantenlänge des Würfels an.

11. Löse die Gleichungen im Bereich der rationalen Zahlen.

a) $x^2 = 169$ b) $x^3 = 343$ c) $\sqrt{x} = 11$ d) $x^3 = -0{,}064$

12. Herr Müller schenkt seiner Tochter zum Geburtstag ein Sparbuch mit 300 €.
Wie hoch ist das Guthaben nach zehn Jahren, wenn die Verzinsung 4,5 % p. a. beträgt?

13. Herr Lange und Frau Klein haben auf ihrem Sparbuch einen Betrag von je 5 000 €. Herr Lange belässt die Zinsen auf seinem Konto, während Frau Klein sich jeweils am Jahresende die Zinsen auszahlen lässt.
Berechne die Zinsen von Herrn Lange und die von Frau Klein nach drei Jahren bei einem Zinssatz von 4,5 % p. a.

Potenzen

Exponent: n ($n \in \mathbb{N}$)

Potenz: $a^n = \underbrace{a \cdot a \cdot a \cdot a \cdot \ldots \cdot a}_{\text{n gleiche Faktoren}}$

Basis: a

$2 \cdot 2 \cdot 2 \cdot 2 \cdot 2 = 2^5 = 32$

$(-2) \cdot (-2) \cdot (-2) \cdot (-2) \cdot (-2) = (-2)^5 = -32$

Festlegungen:

$a^0 = 1$ $\quad a^1 = a$ $\quad a^{-n} = \frac{1}{a^n}$ $\quad (a \neq 0;\ \ n \in \mathbb{N})$

Das **Wurzelziehen** (Radizieren) ist eine Umkehrung des Potenzierens:

Quadratwurzel: $\sqrt{36} = 6$, denn $6^2 = 36$ $\qquad$ **Kubikwurzel:** $\sqrt[3]{64} = 4$, denn $4^3 = 64$

Zinseszins

$K_n = K_0 \cdot q^n \quad \left(q = 1 + \frac{p}{100}\right)$

K_n: Endkapital
K_0: Anfangskapital
n: Anzahl der Jahre
q: Zinsfaktor

Kapital nach zehn Jahren bei einem Zinssatz von 5 % und einem Anfangskapital von 3 000 € bei Verzinsung der Zinsen:

$K_{10} = 3\,000\ € \cdot 1{,}05^{10}$

$K_{10} = 4\,886{,}68\ €$

Rechnen mit Termen

Das **Ausklammern** ist die Umkehrung des Ausmultiplizierens.

1. den gemeinsamen Teiler der Zahlen ermitteln
2. Produkte der Variablen in Faktoren zerlegen und gemeinsame Faktoren bestimmen
3. alle gemeinsamen Faktoren vor die Klammer schreiben

$12ab + 8a^2c = 3 \cdot \boxed{4 \cdot a} \cdot b + 2 \cdot \boxed{4 \cdot a} \cdot a \cdot c = 4a(3b + 2ac)$

Beim **Multiplizieren** von Summen wird jedes Glied der einen Summe mit jedem Glied der anderen Summe multipliziert. Anschließend werden gleichartige Glieder zusammengefasst.

$(12a + 3b) \cdot (3a + 2b) = 36a^2 + 24ab + 9ab + 6b^2 = 36a^2 + 33ab + 6b^2$

Werden **Binome** miteinander multipliziert, ergeben sich drei Sonderfälle. Diese Sonderfälle werden binomische Formeln genannt, weil sie bestimmte Gesetzmäßigkeiten aufweisen.

1. binomische Formel
$(a + b)^2 = a^2 + 2ab + b^2$

2. binomische Formel
$(a - b)^2 = a^2 - 2ab + b^2$

3. binomische Formel
$(a + b)(a - b) = a^2 - b^2$

Die binomischen Formeln erleichtern das Ausmultiplizieren und Ausklammern.

Ausmultiplizieren (Umwandeln in eine Summe)

Beispiele:

$(3x + 2y)^2 = 9x^2 + 12xy + 4y^2$ $\qquad (x - 4y)^2 = x^2 - 8xy + 16y^2$ $\qquad (x^2 - y)(x^2 + y) = x^4 - y^2$

Ausklammern (Umwandeln in ein Produkt)

Beispiele:

$4x^2 + 8xy + 4y^2 = (2x + 2y)^2$ $\qquad 36x^2 - 36xy + 9y^2 = (6x - 3y)^2$ $\qquad 4x^2 - 16y^2 = (2x - 4y)(2x + 4y)$

4 Dreiecke untersuchen und zeichnen

Fachwerkhaus
Dreiecke gehören zu den geometrischen Formen, die häufig in Konstruktionen verwendet werden.
Wie kann gezeigt werden, dass sie die Stabilität des Bauwerks erhöhen? Löse die Aufgabe experimentell, indem du z. B. Teile aus einem Baukasten benutzt.

Messen im Gelände
Entfernungs- und Winkelmessungen im Gelände sind z. B. notwendig, um Landkarten anzufertigen.
Beim Vermessen von Dreiecken müssen nur zwei der drei Innenwinkel bestimmt werden.
Warum ist das so? Begründe. Unter welchen Bedingungen reicht das Messen einer Seite und eines Winkels im Dreieck aus?

Rechtwinklige Flächen
Im alten Ägypten wurden nach Überschwemmungen die Felder neu vermessen. Um rechteckige Flächen zu erhalten, benutzten der Vermessungsbeamten Knotenschnüre mit gleichmäßigen Knotenabständen. Sie legten damit rechtwinklige Dreiecke.
Prüfe, wie die Knotenschnur aussehen muss, damit man einen rechten Winkel erzeugen kann.

Konstruktionsbüro

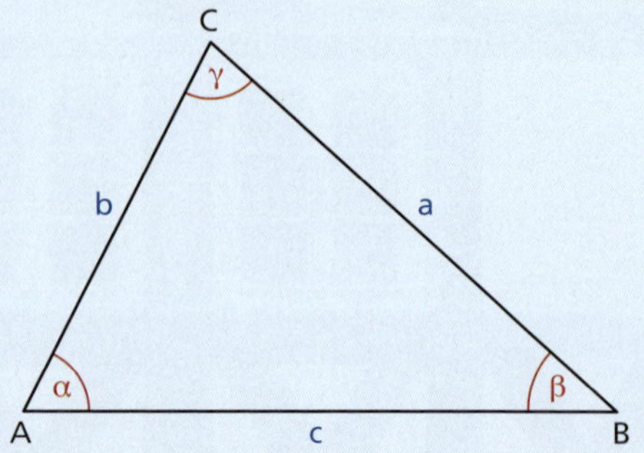

Dreiecke besitzen drei Seiten und drei Innenwinkel. Die Skizze zeigt eine häufig verwendete Darstellung.

Bevor in Gruppen untersucht wird, wie sich Dreiecke konstruieren lassen, wollen wir prüfen, welche Bedingungen an die Seitenlängen und Größen der Winkel in einem Dreieck gestellt werden müssen.

Eine Aussage über die Größen der Innenwinkel in einem Dreieck ist bereits bekannt. Wie lautet der entsprechende Satz?

In einem ersten Schritt soll untersucht werden, welche Bedingung die drei Seitenlängen erfüllen müssen, damit überhaupt ein Dreieck entstehen kann.

Ihr könnt z. B. mit den Stäben aus einem Metallbaukasten oder mit Pappstreifen experimentieren. Sucht euch Stäbe unterschiedlicher Längen heraus und probiert, ob sie sich zu einem Dreieck legen lassen.

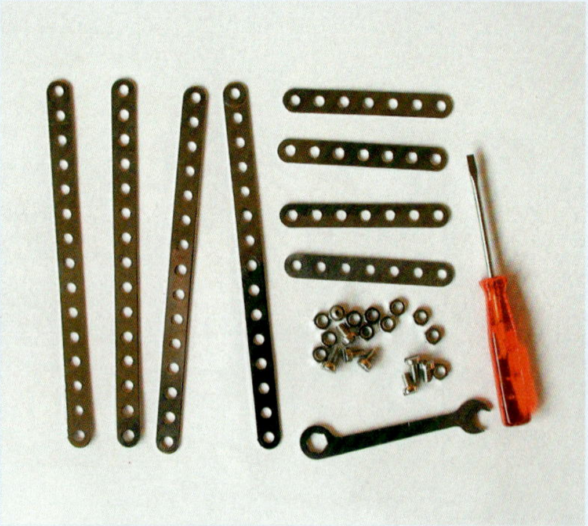

Die Tabelle zeigt einige Möglichkeiten:

a in cm	4	4	6	8
b in cm	6	8	8	8
c in cm	12	12	12	12
Dreieck j/n	n	n	j	j

Welche Vermutung könnt ihr aus euren Experimenten oder den Werten in der Tabelle ableiten?

In unserem Konstruktionsbüro werden wir nun Dreiecke konstruieren. Ziel soll es dabei sein, mit möglichst wenigen gegebenen Stücken **ein Dreieck eindeutig zu konstruieren.** Das Wort „eindeutig" bedeutet, dass jeder deiner Mitschüler diese Konstruktion nach den vorgegebenen Maßen nachvollziehen kann und – wenn er es richtig macht – garantiert zu demselben Ergebnis kommt.

1. Zeichnet ein beliebiges Dreieck und bezeichnet alle Seiten und Innenwinkel. Tragt alle Bedingungen zusammen, die erfüllt sein müssen, damit ein Dreieck existiert.

2. Diskutiert, wie viele Stücke ihr mindestens braucht, um ein Dreieck eindeutig zu konstruieren. Probiert es aus.

3. Stellt in einer Übersicht oder in einer Tabelle zusammen, welche Kombinationen von Dreiecksseiten und Winkeln möglich sind.

4. Diskutiert, welche der vielen Kombinationen, die ihr gefunden habt, zu einem Fall zusammengefasst werden können.

Kombination	a	b	c	α	β	γ
1	×	×	×			
2						
3						
4						

a) Schreibt die möglichen Fälle auf, indem ihr die Tabelle übernehmt und ergänzt.
b) Fertigt zu jedem Fall eine Skizze an und tragt die gegebenen Stücke farbig ein.
c) Gebt euch entsprechende Maße vor und versucht jeder in der Gruppe für sich, das jeweilige Dreieck aus diesen Stücken zu konstruieren.
d) Prüft, ob die Konstruktion überhaupt möglich ist.
e) Betrachtet eure konstruierten Dreiecke, indem ihr sie auf Folie übertragt und übereinander legt. Diskutiert, ob sie zu einem eindeutigen Ergebnis geführt haben.

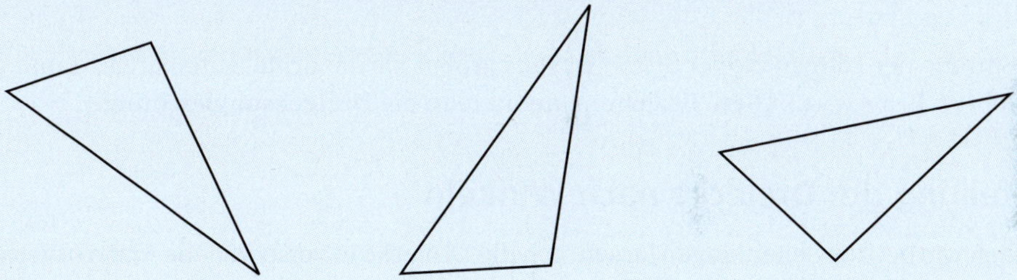

5. Ist die Konstruktion eindeutig, so werden die Ergebnisse der gesamten Gruppe dokumentiert. Dazu gehören:
a) die Art der gegebenen Stücke,
b) eine Skizze mit den farbig hervorgehobenen gegebenen Stücken,
c) die Konstruktion in den einzelnen Konstruktionsphasen als Zeichnungen,
d) eine Konstruktionsbeschreibung.

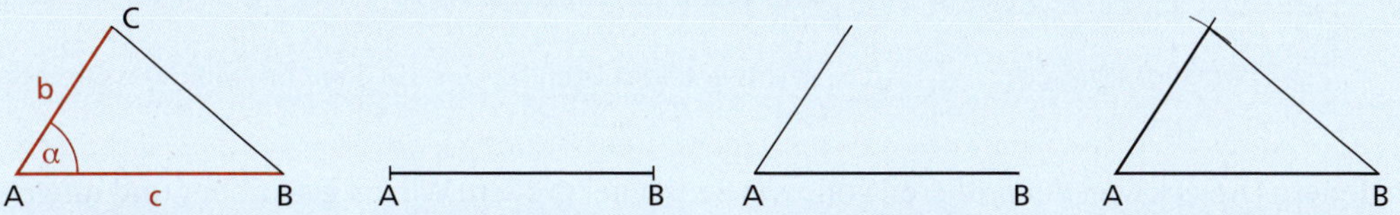

– zwei Seiten
– ein Winkel (eingeschlossen)

– Strecke $\overline{AB} = c$ zeichnen

– in A den Winkel α antragen

– auf freiem Schenkel $\overline{AC} = b$ abtragen C und B verbinden

6. Präsentiert einen untersuchten Fall vor eurer Klasse.
a) Führt die Konstruktion z. B. an der Tafel vor. Erläutert, wie ihr vorgegangen seid.
b) Gebt eurer Konstruktion nach der Kombination aus Seitenlängen und Winkelgrößen eine Kurzbezeichnung.

Einteilung der Dreiecke nach Seitenlängen

Dreiecke besitzen drei Seiten und drei Innenwinkel. Die Skizze zeigt eine mögliche Darstellung.

Vergleicht man die drei Seitenlängen in einem Dreieck miteinander, so lassen sich die Dreiecke genau einem Dreieckstyp zuordnen.

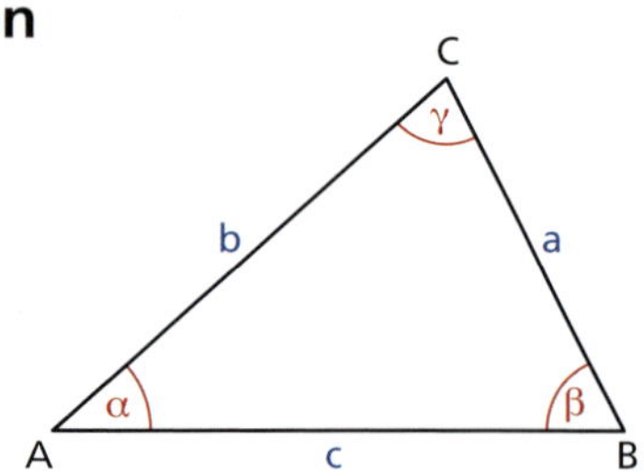

Dreiecke mit drei verschieden langen Seiten	Dreiecke mit genau zwei gleich langen Seiten	Dreiecke mit drei gleich langen Seiten
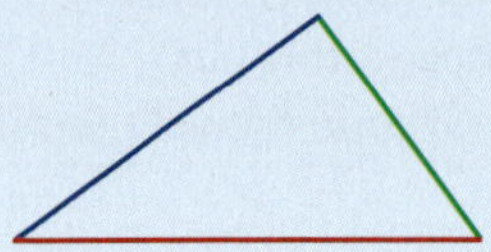	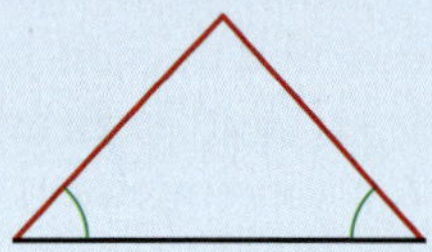	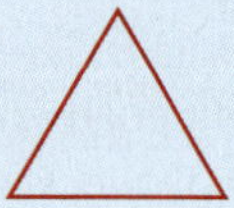
		gleichseitige Dreiecke
unregelmäßige Dreiecke	**gleichschenklige** Dreiecke	

Die Summe der Längen zweier Seiten ist stets größer als die dritte Seitenlänge, damit ein Dreieck entsteht (z. B. $a + b > c$). Diese Beziehung nennt man die **Dreiecksungleichung.**

Einteilung der Dreiecke nach Winkeln

Ähnlich wie bei den Seitenlängen lassen sich die Dreiecke in verschiedene Arten unterteilen, wenn man die Größen der Innenwinkel miteinander vergleicht.

Dreiecke mit *drei* spitzen Innenwinkeln	Dreiecke mit *einem* rechten Innenwinkel	Dreiecke mit *einem* stumpfen Innenwinkel
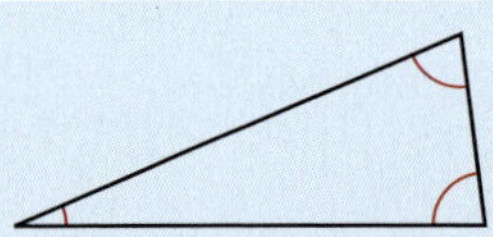	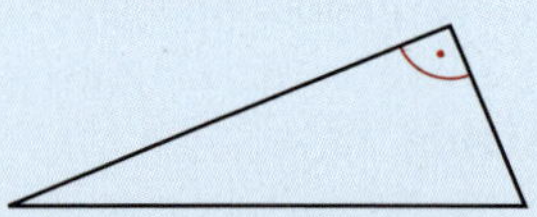	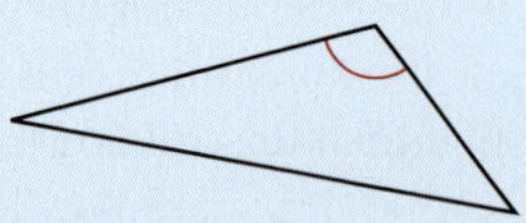
spitzwinkliges Dreieck	rechtwinkliges Dreieck	stumpfwinkliges Dreieck

In jedem Dreieck liegt der größeren von zwei Seiten der größere Winkel gegenüber und umgekehrt (Seiten-Winkel-Beziehung).

Flächeninhalt von Dreiecken

Der Flächeninhalt eines Dreiecks ist gleich der Hälfte des Produkts aus einer Seite g und der zugehörigen Höhe h_g:

$A = \frac{g \cdot h_g}{2} = \frac{1}{2} g \cdot h_g$ g – Grundseite des Dreiecks; h_g – zugehörige Höhe

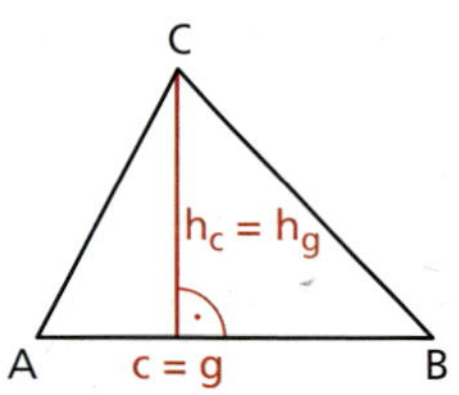

Aufgaben

1. Berechne die fehlenden Innenwinkel aller in der nebenstehenden Figur enthaltenen Dreiecke.

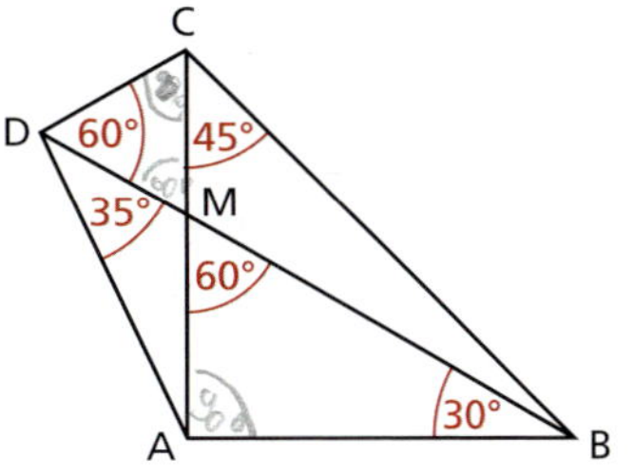

2. In einem rechtwinkligen Dreieck ABC sind a = 6 cm, b = 10 cm und c = 8 cm.
Welches ist der rechte Winkel? Begründe.

3. Entscheide, ob folgende Aussagen jeweils wahr oder falsch sind. Begründe.
a) Rechtwinklige Dreiecke haben zwei spitze Winkel.
b) Es gibt Dreiecke mit zwei rechten Winkeln.
c) Ein Dreieck mit $\alpha = 25°$ und $\beta = 65°$ ist spitzwinklig.
d) Ein Dreieck mit $\beta = 45°$ und $\gamma = 90°$ ist gleichschenklig.

4. Übernimm die Tabelle und ergänze.

	Winkel			Seitenlängen (geordnet)	Dreiecksart	
	α	β	γ		nach Winkeln	nach Seiten
a)	31°	54°				
b)		62°	90°			
c)	108°		22°			
d)		81°		c < b < a		

5. Gegeben ist eine Strecke $\overline{AB}$. Beschreibe, wo alle Punkte liegen, die vom Punkt A (die von A und B) die gleiche Entfernung haben.

6. Zeichne das Dreieck ABC mit A(2 | –3,5); B(3 | 3,5) und C(–4 | 1) in ein Koordinatensystem.
a) Konstruiere die Winkelhalbierende des Winkels BCA.
b) Konstruiere die Höhe vom Punkt A auf die Seite BC.
c) Konstruiere die Seitenhalbierende der Seite c.

7. Berechne die Flächeninhalte folgender Dreiecke.
Entnimm die erforderlichen Maße der Zeichnung.

a)
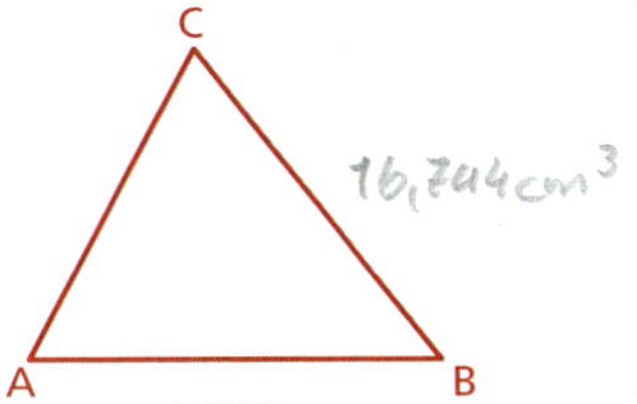

△ABC

b)
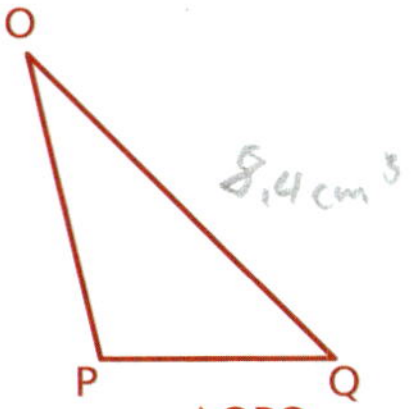

△OPQ

c)
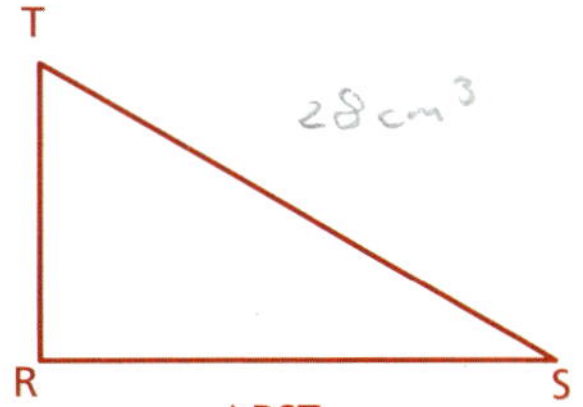

△RST

8. a) Von einem Dreieck ABC ist bekannt, dass die Längen der drei Dreiecksseiten im Verhältnis 2 : 3 : 4 stehen. Was kannst du über die Größe der Innenwinkel aussagen?
b) In einem Dreieck ABC gilt $\gamma = 90°$. Was kannst du über α bzw. β aussagen?
c) Um was für ein Dreieck ABC handelt es sich, wenn $\alpha = \beta$ und $\gamma = 90°$ gilt?

4.1 Dreiecke konstruieren

In unserem Konstruktionsbüro (siehe S. 94) haben wir Dreiecke aus den jeweils vorgegebenen Seiten und Winkeln konstruiert. Um ein beliebiges Dreieck konstruieren zu können, müssen die Maße von mindestens drei Stücken bekannt sein. Stücke eines Dreiecks sind im Folgenden nur seine Seiten und Winkel. Weitere Stücke, wie Winkelhalbierende und Höhen, werden wir später verwenden.

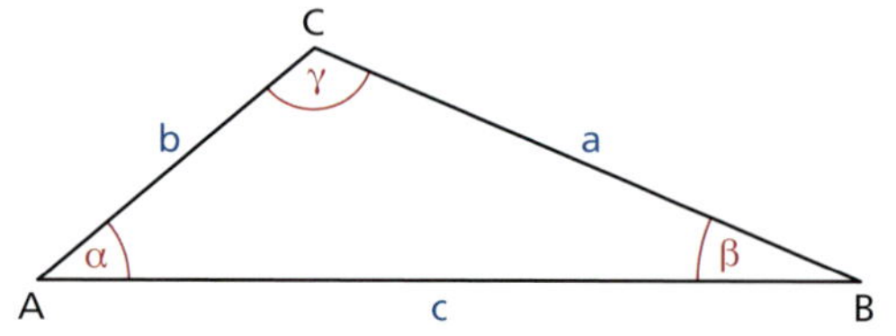

Wir gehen von der Übersicht aller Möglichkeiten aus (siehe S. 95). Diese lassen sich, je nach den gegebenen Stücken, zu vier Fällen zusammenfassen.
So gehören die Möglichkeiten (a; b; γ), (b; c; α) und (a; c; β) zu einem Fall. Wie könnte man diesen Fall, der in (2) enthalten ist, nennen?

Fall – gegebene Stücke	a	b	c	α	β	γ
(1) drei Seiten	×	×	×			
(2) zwei Seiten und ein Winkel (z. B.)	× ×	× ×		 ×		×
(3) eine Seite und zwei Winkel (z. B.)	×				×	×
(4) drei Winkel				×	×	×

Kannst du erklären, warum beim zweiten Fall zwei Möglichkeiten unterschieden werden und beim dritten Fall nicht?

Die einzelnen Schritte einer Konstruktion, wie wir sie im „Konstruktionsbüro" benutzt haben, lassen sich wie folgt zusammenfassen.

Bei der **Konstruktion von Dreiecken** ist es hilfreich, in folgenden Schritten vorzugehen:

1. Zeichne eine Planfigur und markiere die gegebenen Stücke.
2. Stelle einen Lösungsplan auf.
3. Führe die Konstruktion aus und beschreibe sie.
4. Kontrolliere alle Bedingungen und prüfe die Anzahl der Lösungen.

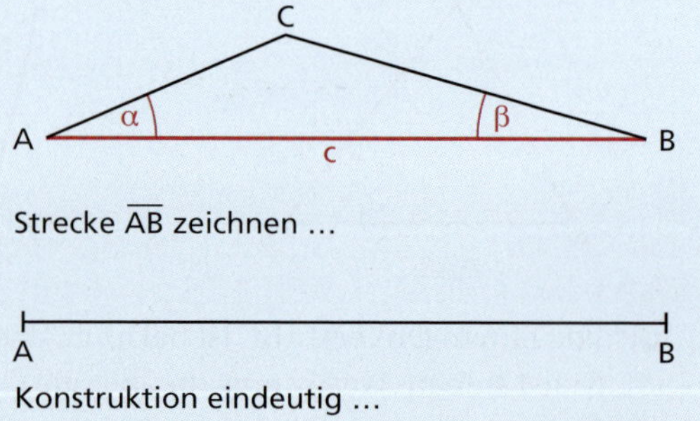

Dreiecke konstruieren, wenn drei Seiten gegeben sind

Aufgabe:

Auf der Karte (Seite 108) wurden die Entfernungen Eisenach (E) — Saalfeld (5,2 cm), Saalfeld (F) — Sömmerda (3,7 cm) und Sömmerda (D) — Eisenach (3,8 cm) bestimmt.
Konstruiere das Dreieck DEF.

Lösungsplan:

Die Strecke $\overline{EF} = 5{,}2$ cm kann gezeichnet werden. Somit liegen die Punkte E und F fest. Es fehlt noch der Punkt D, der vom Punkt E einen Abstand von 3,8 cm und vom Punkt F einen Abstand von 3,7 cm hat. Er liegt also auf dem Kreis um E mit r = 3,8 cm und auf dem Kreis um F mit r = 3,7 cm.

Planfigur:

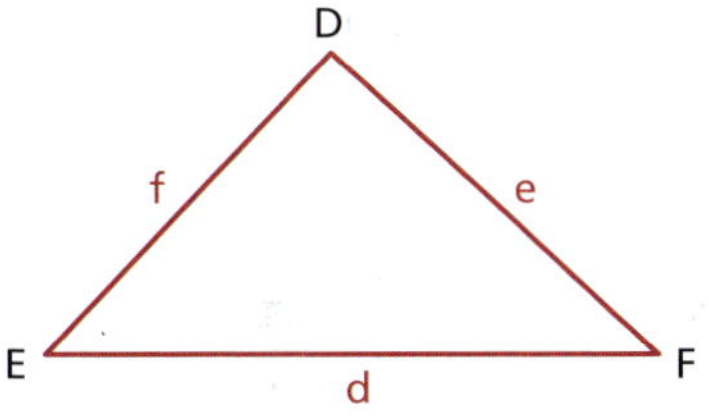

Konstruktionsbeschreibung:

1. Zeichne die Strecke $\overline{EF}$ = d = 5,2 cm.
2. Zeichne den Kreis um den Punkt E mit dem Radius r = 3,8 cm.
3. Zeichne den Kreis um den Punkt F mit dem Radius r = 3,7 cm.
4. Beide Kreise schneiden sich im Punkt D. Verbinde D mit E und F.

Konstruktion: ① ②

③ ④

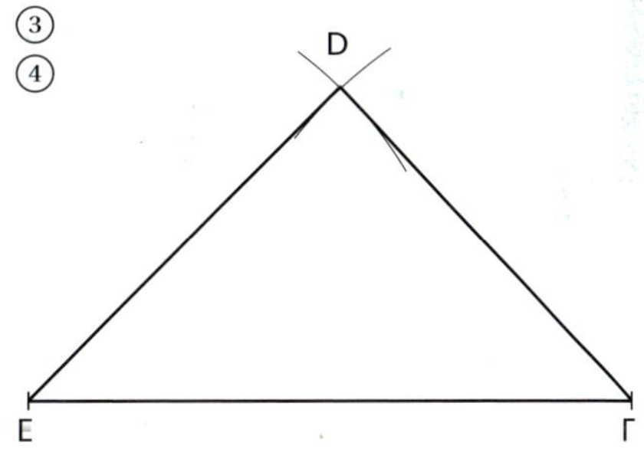

Anzahl der Lösungen:

Beide Kreise schneiden sich in einem zweiten Punkt D'.

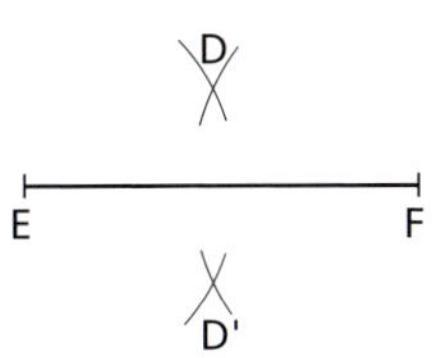

Die Konstruktion wird nur auf einer Seite der Strecke $\overline{EF}$ durchgeführt, da sie auf der anderen Seite ein deckungsgleiches Dreieck erzeugen würde.

HINWEIS

Probiere es selbst:

Überprüfe, ob sich die Dreiecke ABC mit den gegebenen Bestimmungsstücken konstruieren lassen. Falls ja, führe die Konstruktion aus. Gib jeweils auch die Dreiecksart an.

a) a = 3 cm; b = 4 cm; c = 5 cm
b) a = 2 cm; b = 4 cm; c = 6 cm
c) a = 3,2 cm; b = 32 mm; c = 32 mm
d) a = 4,8 cm; b = 23 mm; c = 0,53 dm

Dreiecke konstruieren, wenn eine Seite und zwei Winkel gegeben sind

Bei der Zusammenstellung der Kombinationen haben wir festgestellt, dass es viele Möglichkeiten gibt, bei denen eine Seite und zwei Winkel gegeben sind, z. B.: a, α, β oder a, β, γ oder a, α, γ.
Jede Dreieckskonstruktion, bei der zwei Winkel und eine Seite vorgegeben sind, lässt sich auf den Fall zurückführen, dass die beiden Winkel an der Seite anliegen.
Sind zwei Winkel gegeben, so kann man den fehlenden Winkel aus der Innenwinkelsumme im Dreieck bestimmen.

Aufgabe:
Die Städte Gotha (G) und Jena (J) sind auf der Karte (Seite 108) 4,0 cm voneinander entfernt. Von Gotha aus sieht man Jena und Sondershausen (S) unter einem Winkel von 80°. Der Winkel GJS beträgt 42°. Konstruiere das Dreieck GJS.

Lösungsplan:
Die Strecke $\overline{GJ} = 4{,}0$ cm kann gezeichnet werden. Somit liegen die Punkte G und J fest. Es fehlt noch der Punkt S, der sowohl auf dem zweiten Schenkel des Winkels ∢ SGJ = 80° als auch des Winkels ∢ GJS = 42° liegt.

Planfigur:

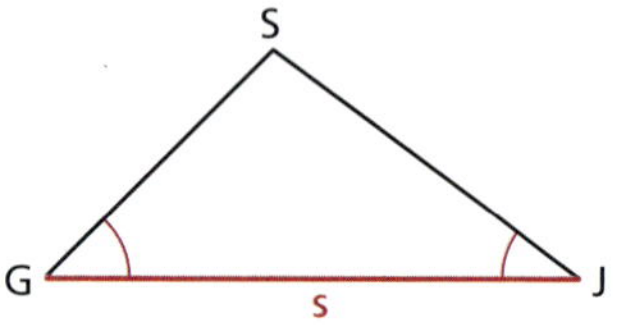

Konstruktionsbeschreibung:
1. Zeichne die Strecke $\overline{GJ} = 4{,}0$ cm.
2. Trage an die Strecke im Punkt G den Winkel ∢ SGJ = 80° an.
3. Trage an die Strecke im Punkt J den Winkel ∢ GJS = 42° an.
4. Bezeichne den Schnittpunkt der beiden Schenkel mit S.

Konstruktion:

① ②

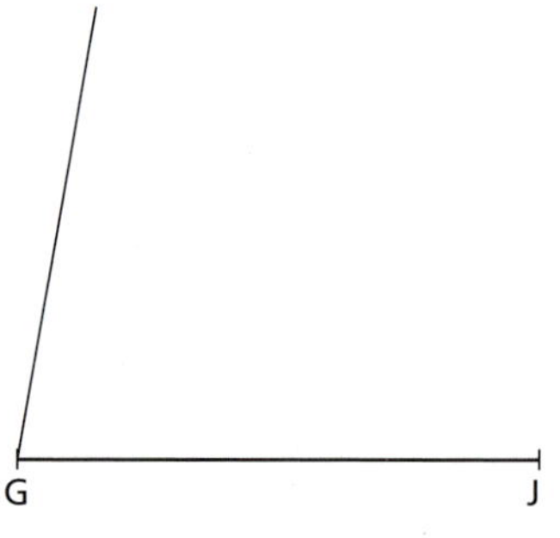

③ ④

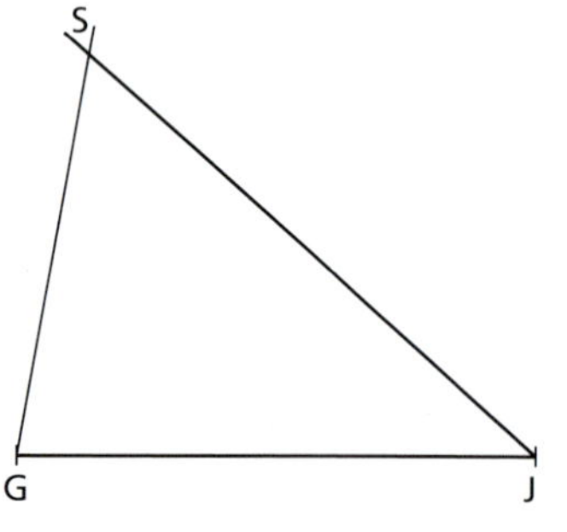

Anzahl der Lösungen:
Die Konstruktion ist ausführbar, da die Winkel ∢ SGJ und ∢ GJS zusammen kleiner als 180° sind. Sie ist eindeutig, da es nur einen Schnittpunkt S gibt.

Probiere es selbst:
Konstruiere folgende Dreiecke ABC.
Welche Konstruktionen sind ausführbar? Gib jeweils auch die Dreiecksart an.

a) c = 5 cm; $\alpha = 30°$; $\beta = 60°$
b) b = 3,7 cm; $\alpha = 72°$; $\gamma = 121°$
c) a = 44 mm; $\beta = 42°$; $\gamma = 83°$
d) b = 0,53 dm; $\gamma = 108°$; $\alpha = 25°$
e) c = 6,0 cm; $\alpha = 60°$; $\gamma = 50°$
f) a = $5{,}3 \cdot 10^{-2}$ m; $\alpha = 70°$; $\beta = 55°$
g) b = 82 mm; $\alpha = 90°$; $\gamma = 90°$
h) $\overline{BC} = 4{,}5$ cm; $\alpha = 80°$; $\beta = 42°$

Dreiecke konstruieren, wenn zwei Seiten und ein Winkel gegeben sind

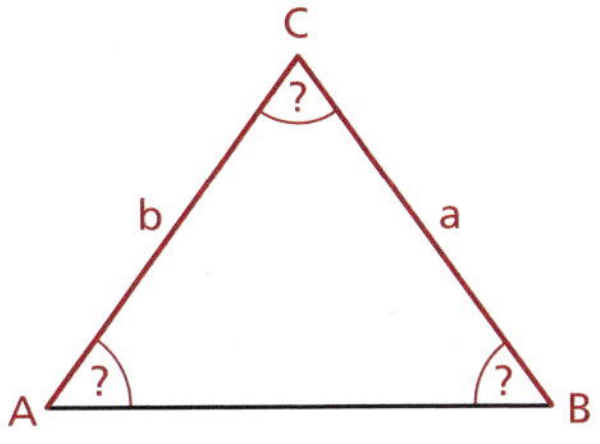

Auch hier gibt es zahlreiche Möglichkeiten, zwei Seiten und einen Winkel vorzugeben, z. B.: a, b, β oder a, b, γ.
Bei der Konstruktion von Dreiecken aus diesen Stücken sind in unserem Konstruktionsbüro jedoch Probleme aufgetreten.

Fall 1

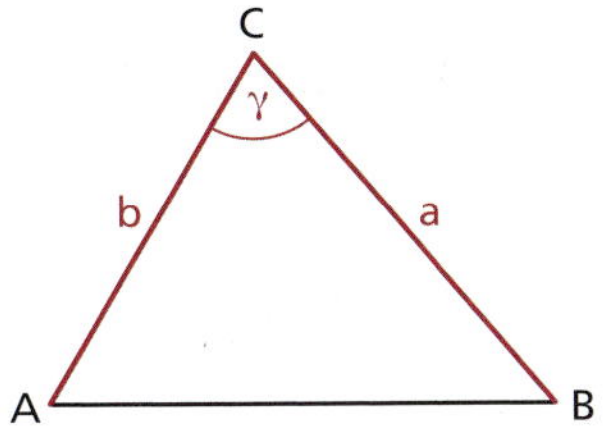

Im Fall 1 lassen sich aus den gegebenen Stücken immer Dreiecke konstruieren. Die Konstruktionen sind eindeutig.

Fall 2

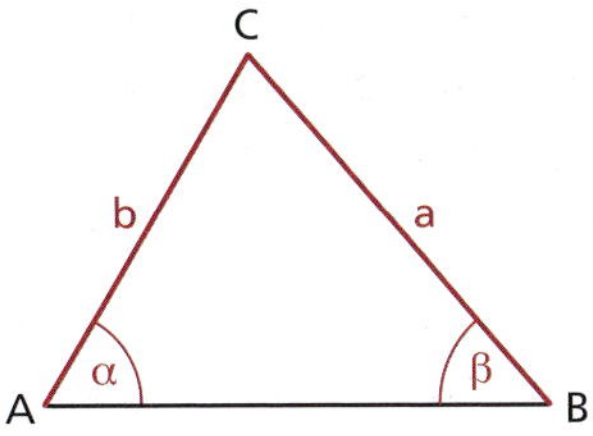

Im Fall 2 traten auch Kombinationen auf, aus denen sich keine Dreiecke oder mehrere Dreiecke konstruieren lassen.

Fall 1 – Dreiecke konstruieren, wenn zwei Seiten und der eingeschlossene Winkel gegeben sind

Aufgabe:
Auf der Karte bilden Apolda (A), Rudolstadt (R) und Gera (G) einen Winkel von 53°. Apolda ist von Rudolstadt 2,3 cm entfertn. Die Strecke Rudolstadt Gera beträgt 3,5 cm.
Konstruiere das Dreieck RGA.

Planfigur:

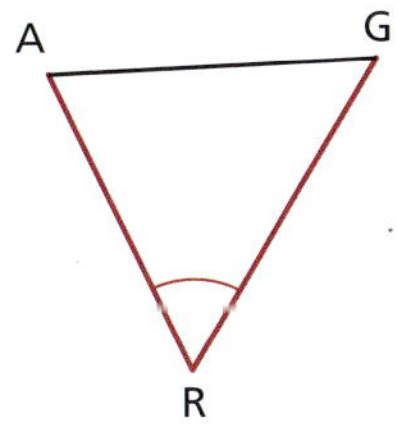

Konstruktionsbeschreibung:

1. Zeichne den Winkel ∢GRA = γ = 53° und bezeichne seinen Scheitelpunkt mit R.
2. Trage von R aus auf einem freien Schenkel die Strecke $\overline{RA}$ = 3,5 cm ab.
3. Trage von R aus auf dem anderen freien Schenkel die Strecke $\overline{GH}$ = 2,8 cm ab.
4. Bezeichne die Punkte mit A bzw. G.
5. Verbinde die Punkte G und A miteinander.

Konstruktion:

① ②

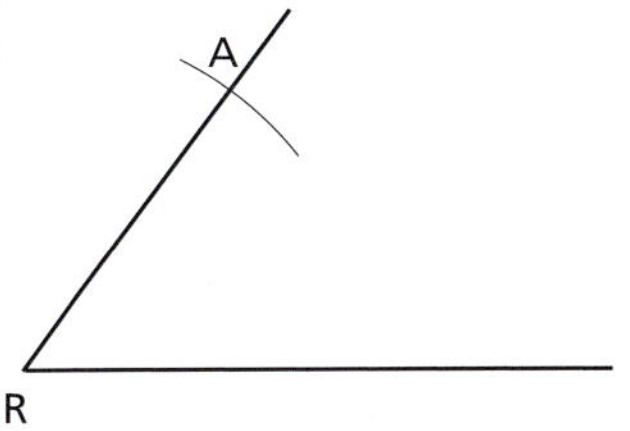

③ ④ ⑤

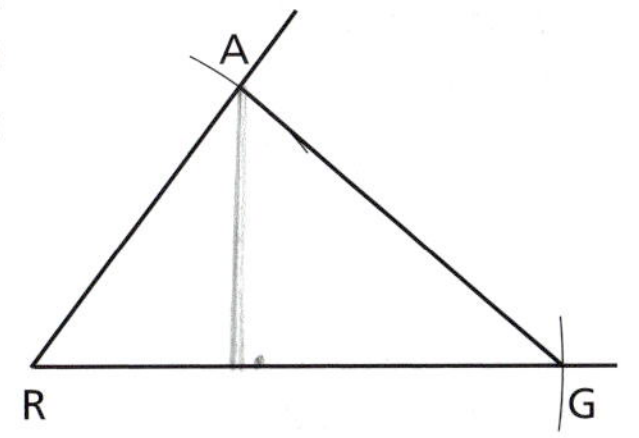

Vorbetrachtungen für den Fall 2:

Gegeben sind eine Seite des Dreiecks ABC, hier die Seite $\overline{AB} = c = 3$ cm, und der Winkel bei A = $\alpha = 40°$.

Die zweite Seite in unserem Dreieck, die gegeben sein soll, ist die Seite a.

Welche Bedingung muss die Seite $a = \overline{BC}$ erfüllen, damit wir ein Dreieck eindeutig konstruieren können?

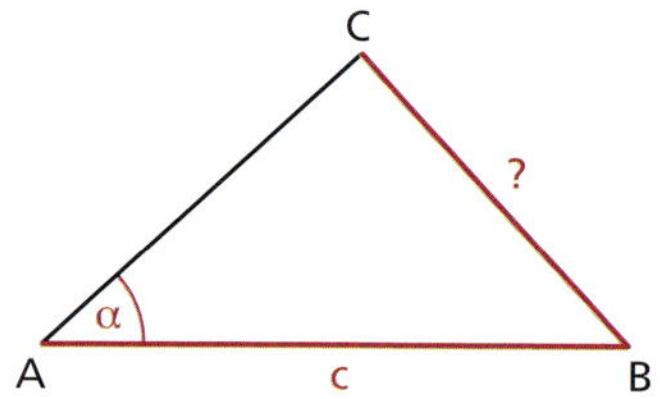

Konstruktionsschritte:

1. Zeichne die Strecke $\overline{AB}$ und trage in A den Winkel α an.
2. Wähle für die Seite $a = \overline{BC}$ verschiedene Längen.
3. Trage von B aus mittels Kreisbogen die Länge der Seite a jeweils ab und konstruiere den dritten Punkt C des Dreiecks.
4. Zeichne das Dreieck ABC.
5. Formuliere Aussagen zur Konstruierbarkeit des Dreiecks und zur Eindeutigkeit der Konstruktion.

$a_1 = 1{,}5$ cm

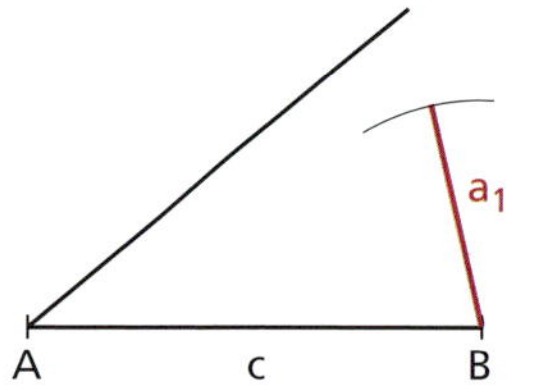

Es gibt keinen Schnittpunkt. Das Dreieck ist nicht konstruierbar.

$a_2 = 2{,}5$ cm

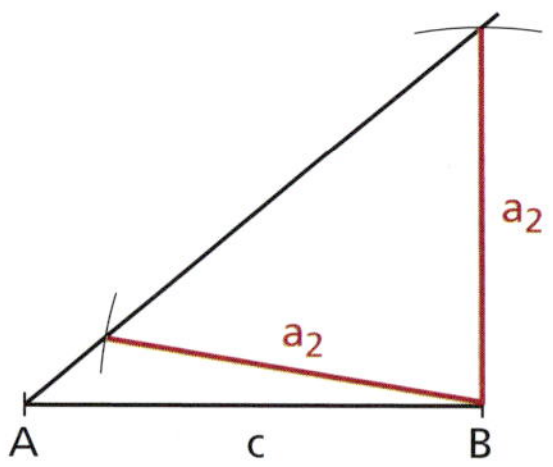

Es gibt zwei Schnittpunkte (unterschiedliche Lösungen). Die Konstruktion ist nicht eindeutig.

$a_3 = 4$ cm

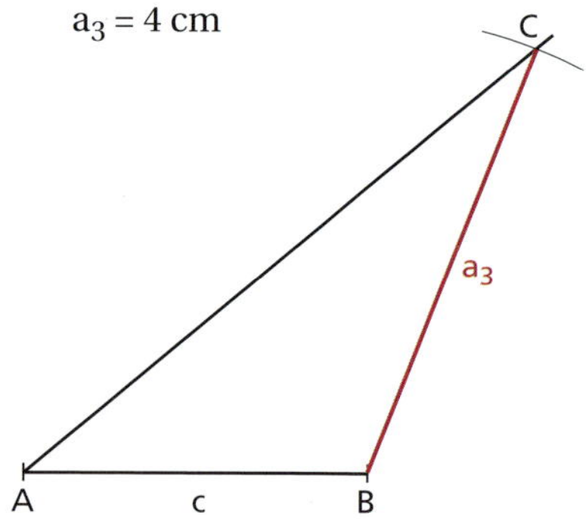

Es gibt genau einen Schnittpunkt. Es gibt genau eine Lösung. Die Konstruktion ist eindeutig.

Wenn die Seite a länger ist als die Seite c, ist die Konstruktion eindeutig ausführbar. Der gegebene Winkel α liegt dann der größeren der beiden Seiten a und c gegenüber.

Fall 2 – Dreiecke konstruieren, wenn zwei Seiten und der Winkel, der der größeren Seite gegenüberliegt, gegeben sind

Lösungsplan:

Wir gehen von einem Winkel $\sphericalangle BAC = \alpha = 40°$ aus, der beliebig gezeichnet wird. Die Punkte A und B sind durch die Strecke $\overline{AB} = 3$ cm festgelegt. Der Punkt C ist der Schnittpunkt des freien Schenkels von a und des Kreisbogens um B mit dem Radius $\overline{BC} = 4$ cm.

Planfigur:

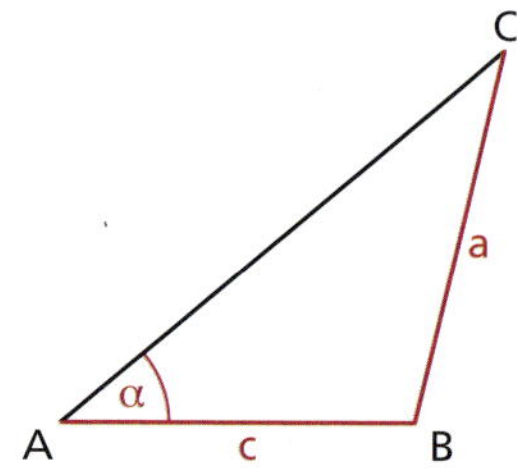

Konstruktionsbeschreibung:

1. Zeichne den Winkel ∢ BAC = α = 40°. Bezeichne den Scheitelpunkt mit A.
2. Trage von A aus die Strecke $\overline{AB}$ = c = 3 cm ab und du erhältst den Punkt B.
3. Zeichne den Kreis um den Punkt B mit dem Radius r = 4,0 cm.
4. Bezeichne den Schnittpunkt des Kreises mit dem freien Schenkel mit C und verbinde C mit B.

Konstruktion:

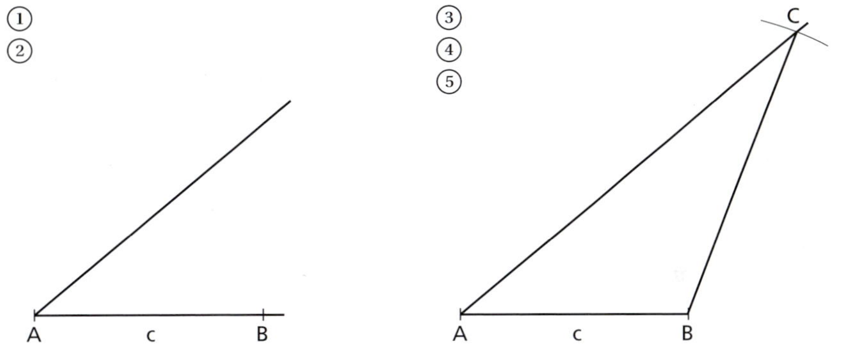

Anzahl der Lösungen:

Das Dreieck ABC ist eindeutig konstruierbar.

Probiere es selbst:

1. Konstruiere die folgenden Dreiecke ABC. Gib jeweils die Dreiecksart an.

a) a = 4 cm; c = 3 cm; β = 50°
b) a = 5,3 cm; b = 3,5 cm; γ = 72°
c) b = 22 mm; c = 44 mm; α = 90°
d) a = b = 0,36 dm; γ = 60°

2. Überprüfe, ob sich die Dreiecke mit den gegebenen Bestimmungsstücken konstruieren lassen. Falls ja, führe die Konstruktion aus.

a) c = 5 cm; a = 3 cm; γ = 60°
b) b = 3,7 cm; c = 4 cm; β = 121°
c) a = 44 mm; c = 21 mm; γ = 83°
d) b = 0,53 dm; a = 0,61 dm; α = 25°

Dreiecke konstruieren, wenn drei Winkel gegeben sind

Diese vierte Möglichkeit, Dreiecke aus drei gegebenen Stücken zu konstruieren, wurde noch nicht untersucht. Betrachtet dazu eure Ergebnisse aus der Gruppenarbeit. Welche Merkmale haben die so konstruierten Dreiecke?

Es gibt unendliche viele Dreiecke, die in den drei Winkeln übereinstimmen. So erfüllen alle Dreiecke in nebenstehender Abbildung diese Vorgabe.

Diese Dreiecke sind nicht kongruent zueinander. Man sagt, dass die Dreiecke **einander ähnlich** sind.

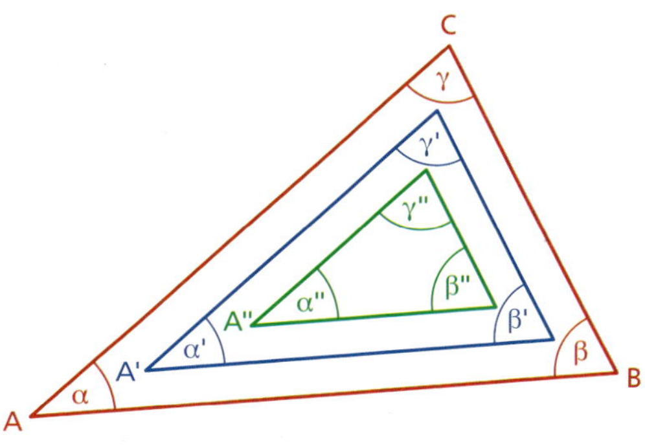

Kongruente Figuren

Konstruktionen, die eindeutig ausführbar sind, führen zu deckungsgleichen Figuren. Diese Figuren stimmen in der Größe der einander entsprechenden Innenwinkel und Seiten überein.
Man sagt, dass die Figuren **kongruent** zueinander sind.

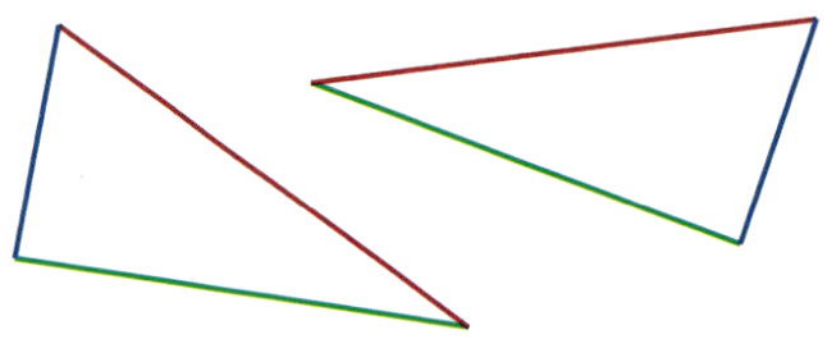

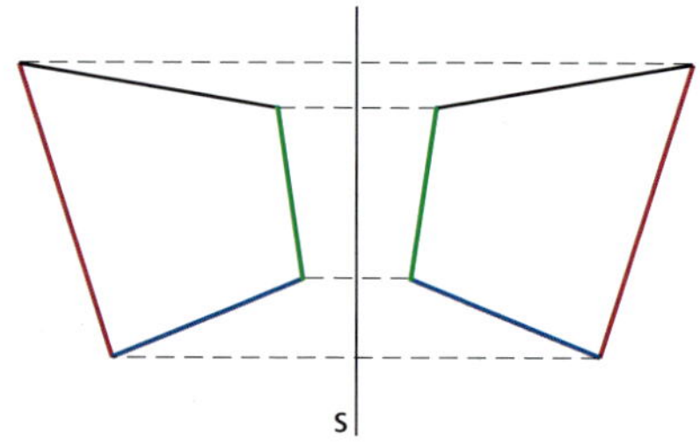

Kongruente Figuren lassen sich auch durch Spiegelung und Verschiebung erzeugen.

Zwei ebene Figuren F_1 und F_2 sind zueinander kongruent, wenn sie in Gestalt und Größe übereinstimmen, d.h., wenn sie deckungsgleich sind:

$F_1 \cong F_2$ (gesprochen: F_1 ist kongruent zu F_2)

In zueinander kongruenten Figuren sind alle einander entsprechenden Strecken und Winkel gleich lang bzw. gleich groß.

Zwei Figuren sind genau dann zueinander kongruent, wenn sie sich z. B. durch eine Spiegelung oder eine Verschiebung bzw. durch eine zusammengesetzte Bewegung aufeinander abbilden lassen.

Die von uns untersuchten Möglichkeiten, Dreiecke eindeutig zu konstruieren, werden in den Kongruenzsätzen für Dreiecke zusammengefasst.

Kongruenzsätze für Dreiecke

Zwei Dreiecke sind kongruent zueinander, wenn

1. sie in allen drei Seiten übereinstimmen (sss),
2. sie in zwei Seiten und dem eingeschlossenen Winkel übereinstimmen (sws),
3. sie in einer Seite und den beiden angrenzenden Winkeln übereinstimmen (wsw),
4. sie in zwei Seiten und dem der größeren Seite gegenüberliegenden Winkel übereinstimmen (SsW).

Ein Dreieck ist eindeutig festgelegt, wenn die in den Kongruenzsätzen genannten Stücke gegeben sind.

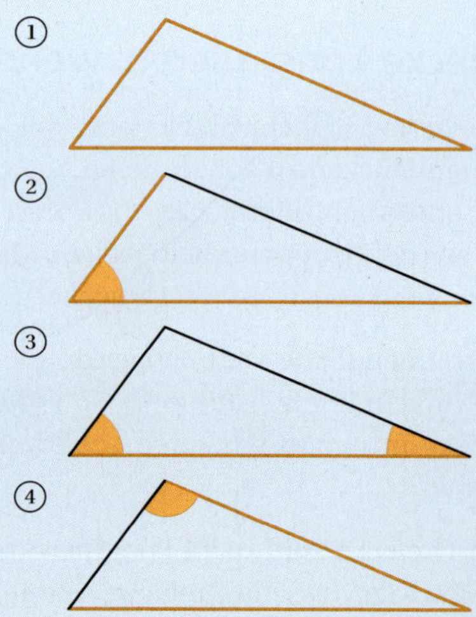

Erste Schritte

1. Die folgenden Paare von Dreiecken stimmen in den markierten Stücken überein. Prüfe, in welchen Fällen aus der Übereinstimmung der markierten Stücke auch die Kongruenz der Dreiecke folgt. Gib jeweils den entsprechenden Kongruenzsatz in Kurzform (sss, sws, wsw oder SsW) an.

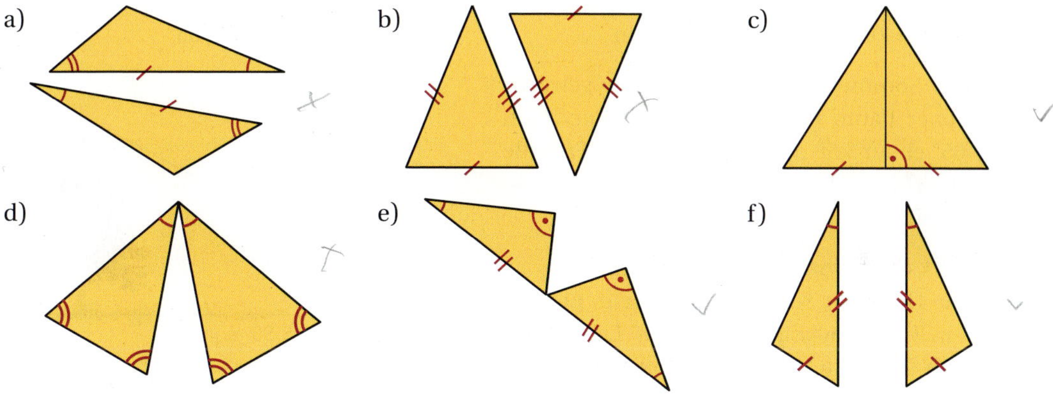

2. Konstruiere die Dreiecke ABC mit den jeweils angegebenen Stücken. Können auch zwei zueinander nicht kongruente Dreiecke entstehen?

a) $a = 4{,}5$ cm; $b = 5{,}0$ cm; $\beta = 35°$ b) $a = 5{,}0$ cm; $b = 6{,}5$ cm; $\alpha = 70°$

3. Skizziere ein Rechteck in dein Heft und zeichne eine Diagonale in das Viereck ein. Zeige, dass die beiden entstandenen Dreiecke kongruent zueinander sind.

4. Susann erhält die Aufgabe, ein Dreieck ABC aus folgenden Stücken zu konstruieren: $c = 12$ cm; $a = 4{,}8$ cm; $\alpha = 25°$ und $\gamma = 120°$. Sie meint, dass dies zu viele Vorgaben sind, und wählt drei geeignete aus. Welche Stücke würdest du wählen? Begründe. Konstruiere und prüfe.

5. Konstruiere Dreiecke ABC aus folgenden Stücken, wenn dies möglich ist. Fertige jeweils eine Planfigur und einen Lösungsplan an. Welche Dreiecksart liegt jeweils vor? Begründe.

a) $a = 6{,}0$ cm; $b = 5{,}0$ cm; $c = 4{,}5$ cm b) $a = 4{,}2$ cm; $b = 3{,}7$ cm; $c = 6{,}0$ cm
c) $b = 2{,}5$ cm; $c = 5{,}5$ cm; $\alpha = 70°$ d) $\beta = 30°$; $a = 4{,}5$ cm; $\gamma = 60°$
e) $a = 4{,}3$ cm; $c = 4{,}8$ cm; $\beta = 65°$ f) $a = 6{,}0$ cm; $b = 4{,}7$ cm; $\alpha = 120°$
g) $c = 5{,}2$ cm; $\alpha = 70°$; $\beta = 120°$ h) $a = c$; $b = 5{,}7$ cm; $\beta = 110°$

6. Konstruiere Dreiecke ABC mit den jeweils angegebenen Stücken. Ist die Konstruktion eindeutig? Falls nicht, konstruiere wenigstens zwei verschiedene Dreiecke.

a) $a = 3$ cm; $b = 4{,}5$ cm; $c = 6$ cm b) $a = 3{,}5$ cm; $b = 5{,}5$ cm; $\gamma = 35°$
c) $b = 4{,}5$ cm; $\alpha = 40°$; $\gamma = 65°$ d) $c = 6{,}5$ cm; $a = 3{,}5$ cm; $\alpha = 35°$

7. Konstruiere die folgenden Dreiecke ABC.
Überprüfe jeweils erst, ob die Konstruktion ausführbar ist. Gib die Dreiecksart an.

a) $c = 4$ cm; $\beta = 30°$; $\gamma = 70°$ b) $b = 37$ mm; $\alpha = 121°$; $\beta = 15°$
c) $a = 5{,}3$ dm; $\beta = 100°$; $\alpha = 90°$ d) $a = 0{,}48$ dm; $\gamma = 90°$; $\alpha = 45°$

8. Stelle deinem Nachbarn eine Aufgabe zu einer Dreieckskonstruktion, die zu einer nicht eindeutigen Lösung führt. Erkläre, was dabei zu beachten ist.

9. Konstruiere die Dreiecke ABC. Überprüfe erst, ob die Konstruktion ausführbar bzw. eindeutig ausführbar ist. Welcher Kongruenzsatz gilt jeweils? Gib die Dreiecksart an.

a) $\alpha = 72°$; $\beta = 35°$; c = 5,2 cm
b) a = 2,8 cm; b = 10,1 cm; c = 5,3 cm
c) b = 35 mm; c = 0,53 dm; $\alpha = 53°$
d) a = 4,3 cm; b = 2,9 cm; $\alpha = 53°$
e) b = 3,8 cm; $\alpha = 93°$; $\beta = 90°$
f) a = 2,9 cm; b = 4,3 cm; c = 36 mm
g) a = 27 mm; b = 37 mm; $\gamma = 112°$
h) b = 4,8 cm; $\alpha = 81°$; $\gamma = 112°$
i) $\beta = 78°$; b = 5,7 cm; a = 7,2 cm
j) a = 3 cm; $\gamma = 72°$; $\alpha = 53°$

10. Im Sommer „wirft" ein gerade gewachsener Baum bei einem Sonnenstand von 65° einen 5,50 m langen Schatten. Ermittle die Höhe h des Baumes durch eine maßstäbliche Zeichnung.

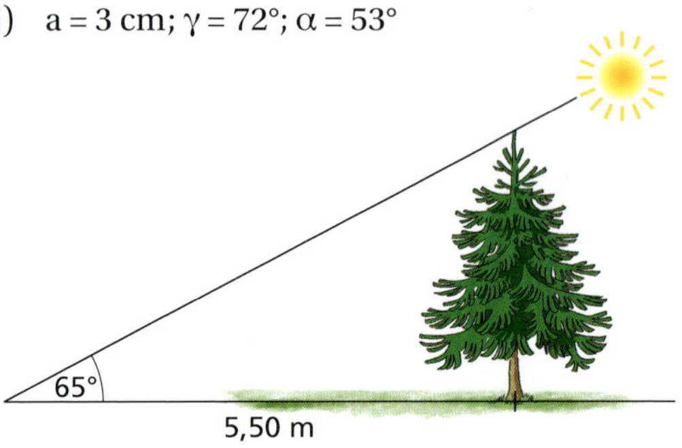

11. Dirk erhält von seinem Lehrer den Auftrag, die Höhe der Schule zu ermitteln. Er stellt ein Winkelmessgerät in einer Entfernung von 25 m auf ein 1,50 m hohes Stativ vor die Schule und misst den Winkel bis zur Dachspitze von 31°. Danach fertigt er eine maßstäbliche Zeichnung an.

a) Welche Höhe hat die Schule von Dirk?
b) Wie hoch ist deine Schule? Führe die Messung durch.
c) Wie müsste ein Winkelmessgerät aussehen, damit man die Höhe von Gebäuden messen kann? Skizziere das Gerät und fertige eine Bauanleitung an.

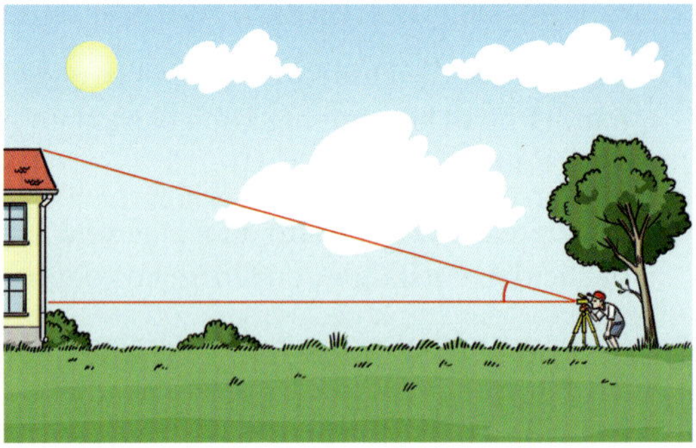

12. Die drei Orte Allhaus, Bergen und Chorin sind durch gerade Straßen der Längen a = 3,0 km, b = 4,0 km und c = 3,5 km verbunden. Der Gemeindeverband möchte die Fläche zwischen den drei Straßen vermarkten. Du erhältst den Auftrag, eine maßstabsgerechte Konstruktion dieser Fläche anzufertigen. Ermittle den Flächeninhalt.

13. Von einem Schiff aus sieht Markus einen Leuchtturm unter einem Winkel von 40° zur Fahrtrichtung. Nach vier Seemeilen Geradeausfahrt sieht er ihn unter einem Winkel von 70° gegen die Fahrtrichtung. Markus soll ein Dreieck ABC maßstabsgerecht konstruieren, aus dem der Kapitän die Entfernung zum Leuchtturm bestimmen kann. Hilf ihm dabei.

14. Von Aheim gibt es einen Weg nach Behausen (3 km entfernt) und einen nach Cedorf. Beide Wege bilden einen Winkel von 50°. Als das Gewitter genau über Behausen beginnt, hört Kai den Donner nach 10,5 s. Er berechnet, dass er 3,5 km von Behausen entfernt ist.
Wie weit ist er von Aheim in Richtung Cedorf gewandert? Skizziere zuerst den Sachverhalt.

15. Am Ufer eines Flusses soll eine Badestelle eingerichtet werden, die von der Ortsmitte der Dörfer A und B gleich weit entfernt ist. Ermittle durch eine maßstäbliche Zeichnung die Lage der Badestelle.

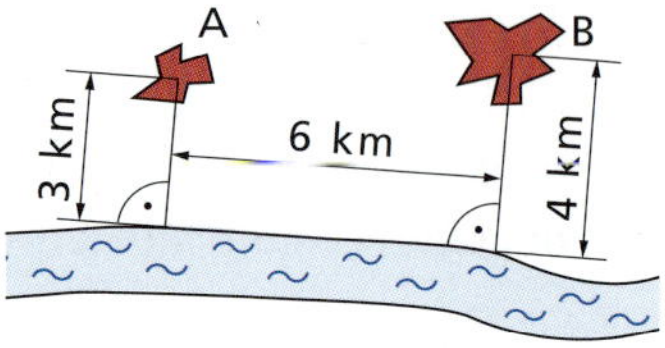

Weiterführende Aufgaben

1. Wir stecken unsere Claims ab.

Unsere Gruppe der Goldsucher hat eine Karte bekommen (s. Abbildung), auf der bereits ein dreieckiger Claim abgesteckt ist: $\overline{AB} = 48$ m; $\overline{BC} = 45$ m und $\overline{AC} = 73$ m.

Wenn es gelingt, die neuen dreieckigen Claims nach den Anweisungen abzustecken, können wir mit der Suche nach Gold beginnen. Konstruiert das Dreieck ABC im Maßstab 1 : 1000.

a) Der zweite Claim liegt oberhalb der Seite b. Tragt am Punkt A einen Winkel von 45° und am Punkt C einen Winkel von 40° an.

b) Der dritte Claim liegt an der Seite a an. Tragt in C einen Winkel von 90° an und auf dem freien Schenkel von C aus eine Strecke von 46 m ab.

c) Der vierte Claim liegt an der Seite c an. Tragt in A einen Winkel von 60° an und auf dem freien Schenkel von A aus eine Strecke 15 m ab.

d) Vom fünften Claim ist bereits der Punkt C und eine Seite des 2. Claims vorhanden. Die zweite Seite mit dem Eckpunkt C ist 40 m lang. Die dritte Dreiecksseite ist 70 m lang.

e) Der Landvermesser hat unsere Konstruktionen geprüft und schlägt vor, unsere Claims zu einem Rechteck zu ergänzen. Wie lang und wie breit ist das Rechteck? Wie groß ist es?

2. Ein Heißluftballon befindet sich senkrecht über einer 100 m langen Standlinie.

Er wird gleichzeitig von den beiden Endpunkten dieser Linie angepeilt.

Dabei werden die Winkel α und β gemessen.

Es ergibt sich $\alpha = 67°$ und $\beta = 32°$.

a) Fertige eine Zeichnung in einem geeigneten Maßstab an.

b) Gib die Höhe des Heißluftballons an.

3. Eine Mühle wird von zwei Punkten A und B betrachtet, die 35 m voneinander entfernt sind.

Wie hoch ist die Mühle, wenn der Blickwinkel α im Punkt A 35° und der Blickwinkel β im Punkt B 75° beträgt? Löse die Aufgabe mithilfe einer Konstruktion.

4. Wir arbeiten mit einer Karte.

a) Die Orte Nordhausen, Bad Salzungen und Gera bilden die Eckpunkte eines Dreiecks. Dieses Dreieck soll konstruiert werden. Wie viele Stücke müsst ihr bestimmen?

b) Wählt die Stücke aus und ermittelt ihre Größe. Welchen Kongruenzsatz habt ihr benutzt?

c) Konstruiert eure Dreiecke. Vergleicht die Ergebnisse untereinander.

d) Berechnet mittels des Maßstabs die wirklichen Entfernungen der drei Orte voneinander. Prüft die Ergebnisse z. B. mit einem Routenplaner. Warum weichen die Angaben voneinander ab?

e) Wählt euch weitere Orte aus und führt die entsprechenden Dreieckskonstruktionen aus.

f) Dieses Verfahren wird benutzt, um mithilfe von realen Werten (Entfernungen von markanten Punkten im Gelände und Winkelgrößen) Landvermessungen durchzuführen. Auf der Grundlage dieser Messungen und mathematischer Berechnungen werden dann Karten erstellt wie die auf dieser Seite abgebildete.
Die Geodäsie ist die Wissenschaft von der Ausmessung und Abbildung der Erdoberfläche. Der berühmte Mathematiker CARL FRIEDRICH GAUSS leistete einen großen Beitrag zur Geodäsie und verband mathematische, technische und praktische Kenntnisse, als er zwischen 1818 und 1826 die Landesvermessung des Königreichs Hannover leitete.

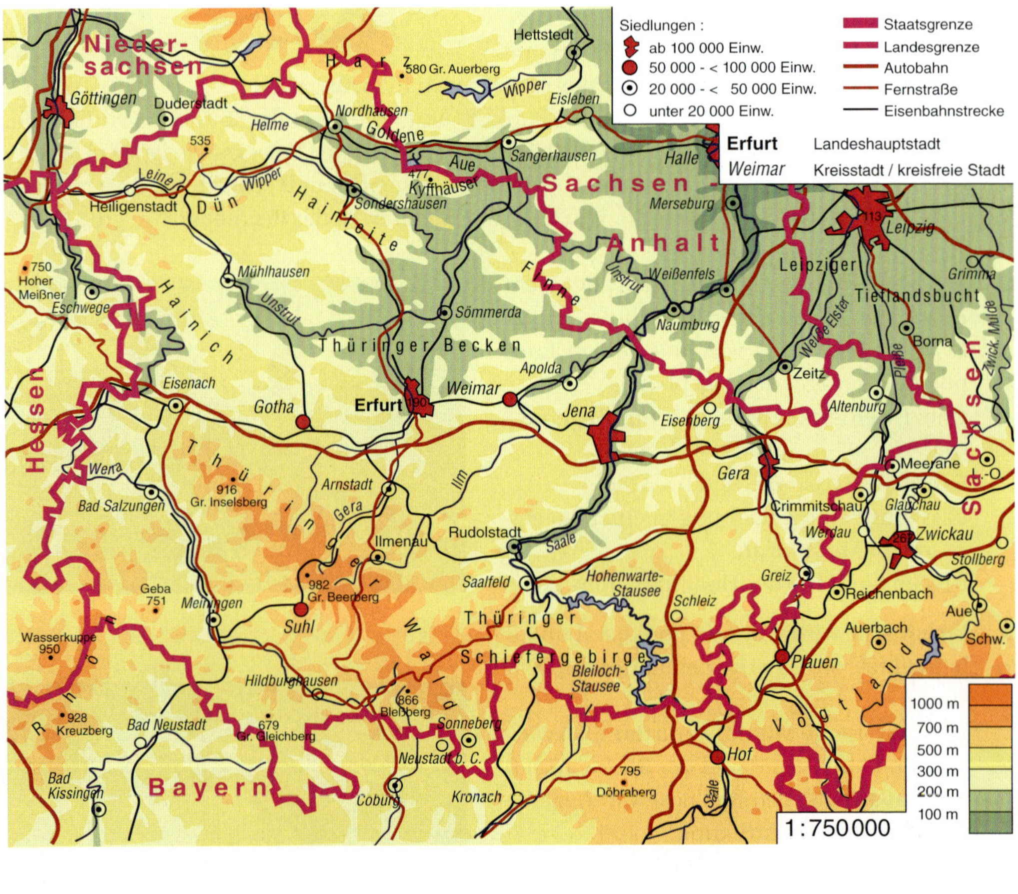

4.2 Linien und Kreise im Dreieck zeichnen

Mittelsenkrechte zeichnen

Zeichne ein großes Dreieck ABC und schneide es aus. Falte das Dreieck nacheinander so, dass sich die Faltkanten in einem Punkt P schneiden, der von den Eckpunkten gleich weit entfernt ist. Beschreibe, wie du vorgegangen bist. Konstruiere einen Kreis um P so, dass der Eckpunkt A des Dreiecks auf dem Kreis liegt. Was fällt dir auf?

Da ein Dreieck drei Seiten besitzt, lässt sich auf jeder Seite die Mittelsenkrechte konstruieren. Führt man die drei Konstruktionen aus, so stellt man fest, dass sich die drei Mittelsenkrechten genau in einem Punkt schneiden. Dieser Punkt ist Mittelpunkt eines Kreises, auf dem alle Eckpunkte des Dreiecks liegen. Man nennt diesen Kreis den **Umkreis des Dreiecks ABC.**

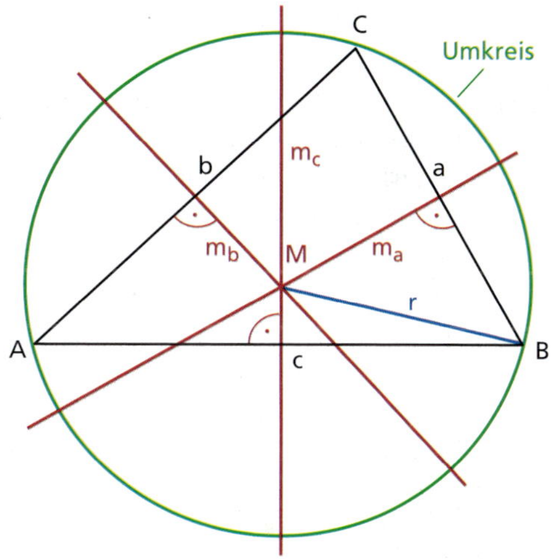

Der Schnittpunkt der Mittelsenkrechten kann innerhalb des Dreiecks liegen (wie in der Abbildung), außerhalb des Dreiecks oder auf einer Seite. Die Lage des Punktes ist abhängig von der Art des Dreiecks. In unserem Beispiel ist das Dreieck spitzwinklig.

Im folgenden Bild wurde mithilfe dynamischer Geometriesoftware der Schnittpunkt der Mittelsenkrechten und der Umkreis eines stumpfwinkligen Dreiecks bestimmt. Beschreibe seine Lage.

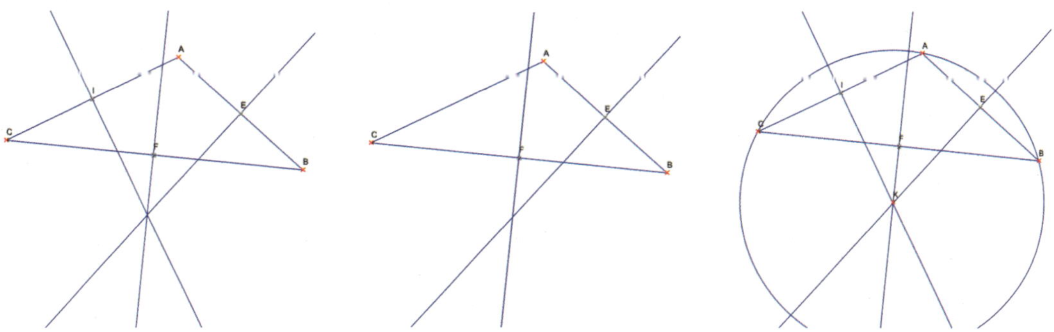

Probiere es selbst:

1. Zeichne ein spitzwinkliges Dreieck und konstruiere die Mittelsenkrechten. Überprüfe die Aussage, dass sich die drei Mittelsenkrechten in einem Punkt innerhalb des Dreiecks schneiden.
2. Konstruiere die Fälle, dass der Schnittpunkt der Mittelsenkrechten auf einer Dreiecksseite bzw. außerhalb des Dreiecks liegt.
   Welche Dreiecksart musst du jeweils für die Konstruktion verwenden?

Winkelhalbierende zeichnen

Zeichne auf ein Blatt Papier ein großes Dreieck ABC und schneide es aus.
Falte das Dreieck nacheinander so, dass die Faltkanten die Innenwinkel halbieren. Die Faltkanten schneiden sich in einem Punkt W. Zeichne einen Kreis um W so, dass der Radius dem Abstand W zur Dreiecksseite entspricht. Was stellst du fest?
Beschreibe, wie du vorgegangen bist.

Die Winkelhalbierenden halbieren die drei Innenwinkel des Dreiecks.
Diese drei Winkelhalbierenden schneiden sich in genau einem Punkt.
Dieser Punkt W ist Mittelpunkt eines Kreises, der die Dreiecksseiten von innen berührt.
Der Radius des Inkreises entspricht dem Lot vom Punkt W auf eine der Dreiecksseiten.
Man nennt deshalb diesen Kreis den **Inkreis des Dreiecks ABC.**

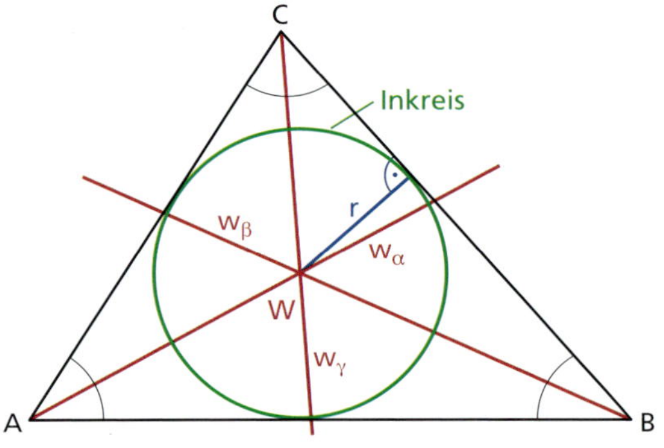

Probiere es selbst:

1. Beschreibe die Konstruktion der Winkelhalbierenden und führe sie an einem selbst gewählten Winkel aus.

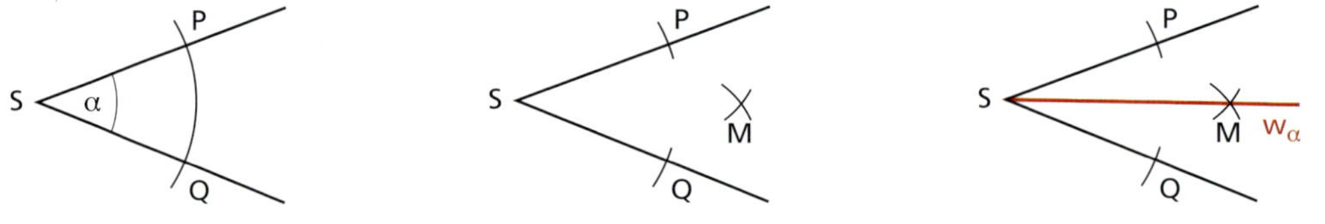

2. a) Zeichne ein beliebiges Dreieck ABC und konstruiere die Winkelhalbierenden und den Inkreis.
b) Wo liegt der Schnittpunkt der Winkelhalbierenden in einem rechtwinkligen und in einem stumpfwinkligen Dreieck? Begründe. Probiere es gegebenenfalls aus.

Erste Schritte

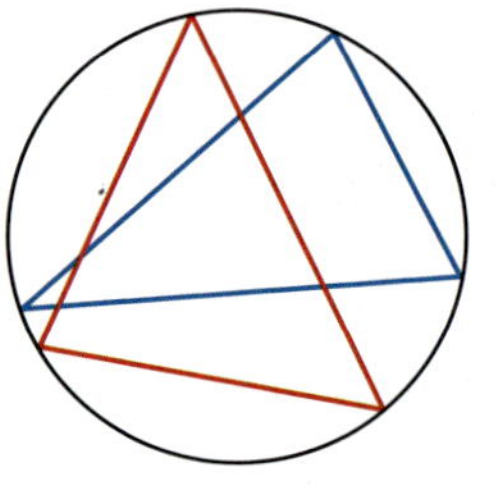

1. a) Zeichne einen Kreis mit dem Radius 3 cm.
b) Zeichne zwei Dreiecke, die diesen Kreis als Umkreis haben.
c) Konstruiere in jedem Dreieck die Mittelsenkrechten zweier Seiten. Was stellst du fest?

2. a) Zeichne einen Kreis mit dem Radius 1,5 cm.
b) Zeichne zwei Dreiecke, die diesen Kreis als Inkreis haben.
c) Konstruiere in jedem Dreieck zwei Winkelhalbierende. Was stellst du fest?

3. a) Zeichne ein gleichseitiges Dreieck ABC mit einer Seitenlänge a = 10 cm.
b) Konstruiere alle Mittelsenkrechten und alle Winkelhalbierenden.
c) Welche Besonderheit kannst du erkennen?

Höhen und Seitenhalbierende im Dreieck untersuchen

Faltexperimente mit Dreiecken führten bereits auf die Mittelsenkrechte und Winkelhalbierende von Dreiecken. Nun werden zwei weitere besondere Linien am Dreieck experimentell untersucht.

Höhen im Dreieck

Die Höhen sind die Lote von den Eckpunkten eines Dreiecks auf die gegenüberliegenden Seiten oder deren Verlängerungen.
Die Höhe gibt den Abstand des Eckpunktes von der gegenüberliegenden Seite an (siehe Abbildung).

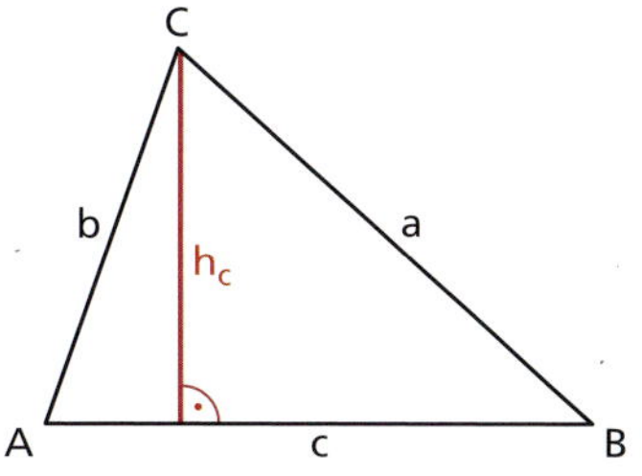

Zeichne ein großes spitzwinkliges Dreieck. Schneide das Dreieck aus und falte es so, dass die Faltkanten den Höhen im Dreieck entsprechen. Erläutere, wie du vorgegangen bist. Welche Aussage kannst du über die Lage des Schnittpunkts der Höhen machen? Führe dein Experiment nun an einem rechtwinkligen und einem stumpfwinkligen Dreieck durch. Was stellst du fest?

Die Höhen oder deren Verlängerungen schneiden sich in genau einem Punkt M. Dieser Schnittpunkt kann innerhalb oder außerhalb des Dreiecks liegen, je nachdem, welche Dreiecksart vorliegt. Beim spitzwinkligen Dreieck liegt er innerhalb, beim stumpfwinkligen Dreieck außerhalb des Dreiecks. Beim rechtwinkligen Dreieck liegt er auf dem Scheitel des rechten Winkels.

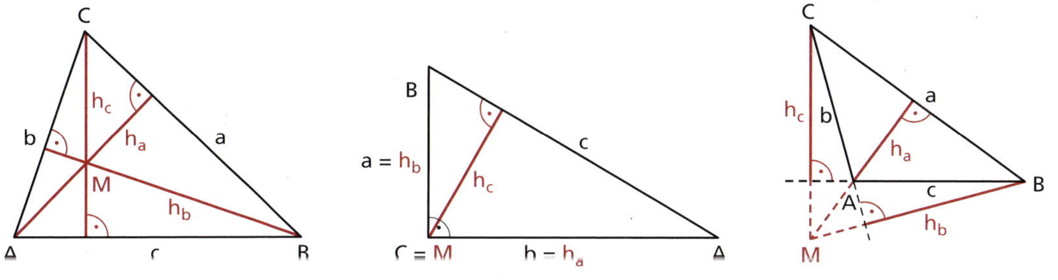

Der **Beweis,** dass sich die Höhen und deren Verlängerungen in einem Punkt M schneiden, kann mit Hilfe der nebenstehenden Zeichnung geführt werden.
Die blauen Geraden sind Parallelen zu den Seiten des Dreiecks ABC und bilden das Dreieck A'B'C'.
Je zwei der vier Teildreieck bilden ein Parallelogramm, in den die gegenüberliegenden Seiten gleich lang sind.
Die Seiten des Dreiecks A'B'C' sind daher doppelt so lang wie im Dreieck ABC.

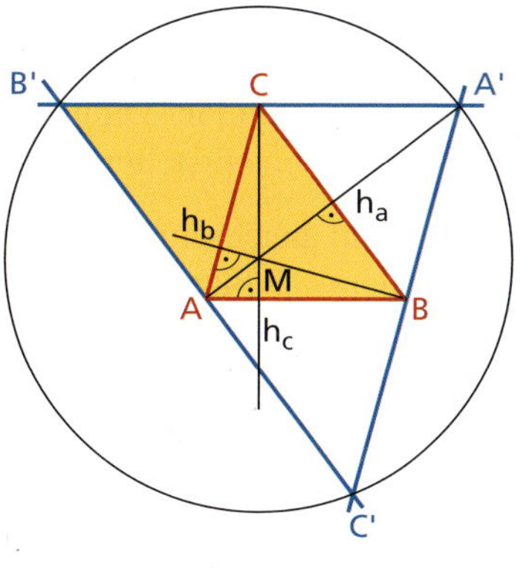

Die Winkelhalbierenden im Dreieck ABC sind im Dreieck A'B'C' die Mittelsenkrechten. Diese schneiden sich in einem Punkt, dem Mittelpunkt des Umkreises (siehe Seite 109). Demzufolge müssen sich auch die Höhen im Dreieck ABC in einem Punkt schneiden.

Probiere es selbst:

Ein Dreieck ist im Koordinatensystem durch die Punkte A(2|1), B(8|6) und C(1|7) festgelegt. Konstruiere die Höhen h_a, h_b, h_c.

Seitenhalbierende im Dreieck

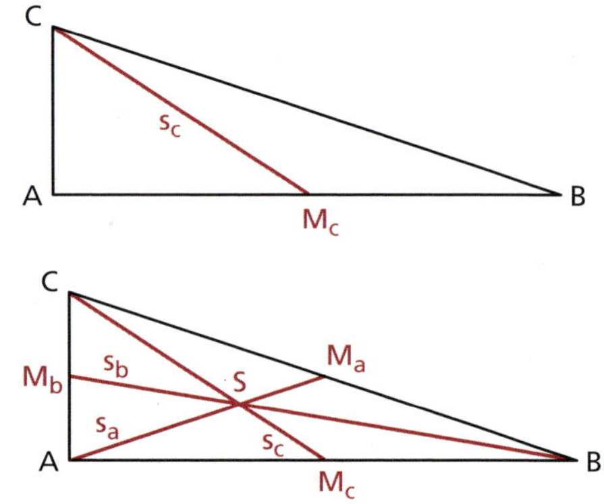

Die Seitenhalbierenden sind die Verbindungsstrecken zwischen den Mittelpunkten M_a, M_b bzw. M_c der Dreiecksseiten und ihren gegenüberliegenden Eckpunkten.

Wird ein Dreieck im Schnittpunkt der Seitenhalbierenden gestützt, so bleibt es im Gleichgewicht. Deshalb nennt man diesen Punkt auch **Schwerpunkt eines Dreiecks.**

Erste Schritte

1. Schneide Dreiecke aus und verwende eines der dargestellten Verfahren, um die Seitenhalbierenden des Dreiecks zu ermitteln. Markiere die Seitenhalbierenden auf den Dreiecken.

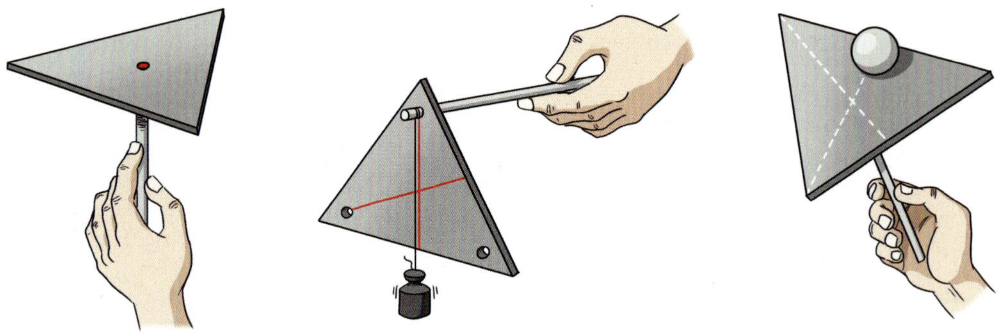

2.  Arbeite mit dynamischer Geometriesoftware. Zeichne ein beliebiges spitzwinkliges Dreieck ABC so ein, dass der Eckpunkt C beweglich ist. Zeichne die Höhen in das Dreieck ein. Bewege den Eckpunkt C auf einer Parallelen zur gegenüberliegenden Dreiecksseite so, dass verschiedene Dreiecksarten entstehen. Beschreibe die Lage des Höhenschnittpunkts (siehe S. 100).

3. a) Zeichne ein gleichseitiges Dreieck ABC mit einer Seitenlänge a = 10 cm.
b) Konstruiere alle Mittelsenkrechten, Winkelhalbierenden und Höhen.
c) Welche Besonderheit kannst du erkennen?

4. Zwischen drei geradlinig verlaufenden Forstwirtschaftswegen soll ein Holzsammelplatz angelegt werden.
Wo muss man den Platz einrichten, wenn er von allen drei Wegen den gleichen Abstand hat?
Fertige eine maßstäbliche Zeichnung.

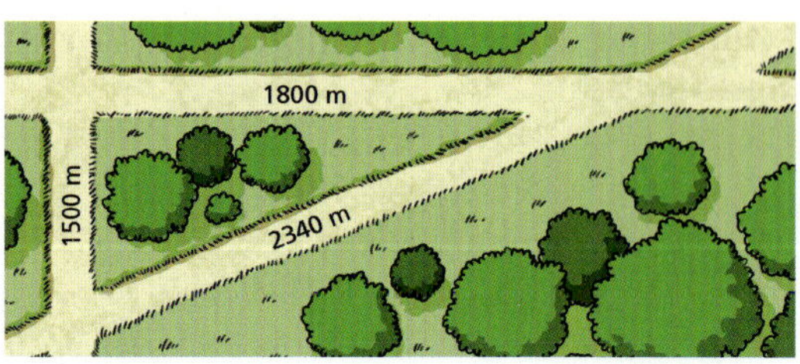

Weiterführende Aufgaben

1. Robert behauptet, dass Sonneberg innerhalb des Umkreises des Dreiecks Meiningen-Pößneck-Sömmerda liegt. Prüfe Roberts Aussage anhand der Karte auf Seite 108.

2. a) Zeichne in ein Koordinatensystem die Punkte A(–3|–2), B(5|–1) und C(1|4) und verbinde sie zu einem Dreieck ABC.
b) Miss die Größe der Innenwinkel und konstruiere jeweils die Winkelhalbierende.
c) Was kannst du über die Entfernung des Schnittpunkts der Winkelhalbierenden zu den Dreiecksseiten aussagen? Begründe.

3. Zeichne eine Strecke $\overline{CD} = 6$ cm. Zeichne auf der Mittelsenkrechten von $\overline{CD}$ genau 3 cm von $\overline{CD}$ entfernt einen Punkt S und zur anderen Seite im gleichen Abstand einen Punkt T. Verbinde die Punkte C, T, D und S miteinander. Welche Figur entsteht bei der Konstruktion?

4. Beschreibe, woran man erkennen kann, dass das blaue Dreieck durch Spiegelung am Höhenschnittpunkt des roten Dreiecks entstanden ist. Beide Dreiecke schließen ein Sechseck ein.
Wie groß ist sein Flächeninhalt im Verhältnis zum Flächeninhalt des roten Dreiecks? Begründe.

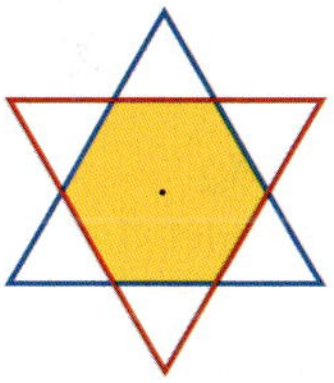

5. Leon behauptet, dass er ein Dreieck ABC eindeutig konstruieren kann, wenn die Länge der Seite $\overline{AB}$ und die Höhe h_c gegeben sind. Was meinst du? Diskutiere mit deinem Nachbarn.

6. Die Entfernung beim Kugelstoßen wird mit elektronischen Messgeräten bestimmt. Das Messgerät wird in einem Abstand von 30 m vom Kugelstoßring entfernt seitlich der Wurffläche aufgebaut. Die Weite wird bestimmt, indem die Entfernung vom Messgerät zur Kugel und der Winkel zwischen den beiden bekannten Strecken gemessen werden. Skizziere den Sachverhalt. Wie weit hat ein Sportler gestoßen, wenn die Kugel 16 m entfernt vom Messgerät aufkommt und der Winkel 38° beträgt?

7. Die Himmelsrichtung kann mit einer Uhr bestimmt werden. Der Stundenzeiger muss dazu auf die Sonne zeigen.
Gedanklich muss dann der Winkel zwischen dem Stundenzeiger und der 12 (bzw. der 1 während der Sommerzeit) halbiert werden. Die Winkelhalbierende zeigt nach Süden.
Bestimme mit diesem Verfahren die Blickrichtung aus dem Fenster deines Klassenraums.

4.3 Sätze am Dreieck entdecken

Der Satz des Thales

Eine Gerade, die den Kreis in zwei Punkten schneidet, heißt Sekante.
Die Strecke zwischen den Punkten A und B in der nebenstehenden Zeichnung ist eine Sehne des Kreises.
Die längste Sehne im Kreis ist der Durchmesser, der mit d bezeichnet wird.
Auch der Umfang und der Flächeninhalt von Kreisen wurden untersucht und berechnet.

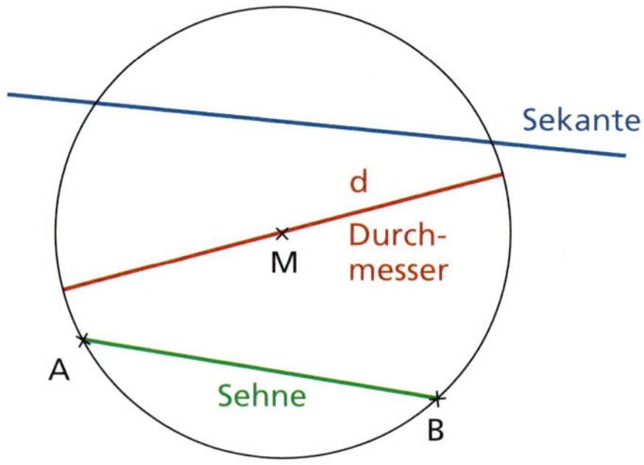

Aus den Sehnen im Kreis lassen sich z. B. Dreiecke bilden und deren Eigenschaften untersuchen.

Auftrag

Bearbeitet den folgenden Auftrag in Gruppen. Ihr könnt wählen, ob ihr die Untersuchung mit Schnur, Stöcken und Messgeräten im Freien, mit Zeichengeräten im Heft oder mittels dynamischer Geometriesoftware durchführen wollt.

1. Zeichnet eine Strecke $\overline{AB}$ und konstruiert deren Mittelpunkt M.
2. Zeichnet einen Halbkreis über M. Die Strecke $\overline{AB}$ ist somit der Durchmesser des zugehörigen Kreises.
3. Legt auf dem Halbkreis einen beliebigen Punkt C fest.
4. Verbindet den Punkt C mit den Punkten A und B.
5. Bestimmt die Größe des Winkels BCA.
6. Bewegt den Punkt C auf dem Halbkreis und messt jeweils wieder die Größe des Winkels bei C.
7. Verallgemeinert euer Ergebnis und formuliert eine Aussage über die Größe des Winkels BCA.

Wenn in einem Dreieck ABC der Punkt C auf dem Kreis mit dem Durchmesser $\overline{AB}$ liegt, so ist das Dreieck rechtwinklig mit dem rechten Winkel bei C.

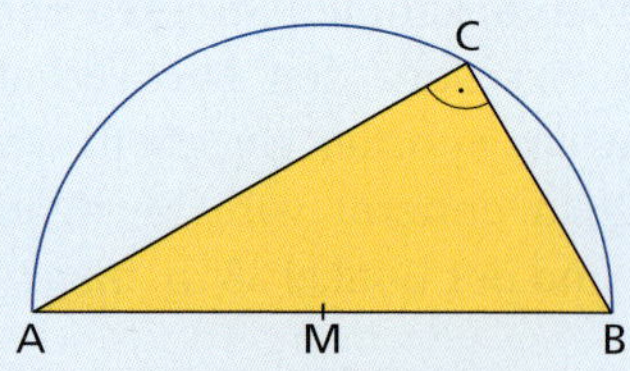

Die Aussage wird **Satz des Thales** genannt.
THALES VON MILET (um 624 v. Chr. bis 546 v. Chr.) hat als erster griechischer Mathematiker der Antike allgemeine Aussagen für mathematische Objekte aufgestellt und in Ansätzen logische Begründungen dafür angegeben.
Er zählt damit neben seinem Schüler PYTHAGORAS zu den Wegbereitern einer neuen Entwicklungsetappe der Mathematik.

Um zu zeigen, dass die Aussage immer gilt, müssen wir mathematische Begründungen finden, die allgemeingültig sind.

Gegeben ist ein Halbkreis mit dem eingezeichneten Dreieck ABC. $\overline{AB}$ ist der Durchmesser des Kreises und der Punkt C liegt auf dem Kreis. Es muss gezeigt werden, dass der Winkel bei C im Dreieck, also γ, immer 90° betragen muss. Dazu wird zusätzlich die Strecke $\overline{MC}$, ein Radius des Kreises, eingezeichnet, so dass zwei Teildreiecke AMC und MBC entstehen.

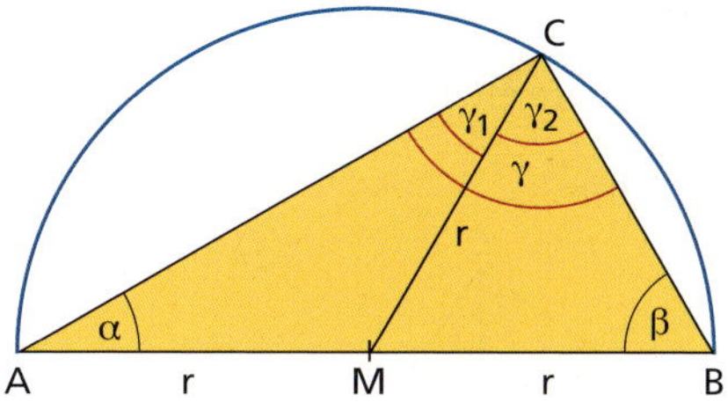

Im Folgenden wurden die Kenntnisse über Winkel in Dreiecken verwendet.

1. Es muss nach der Innenwinkelsumme in Dreiecken für das Dreieck ABC gelten:
   $\alpha + \beta + \gamma = 180°$
2. Da die Dreiecke AMC und MBC gleichschenklig sind, gilt für ihre Basiswinkel:
   $\alpha = \gamma_1$ und $\beta = \gamma_2$
3. Diese Beziehungen werden nun noch zusammengefasst und umgeformt.
   α und β werden in der ersten Gleichung ersetzt:
   $\alpha + \beta + \gamma = 180°$
   $\gamma_1 + \gamma_2 + \gamma = 180° \quad \rightarrow \quad \gamma_1 + \gamma_2 = \gamma \quad \rightarrow \quad 2\gamma = 180° \quad \rightarrow \quad \gamma = 90°$

Damit haben wir gezeigt, dass der Satz des Thales immer gilt.

Zeichnet man eine Reihe von rechtwinkligen Dreiecken mit der gleichen Hypotenuse $\overline{AB}$, lässt sich leicht die Vermutung gewinnen, dass alle Eckpunkte C auf einem Kreis liegen. Diese Vermutung stellt die Umkehrung des Thalessatzes dar, die sich durch Vertauschen des „Wenn Teile“ und des „So Teile“ ergibt.

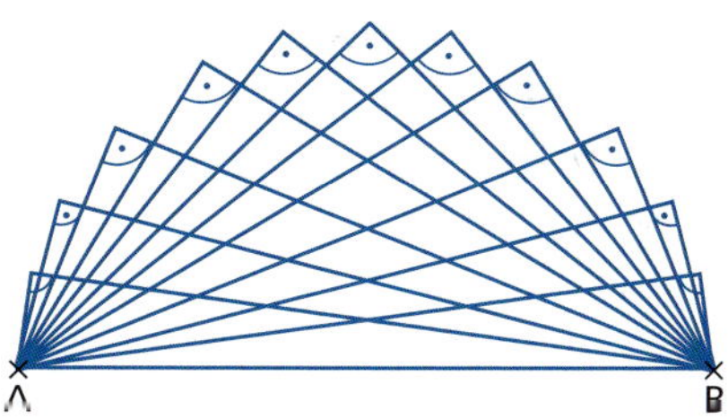

Umkehrung des Thalessatzes
Wenn ein Dreieck ABC rechtwinklig ist, mit dem rechten Winkel bei C, so liegt C auf dem Kreis mit dem Durchmesser $\overline{AB}$.

Probiere es selbst:

1. a) Zeichne eine Strecke $\overline{AB}$, konstruiere deren Mittelpunkt und zeichne den Halbkreis über M.
b) Zeichne von M aus einen Strahl, der den Kreis schneidet. Lege auf dem Strahl Punkte C_1, C_2 und C_3 so fest, dass C_1 innerhalb des Kreises, C_2 auf dem Kreis und C_3 außerhalb des Kreises liegt.
c) Zeichne jeweils das Dreieck und bestimme die Größe des Winkels bei C. Formuliere eine Aussage.

2. Zeichne z. B. mittels deines Zeichendreiecks ein rechtwinkliges Dreieck. Überprüfe die Umkehrung des Thalessatzes, indem du die entsprechende Konstruktion ausführst.

Den Satz des Thales beim Konstruieren anwenden

Anhand von zwei Beispielen wird gezeigt, wie der Satz des Thales beim Konstruieren genutzt werden kann.

- Konstruiere ein Dreieck ABC, wenn die Seite c, die Höhe h_c und der Winkel $\gamma = 90°$ gegeben sind.

Planfigur:

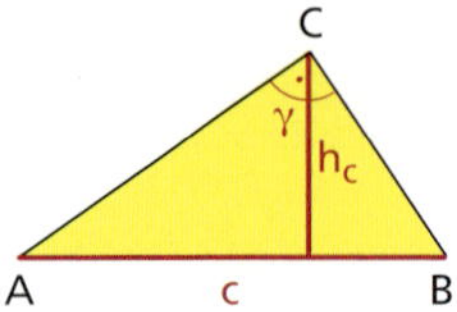

Konstruktion:

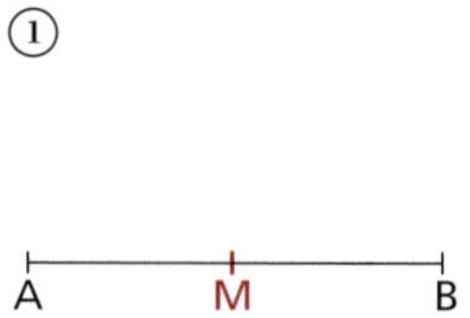

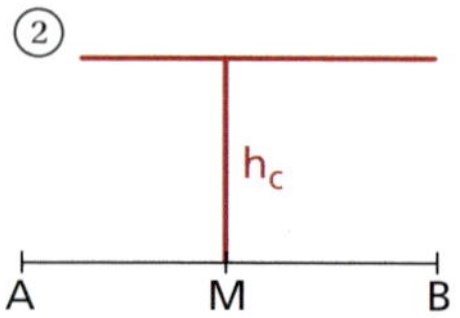

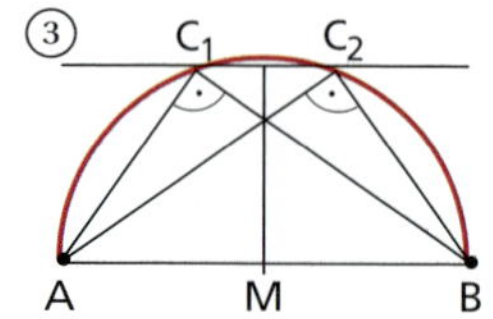

Konstruktionsbeschreibung:

① Zeichne die Strecke $\overline{AC}$ mit der Länge c und bestimme den Mittelpunkt M der Strecke $\overline{AB}$.

② Zeichne eine Parallele zu $\overline{AB}$ im Abstand h_c.

③ Zeichne einen Kreisbogen um M mit dem Radius $\frac{\overline{AB}}{2}$ und du erhältst die Punkte C_1 und C_2. Beide Dreiecke ABC_1 und ABC_2 sind rechtwinklig.

- Konstruiere Tangenten an einen Kreis k durch einen Punkt P außerhalb des Kreises.

Planfigur:

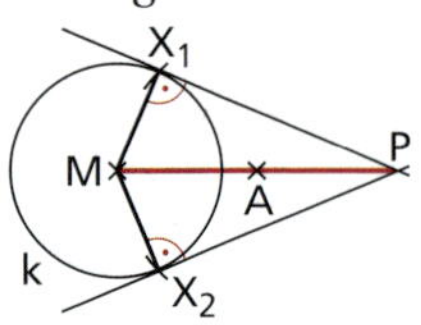

Konstruktion:

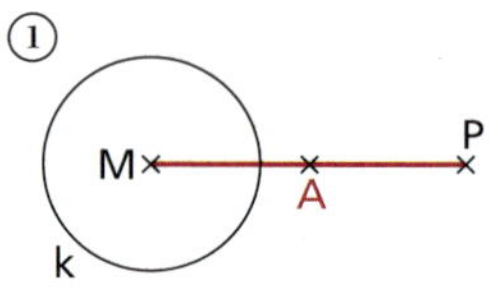

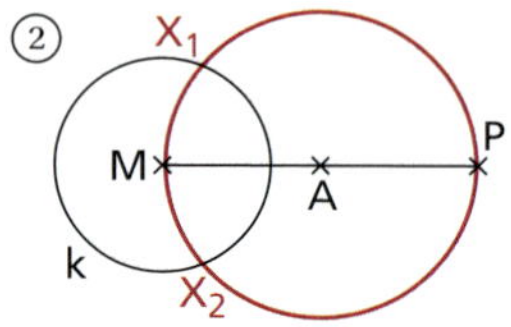

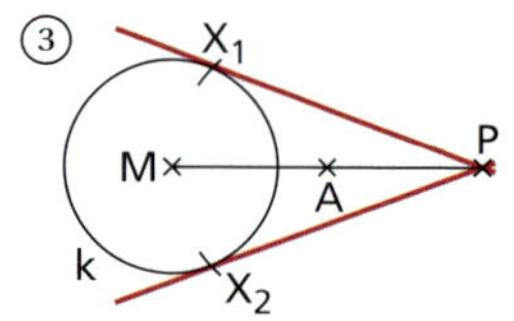

Konstruktionsbeschreibung:

① Zeichne die Strecke $\overline{PM}$ und konstruiere ihren Mittelpunkt A.

② Zeichne um A den Thaleskreis mit $\overline{MP}$ als Durchmesser. Die Schnittpunkte mit dem gegebenen Kreis bezeichne mit X_1 und X_2.

③ Zeichne die Geraden PX_1 und PX_2. Sie sind die Tangenten von P an den Kreis.

Probiere es selbst:

Bestimme jeweils die Größe der Innenwinkel des Dreiecks ABC. Begründe.

a)

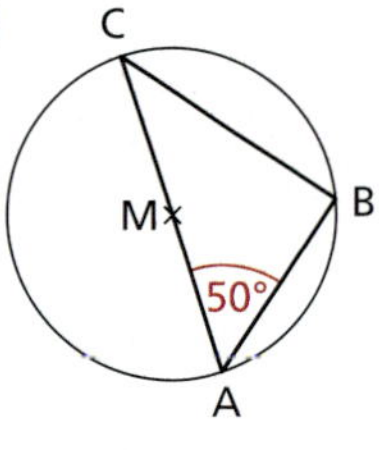

b)

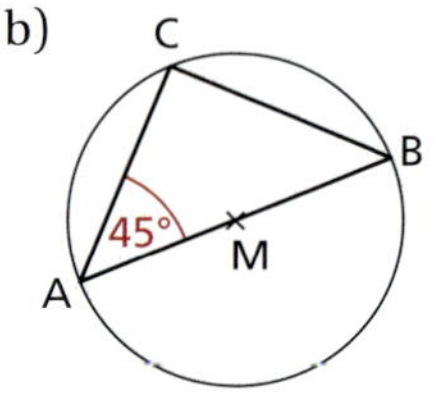

c)

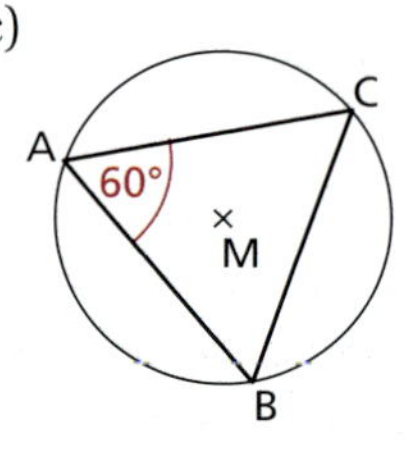

d)

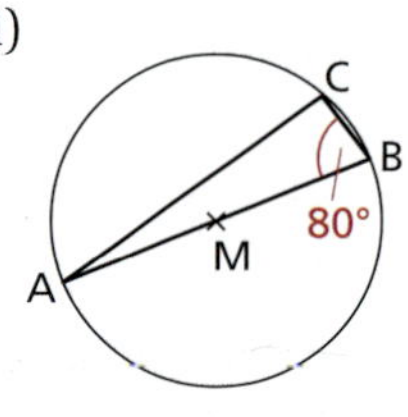

Erste Schritte

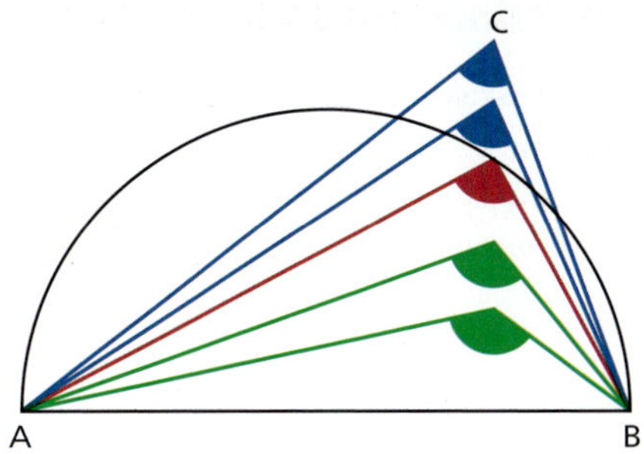

1. Vergleiche die Winkel bei C, wenn C im Kreis, auf dem Kreis bzw. außerhalb des Kreises liegt. Führe diese Untersuchung mit einer dynamischen Geometriesoftware durch.

2. Berechne die gesuchten Größen des Dreiecks ABC (rechter Winkel bei C). Begründe.
a) Gegeben: $\alpha = 40°$ Gesucht: β, γ
b) Gegeben: $\alpha = 2\beta$ Gesucht: α, β, γ

3. Berechne β, γ und δ, wenn α die folgende Größe hat. Beschreibe den Lösungsweg. Welche mathematischen Sachverhalte hast du für deine Lösung genutzt? (Skizze)
a) $\alpha = 20°$ b) $\alpha = 70°$
c) $\alpha = 45°$ d) $\alpha = n°$

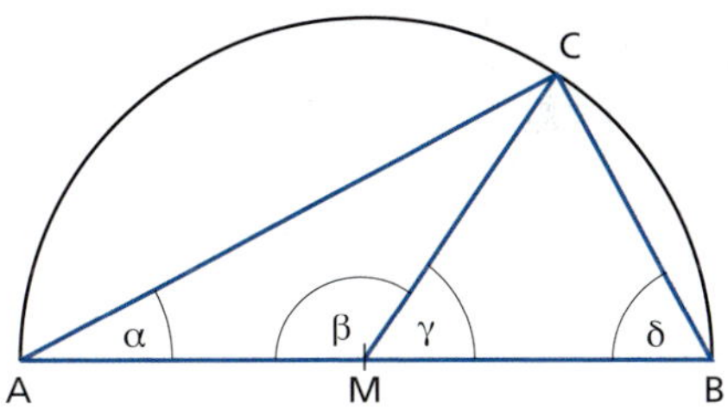

4. Berechne die fehlenden Winkel (Skizze).
a) $\alpha = 30°$ b) $\gamma = 50°$ c) $\beta = 2\alpha$ d) $\gamma = \frac{1}{3}\beta$

5. Konstruiere jeweils das rechtwinklige Dreieck ABC, $\gamma = 90°$ aus folgenden Stücken:
a) $\overline{AB} = 6{,}5$ cm; $h_c = 2{,}5$ cm
b) $\overline{AB} = 5{,}0$ cm; $\overline{AD} = 2{,}0$ cm
c) $\overline{AD} = 30$ mm; $\overline{DB} = 3{,}5$ cm
d) $\overline{AB} = 7{,}0$ cm; $\overline{DB} = 3{,}2$ cm
e) $\overline{AB} = 6{,}0$ cm; $\alpha = 40°$
f) $c = 55$ mm; $\beta = 65°$

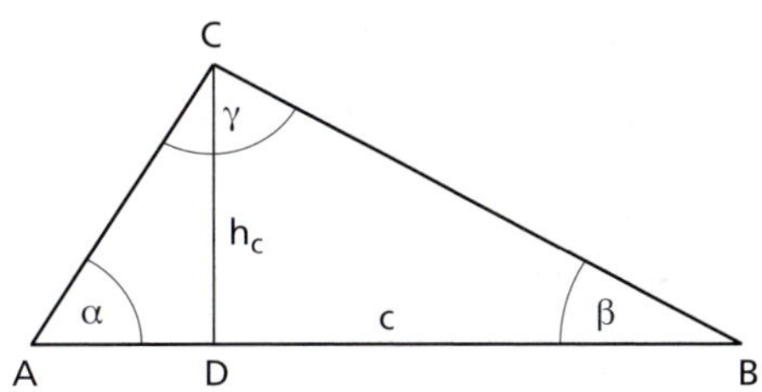

6. Ein Kreis wurde durch Umfahren eines runden Gegenstands gezeichnet. Wie kannst du den Mittelpunkt des Kreises unter Verwendung folgender Hilfsmittel feststellen?
a) Bleistift, Zirkel, Lineal
b) Bleistift und Geodreieck

7. Konstruiere rechtwinklige Dreiecke ABC ($\gamma = 90°$) mithilfe des Thaleskreises. Beschreibe dein Vorgehen.
a) $\overline{AB} = 8{,}0$ cm; $\overline{BC} = 6{,}5$ cm b) $\overline{AB} = 7{,}0$ cm; $\overline{BC} = 5{,}2$ cm c) $\overline{AB} = 5{,}6$ cm; $\overline{BC} = 3{,}8$ cm

8. Gegeben sind ein Kreis k um M und ein Punkt P außerhalb des Kreises.
Konstruiere die Tangenten von P an den Kreis. Beschreibe und begründe dein Vorgehen.
a) $r = 4{,}5$ cm; $\overline{MP} = 7{,}5$ cm
b) $r = 2{,}5$ cm; $\overline{} = 6{,}5$ cm

9. Stich zwei Stecknadeln in ein Blatt Papier und bewege dein Zeichendreieck so, dass es die beiden Stecknadeln immer berührt. Markiere bei unterschiedlichen Lagen den Eckpunkt. Was stellst du fest? Begründe.

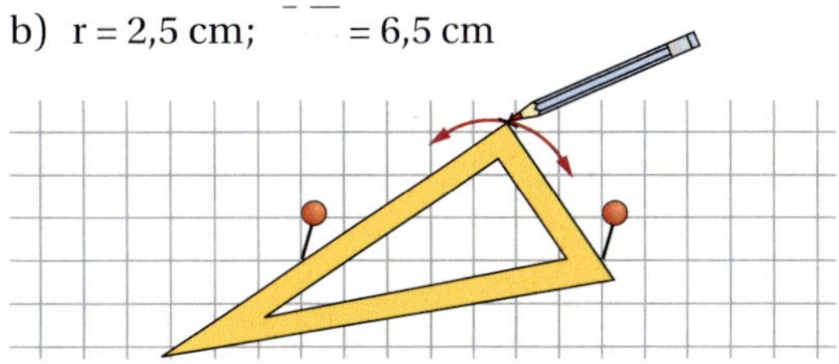

Konstruktionsaufgaben lösen

Viele Konstruktionsaufgaben sind sehr komplex, können aber oft in Teilschritte zerlegt werden. Beim Zeichnen lassen sich zuerst wichtige Punkte und Linien ermitteln, dann schrittweise die fehlenden Stücke ergänzen. Punkte können durch Koordinaten, durch Linien oder Abstände und Winkel angegeben werden.

1. Beachte beim Lösen von Konstruktionsaufgaben, dass sich viele Aufgaben auf das Bestimmen von Punkten reduzieren lassen.
2. Suche Linien (z. B. Geraden, Kreisbögen ...), die einander schneiden.
3. Suche Bedingungen (z. B. gleiche Abstände, gleich große Winkel ...) für Schnittpunkte.

Die folgende Vorgehensweise soll dir helfen, Konstruktionen erfolgreich durchzuführen.

Aufgabe:
Der dreieckige Dachfirst eines Hauses ist 3,00 m hoch und 6,50 m breit.
Die beiden Dachflächen bilden einen Winkel von 90°.
Wie lang sind die beiden Dachseiten?

Überlegungen	Antworten
Worum geht es in der Aufgabe? Kann ich mir die gesuchte Figur vorstellen und skizzieren?	Es geht um eine dreieckige Seitenfläche. 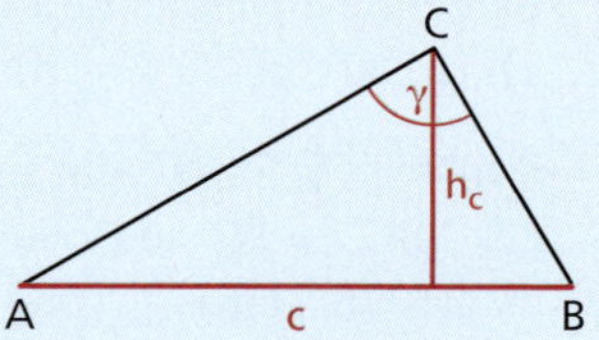
Welche Stücke sind gegeben?	Es sind die Seite c, die Höhe h_c und der Winkel bei C gegeben.
Ist es günstig, einen Maßstab zu wählen?	1 cm = 1 m 1 : 100
Wie viele Punkte sind zur Konstruktion der gesuchten Figur notwendig?	Es sind die Eckpunkte des Dreiecks A, B und C zu konstruieren.
Auf welchen Linien muss der Punkt A liegen? Auf welchen Linien muss der Punkt B liegen? Auf welchen Linien muss der Punkt C liegen?	Mit der Strecke $\overline{AB}$ sind die Punkte A und B festgelegt. Der Punkt C liegt auf einer Parallelen zu $\overline{AB}$ im Abstand von 3,0 cm. Der Punkt C liegt auf dem Kreis um M, dem Mittelpunkt der Strecke $\overline{AB}$.
Die Konstruktion des rechtwinkligen Dreiecks wird ausgeführt. Die Seitenlängen a und b werden durch Messen bestimmt. Der Maßstab der Konstruktion wird angegeben. Die wahren Längen der Dachseiten werden mit Hilfe des Maßstabs ermittelt. Da es zwei kongruente Lösungen gibt, ist eine entsprechend der Vorgaben auszuwählen.	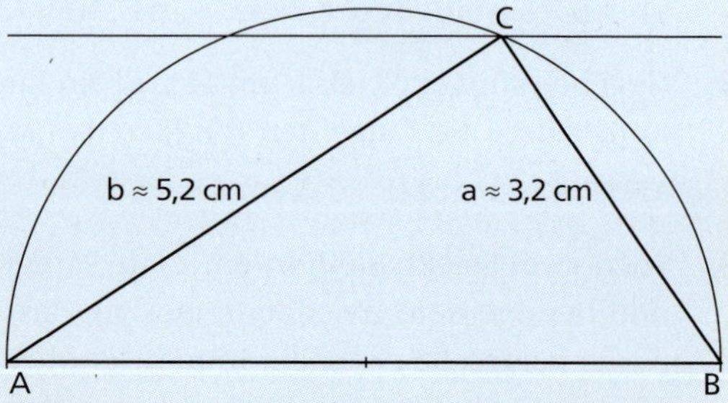 a ≈ 3,20 m; b ≈ 5,20 m (Maßstab 1 : 100)

Weiterführende Aufgaben

1. Zeichne einen Kreis und teile ihn in 24 gleiche Teile. Zeichne einen Durchmesser $\overline{AB}$ und verbinde sowohl A als auch B mit jedem Punkt des Kreises. Färbe so, dass ein Muster entsteht.

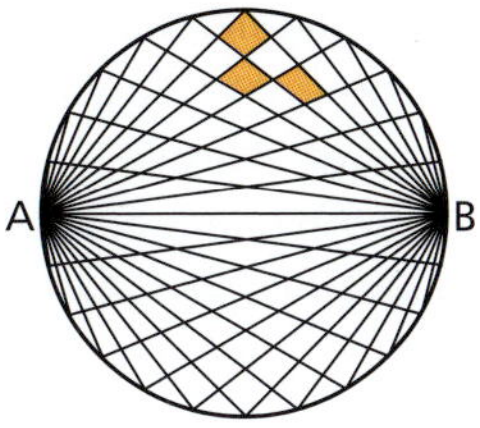

2. Zeichne einen Kreis um M mit dem Radius 2,5 cm.
Zeichne eine Sekante dieses Kreises, deren Abstand vom Kreismittelpunkt 1 cm beträgt. Beschreibe dein Vorgehen.
Gibt es mehrere Lösungsmöglichkeiten? Wenn ja, beschreibe sie.

3. Zeichne einen Kreis k um M und kennzeichne auf dem Kreis einen Punkt P.
Konstruiere die Tangente an den Kreis im Punkt P.
Wähle auf der Tangente einen weiteren Punkt Q und konstruiere durch Q eine zweite Tangente an den Kreis. Beschreibe und begründe dein Vorgehen.

4. a) Konstruiere ein Drachenviereck ABCD entsprechend der Abbildung mit $\overline{AB} = \overline{AD} = 6{,}4$ cm, $\alpha = 75°$ und $\beta = 90°$.
b) Zeige, dass dieses Drachenviereck einen Umkreis besitzt.
c) Konstruiere den Umkreis des Drachens. Erläutere dein Vorgehen.

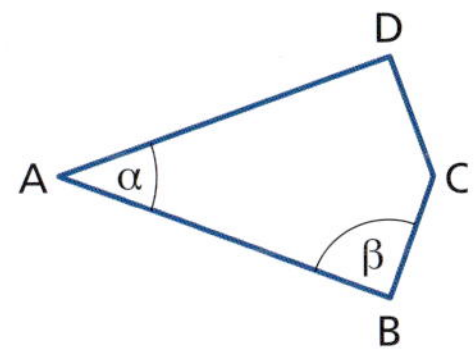

5. Zeichne eine Strecke $\overline{AB}$ und einen Halbkreis mit $\overline{AB}$ als Durchmesser.
Zeichne dann ein Dreieck ABC. Der Punkt C soll auf dem Halbkreis liegen. Verlängere $\overline{AC}$ über den Punkt C hinaus und lege auf der Geraden außerhalb des Halbkreises einen Punkt D fest.
Verbinde den Punkt D mit dem Punkt B. Es entsteht das Dreieck BCD.
Zeige, dass der Winkel ∢ ACB immer größer ist als der Winkel ∢ CDB.

6. Zwei Kreise berühren einander im Punkt A.
Eine gemeinsame Tangente soll die Kreise in B und C berühren.
Zeige, dass die folgende Aussage gilt: Der ∢BAC ist ein rechter Winkel.

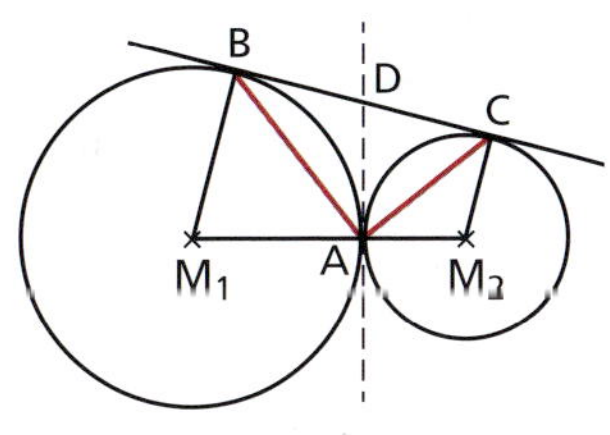

7. Zeichne in einen Kreis mit dem Radius r = 3 cm zwei Durchmesser ein. Begründe, dass die vier Eckpunkte stets Eckpunkte eines Rechtecks sind.

8. Zeichne alle Dreiecke ABC aus folgenden Stücken.
a) $c = 6$ cm; $h_b = 5$ cm; $\beta = 50°$
b) $c = 6$ cm; $h_a = 4$ cm; $h_b = 5{,}5$ cm

9. Konstruiere ein Viereck ABCD aus $a = 5{,}0$ cm; $b = 3{,}8$ cm; $c = 5{,}5$ cm; $\beta = 60°$ und $\delta = 90°$.

10. Zeichne in einem spitzwinkligen Dreieck die Thaleskreise über den Seiten a und b.
In welchem Punkt der Seite c schneiden sie einander?

11. Sara behauptet, dass sie nur mit Zirkel und Lineal ein Rechteck konstruieren kann, wenn sie den Satz des Thales nutzt.
a) Überprüfe Saras Aussage, indem du das Rechteck mit $\overline{AB} = 5{,}4$ cm und $\overline{BC} = 3{,}8$ cm konstruierst. Erläutere, bei welchen Konstruktionsschritten du den Satz des Thales verwendet hast.
b) Sven ist der Meinung, dass er diese Konstruktion auch nur mithilfe der Grundkonstruktionen exakt ausführen kann. Überprüfe auch seine Behauptung.

Der Satz des Pythagoras

Die Möglichkeit, mit sogenannten Knotenschnüren rechtwinklige Dreiecke zu legen, kannten bereits die Landvermesser im alten Ägypten (siehe S. 93).
Diesen Versuch kann man z. B. auf dem Schulhof durchführen.
Oder ihr betrachtet das nebenstehende Bild und bestimmt die Längen der Dreiecksseiten, die aus der Knotenschnur gelegt wurden, wobei die Abstände zwischen den Knoten gleich sind. Was stellt ihr fest?

Der griechische Mathematiker und Philosoph PYTHAGORAS VON SAMOS (um 580 bis 500 v. Chr.) erfuhr auf einer Reise nach Ägypten von der Kunst der Seilspanner. Er stellte fest, dass z. B. ein Dreieck mit den Knotenabständen 3, 4 und 5 genau rechtwinklig ist. PYTHAGORAS untersuchte eine Vielzahl rechtwinkliger Dreiecke und fand eine Gesetzmäßigkeit, die als „Satz des Pythagoras“ bekannt ist.
Inzwischen ist erwiesen, dass es bereits lange vor PYTHAGORAS gleiche Vermutungen gab. Wahrscheinlich ist jedoch, dass PYTHAGORAS seine Vermutungen auch bewiesen hat.

Für rechtwinklige Dreiecke wird vereinbart:
- Die Seiten, die den rechten Winkel bilden, heißen **Katheten** (griech. káthetos – herabgelassene).
- Die Seite, die dem rechten Winkel gegenüberliegt, heißt **Hypotenuse** (griech. hypo – unter).
- Die Höhe zur Hypotenuse zerlegt diese in zwei **Hypotenusenabschnitte**.

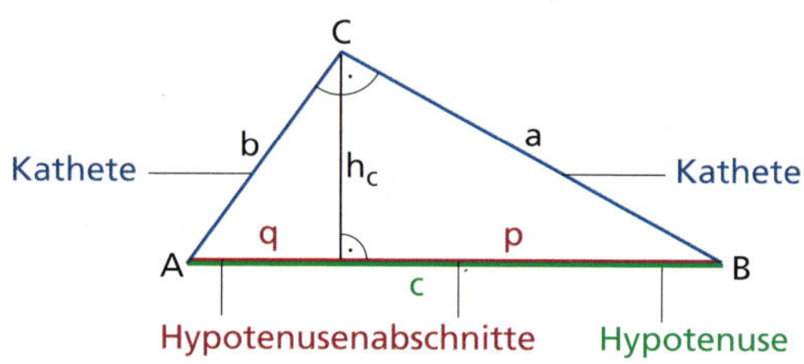

(p gehört zu a und q gehört zu b.)

Satz des Pythagoras
Im rechtwinkligen Dreieck ABC mit dem rechten Winkel bei C gilt:
$a^2 + b^2 = c^2$
Dies bedeutet geometrisch:
Die beiden Quadrate über den Katheten haben zusammen den gleichen Flächeninhalt wie das Quadrat über der Hypotenuse.

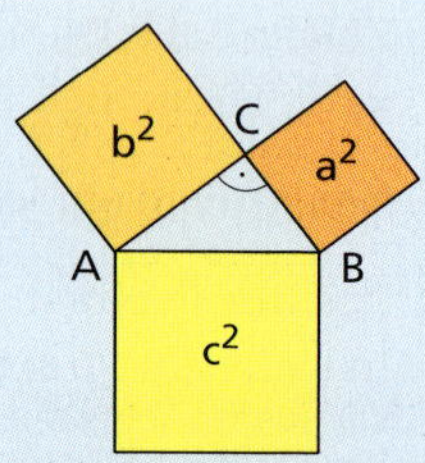

Probiere es selbst:

Zeichne ein beliebiges rechtwinkliges Dreieck auf Kästchenpapier. Konstruiere über den Seiten die entsprechenden Quadrate. Berechne den Flächeninhalt der einzelnen Quadrate und prüfe rechnerisch den Satz des Pythagoras. Warum ist dies kein Beweis für die Richtigkeit des Satzes?

Mithilfe dieses Satzes können Seitenlängen rechtwinkliger Dreiecke rechnerisch ermittelt werden.

Von einem rechtwinkligen Dreieck mit dem rechten Winkel bei B sind die Seiten a = 2 cm und c = 4 cm gegeben. Berechne die Länge der Seite b auf zwei Dezimalstellen genau.

Gegeben: a = 2 cm; c = 4 cm Gesucht: b

Lösung: $b^2 = a^2 + c^2$

$b^2 = (2\text{ cm})^2 + (4\text{ cm})^2$

$b = \sqrt{(2\text{ cm})^2 + (4\text{ cm})^2}$

$b \approx 4{,}47\text{ cm}$

Antwort: Die Länge der Seite b beträgt etwa 4,47 cm.

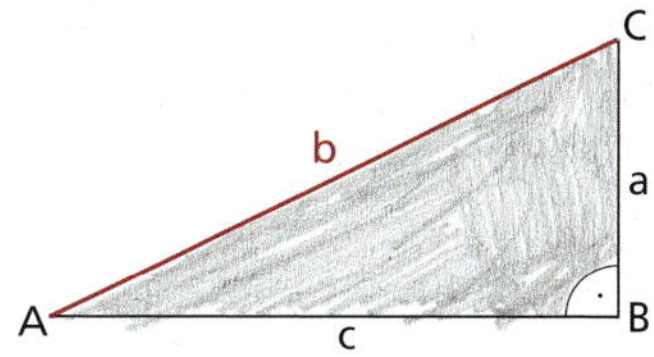

Geometrischer Beweis durch Flächenergänzung

(1) Die Figur aus einem beliebigen rechtwinkligen Dreieck und seinen Kathetenquadraten wird durch drei Dreiecke zu einem Quadrat mit der Seitenlänge von a + b ergänzt.

①
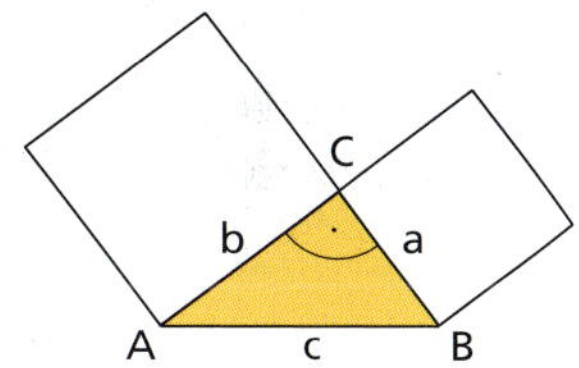

(2) Die drei ergänzten Dreiecke sind kongruent zum Dreieck ABC, denn sie sind rechtwinklig und stimmen in den Kathetenlängen überein. Die insgesamt vier zueinander kongruenten Dreiecke werden nun anders angeordnet.

②
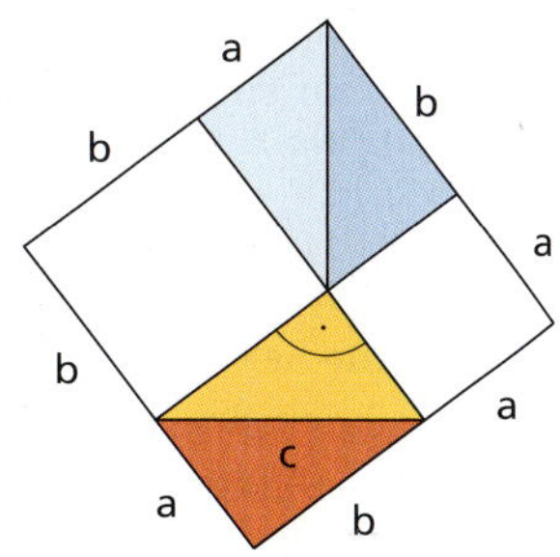

(3) Es entsteht ein zur Figur ② flächeninhaltsgleiches Quadrat, denn es hat wieder die Seitenlänge a + b.
Nach dem Innenwinkelsatz für Dreiecke $\alpha + \beta + \gamma = 180°$ und wegen $\gamma = 90°$ gilt: $\alpha + \beta = 90°$
Die Winkel der eingeschlossenen Fläche müssen also rechte sein, denn auch jeder von ihnen ergibt zusammen mit α und ß einen gestreckten Winkel von 180°.
Deshalb ist die von den Dreiecken eingeschlossene Fläche ein Quadrat mit der Seitenlänge c.

③
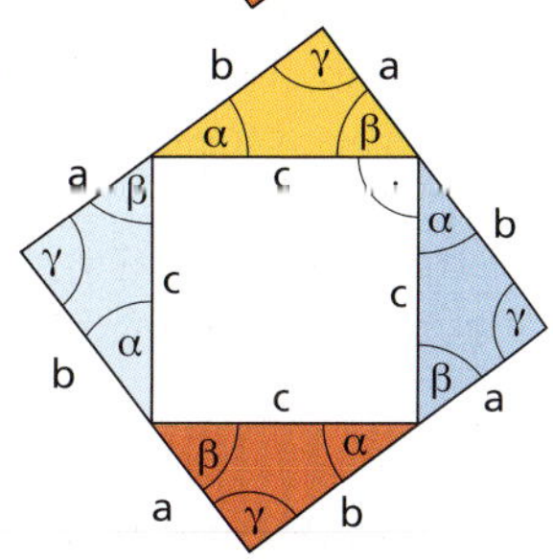

Ein Vergleich der Flächeninhalte der Figuren ② und ③ ergibt:
Das Quadrat mit der Seitenlänge c hat den gleichen Flächeninhalt wie das Quadrat mit der Seitenlänge a und das Quadrat mit der Seitenlänge b zusammen.

Probiere es selbst:

Stelle für folgende Figuren Gleichungen auf, die nach dem Satz des Pythagoras gelten.

a) 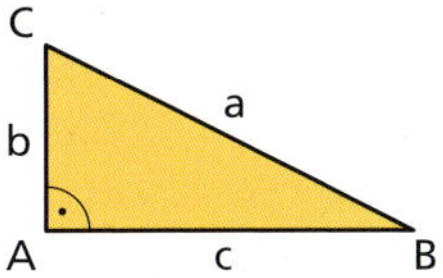

$c^2 + b^2 = a^2$ ✓

b) 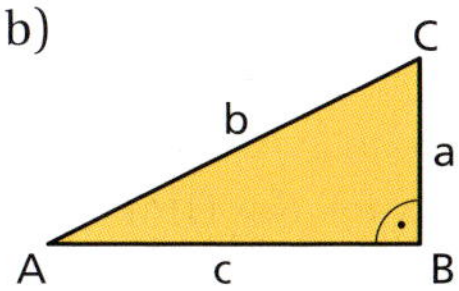

$a^2 + c^2 = b^2$ ✓

c) 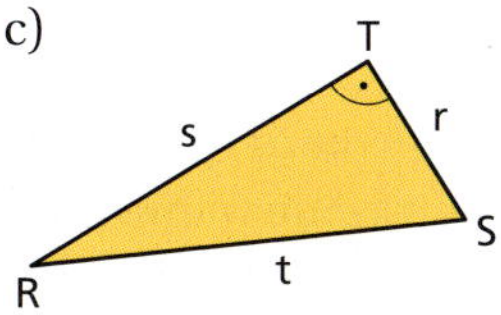

$s^2 + r^2 = t^2$ ✓

d) 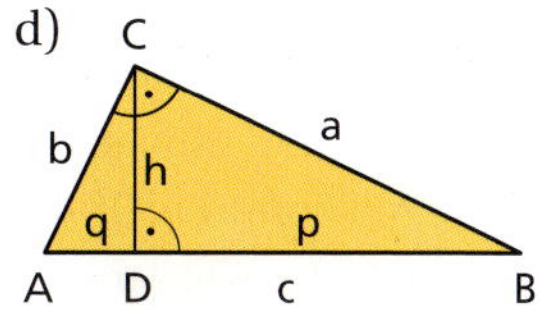

$q^2 + h^2 = b^2$ ✓

$c^2 + h^2 = a^2$ ✓

Die Umkehrung des Satzes des Pythagoras

Die ägyptischen Seilspanner verwendeten bei ihren Vermessungsarbeiten die *Umkehrung* des Satzes des Pythagoras.

Zu einem Satz wird seine Umkehrung gebildet, indem die Behauptung des Satzes mit der Voraussetzung oder mit einem Teil der Voraussetzung vertauscht wird.

	Voraussetzung	**Behauptung**
Satz des Pythagoras	Das Dreieck ABC ist ein rechtwinkliges Dreieck mit dem rechten Winkel bei C.	Für die Seiten des Dreiecks gilt: $a^2 + b^2 = c^2$
Umkehrung des Satzes des Pythagoras	Für die Seiten des Dreiecks gilt: $a^2 + b^2 = c^2$	Das Dreieck ABC ist ein rechtwinkliges Dreieck mit dem rechten Winkel bei C.

Umkehrung des Satzes des Pythagoras
Wenn für ein Dreieck mit den Seiten a, b und c die Gleichung $a^2 + b^2 = c^2$ gilt, dann ist das Dreieck rechtwinklig und c ist die Hypotenuse des Dreiecks.

Dass man einen mathematischen Satz umkehren kann, haben wir beim Satz des Thales kennengelernt (siehe Seite 115). Wir haben uns dort auch klar gemacht, dass die Umkehrung vom Satz des Thales eine wahre Aussage ist.
Nicht immer ist aber die Umkehrung eines „Wenn-Dann-Satzes" wieder eine wahre Aussage.

Der Satz „Wenn der Sportler beim Doping erwischt wurde, dann wird er disqualifiziert." ist richtig. Aber seine Umkehrung „Wenn der Sportler disqualifiziert wird, dann wurde er beim Doping erwischt." muss nicht in jedem Fall stimmen.

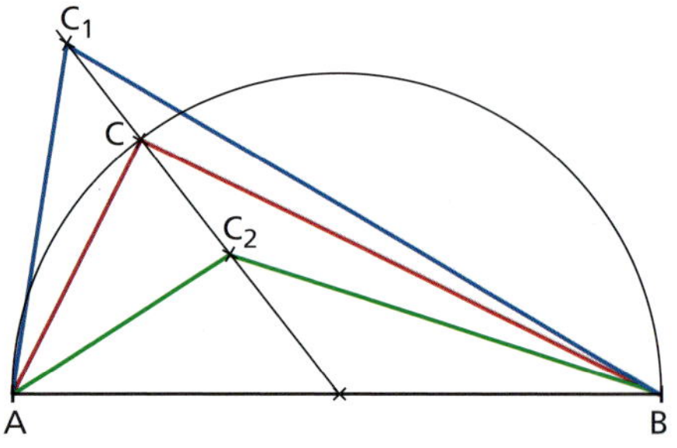

Dass die Umkehrung des Satzes des Pythagoras eine wahre Aussage ist, kann man sich durch folgende Überlegungen klarmachen.
Liegt der Punkt C *außerhalb* des Thaleskreises (C_1), dann werden die Seiten a und b länger als beim rechtwinkligen Dreieck ABC. Weil die Länge von c sich nicht verändert, muss $a^2 + b^2 > c^2$ gelten.
Liegt C *innerhalb* (C_2,), dann sind die Seiten a und b kürzer und es ist $a^2 + b^2 < c^2$.
Nach Voraussetzung soll aber $a^2 + b^2 = c^2$ gelten, also muss C *auf* dem Thaleskreis liegen, demzufolge muss das Dreieck ABC rechtwinklig sein.

Wir erkennen nun auch, warum die ägyptischen Seilspanner mit den Knotenschnüren rechte Winkel legen konnten: $3^2 + 4^2 = 5^2$ ist eine wahre Aussage. Nach der Umkehrung vom Satz des Pythagoras muss der Seite mit den fünf Abschnitten ein rechter Winkel gegenüberliegen.

Berechnungen mithilfe des Satzes des Pythagoras

Mit dem Satz des Pythagoras lassen sich Stücke in ebenen und räumlichen Figuren berechnen.

Höhe im gleichseitigen Dreieck

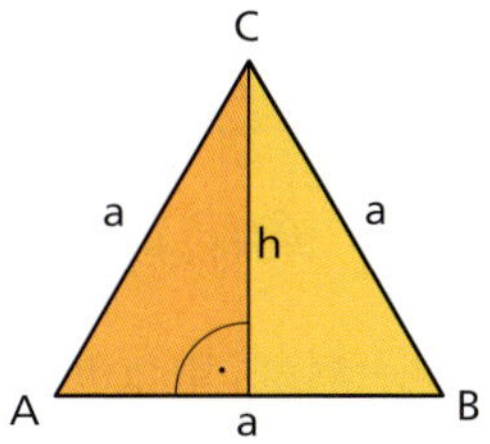

$h^2 = a^2 - \left(\frac{a}{2}\right)^2$

Flächendiagonale im Quadrat

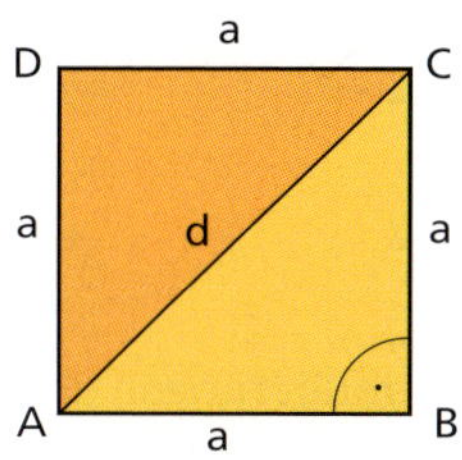

$d^2 = 2a^2$

Raumdiagonale im Quader

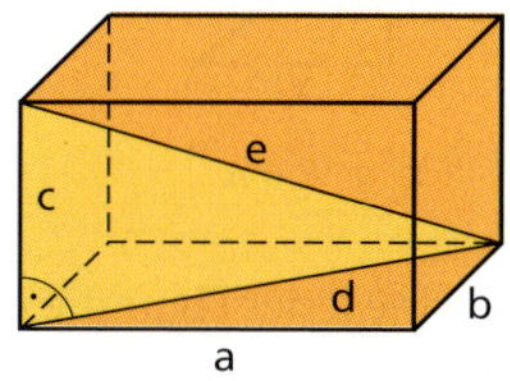

$e^2 = d^2 + c^2; \quad d^2 = a^2 + b^2$
$e^2 = a^2 + b^2 + c^2$

Für den Abstand zweier Punkte P und Q im Koordinatensystem gilt:

$\overline{PQ} = \sqrt{(x_2 - x_1)^2 + (y_2 - y_1)^2}$

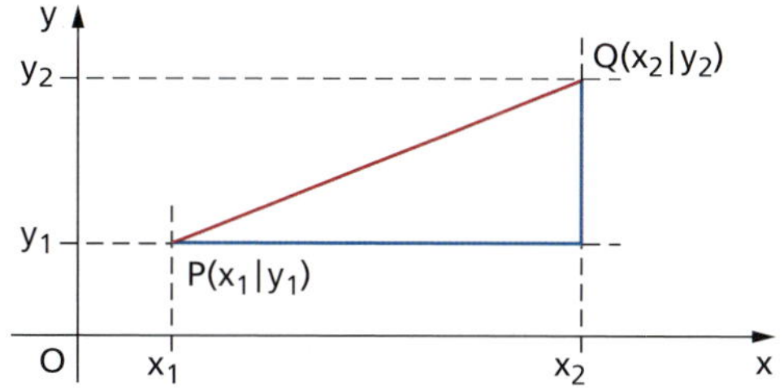

Wie lang ist die Diagonale in einem Quadrat mit a = 4 cm?

Gegeben: a = 4,0 cm; $\beta = 90°$ Gesucht: f Planfigur:

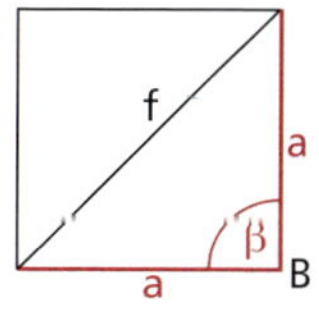

Lösungsweg: $f^2 = 2a^2 \quad |\sqrt{\ }$

$f = \sqrt{32\ cm^2}$

$f \approx 5{,}7$ cm

Antwort: Die Diagonale des Quadrats ist 5,7 cm lang.

Wie lang ist die Raumdiagonale in einem Quader mit a = 12 cm, b = 6 cm und c = 4 cm?

Planfigur:

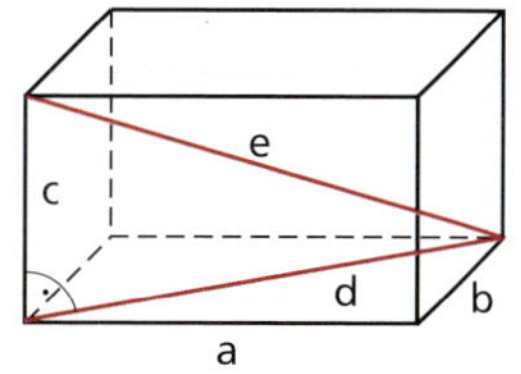

Gegeben: a = 12 cm; b = 6 cm; c = 4 cm

Gesucht: d, e in cm

Lösungsweg: $e^2 = a^2 + b^2 + c^2$ | $d^2 = a^2 + b^2$

$e^2 = 180\ cm^2 + 16\ cm^2$ | $d^2 = 144\ cm^2 + 36\ cm^2$

$e^2 = 196\ cm^2 \quad |\sqrt{\ }$ | $d^2 = 180\ cm^2 \quad |\sqrt{\ }$

$e = 14$ cm | $d \approx 13{,}4$ cm

Antwort: Die Raumdiagonale des Quaders ist 14 cm lang.

Erste Schritte

1. Die Kurzform des Satzes des Pythagoras für ein Dreieck ABC mit $\gamma = 90°$ lautet $a^2 + b^2 = c^2$. Sind die Behauptungen richtig oder falsch? Begründe und berichtige gegebenenfalls.

a)
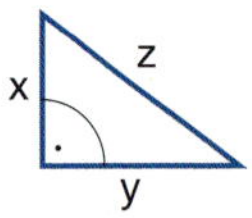

$x^2 + y^2 = z^2$

b)
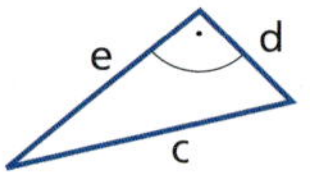

$c^2 + d^2 = e^2$

c)
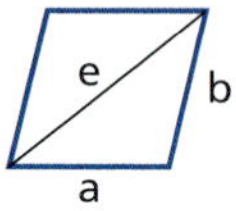

$a^2 + b^2 = e^2$

d)
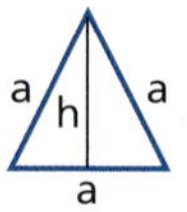

$h^2 + \left(\frac{1}{2}a\right)^2 = a^2$

2. Ordne jeder Figur die möglichen Formulierungen des Satzes des Pythagoras zu. Begründe.

a)
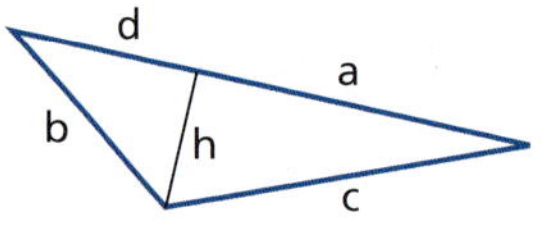

b)
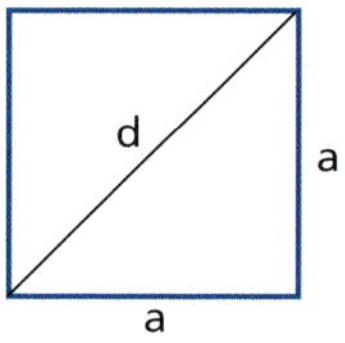

c)
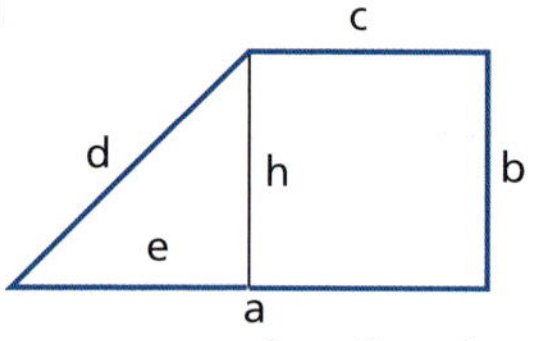

① $a^2 + a^2 = d^2$ ② $h^2 = d^2 + e^2$ ③ $c^2 = a^2 + h^2$ ④ $d^2 = h^2 + e^2$

⑤ $h^2 + d^2 = a^2$ ⑥ $b^2 = d^2 + h^2$ ⑦ $d^2 = h^2 + a^2$ ⑧ $b^2 + e^2 = d^2$

3. Richtig oder falsch?

a)
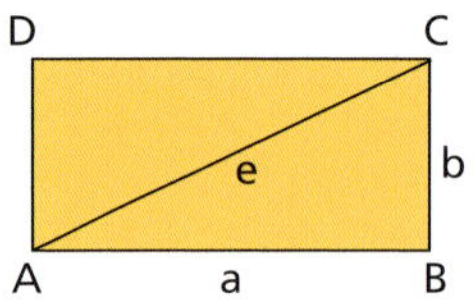

① $a^2 + b^2 = e^2$

② $b^2 + a^2 = b^2$

b)
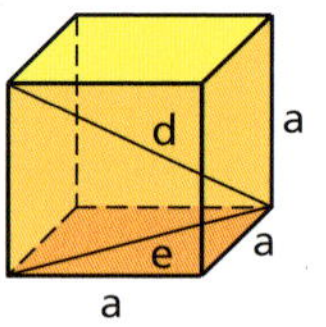

① $a^2 + a^2 = e^2$

② $a^2 + e^2 = d^2$

c)
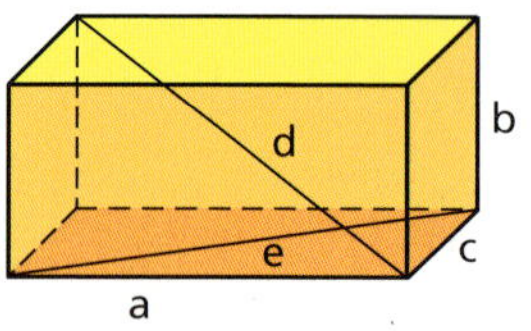

① $a^2 + b^2 = d^2$

② $a^2 + c^2 = e^2$

4. Berechne jeweils x mit einer Stelle nach dem Komma. (Figuren nicht maßstäblich)

a)
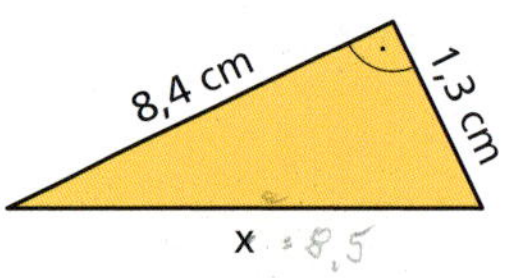

b)
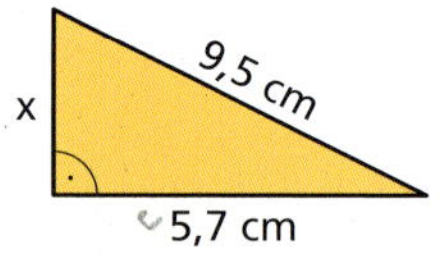

c)
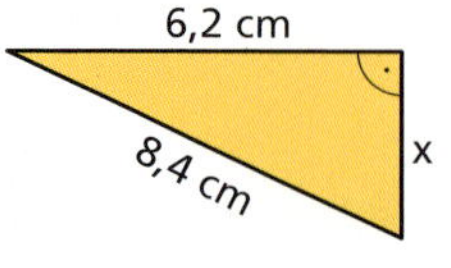

d)
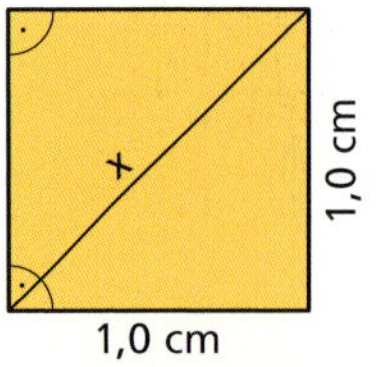

e)
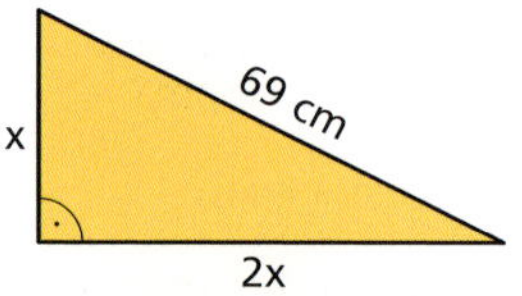

f)
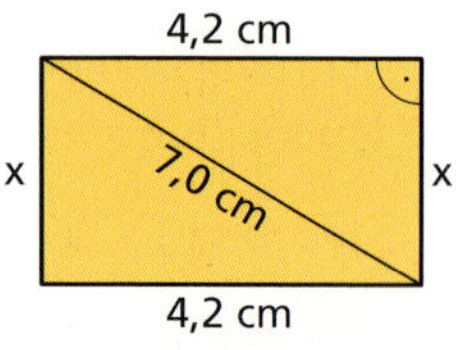

g)
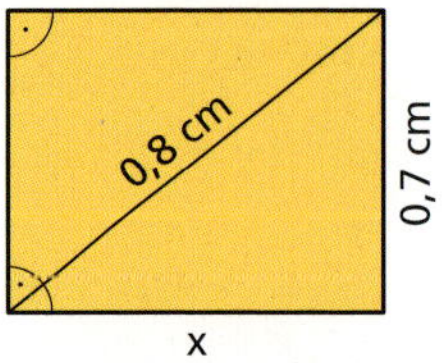

h)
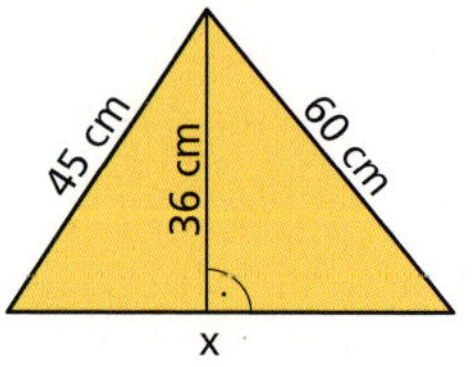

i)
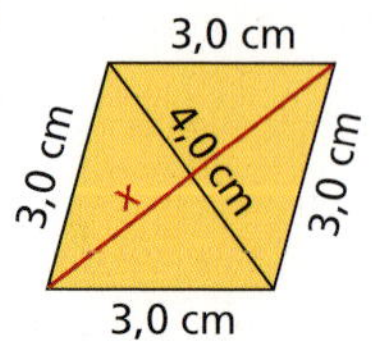

5. In einem rechtwinkligen Dreieck ABC ist $\overline{AB}$ die Hypotenuse.
Berechne die fehlenden Seitenlängen auf eine Stelle nach dem Komma.

a) $\overline{AC} = 12$ cm; $\overline{BC} = 16$ cm b) $\overline{AB} = 61$ cm; $\overline{AC} = 11$ cm c) $\overline{AC} = 34$ cm; $\overline{BC} = 34$ cm d) $\overline{AB} = 1{,}8$ m; $\overline{AC} = 0{,}9$ m

e) $\overline{AC} = \frac{2}{5}$ m; $\overline{BC} = \frac{3}{10}$ m f) $\overline{AB} = 3{,}0$ m; $\overline{BC} = 250$ cm g) $\overline{AB} = 6{,}0$ cm; $\overline{BC} = 5{,}0$ cm h) $\overline{AB} = 5a$ cm; $\overline{AC} = a$ cm

6. Berechne den Umfang und den Flächeninhalt eines Rechtecks mit der Seitenlänge a = 8,4 cm und der Diagonalenlänge d = 9,1 cm.

7. Welchen Umfang und welchen Flächeninhalt hat ein Rhombus, dessen Diagonalen 5,7 cm und 7,6 cm lang sind?

8. Von verschiedenen Dreiecken sind jeweils immer alle drei Seitenlängen bekannt.

a	21 cm	17 cm	43 cm	7,5 cm	8,5 dm	37 cm	3a cm
b	28 cm	34 cm	39 cm	40 mm	49 cm	0,41 m	5a cm
c	35 cm	16 cm	17 cm	6,8 cm	$\sqrt{4824}$ cm	$\sqrt{3060}$ cm	4a cm

a) Prüfe, welche der Dreiecke rechtwinklig sind und welche nicht.
b) Gib im Falle der Rechtwinkligkeit an, welche der Seiten die Hypotenuse ist.

9. In einem Rechteck ABCD mit den Seitenlängen a = 10,5 cm und b = 4,9 cm wurden auf der Seite $\overline{CD}$ die Punkte U und V so eingezeichnet, dass gilt $\overline{DU} = \overline{UV} = \overline{VC}$.
Untersuche, ob ∢ AUB ein rechter Winkel ist.

10. Welche dieser scheinbaren Pythagorasfiguren ist echt?

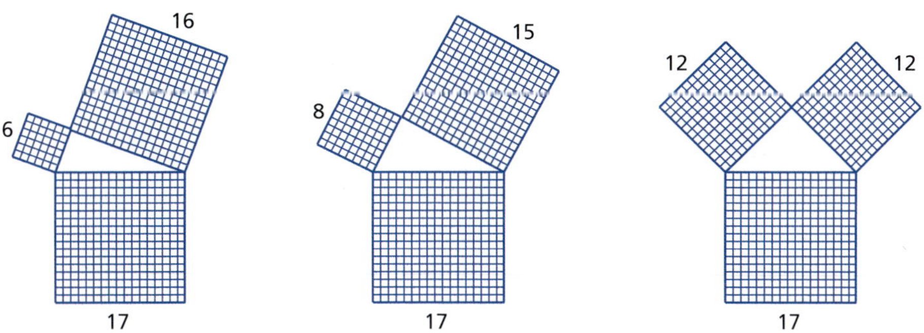

11. In einem Viereck ABCD mit den Seitenlängen $\overline{AB} = 2{,}0$ cm und $\overline{BC} = 4{,}8$ cm hat eine Diagonale eine Länge von 5,2 cm. Kann das Viereck ABCD ein Rechteck sein?

12. Berechne den Flächeninhalt des durch seine Seitenlängen gegebenen Dreiecks ABC.
a) a = b = 4,4 cm; c = 7,0 cm b) a = b = c = 10 cm c) a = 18 cm; b = 24 cm; c = 30 cm

13. Von einem rechtwinkligen Dreieck BCD sind zwei Seitenlängen bekannt.
Gib jeweils mehrere Möglichkeiten für die Länge der dritten Seite mit einer Dezimalstelle an.
a) b = 36 cm; c = 15 cm b) b = 29 cm; d = 45 cm c) c = d = 8,2 cm

Weiterführende Aufgaben

1. Quer durch eine Grünanlage haben „Rasenlatscher“ eine Abkürzung getreten. Wie viel Meter „sparen“ sie gegenüber dem Randweg ein? Wie viel Sekunden „gewinnen sie“ bei einem durchschnittlichen Tempo von $4{,}5\,\frac{\text{km}}{\text{h}}$?

2. Eine 3,50 m lange Leiter wird an eine Hauswand gelehnt. Die Leiter steht am Boden 1,20 m von der Wand entfernt.
Wie hoch reicht die Leiter?

3. Wie lang ist die Strecke $\overline{AB}$ in der Abbildung?
Der Gitterabstand soll 1 cm betragen.
Zeichne die Figur in wahrer Größe in dein Heft.
Berechne und miss.

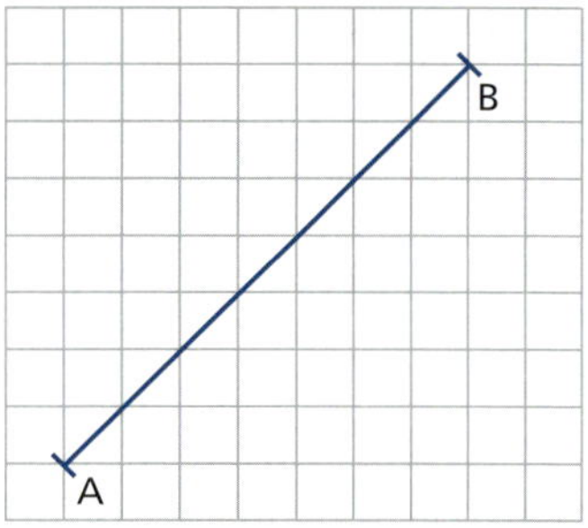

4. Ein Schirm ist 85 cm lang. Passt er in einen Koffer, der 80 cm breit, 45 cm hoch und 20 cm tief ist?
Wie lang darf ein Gegenstand höchstens sein, dass er noch hineinpasst?

5. Aus einem kreisförmigen Rundholz soll ein Balken mit quadratischem Querschnitt so herausgeschnitten werden, dass eine möglichst große Quadratfläche entsteht.
Ermittle die Größe der Quadratfläche für ein Rundholz mit 0,75 m Durchmesser.

6. Die nebenstehende Darstellung zeigt den Grundriss eines Zimmers.
a) Prüfe mithilfe der Seitenlängen und der Diagonalenlänge, ob das Zimmer rechtwinklig ist.
b) Begründe dein Vorgehen.

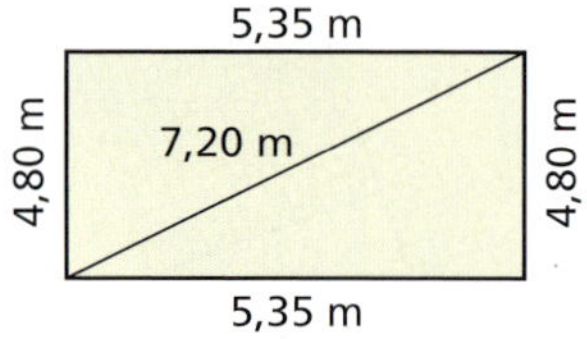

7. Ein Quader hat die Kantenlängen 6 cm, 3 cm und 2 cm.
a) Stelle einen solchen Quader im Schrägbild dar. Trage in dieses Bild drei (verschiedene) Flächendiagonalen und eine Raumdiagonale ein. Skizziere dann das Netz dieses Quaders.
b) Berechne die Längen aller Flächendiagonalen und die der Raumdiagonale.

8. Von einer Umspannstation verlaufen zwei Freileitungen geradlinig in einem Winkel von 90° zueinander zu den Versorgungspunkten A und B.
Der Versorgungspunkt A ist 820 m und der Versorgungspunkt B ist 760 m von der Umspannstation entfernt.
a) Fertige eine Zeichnung in geeignetem Maßstab an und miss die direkte Entfernung (Luftlinie) zwischen A und B.
b) A und B sollen durch eine (geradlinig verlaufende) Leitung verbunden werden.
Berechne ihre Länge.

9. Wie lang ist die Raumdiagonale eines Würfels mit der Kantenlänge a = 10 cm?

10. Die Talstation einer Seilbahn befindet sich in 1200 m Höhe, die Zwischenstation in 1600 m Höhe und die Bergstation in 2400 m Höhe. Die Entfernung auf der Karte (Maßstab 1 : 100 000) zwischen der Talstation und der Zwischenstation beträgt 2 cm und die Entfernung zwischen Talstation und Bergstation beträgt 4,5 cm.
Berechne die Länge der jeweiligen Teilstrecken sowie die Gesamtstrecke der Seilbahn, wenn man davon ausgeht, dass das Seil geradlinig gespannt ist. Fertige nach deiner Rechnung eine maßstäbliche Zeichnung an.

11. Gegeben sind die Punkte A(1|4), B(5|2), C(1|-2) und D(-6|-1). Trage die Punkte in ein Koordinatensystem ein und berechne den Abstand zwischen den Punkten.
a) A und B b) B und C c) A und C d) C und D

12. Die Werte a = 3 cm, b = 4 cm und c = 5 cm erfüllen die Gleichung $a^2 + b^2 = c^2$. Derartige natürliche Zahlen nennt man deshalb auch **pythagoreische Zahlentripel.** Allgemein gilt:
a; b; c ist ein pythagoreisches Zahlentripel, wenn gilt $a^2 + b^2 = c^2$ und a, b und $c \in \mathbb{N}$.
a) Überprüfe, ob 6; 8; 10 und 120; 182; 218 sowie 24; 30; 36 pythagoreische Zahlentripel sind.
b) Überprüfe, ob für jede natürliche Zahl n > 1 das Tripel $2n - 2$; $n^2 - 2n$; $n^2 - 2n + 2$ pythagoreische Zahlentripel liefert.
c) Manni behauptet, dass er derartige Zahlentripel findet, wenn er jede Zahl des Tripels 3; 4; 5 mit derselben natürlichen Zahl multipliziert. Hat er recht? Probiere es aus.

13. Für den Satz des Pythagoras gibt es sehr viele Beweise. In den folgenden Aufgaben sollst du einige nachvollziehen und präsentieren.
a) Der amerikanische Präsident und Hobbymathematiker JAMES GARFIELD (1881 zum 20. Präsidenten der USA gewählt, kurz nach seinem Amtsantritt erschossen) führte den Beweis des Satzes von Pythagoras mit nebenstehender Abbildung. Kannst du den Gedankengang nachvollziehen?
(Hinweis: Vervollständige zuerst die Abbildung durch farbige Kennzeichnung gleich großer Winkel und gleich langer Seiten.)

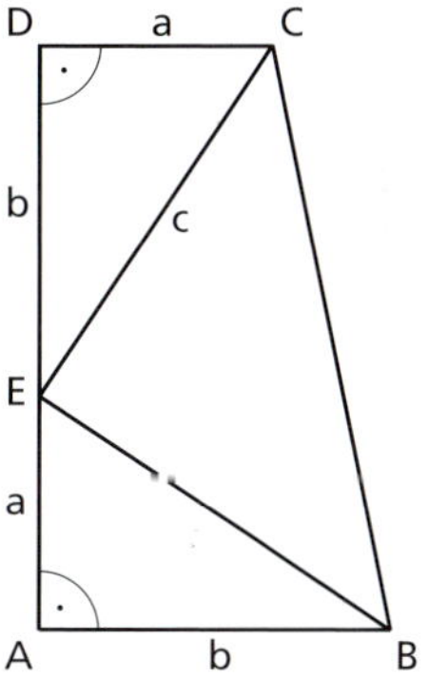

b) Mit dieser nebenstehenden Abbildung kannst du den Satz des Pythagoras beweisen. Übertrage die Zeichnung vergrößert auf Zeichenkarton. Zerschneide geeignet und füge wieder zusammen.
(Hinweis: Zerschneide am besten die beiden Kathetenquadrate wie in der Zeichnung und lege sie zum Hypotenusenquadrat zusammen.)
Zum „Beweis" musst du dann zeigen, dass alles wirklich zusammenpasst.

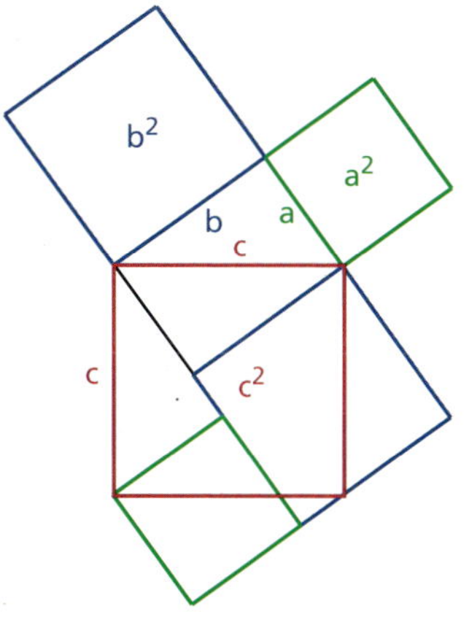

Weitere Beziehungen im rechtwinkligen Dreieck

Kathetensatz und Höhensatz

Ein rechtwinkliges Dreieck wird bereits durch die folgenden zwei Stücke eindeutig festgelegt:

- eine Seite und den zugehörigen Hypotenusenabschnitt,
- die Höhe h_c und einen Hypotenusenabschnitt,
- die beiden Hypotenusenabschnitte p und q.

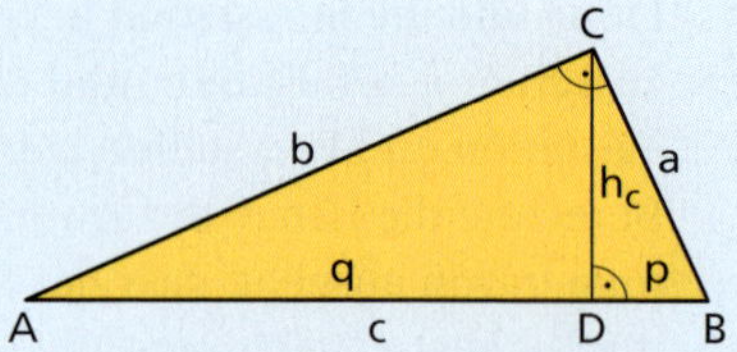

In diesen Fällen können weitere Stücke mit dem Katheten- oder dem Höhensatz berechnet werden. Gemeinsam mit dem Satz des Pythagoras werden sie in der Satzgruppe des Pythagoras zusammengeführt.

Kathetensatz

Im rechtwinkligen Dreieck ABC mit dem rechten Winkel bei C gilt:

$a^2 = c \cdot p; \quad b^2 = c \cdot q$

Dies bedeutet geometrisch:
Das Quadrat über einer Kathete hat den gleichen Flächeninhalt wie das Rechteck aus der Hypotenuse und dem zur Kathete zugehörenden Hypotenusenabschnitt.

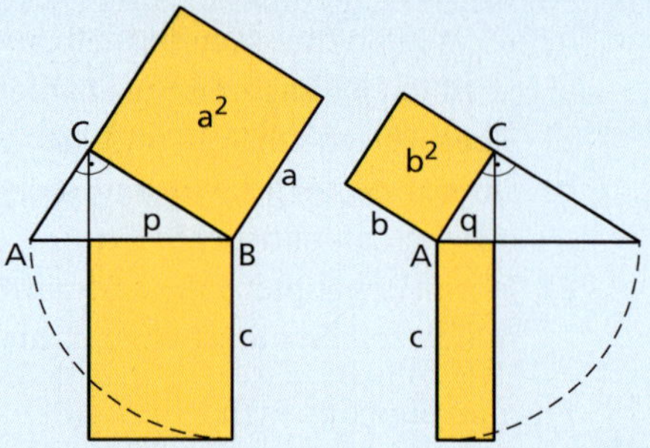

Der Kathetensatz heißt auch Satz des Euklid nach dem griechischen Mathematiker EUKLID VON ALEXANDRIA (365 bis 300 v. Chr.), der ihn erstmalig formulierte und bewies.

Höhensatz

Im rechtwinkligen Dreieck ABC mit dem rechten Winkel bei C gilt:

$h^2 = p \cdot q$

Dies bedeutet geometrisch: Das Quadrat über der Höhe hat den gleichen Flächeninhalt wie das Rechteck aus den beiden Hypotenusenabschnitten.

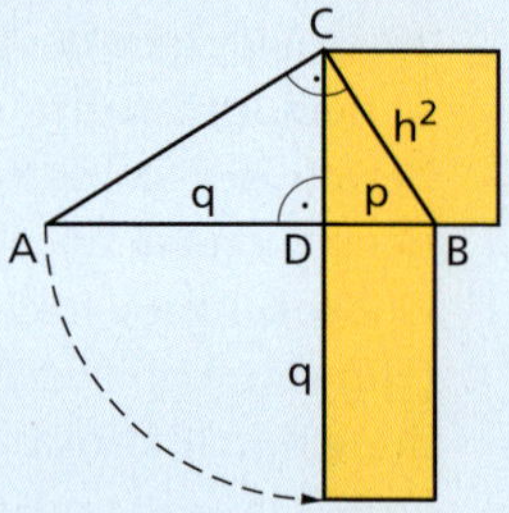

Aufgaben

1. Zeichne jeweils ein rechtwinkliges Dreieck und überprüfe die Aussagen des Katheten- und des Höhensatzes, indem du die entsprechenden Flächen konstruierst und die Flächeninhalte berechnest.

2. Informiere dich, wie man durch Flächenumwandlungen die Gültigkeit der beiden Sätze zeigen kann. Stelle die Verfahren in einem Schülervortrag deinen Mitschülern vor.

3. Von einem rechtwinkligen Dreieck ABC mit der Hypotenuse $\overline{AB}$ sind die Länge der Kathete a und die Länge des Hypotenusenabschnitts p bekannt. Skizziere den Sachverhalt und stelle die Gleichungen zur Berechnung der Größen c, b, q und h auf.

Pythagoras und dynamische Geometrieprogramme

1. a) Programmiert die Scherung eines Dreiecks oder eines Parallelogramms.
b) Überprüft, wie genau das Programm die Flächeninhaltsgleichheit umgesetzt hat.

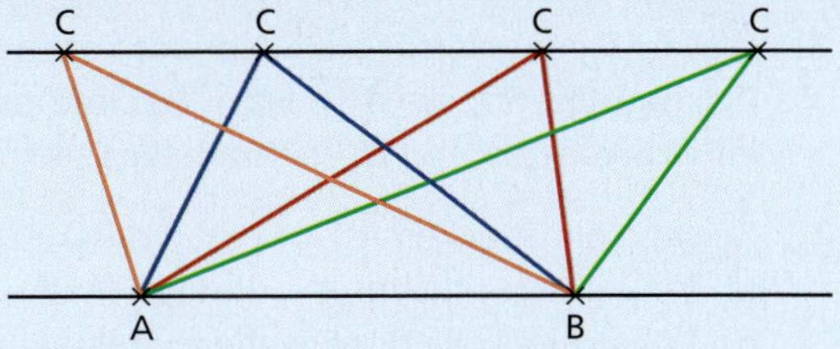

2. Zeichnet eine Pythagorasfigur so, dass nur der Punkt C im Zugmodus verschiebbar ist.
a) Wie muss der Punkt C verschoben werden, dass ABC ein rechtwinkliges Dreieck bleibt?
b) Lasst euch die Größe der Flächeninhalte der Katheten- und des Hypotenusenquadrats anzeigen. Überprüft so den Satz des Pythagoras.

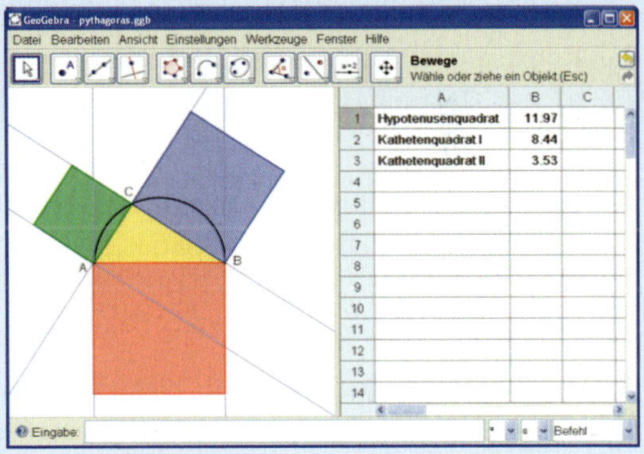

3. Auch die Gültigkeit des Kathetensatzes lässt sich mittels Scherung zeigen.
a) Setzt die Abfolge der Grafiken mittels dynamischer Geometriesoftware um.
b) Überprüft, wie genau das Programm die Flächeninhaltsgleichheit umgesetzt hat.

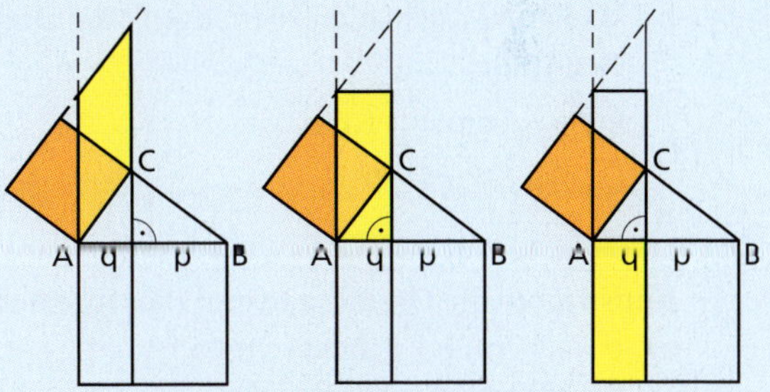

4. Programmiert eine Figur, die den Höhensatz veranschaulicht.
Wird der Punkt C auf dem Thaleskreis verschoben, ändern sich die Höhe h und die Länge der beiden Hypotenusenabschnitte. Lasst euch die entsprechenden Flächeninhalte der beiden Figuren anzeigen.

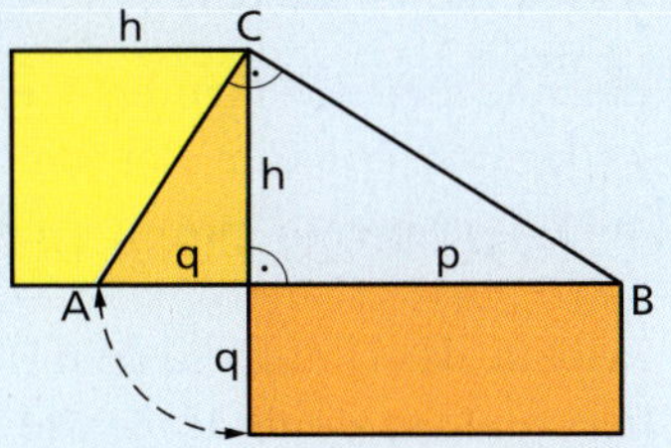

Stellt sowohl die dynamischen Beispiele als auch die Schlussfolgerungen in Form von kleinen Schülervorträgen euren Mitschülern vor.

4.4 Gemischte Aufgaben

1. Welche Figur entsteht bei folgender Konstruktion?
Zeichne eine Strecke $\overline{AB} = 5$ cm. Zeichne auf der Mittelsenkrechten von $\overline{AB}$ genau 3 cm von $\overline{AB}$ entfernt einen Punkt R. Verbinde die Punkte A, B und R miteinander.

2. Zeichne die Strecken $\overline{AB} = 4$ cm und $\overline{BC} = 3$ cm, die den Winkel $\sphericalangle ABC = 120°$ bilden.
a) Konstruiere alle Punkte, die zum Punkt A und zum Punkt B den gleichen Abstand besitzen.
b) Konstruiere alle Punkte, die zum Punkt B und zum Punkt C den gleichen Abstand besitzen.
c) Welche Punkte haben zu den Punkten A, B und C den gleichen Abstand?
d) Verbinde die Punkte A und C miteinander und zeichne den Umkreis des Dreiecks ABC.

3. Konstruiere die folgenden Dreiecke.
a) $a = 3{,}5$ cm; $h_a = 3$ cm; $w_\beta = 4$ cm
b) $c = 5$ cm; $h_a = 4$ cm; $a = 6$ cm
c) $c = 7{,}2$ cm; $h_c = 4{,}7$ cm; $b = 6{,}7$ cm
d) $c = 5$ cm; $h_c = 2$ cm; $\alpha = 30°$

4. Untersuche mithilfe der Kongruenzsätze, ob mit folgenden Stücken Dreiecke eindeutig festgelegt sind. Wenn ja, konstruiere das Dreieck.
a) $c = 5{,}2$ cm; $a = 3{,}1$ cm; $\beta = 18°$
b) $a = 6$ cm; $b = 7{,}2$ cm; $c = 5$ cm
c) $b = 4{,}7$ cm; $\alpha = 38°$; $\beta = 45°$
d) $c = 5{,}9$ cm; $a = 4$ cm; $\alpha = 50°$

5. a) Gib je ein drittes Stück an, sodass das Dreieck nach einem Kongruenzsatz eindeutig festgelegt ist. Verwende verschiedene Kongruenzsätze und gib sie in Kurzform an.
Fertige jeweils eine Skizze an und markiere die gegebenen Stücke farbig.
Finde mehrere Möglichkeiten und lasse die Dreiecke von deinem Nachbarn konstruieren.
b) Wie muss ergänzt werden, damit die Dreiecke nicht eindeutig konstruierbar sind? Begründe.

① $a = 5$ cm; $c = 6$ cm
② $\beta = 40°$; $b = 4$ cm
③ $\beta = 65°$; $\gamma = 70°$
④ $c = 5{,}2$ cm; $\gamma = 90°$

6. Untersuche, ob die Dreiecke eindeutig konstruierbar sind. Begründe deine Entscheidung.
Konstruiere die Dreiecke, wenn dies möglich ist.
a) $c = 4{,}7$ cm; $b = 5{,}3$ cm; $\alpha = 45°$
b) $c = 8{,}1$ cm; $a = 4{,}2$ cm; $b = 9{,}1$ cm
c) $a = 5{,}2$ cm; $\alpha = 77°$; $\beta = 31°$
d) $b = 9$ cm; $\alpha = 20°$; $\beta = 110°$
e) $a = 4{,}3$ cm; $b = 0{,}7$ cm; $c = 3{,}6$ cm
f) $\gamma = 45°$; $\beta = 81°$; $\alpha = 44°$
g) $b = 9{,}8$ cm; $c = 4{,}2$ cm; $\gamma = 61°$
h) $b = 4{,}85$ cm; $\alpha = 23°$; $a = 6{,}9$ cm

7. a) Zeichne folgende Figuren in ein Koordinatensystem in dein Heft.
b) Zerlege sie jeweils in vier zueinander kongruente Dreiecke.

① A(1|1), B(6|1), C(9|5), D(4|5)
② A(1|1), B(1|−4), C(4|−1,5), D(4|3,5)

8. a) Zeichne das Dreieck in dein Heft.
Verwende so wenig Maße wie möglich.
b) Gib weitere Möglichkeiten an, drei Maße auszuwählen, um mit diesen das Dreieck eindeutig festzulegen.
c) Begründe deine Auswahl.

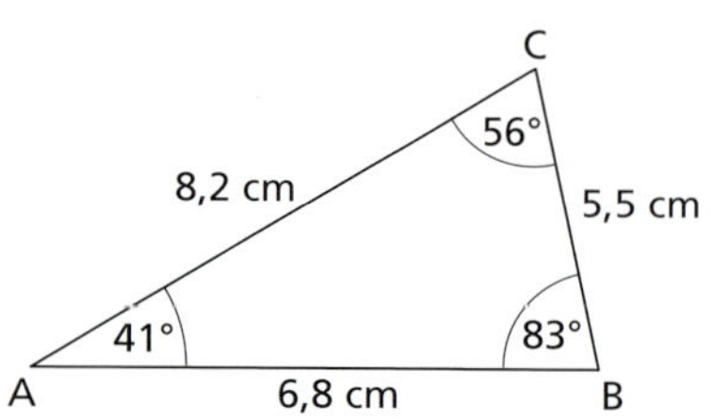

9. Von einem Dreieck sind die Stücke a, b und α bekannt.
Wann kann man das Dreieck eindeutig konstruieren und unter welchen Bedingungen ist dies nicht möglich?
Fertige zu jeder Möglichkeit eine Planfigur an. Präsentiere deine Ergebnisse.

10. Konstruiere ein Dreieck mit folgenden Maßen und fertige auch die Konstruktionsbeschreibung für deinen Nachbarn an:
$\alpha = 62°$; $a = 5{,}2$ cm; $b = 3{,}2$ cm

11. Konstruiere ein gleichseitiges Dreieck mit $a = 6$ cm.

12. Konstruiere ein gleichschenkliges Dreieck aus $\alpha = \beta = 47°$ und $b = 2{,}9$ cm.

13. Ermittle die Summe der Winkel α und β in nebenstehender Figur, ohne den Satz des Thales zu verwenden.

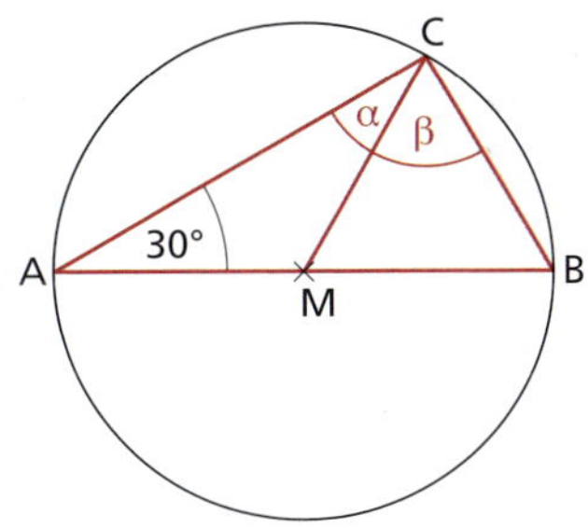

14. Berechne die fehlenden Größen.
Verwende die Zeichnung zur Aufgabe 13.
Gegeben: $\alpha = 2\beta$; gesucht: α, β, γ
Wie groß wäre dann der Winkel bei A?

15. Konstruiere rechtwinklige Dreiecke ABC mithilfe des Thalessatzes.
a) $\overline{AB} = 8{,}0$ cm; $\overline{BC} = 6{,}5$ cm
b) $c = 8$ cm; $h_c = 3$ cm

16. In einem Dreieck ist eine Seite genauso lang wie der Durchmesser des Umkreises.
Wie groß ist der Winkel, der dieser Seite gegenüberliegt? Begründe.

17. a) Zeichne eine Pythagorasfigur in dein Heft. Gestalte sie auch farbig.
b) Der Schöpfer dieser Figur hat die „Pythagorasfigur“ verwendet, um ein sogenanntes Fraktal zu schaffen. Dazu fügt er an die Kathetenquadrate jeder Pythagorasfigur wieder eine solche Figur an. Diesen Vorgang kann man prinzipiell unendlich lange fortsetzen.
Wie stark mag wohl die Fläche dieser Figur bei jedem Schritt zunehmen? Wird der Zuwachs größer oder kleiner?

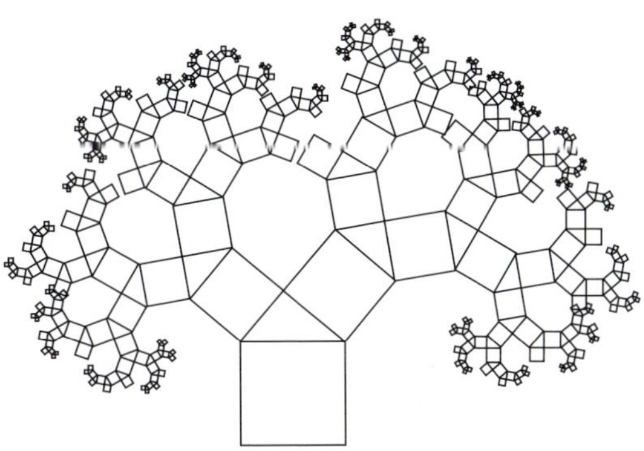

18. Suche in den folgenden Figuren rechtwinklige Dreiecke.
Gib an, welche Stücke als Hypotenuse bezeichnet werden können.

a)
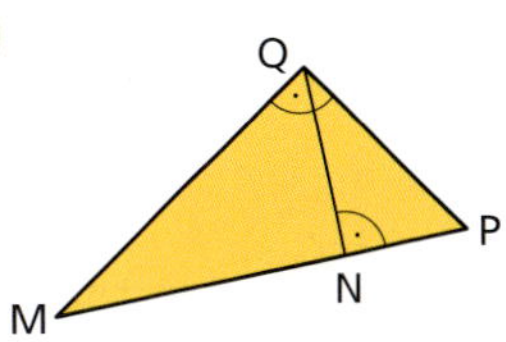

b)
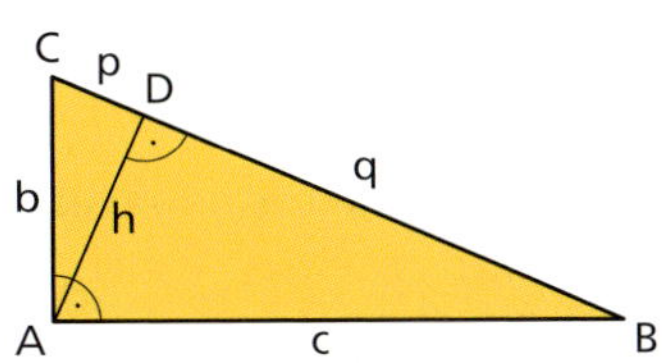

c)
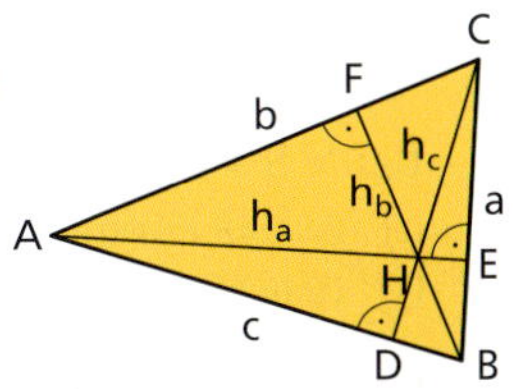

19. Gib eine Gleichung an, um jeweils die gesuchte Länge (rot eingezeichnet) zu ermitteln.

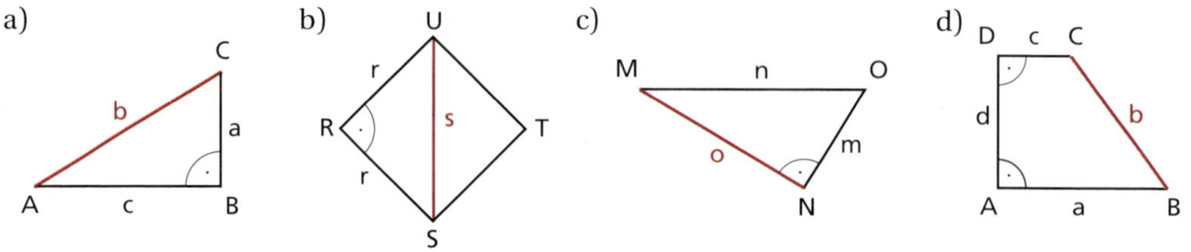

20. Der Hersteller eines Getränks möchte der Verpackung ein Trinkröhrchen ankleben.
a) Wie groß muss es mindestens sein? Diskutiert eure Ergebnisse.
b) Genügt ein einfaches Röhrchen oder muss es geknickt sein?
c) Prüft eure Vorschläge anhand von Trinkpäckchen.

21. Bastelt unter Verwendung einer Tabelle zu den pythagoreischen Zahlentripel verschiedene Knotenschnüre (Angabe in cm) und überprüft, ob ihr rechtwinklige Dreiecke legen könnt.

22. Herr Herz möchte mit einer 4 m langen Leiter seine Katze im Baum in einer Höhe von 3,50 m erreichen. Kann ihm dies gelingen, wenn die Leiter am Boden 1 m vom Baum entfernt steht?

23. Eine Feuerwehr mit Drehleiter steht 6 m vor einem Haus. Wie lang muss die Leiter sein, damit sie ein Fenster in 13 m Höhe erreicht? Der Leiteransatz befindet sich in 1,5 m Höhe.

24. Ein Antennenmast soll in 120 m Höhe durch vier Seile gespannt werden.
Die Verankerung der Seile soll einen Abstand von 47 m vom Fußpunkt des Mastes haben.
Wie viel Meter Seil werden insgesamt benötigt, wenn bei jedem Seil 50 cm für die Befestigung hinzuzurechnen sind?

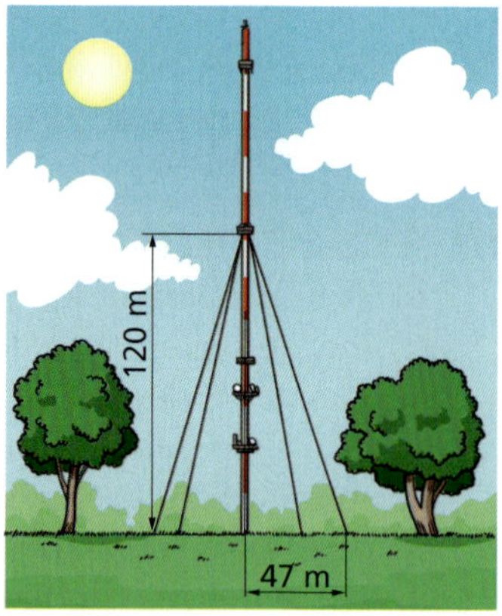

25. Ein Zimmer ist 8,40 m lang, 6,20 m breit und 3,10 m hoch.
a) Berechne die Längen der Flächendiagonalen auf den Wänden.
b) Welches ist die längste messbare Strecke im Zimmer?
c) Ermittle die Maße eines Raumes in der Schule und berechne die Raumdiagonale. Schätze, bevor du rechnest.

26. Die Diagonalen der Seitenflächen eines Quaders haben eine Länge von 5 cm, 8 cm und 9 cm.
a) Welches Volumen hat dieser Quader?
b) Stelle diesen Quader im Schrägbild dar.

27. In einem Würfel ABCDEFGH mit der Kantenlänge a werden die Punkte D und F verbunden, ebenso die Mittelpunkte M, N der Kanten $\overline{HG}$ und $\overline{AB}$.
Beide Strecken schneiden sich in S.
a) Ist das Dreieck DNS spitzwinklig oder stumpfwinklig?
b) Was für ein Viereck ist DNFM?
Zeige, dass es kein Rechteck sein kann.

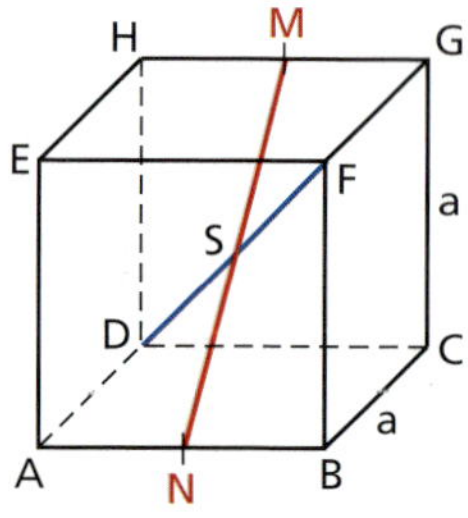

28. In alten chinesischen Schriften, z. B. im Mathematik-Buch „Chiu Chang Suan Shu“ (etwa 250 v. Chr.), findet sich die nebenstehende Zeichnung, mit der bewiesen werden kann, dass die Hypotenuse eines rechtwinkligen Dreiecks mit den Katheten 3 und 4 die Länge 5 hat.

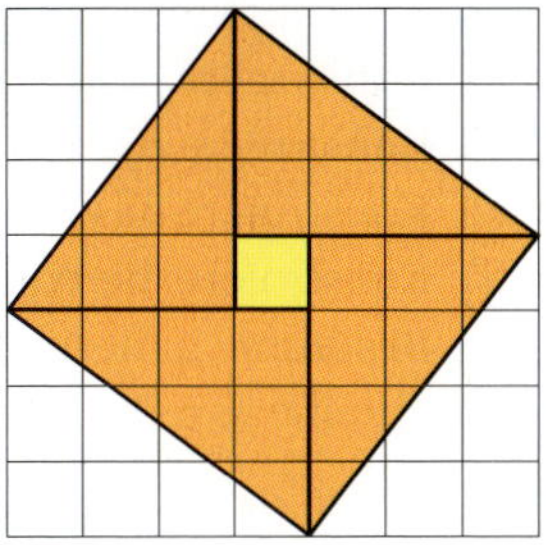

a) Übertrage die Zeichnung auf Kästchenpapier und schneide die vier Dreiecke aus.

b) Lege die Dreiecke so um, dass ein Rechteck entsteht. Welchen Flächeninhalt hat das Rechteck?

c) Wie groß ist der Flächeninhalt des gelben Quadrats?

d) Wie könnte der Beweis erfolgt sein? Beschreibe.

29. Die alten Griechen stellten Zahlen auch figürlich dar. Für Quadratzahlen verwendeten sie ineinandergeschachtelte Quadrate mit einer entsprechenden Anzahl von Feldern. Von einem zum nächsthöheren Quadrat gelangten sie durch Ansetzen einer L-förmigen Fläche, die sie „Gnomon“ nannten. Ist die Anzahl der Felder eines Gnomons eine ungerade Quadratzahl, so erhält man aus dem kleinen Quadrat, dem Gnomon und dem größeren Quadrat ein pythagoreisches Zahlentripel. Im abgebildeten Beispiel entsteht das Tripel (4 | 3 | 5), denn $4^2 + 3^2 = 5^2$.

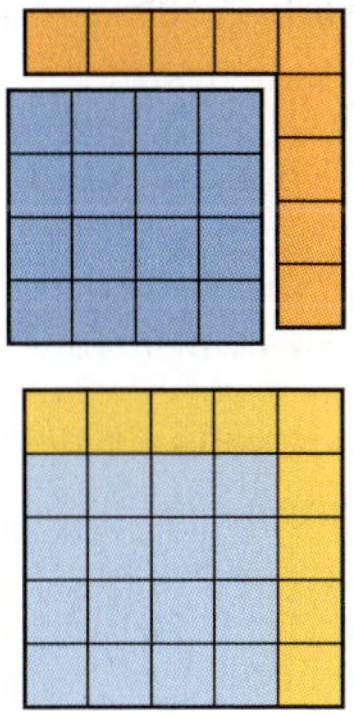

a) Gib den dann folgenden Gnomon, der eine Quadratzahl ist, an.

b) Finde auf diese Weise mindestens drei weitere pythagoreische Zahlentripel.

30. In einem chinesischen Rechenbuch findet sich folgende Aufgabe:
Ein quadratischer Teich ist 10 Fuß lang. In seinem Mittelpunkt steht ein Schilfrohr, das 1 Fuß aus dem Wasser herausragt. Zieht man das Schilfrohr ans Ufer genau zur Mitte einer Seite, reicht es gerade bis an den Rand des Teiches.
Wie tief ist der Teich dort, wo das Schilfrohr steht?

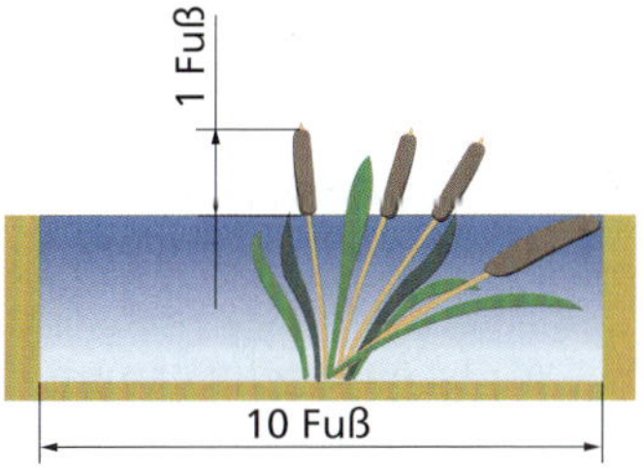

31. Aus einer indischen Aufgabensammlung (ca. 9. Jh.):

a) Zwei Vögel sitzen auf verschieden hohen Stangen. Sie fliegen nun auf ein zwischen den Stangen am Boden liegendes Ziel zu. Wo muss dieser Zielpunkt liegen, wenn die Wege der beiden Vögel gleich lang sein soll?

b) Ist die Aufgabe immer lösbar? Wovon wird das abhängig sein? Wähle selbst Maße und überprüfe.
Wo könnte Z liegen?

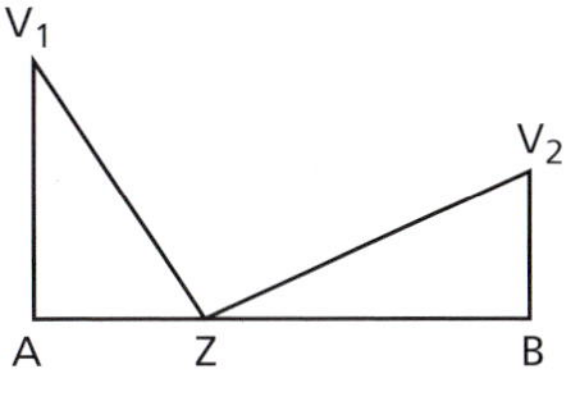

32. Aus einem altbabylonischen Text (ca. 300 v. Chr.):
Ein Balken ist 30 Ellen lang. Von oben ist er um 6 Ellen herabgekommen.
Wie weit hat er sich von unten entfernt?

Teste dich selbst

1. In einem Koordinatensystem sind die Punkte A(1|6), B (5|2) und C (8|8) gegeben. Miss die notwendigen Längen.

a) Konstruiere den Mittelpunkt D der Strecke $\overline{BC}$.

b) Konstruiere die Mittelsenkrechte der Strecke $\overline{AB}$.

c) Konstruiere das Lot vom Punkt C auf $\overline{AB}$.

d) Konstruiere die Winkelhalbierende des Winkels ∢ CBA.

e) Bestimme näherungsweise den Flächeninhalt des Dreiecks ABC.

Beschreibe jeweils dein Vorgehen.

2. Ein Rechteck ABCD wurde wie in der Abbildung in mehrere Teile zerlegt.

a) Benenne alle Teildreiecke.

b) Welche Figuren sind jeweils zueinander kongruent?
Begründe.

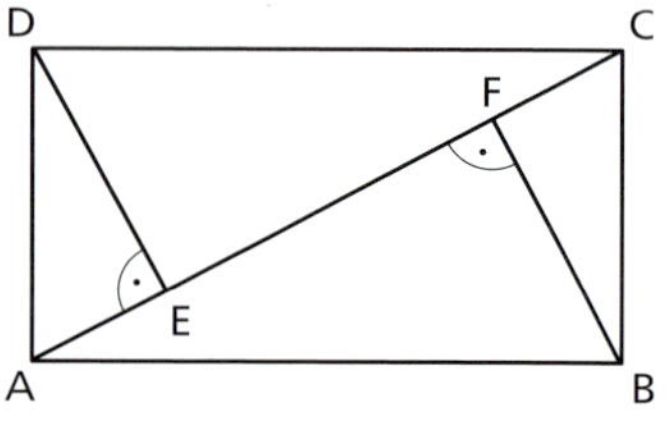

3. a) Konstruiere die folgenden Dreiecke. Welchen Kongruenzsatz hast du benutzt?

① $c = 5{,}2$ cm; $\alpha = 60°$; $\beta = 45°$ ② $a = 3{,}8$ cm; $b = 4{,}6$ cm; $c = 6{,}5$ cm

b) Bestimme jeweils die Dreiecksart und die Größe der fehlenden Winkel.

4. Gib jeweils ein drittes Stück an, sodass das Dreieck nach einem Kongruenzsatz eindeutig konstruierbar ist. Wann ist dies nicht möglich? Begründe.

① $c = 5$ cm; $b = 2$ cm ② $\gamma = 67°$; $b = 4{,}3$ cm ③ $\alpha = 52°$; $\gamma = 85°$

5. Zwei Peilsender peilen einen Sender an. Dazu bestimmen sie die Entfernung zueinander und die Winkel zum Sender.
Ist damit der Standort des Senders eindeutig bestimmt? Skizziere und begründe.

6. Welche der folgenden Aussagen ist wahr, welche falsch? Begründe.

a) Hat ein Dreieck zwei gleich lange Seiten, hat es auch zwei gleich große Winkel.

b) Im gleichseitigen Dreieck ist jeder Innenwinkel 60° groß.

c) Wenn in einem Dreieck zwei Innenwinkel zusammen 90° groß sind, so ist das Dreieck rechtwinklig.

d) Ist ein Dreieck stumpfwinklig, kann es nicht zwei gleich große Innenwinkel haben.

e) In einem Dreieck liegt der längsten Seite immer ein stumpfer Winkel gegenüber.

7. Konstruiere einen Kreis mit dem Durchmesser $d = 7$ cm.

a) Zeichne in den Kreis ein rechtwinkliges Dreieck ABC mit $c = 7$ cm; $\beta = 40°$ und $\gamma = 90°$.

b) Bestimme die Länge der Seiten a und b des Dreiecks.

c) Beschreibe, wie du vorgegangen bist.

8. Wahr oder falsch? Begründe.

a) Die Hypotenuse liegt dem rechten Winkel gegenüber.

b) Die Kathete ist immer doppelt so lang wie die Hypotenuse.

c) Addiert man die Längen der Hypotenusenabschnitte, so erhält man die Länge der Hypotenuse.

d) Die Katheten sind die am rechten Winkel anliegenden Seiten.

e) Die Hypotenuse ist die längste Seite.

9. Berechne die fehlenden Längenangaben für die rechtwinkligen Dreiecke ABC.
Skizziere zuerst das Dreieck und bezeichne die gegebenen Stücke.

	①	②	③	④
	$\gamma = 90°$	$\gamma = 90°$	$\alpha = 90°$	$\beta = 90°$
a	5 cm		3 dm	9 cm
b	2 cm	8 cm	20 cm	
c		11 cm		13 cm

10. Berechne die Längen der farbig markierten Strecken.

a)
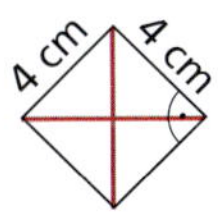

b)
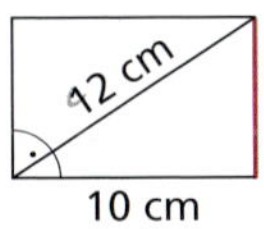

c)
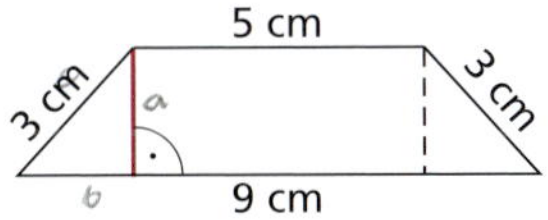

11. a) Leite eine Formel zur Berechnung der Länge der Raumdiagonalen e eines Würfels mit der Kantenlänge a her.
b) Berechne für einen Würfel mit der Kantenlänge w = 7 cm die Länge der Raumdiagonalen.
c) In einem Würfel hat die Raumdiagonale eine Länge von d = 12 cm.
Berechne den Oberflächeninhalt und das Volumen des Würfels.

12. a) Zeige, dass in jedem Quader mit den Seitenlängen a, $\frac{a}{2}$ und $\frac{a}{3}$ ($a \in \mathbb{R}$; $a > 0$) die Raumdiagonale die Länge $\frac{7}{6}a$ hat.
b) Berechne das Volumen und den Oberflächeninhalt dieser Quader in Abhängigkeit von a.
c) Zeichne das Schrägbild eines solchen Quaders für a = 12 cm.

13. An den Ecken eines Quaders mit einer Breite von 6 cm, einer Tiefe von 5 cm und einer Höhe von 4 cm sitzen eine Spinne (am Punkt A) und eine Fliege (am Punkt B).
Berechne den kürzesten Weg der Spinne zur Fliege.
Stelle dir den Quader in verschiedener Weise als Netz aufgeklappt vor.

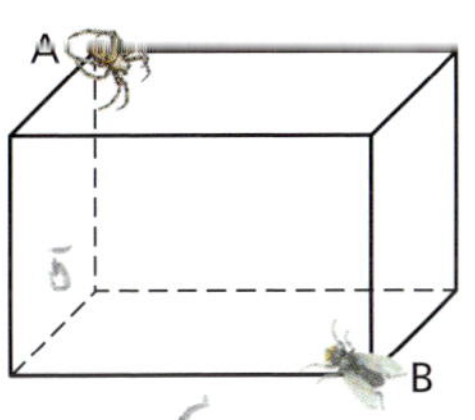

14. Untersuche, ob die Dreiecke mit den Seitenlägen a, b, c rechtwinklig, spitzwinklig oder stumpfwinklig sind.
a) a = 39 mm; b = 52 mm; c = 65 mm
b) a = 17 mm; b = 1,8 cm; c = 24 mm

15. Gegeben ist ein Kreis um M mit dem Radius r = 8,5 cm. Eine beliebige Sehne $\overline{AB}$ habe eine Länge von 12,5 cm. Berechne den Abstand der Sehne von M.

16. In einer 30 m breiten Straße werden zwischen den Häusern in 4,5 m Höhe Seile gespannt, an denen in der Mitte Lampen befestigt werden. Durch das Gewicht der Lampen dehnt sich das Seil um 1 % seiner Länge aus.
Ist die Verkehrssicherheit gewährleistet? Begründe.

Das Wichtigste im Überblick

Dreiecke konstruieren

Zusammenhänge

Innenwinkelsatz: $\alpha + \beta + \gamma = 180°$

Außenwinkelsätze: $\alpha' + \beta' + \gamma' = 360°$
$\alpha' = \beta + \gamma$
$\beta' = \alpha + \gamma$
$\gamma' = \alpha + \beta$

Dreiecksungleichung: $a + b > c$
$b + c > a$
$a + c > b$

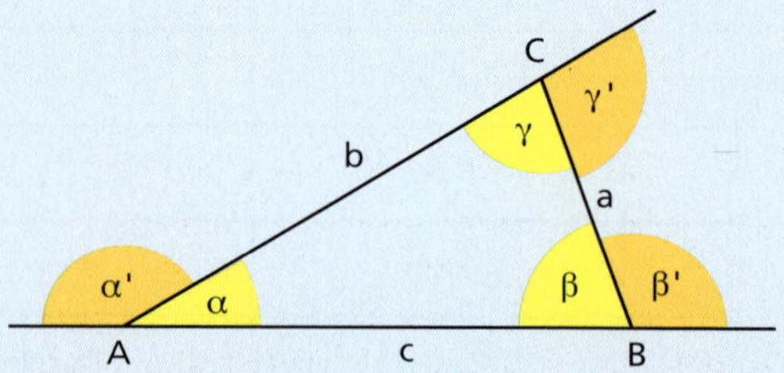

Seiten-Winkel-Beziehung: In jedem Dreieck liegt der kleinsten Seite der kleinste Winkel gegenüber.

Kongruenzsätze für Dreiecke

Dreiecke sind kongruent (deckungsgleich), wenn sie übereinstimmen:
(1) in einer Seite und in den beiden anliegenden Winkeln (wsw);
(2) in den drei Seiten (sss);
(3) in zwei Seiten und in dem von ihnen eingeschlossenen Winkel (sws);
(4) in zwei Seiten und in dem der längeren Seite gegenüberliegenden Winkel (SsW).

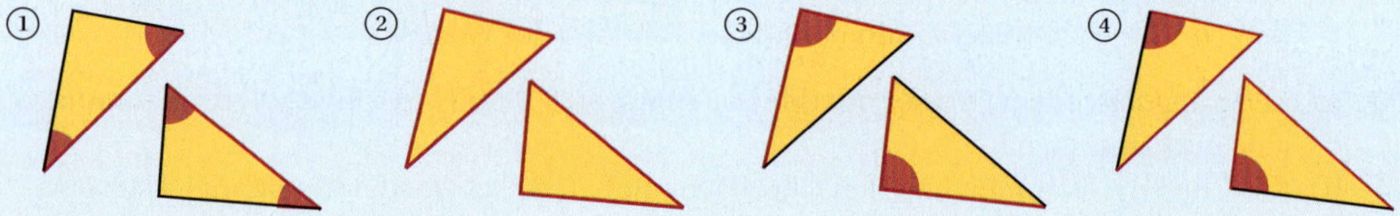

Besondere Linien im Dreieck

Höhen
Alle Höhen schneiden sich in einem gemeinsamen Höhenschnittpunkt.

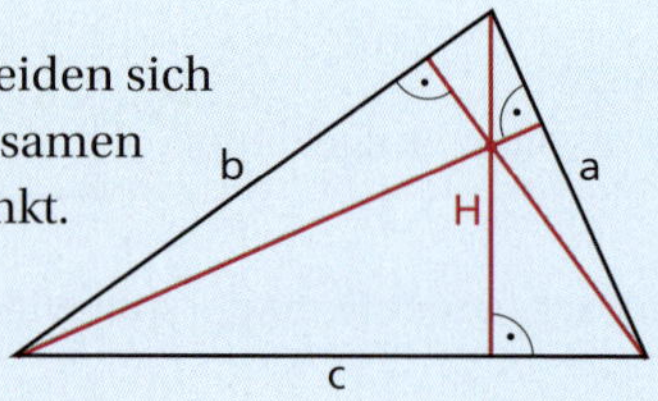

Seitenhalbierende
Alle Seitenhalbierenden schneiden sich im Schwerpunkt S.

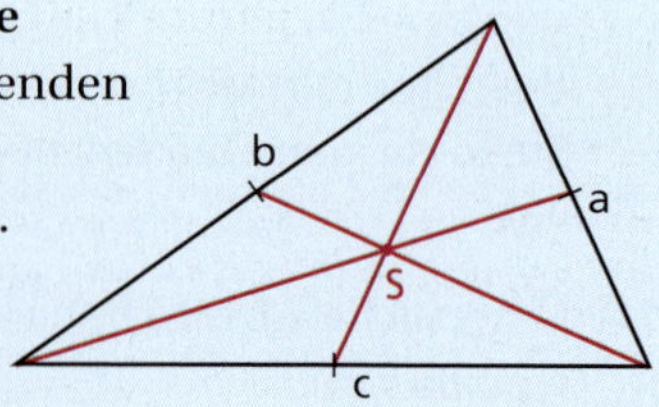

Winkelhalbierende
Alle Winkelhalbierenden schneiden sich im Inkreismittelpunkt W. r ist der Inkreisradius.

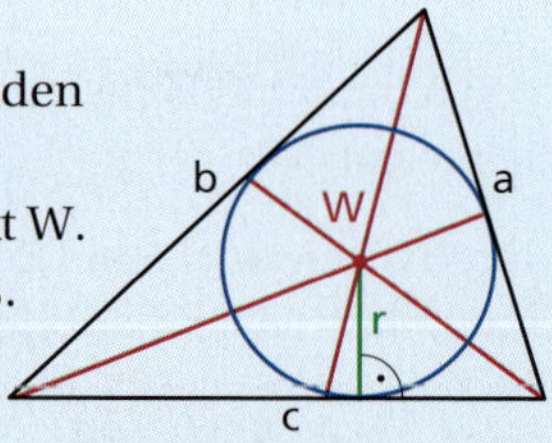

Mittelsenkrechte
Alle Mittelsenkrechten schneiden sich im Umkreismittelpunkt M. r ist der Umkreisradius.

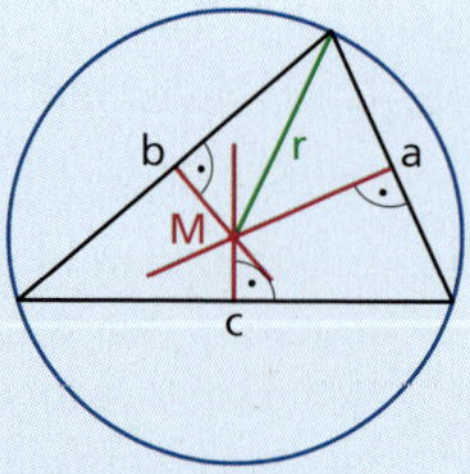

Begriffe am rechtwinkligen Dreieck

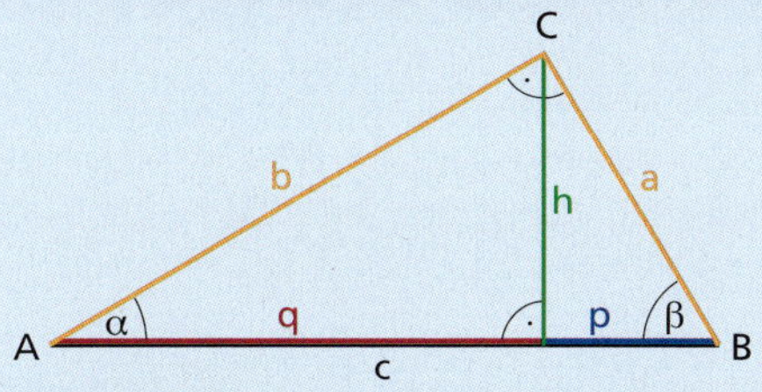

c – Hypotenuse
a; b – Kathete
h – Höhe
p; q – Hypotenusenabschnitt

Dreieckskonstruktion mithilfe des Satzes von Thales

1. Zeichne die Dreiecksseite $\overline{AB}$.
2. Konstruiere den Mittelpunkt der Strecke $\overline{AB}$.
3. Zeichne einen Kreisbogen um M mit $r = \frac{1}{2}\overline{AB}$.
4. Bestimme den Punkt C auf dem Kreisbogen, indem du weitere gegebene Größen wie den Winkel bei A, den Winkel bei B oder die Seitenlängen a bzw. c anträgst.
5. Du erhältst ein rechtwinkliges Dreieck mit dem rechten Winkel bei C.

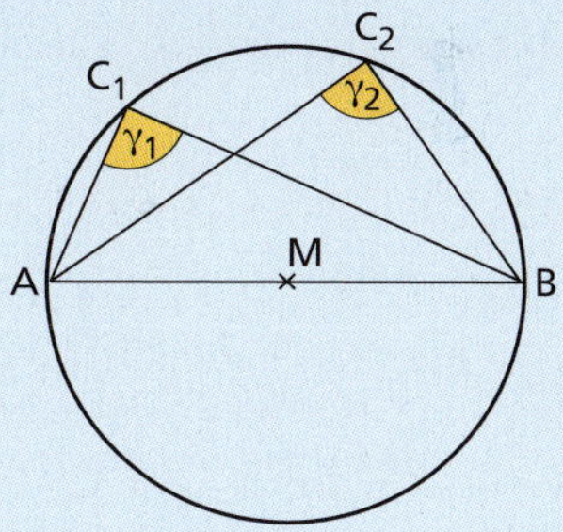

Jeder Winkel über dem Durchmesser ist ein rechter Winkel.

$\gamma_1 = \gamma_2 = 90°$

Berechnen von Seitenlängen im rechtwinkligen Dreieck mit dem Satz von Pythagoras

Sind in einem rechtwinkligen Dreieck zwei Seitenlängen gegeben, so lässt sich die Länge der dritten Seite berechnen.
In jedem rechtwinkligen Dreieck ist der Flächeninhalt des Quadrats über der Hypotenuse gleich der Summe der Flächeninhalte der Quadrate über den Katheten.
Es gilt auch die Umkehrung des Satzes:
Gilt für ein Dreieck ABC mit den Seitenlängen a, b, c die Gleichung $a^2 + b^2 = c^2$, dann ist es rechtwinklig und der rechte Winkel liegt zwischen a und b.

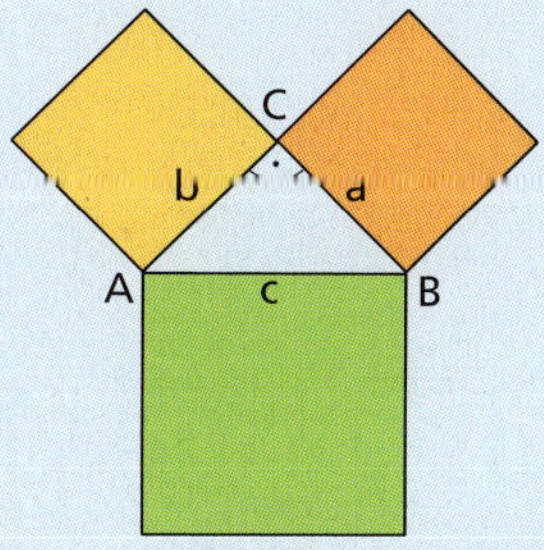

$a^2 + b^2 = c^2$

Zu den häufigen Anwendungen gehören folgende Berechnungen:

$c^2 + n^2 = a^2$

$n^2 = a^2 + c^2$

Diagonale eines Rechtecks

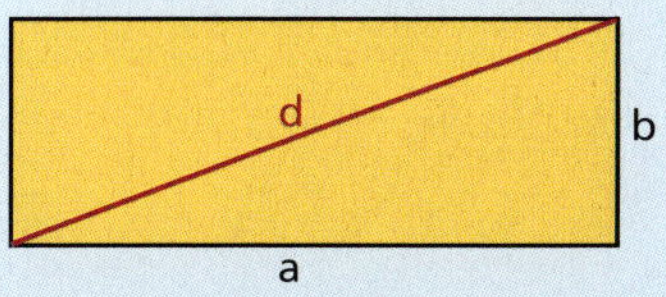

$d = \sqrt{a^2 + b^2}$

Raumdiagonale eines Quaders

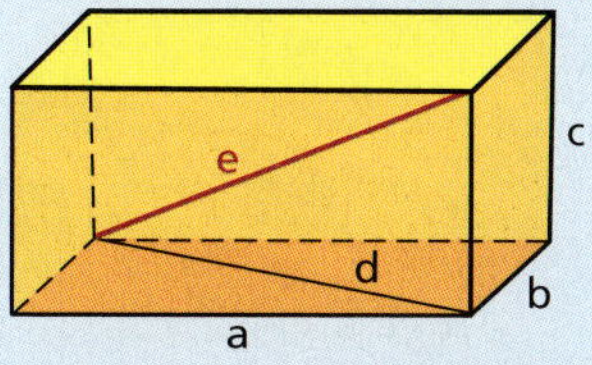

$e = \sqrt{a^2 + b^2 + c^2}$

5 Pyramide, Kegel und Kugel untersuchen

Riesenkugel

Im Europa-Park in Rust steht ein kugelförmiges Gebäude. In dieser Kugel, die einen Durchmesser von ca. 38 m hat, befindet sich eine so genannte Dunkelachterbahn. Die Achterbahn ist seit 1989 in Betrieb und gehört zu den großen Attraktionen des Freizeitparks. Die Kuppel wird zu besonderen Anlässen farbig gestaltet.

Wie groß ist der Raum in der Kugel, der für den Aufbau der Achterbahn zur Vergügung steht?

Wie groß ist etwa die Kuppelfläche, die gestaltet werden kann?

Supereis

Auszug aus einer Zeitung vom 1. 3. 2012:

Unbekannte Täter haben in der Nacht zum Mittwoch in der Zeit zwischen 1.00 Uhr und 9.00 Uhr einer Eisdiele an der Alten Synagoge eine ca. 2 m große Eistüte aus Plastik entwendet. Diese war dort zu Werbezwecken aufgestellt worden. Das Werbeutensil stand in einem Metallständer, war aber nicht besonders befestigt oder verankert. Der Metallständer verblieb vor der Eisdiele.

Welches Volumen hat eine solche Tüte? Schätze.

Wie viele normale Eiskugeln würden dort hineinpassen?

Grabmal

Die berühmtesten Pyramiden sind die Grabmäler der ägyptischen Pharaonen.

Die größte von ihnen, die um 2600 v. Chr. errichtete Cheopspyramide bei Gizeh, ist 138 m hoch (ursprünglich 146,59 m) und hat eine quadratische Grundfläche mit einer Seitenlänge von 225 m (ursprünglich 230,36 m).

Wie groß war das Volumen bei der Fertigstellung der Pyramide?

Körper zeichnen und gestalten

Quader, andere Prismen und Zylinder kennst du bereits. Hier sollen nun die Eigenschaften von sogenannten Spitzkörpern untersucht werden. Dazu sollen zunächst einmal einige Spitzkörper und danach die dazu passenden Prismen hergestellt werden.

Materialien

Bastelpappe oder Karteikarten, Schere oder Cutter (kleines Bastelmesser), Bleistift, Zirkel, Kleber

Durchführung

Arbeitet in Gruppen. Wählt dabei die Gruppenstärke so, dass jedes Gruppenmitglied genau einen Körper konstruiert.

Übertragt zunächst die Netze mit den angegebenen Maßen auf die Bastelpappe.

Schneidet danach die Teile aus. Es sind dabei Klebekanten vorgesehen.

Der Boden der entstehenden Körper hat stets eine Kantenlänge von 5 cm oder einen Kreisdurchmesser von 5 cm.

Bei dem Spitzkörper mit der 5-eckigen Grundfläche liegen die Ecken alle auf einem Kreis mit dem Radius 5 cm.

Die Böden haben alle eine Öffnung, damit die Körper später gefüllt werden können.

Alle Körper sind ziemlich genau 7,5 cm hoch.

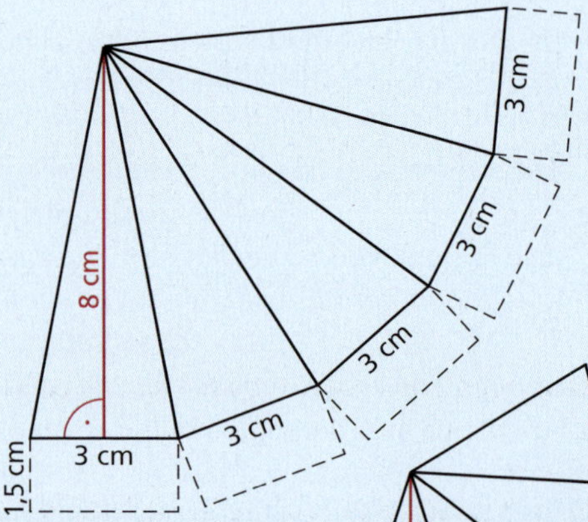

Maßstab 1:2

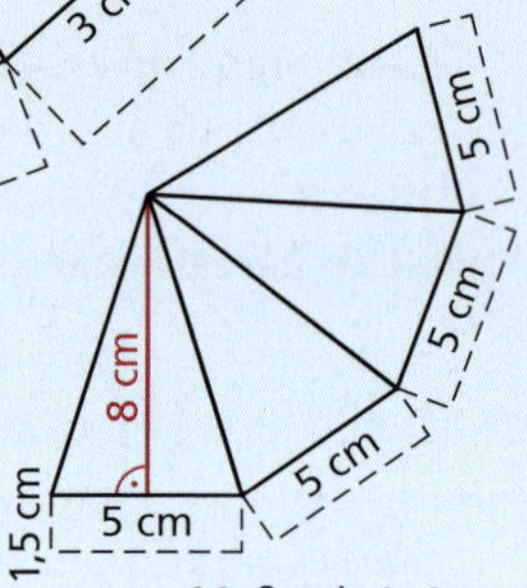

Maßstab 1:4

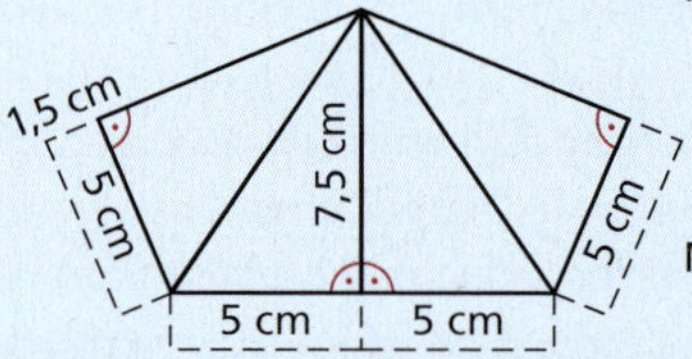

Maßstab 1:4

HINWEIS

Wenn man die Kanten mit dem Bastelmesser leicht anritzt, lassen sie sich besser knicken.

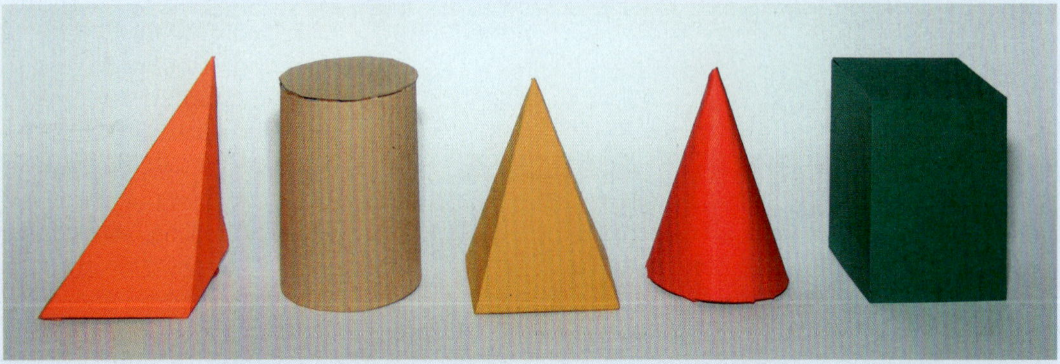

Nun sollen die Volumen der Körper miteinander verglichen werden.

Dazu füllt ihr diese bis zum Rand mit Reiskörnern, Sand, Salz oder Ähnlichem und kippt den Inhalt dann in einen Messzylinder, den ihr aus der Chemiesammlung oder der Physiksammlung besorgt habt. Wenn das nicht möglich ist, könnt ihr auch ein zylinderförmiges Trinkglas benutzen.

Was fällt euch auf, wenn ihr die Volumen des Spitzkörpers und des dazu passenden Prismas vergleicht?
Wievielmal größer ist das Volumen des Prismas?

Gilt das für jeden Spitzkörper?
Formuliert eine Regel.

Alternativ kannst du auch eine Waage benutzen und das Gewicht des Füllmaterials bestimmen. Du musst nur darauf achten, dass die Einteilung der Waage fein genug ist.

HINWEIS

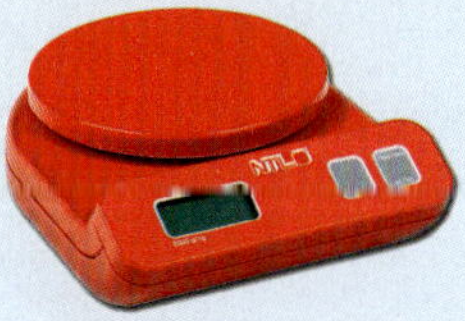

Stellt eigene Spitzkörper mit anderen Abmessungen her.
Konstruiert erst danach die dazugehörenden Prismen.

Wichtig:
Achtet darauf, dass die Prismen genauso hoch sind und auch dieselbe Grundfläche haben wie die Spitzkörper.
Zur Ermittlung der Höhe der Spitzkörper könnt ihr die Methode „3LT" (Drei-Lineal-Technik, siehe Abbildung) benutzen.
Vergesst nicht zu berücksichtigen, dass das Lineal die Null nicht ganz am Rand hat.

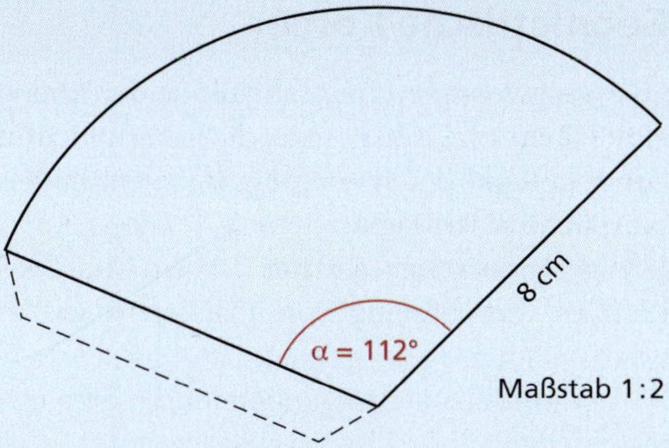

Maßstab 1:2

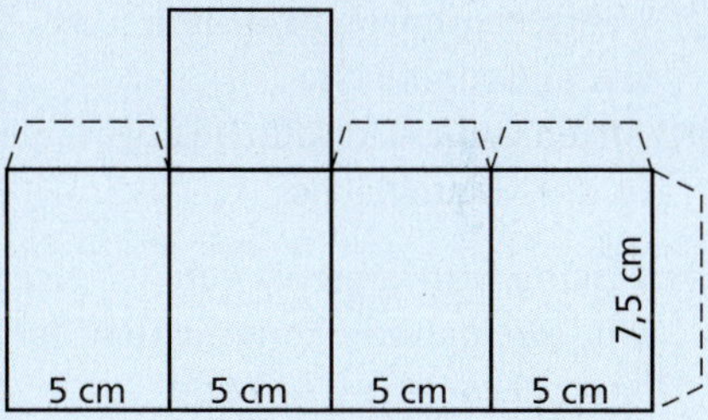

Maßstab 1:4

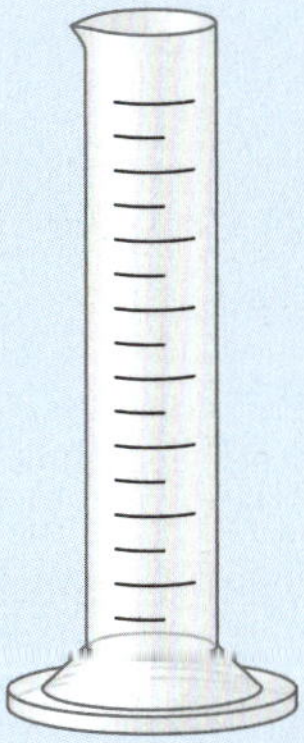

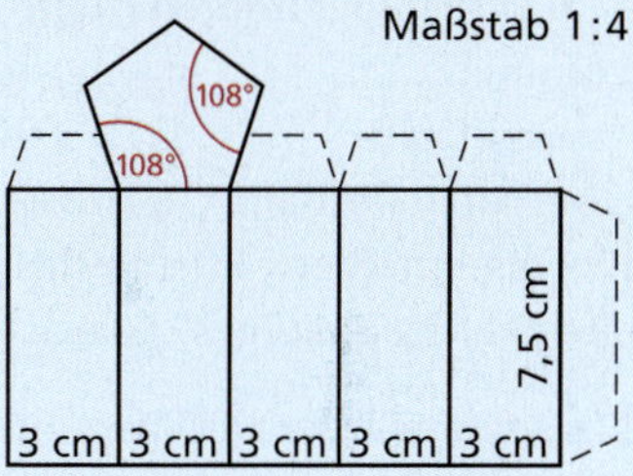

Maßstab 1:4

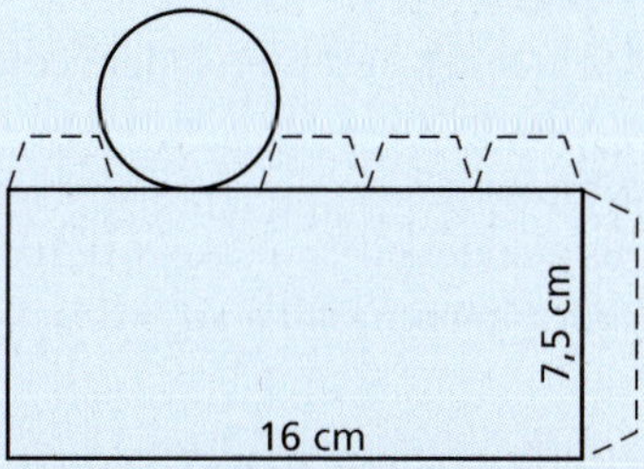

Maßstab 1:4

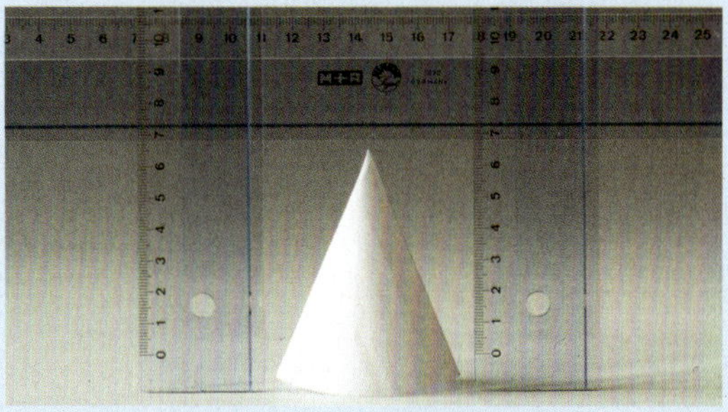

Geometrische Körper

Eine geschlossene Linie schließt in der Ebene eine **Fläche** ein. Alle Punkte, die innerhalb und auf dem Rand der ebenen Figur liegen, bilden die Fläche dieser Figur.
Ein **geometrischer Körper** ist ein Teil des Raumes, der allseitig von Flächen begrenzt wird.
Körper werden nach folgenden Merkmalen unterschieden:
- Art der Begrenzungsflächen,
- Art der Grundfläche,
- Existenz einer Deckfläche oder einer Spitze,
- Art der Mantelfläche

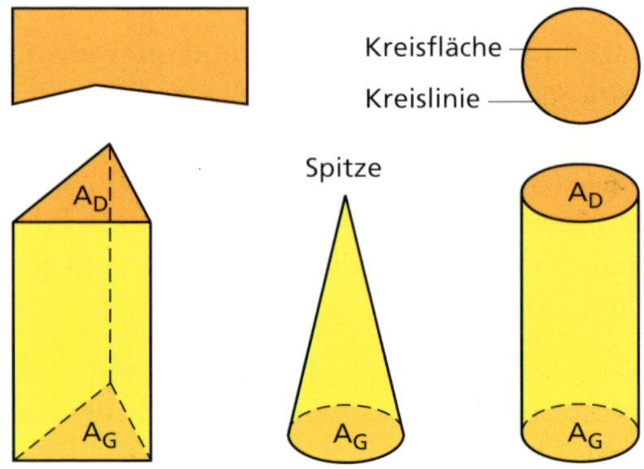

Ein **Prisma** wird begrenzt von
- zwei zueinander kongruenten und parallelen n-Ecken (A_G, A_D) und
- n Parallelogrammen (A_M).

Volumen: $V = A_G \cdot h$
Mantelfläche: $A_M = u \cdot h$
Oberflächeninhalt: $A_O = 2A_G + A_M$

Ein regelmäßiges Prisma besitzt als Grundfläche ein regelmäßiges Vieleck (n-Eck).

Dreiseitiges Prisma

$u = a + b + c$

$V = \frac{a \cdot b}{2} \cdot h$

$A_M = (a + b + c) \cdot h$

$A_O = ab + (a + b + c) \cdot h$

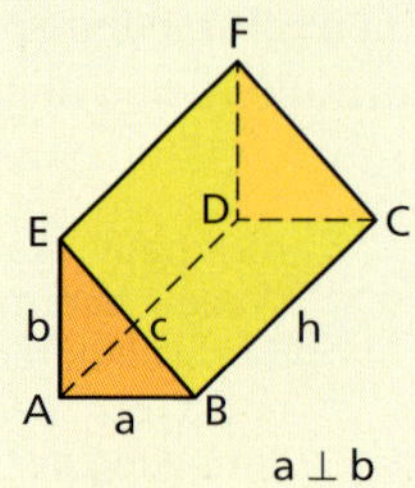

Ein Kreiszylinder wird begrenzt von
- zwei zueinander kongruenten und parallelen Kreisflächen (A_G, A_D) und
- einer gekrümmten Fläche, die in eine Ebene abgewickelt ein Rechteck bildet.

Volumen: $V = A_G \cdot h = \pi r^2 h$
Mantelfläche: $A_M = u \cdot h = 2\pi rh$ mit $u = 2\pi r$
Oberflächeninhalt: $A_O = 2A_G + A_M = 2\pi r\,(r + h)$

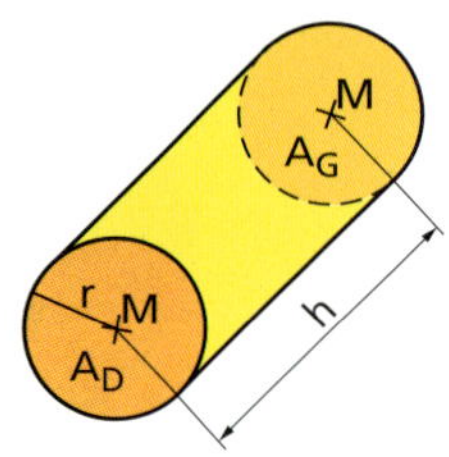

Körper durch Schrägbilder und Netze darstellen

Schrägbild

Kavalierperspektive:
- Verzerrungswinkel $\alpha = 45°$
- Verkürzungsverhältnis $q = \frac{1}{2}$

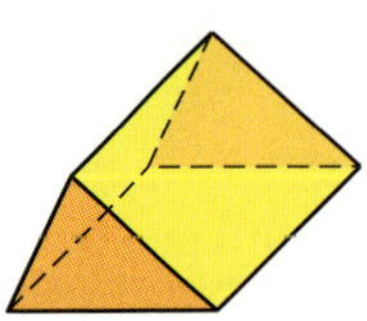

Netz

Wird ein Körper gedanklich aufgeschnitten und können alle Begrenzungsflächen in eine Ebene geklappt bzw. abgerollt werden, so entsteht ein **Netz** eines Körpers.

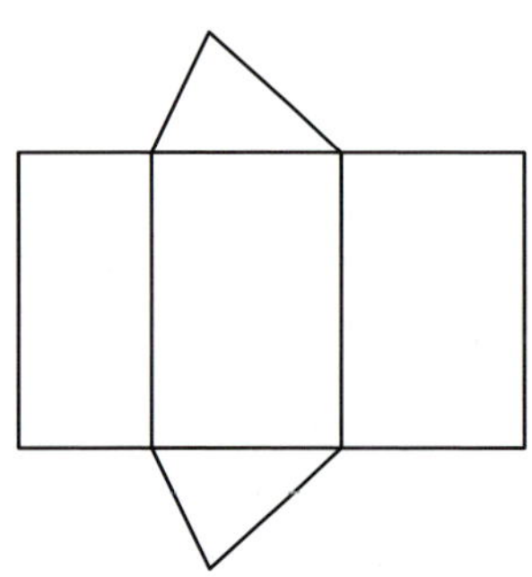

Aufgaben

1. a) Betrachte die Körper. Übertrage die Tabelle in dein Heft, fülle sie aus und trage die Nummern der Körper ein. Gib weitere Gegenstände an, die Prismen oder Kreiszylinder sind.

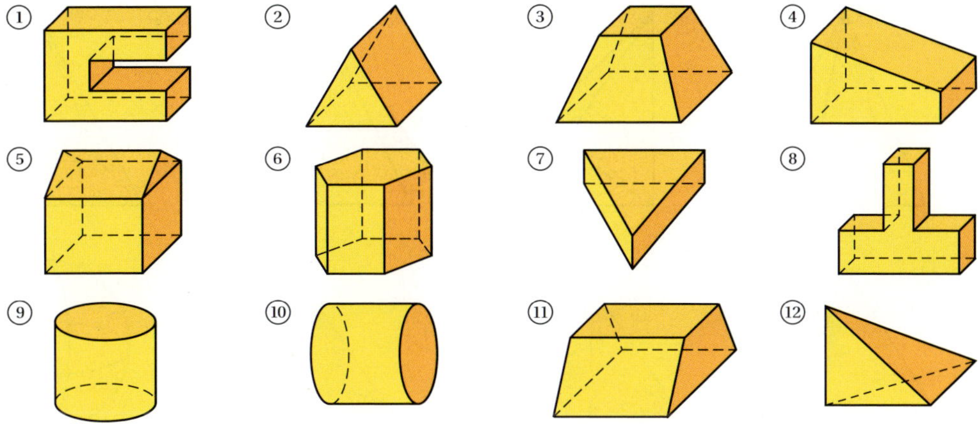

	Prisma	Kreiszylinder
Grundfläche, Deckfläche		
Mantelfläche		
Bildnummer		
Gegenstände	z. B. Dominostein	z. B. Schornstein

b) Warum sind die Figuren ③ und ⑫ keine Prismen? Begründe.

2. Zeichne die Schrägbilder und die Netze folgender Prismen (Maßangaben in Millimeter).

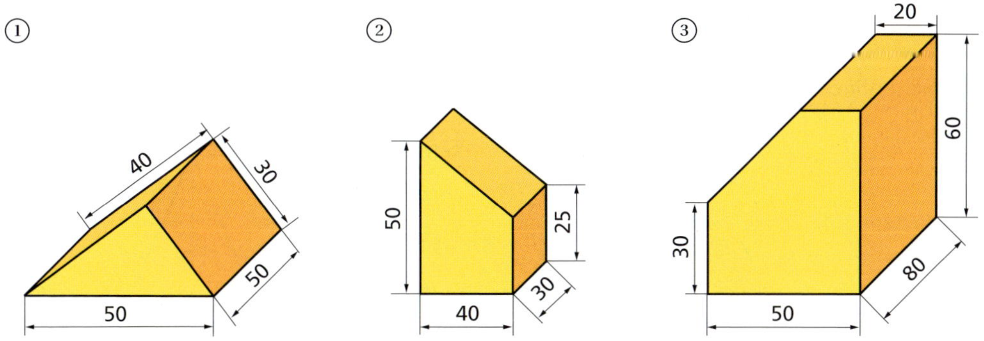

3. Berechne das Volumen und den Oberflächeninhalt der in Aufgabe 2 abgebildeten Körper.

4. a) Zeichne das Zweitafelbild eines 1,6 dm hohen Kreiszylinder, dessen Grundfläche einen Radius von 0,6 dm hat.

① Der Zylinder steht auf der Grundfläche.

② Der Zylinder liegt auf der Mantelfläche.

b) Berechne das Volumen und den Oberflächeninhalt.

5.1 Pyramide, Kegel und Kugel beschreiben

Beschreibe die folgenden Körper möglichst genau.

①
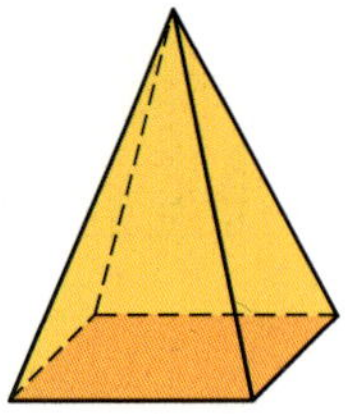

②
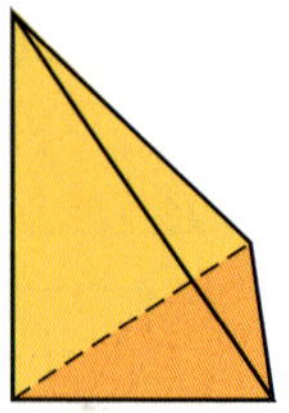

③
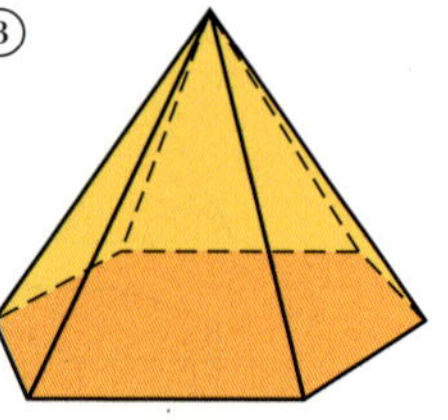

④
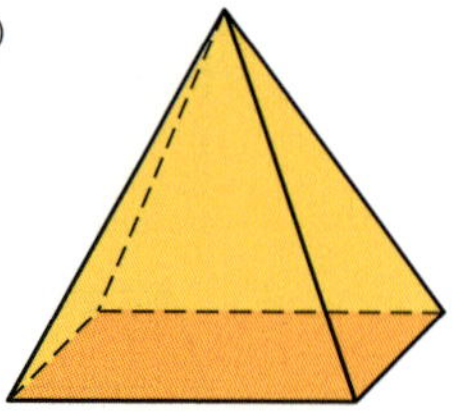

⑤
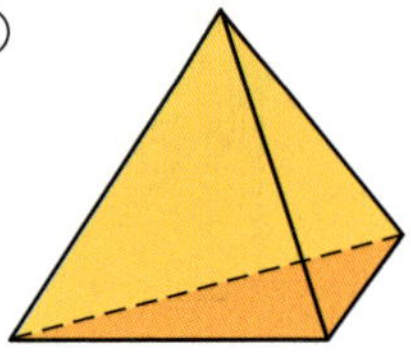

⑥
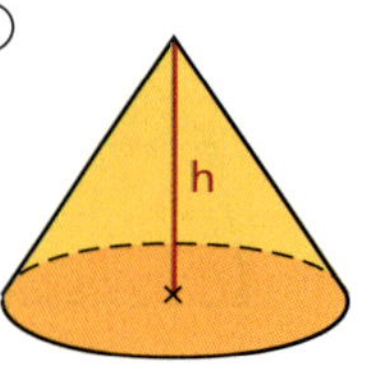

⑦
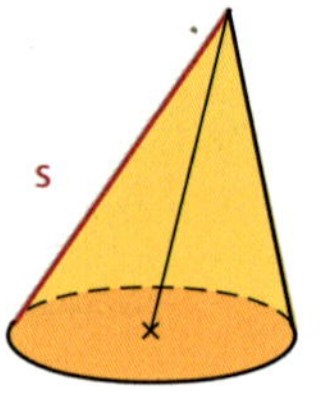

⑧
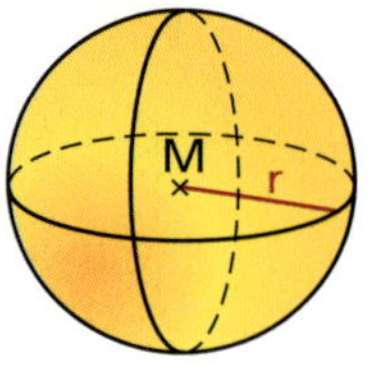

Welche Gruppen lassen sich bilden? Welche charakteristischen Merkmale haben sie jeweils?

Bei sieben Körpern stellen wir fest, dass die Grundfläche aus einer ebenen Figur (Dreieck, Viereck, …, Kreis) besteht. Zugleich besitzen diese sieben Körper eine Spitze. Bei einigen Körpern liegt die Spitze über dem Mittelpunkt bzw. dem Schwerpunkt der Grundfläche. Diese Körper heißen **gerade.** Im Gegensatz dazu nennt man z. B. die Körper ② und ⑦ **schief.**
Die Seitenflächen einiger Körper sind Dreiecke. Die Seitenfläche anderer Körper ist Teil eines Kreises.

Pyramiden und Kegel

Pyramiden und Kegel werden begrenzt von einer Grundfläche und einer oder mehreren Seitenflächen. Sie besitzen eine Spitze S.

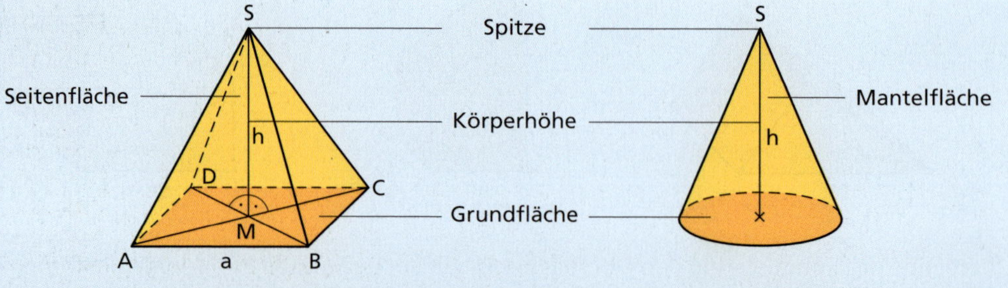

Die Länge des Lots von der Spitze S auf die Grundfläche heißt Körperhöhe h.

Die Grundfläche sind Dreiecke, Vierecke oder andere Vielecke.
Die Seitenflächen sind Dreiecke.

Die Grundfläche ist ein Kreis.
Die gekrümmte Seitenfläche des geraden Kegels ist abgerollt ein Kreisausschnitt.

Pyramiden können nach der Anzahl ihrer Seitenflächen unterschieden werden.

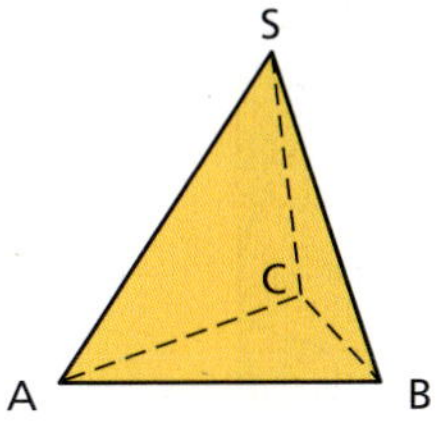

dreiseitige Pyramide

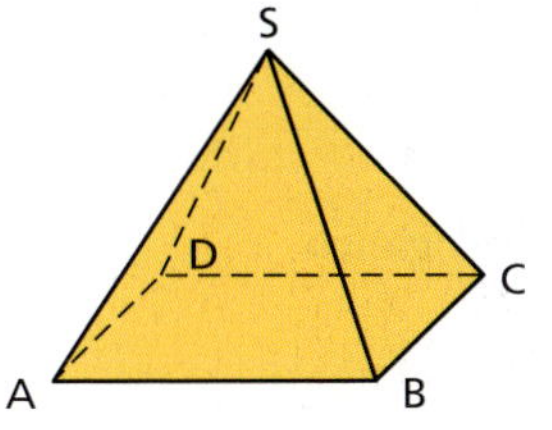

vierseitige Pyramide

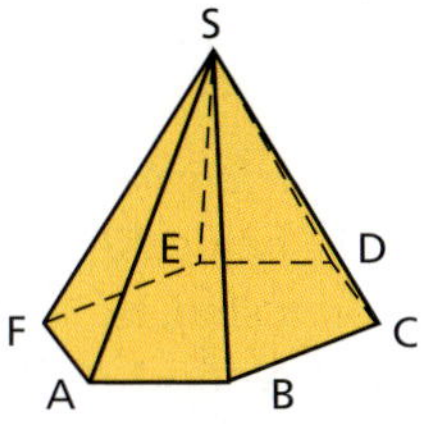

sechsseitige Pyramide

Spezielle Pyramiden

> Eine Pyramide mit vier gleichseitigen Dreiecken als Begrenzungsflächen heißt **Tetraeder.** Eine Pyramide mit einem Quadrat bzw. Rechteck als Grundfläche heißt **quadratische** bzw. **rechteckige** Pyramide.

Um Pyramiden und Kegel zeichnen und berechnen zu können, benötigen wir weitere Begriffe:

Bei Pyramiden muss man zwischen der Körperhöhe h und den Höhen h_a der Seitenflächen unterscheiden.

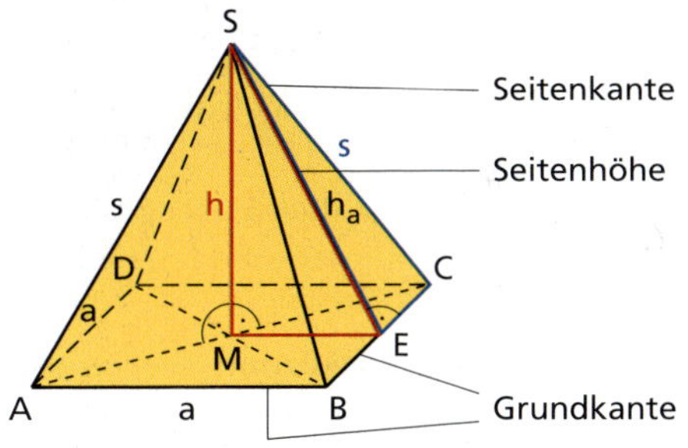

Für eine quadratische Pyramide ergeben sich durch Anwendung des Satzes des Pythagoras auf die Dreiecke EMS und CES folgende Beziehungen:

$h^2 + \left(\frac{a}{2}\right)^2 = h_a{}^2$; $\qquad h_a{}^2 + \left(\frac{a}{2}\right)^2 = s^2$

Daraus ergibt sich durch Einsetzen: $\qquad h^2 + \frac{a^2}{2} = s^2$

Genau wie bei einem Kreiszylinder kann die gekrümmte Mantelfläche eines Kegels in eine Ebene abgewickelt werden.

Dazu schneidet man die Mantelfläche entlang einer Mantellinie auf. Dabei entsteht dann ein Kreisausschnitt (Kreissektor).

Das Netz eines Kegels besteht also aus einem Kreis und einem Kreisausschnitt.

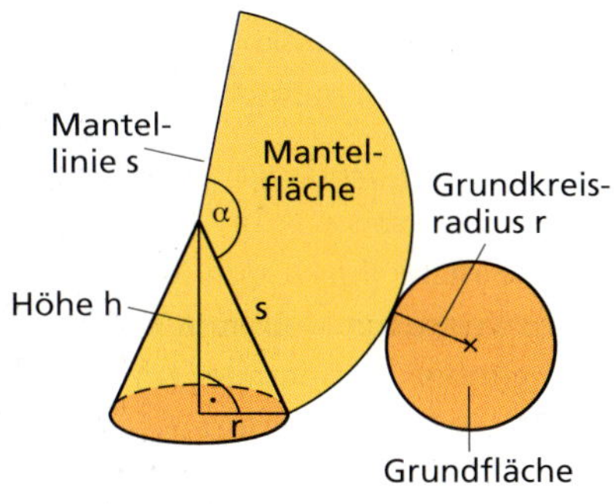

Probiere es selbst:

1. Beschreibe die auf Seite 144 oben dargestellten Körper möglichst genau.
2. Informiere dich, was ein Kreisausschnitt ist und wie man dessen Flächeninhalt berechnet.

Die Kugel

Vergleiche die Kugel mit dem Zylinder in der nebenstehenden Abbildung.

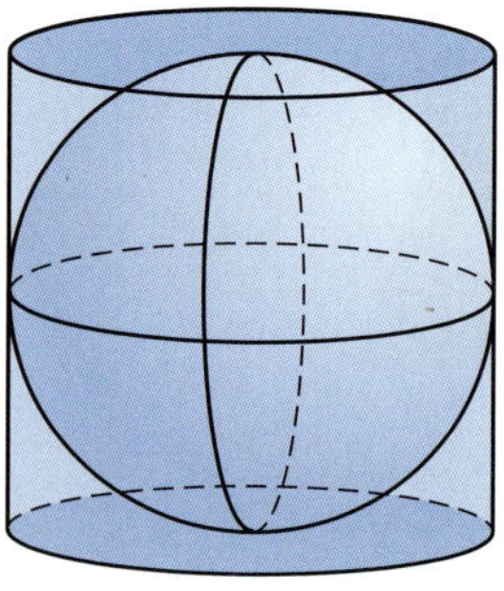

Werte die folgenden Aussagen:
1. Da beide Körper gleich hoch und gleich breit sind, ist ihr Rauminhalt gleich.
2. Da beide Körper gleich hoch und gleich breit sind, ist ihr Oberflächeninhalt gleich.

Wie würdest du formulieren?
Begründe deine Entscheidung.

NIKOLAUS KOPERNIKUS (1473 bis 1543) schuf das heliozentrische Weltsystem, das von einer Kugelgestalt der Himmelskörper ausging.
Einen der ersten Erdgloben fertigte MARTIN BEHAIM im Jahre 1492 an.
Dazu benötigte er wichtige Eigenschaften von Kugeln.

Eine **Kugel** ist ein Körper mit einer gleichmäßig gekrümmten Oberfläche.
Die Kugeloberfläche enthält alle Punkte des Raumes, die von einem festen Punkt M, dem Mittelpunkt der Kugel, den gleichen Abstand r haben.
Der Abstand r heißt **Radius** der Kugel.

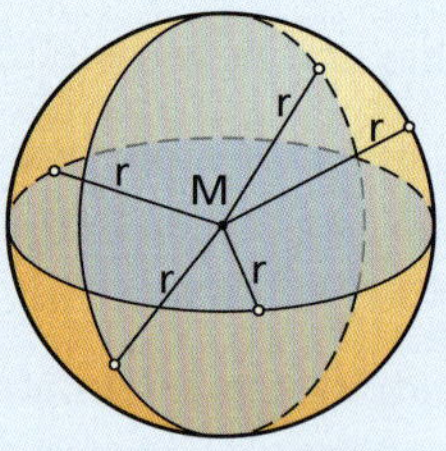

Kugeln sind **Rotationskörper**. Sie entstehen beispielsweise, wenn ein Halbkreis um seinen Durchmesser rotiert. Der Kreismittelpunkt ist zugleich Kugelmittelpunkt.

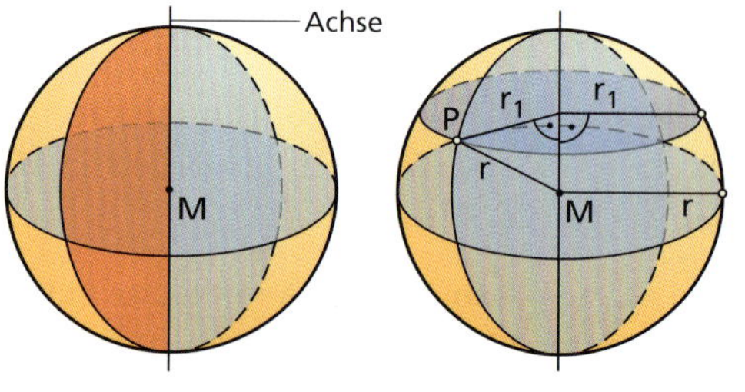

Jeder ebene Schnitt durch einen Kugelmittelpunkt ergibt einen Großkreis mit demselben Mittelpunkt M und dem Radius r.

Auf einem Globus sind der **Äquator** und die **Meridiane** Großkreise. Alle anderen ebenen Schnitte, die nicht durch den Mittelpunkt gehen, liefern Kreise mit kleineren Radien. Kreise auf einem Globus, die parallel zur Äquatorialebene sind, werden **Breitenkreise** genannt.

Ein anschauliches Schrägbild einer Kugel erhält man, indem man als Umriss einen Kreis mit dem Radius r zeichnet und mindestens das Bild eines weiteren Großkreises hinzufügt, insbesondere des senkrecht zur Bildebene liegenden „Äquatorkreises".

Die Vorderansicht einer Kugel ist genauso wie ihre Draufsicht ein Kreis mit dem Radius r.

5.2 Pyramiden und Kegel darstellen

Netze von Pyramiden und Kegeln zeichnen

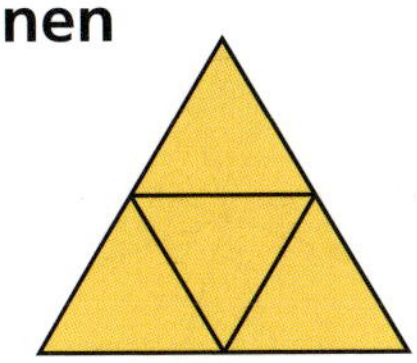

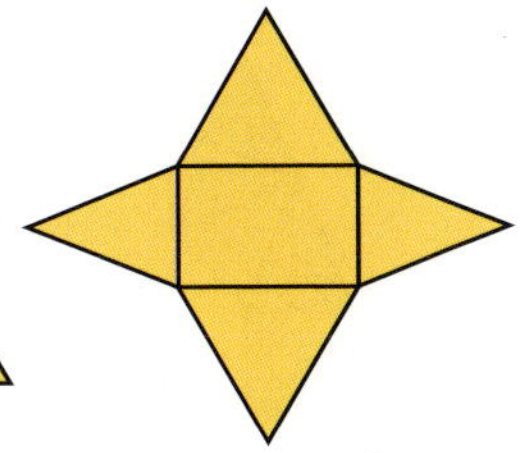

Beim Abwickeln aller Begrenzungsflächen eines Körpers in eine Ebene entsteht ein Netz des Körpers.

Netze von Pyramiden

Das Zeichnen des Netzes einer Pyramide ist abhängig von den gegebenen Größen und der Art der Pyramide.

Von einer quadratischen Pyramide sind die Länge der Grundkante a und die Länge der Seitenkante s bekannt.

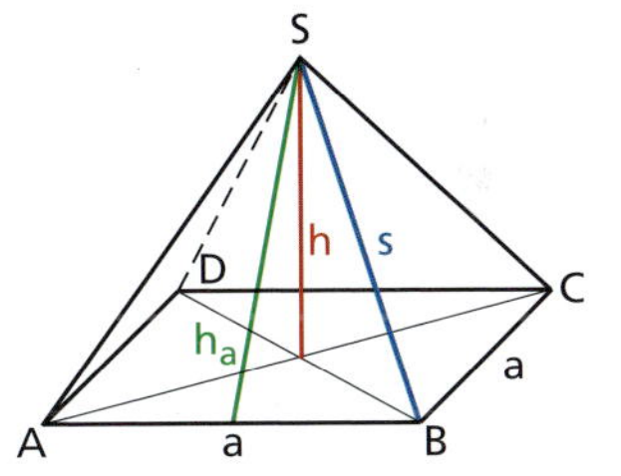

Gegeben: a = 2,5 cm, s = 2 cm

Gesucht: Netz

Zeichnen der Grundfläche

Antragen der Seitenflächen

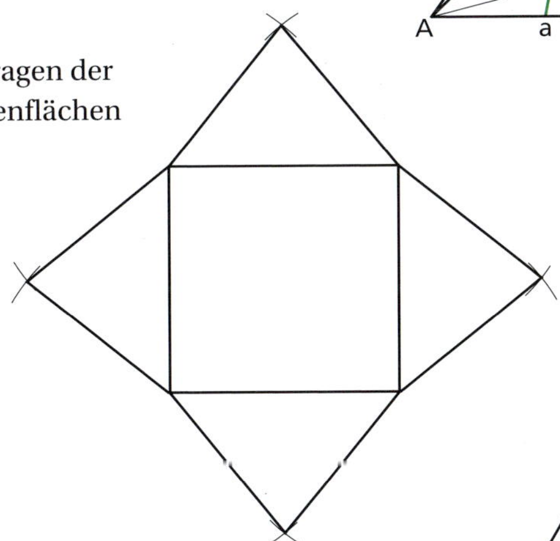

Von einer Pyramide mit rechteckiger Grundfläche sind die Grundkantenlängen und die Pyramidenhöhe bekannt.

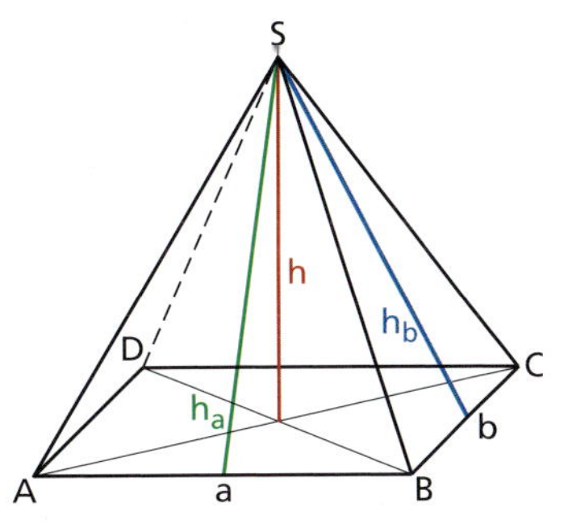

Gegeben: a = 4 cm, b = 3 cm, h = 6 cm

Gesucht: Netz

Um das Netz zeichnen zu können, werden z. B. die Längen der Seitenhöhen berechnet.

$h_a^2 = h^2 + \left(\frac{b}{2}\right)^2$	$h_b^2 = h^2 + \left(\frac{a}{2}\right)^2$
$h_a^2 = 36\ \text{cm}^2 + 2{,}25\ \text{cm}^2$	$h_b^2 = 36\ \text{cm}^2 + 4\ \text{cm}^2$
$h_a = \sqrt{38{,}25\ \text{cm}^2}$	$h_b = \sqrt{40\ \text{cm}^2}$
$h_a \approx 6{,}2\ \text{cm}$	$h_b \approx 6{,}3\ \text{cm}$

Anschließend kann das Netz der Pyramide wie im oberen Beispiel gezeichnet werden.

Probiere es selbst:

1. Welche der abgebildeten Figuren sind die Netze von Pyramiden?

a) 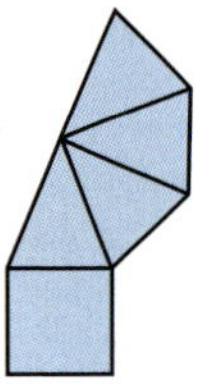

b) 

c) 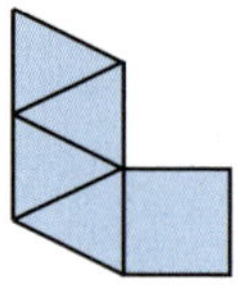

d) 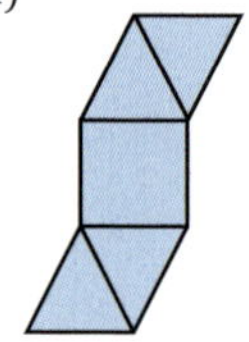

e) 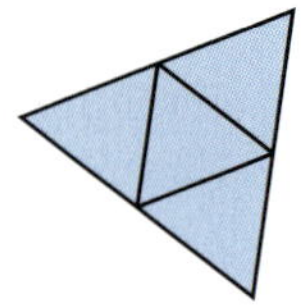

2. Bei welchen Pyramiden kann eine Seitenfläche auch Grundfläche sein? Begründe.

Netze von Kegeln

Das Netz eines Kegels besteht aus einer kreisförmigen Grundfläche und der Mantelfläche. Die in einer Ebene abgewickelte Mantelfläche ist ein Kreissektor.
Der Radius dieses Kreissektors ist die Länge der Mantellinie s des Kreiskegels.
Die Länge des Kreisbogens b entspricht dem Umfang des Grundkreises.
Der Mittelpunktswinkel α des Kreissektors lässt sich durch eine Verhältnisgleichung bestimmen:

$\frac{\alpha}{360°} = \frac{r}{s}$ r - Radius der Grundfläche des Kegels

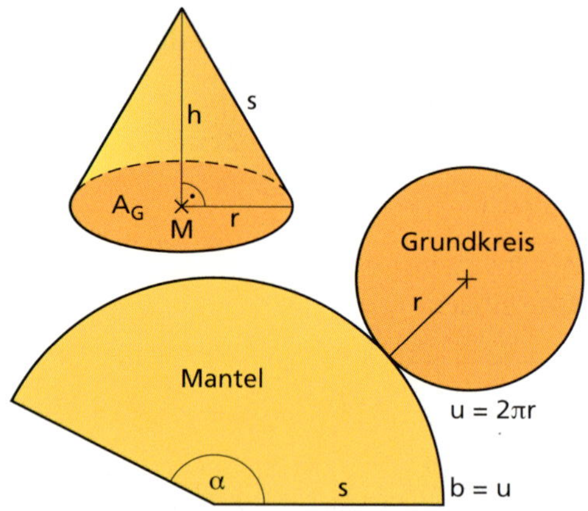

Ein Kreiskegel hat einen Radius von 2 cm und die Mantellinie ist 3 cm lang.

Gegeben: r = 2 cm, s = 3 cm Gesucht: Netz

Wir berechnen den Mittelpunktswinkel α:

$$\frac{\alpha}{360°} = \frac{r}{s}$$

$$\frac{\alpha}{360°} = \frac{2\text{ cm}}{3\text{ cm}}$$

$$\alpha = 240°$$

Nun lässt sich neben dem Grundkreis des Kegels auch die Mantelfläche als Kreissektor mit dem Radius s = 3 cm und dem Mittelpunktswinkel α = 240° zeichnen.

Sind von einem Kreiskegel der Grundkreisradius r und die Höhe des Kegels h gegeben, so lässt sich die Länge einer Mantellinie s mit dem Satz des Pythagoras berechnen:
$s^2 = h^2 + r^2$
Anschließend lässt sich das Netz des Kegels zeichnen.

Probiere es selbst:

Zeichne das Netz eines Kegels mit den folgenden Maßen:

a) r = 4 cm; s = 6 cm

b) d = 70 mm; h = 0,5 dm

Zweitafelbilder von Pyramiden und Kegeln zeichnen

Bei einer senkrechten Zweitafelprojektion entstehen zwei Bilder von einem Körper.
Bei der Draufsicht wird der Körper von oben betrachtet. Es entsteht der **Grundriss,** der in der Grundrissebene abgebildet wird.
Betrachtet man den Körper von vorn, so lässt sich der **Aufriss** in der Aufrissebene darstellen.
Die beiden Ebenen werden durch die **Rissachse** voneinander getrennt und die entsprechenden Punkte im Grund- und Aufriss durch **Ordnungslinien** miteinander verbunden.

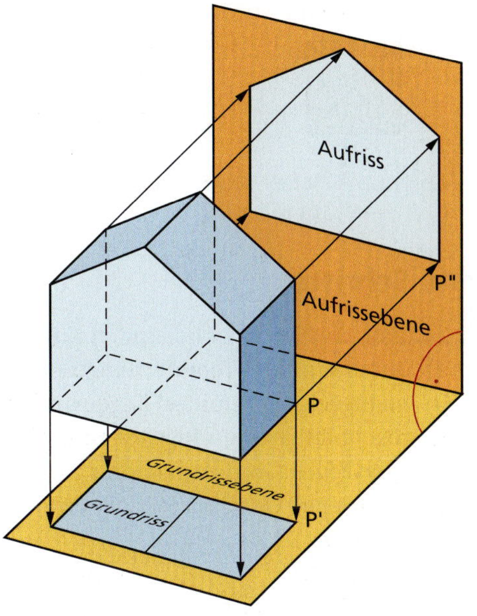

Beim Zeichnen eines Zweitafelbilds gehe wie folgt vor:
1. Zeichne die Rissachse.
2. Zeichne den Grundriss des Körpers.
3. Zeichne alle Ordnungslinien bis in die Aufrissebene hinein.
4. Zeichne den Aufriss, indem du die Höhe der einzelnen Punkte über der Grundrissebene abträgst.
5. Bezeichne alle Eckpunkte der Grundfläche und die Spitze in der Grundrissebene z. B. mit A', B' usw. und in der Aufrissebene mit A", B" ...
6. Zeichne alle sichtbaren Kanten stärker nach und die unsichtbaren Kanten gestrichelt.

Zweitafelbild einer quadratischen Pyramide

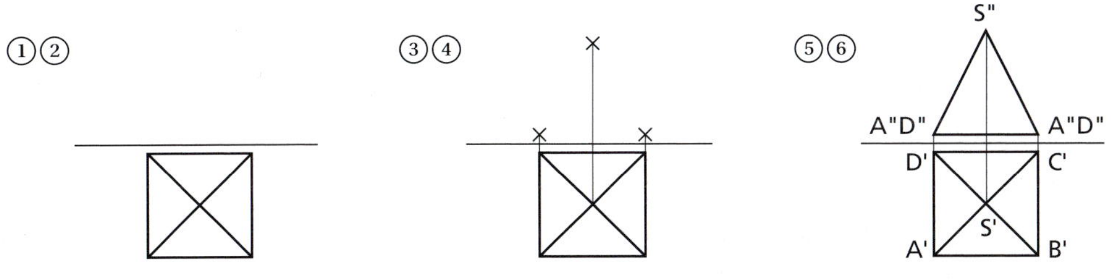

Zweitafelbild eines Kegels

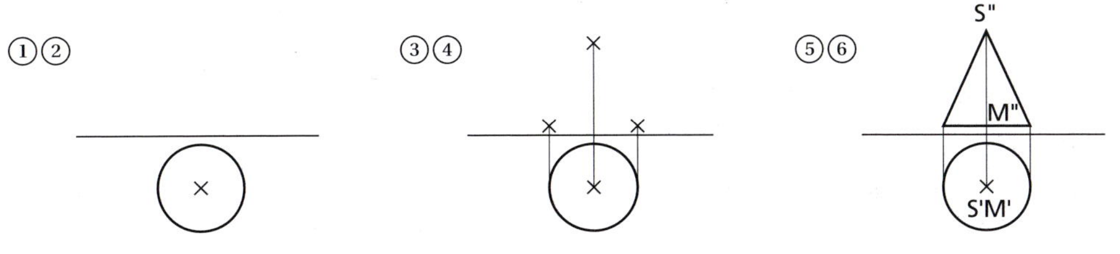

Probiere es selbst:

1. In der Abbildung sind die Grundrisse verschiedener Körper dargestellt.
Welche Körper wurden hier gezeichnet? Begründe.

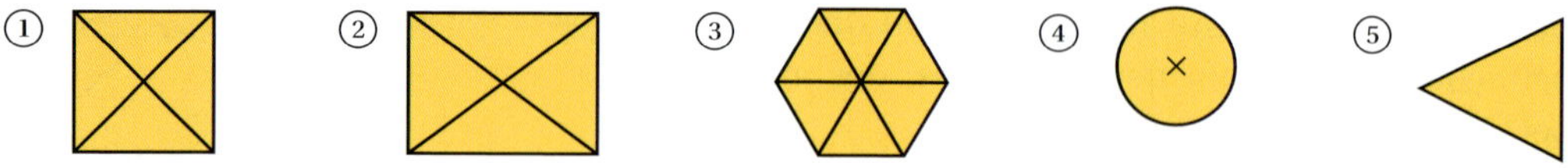

2. Zeichne Grund- und Aufriss einer 4 cm hohen Pyramide mit rechteckiger Grundfläche (a = 4 cm und b = 2 cm).

Erste Schritte

1. Zeichne die Netze der folgenden Körper:
a) quadratische Pyramide; Länge einer Grundkante 4 cm; Länge einer Seitenkante 3cm
b) rechteckige Pyramide; Längen der Grundkanten a = 5 cm und b = 3 cm; Pyramidenhöhe 4 cm
c) regelmäßige dreiseitige Pyramide (Tetraeder) mit a = 4 cm
d) Kreiskegel; Grundkreisradius 2 cm; Länge einer Mantellinie 4 cm
e) Kreiskegel; Durchmesser des Grundkreises 6 cm; Höhe des Kreiskegels 6 cm

2. Zeichne jeweils ein Zweitafelbild von jedem Körper.
Die Abbildungen sind nicht maßstäblich. Die Maße sind in Millimeter angegeben.

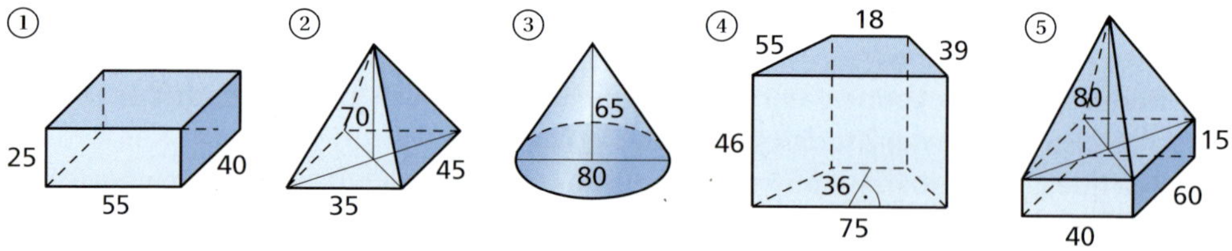

3. Die Körpergruppe besteht aus genau vier einander berührenden Körpern.
a) Gib an, welche Körper es sein können.
b) Skizziere die Ansicht:
(1) Von rechts (2) Von links
(3) Von hinten (4) Von oben

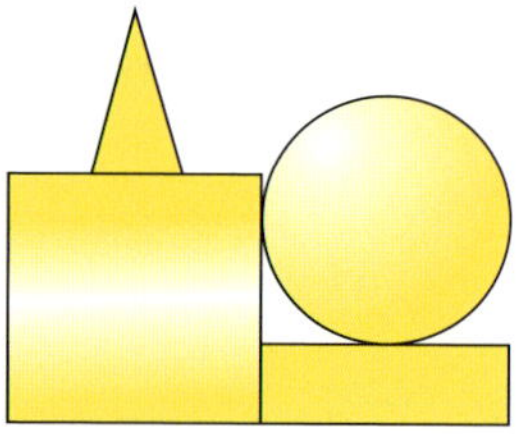

4. Zeichne von jedem Körper ein Zweitafelbild.

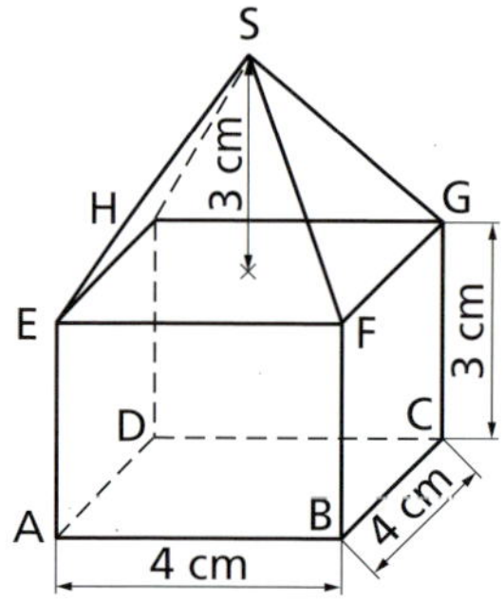

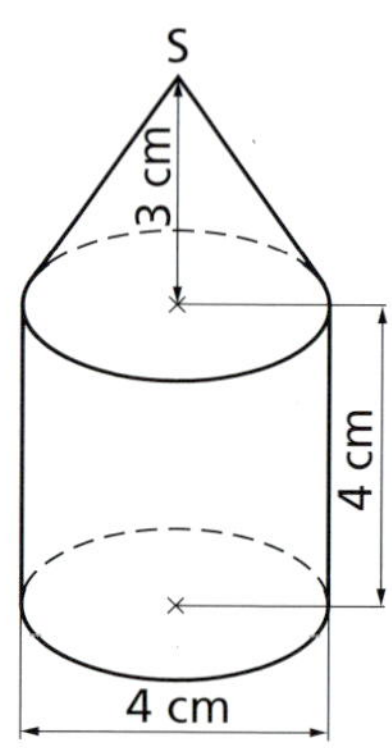

Schrägbild einer Pyramide

Bei einem Schrägbild in **Kavalierperspektive** wird zunächst die Fläche in wahrer Größe gezeichnet, die parallel zur Projektionsebene liegt.
Steht eine Pyramide auf der Grundfläche, so gibt es keine Fläche, die in wahrer Größe gezeichnet werden kann. Es wird immer mit der Grundfläche begonnen.

Oftmals ist es hilfreich, zunächst ein mögliches Schrägbild der Pyramide zu skizzieren.

① Zeichne die Grundfläche in wahrer Größe. Führe die „Klappung“ durch, indem alle Tiefenlinien auf die Hälfte gekürzt unter einem Winkel von 45° dargestellt werden.
Es entsteht das Schrägbild der Grundfläche.
② Markiere den Fußpunkt der Höhe der Pyramide z. B. durch das Einzeichnen der Diagonalen.
③ Trage auf einer Senkrechten zur Grundfläche die Höhe der Pyramide ab.
④ Verbinde die Eckpunkte der Grundfläche mit der Spitze der Pyramide.
⑤ Bezeichne alle Eckpunkte. Achte auf eine unterscheidbare Darstellung der sichtbaren und nicht sichtbaren Kanten

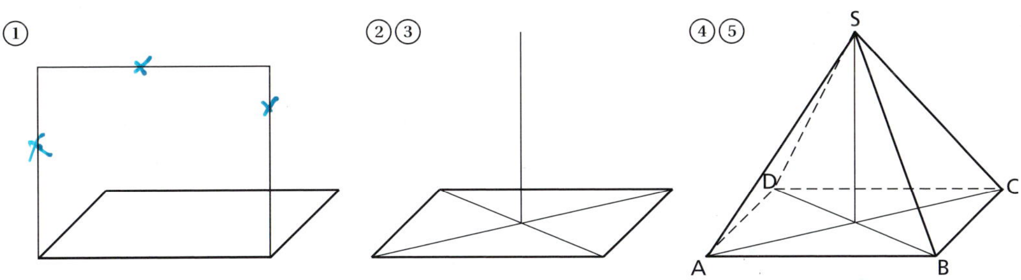

Probiere es selbst:

Konstruiere das Schrägbild einer Pyramide mit der Höhe h = 5 cm und den folgenden Grundflächen:

a) Quadrat: a = 5 cm

b) Rechteck: a = 5 cm; b = 12 cm

Erste Schritte

1. Konstruiere zum dargestellten Pyramidennetz ein Schrägbild.
Entnimm die Maße der Abbildung.

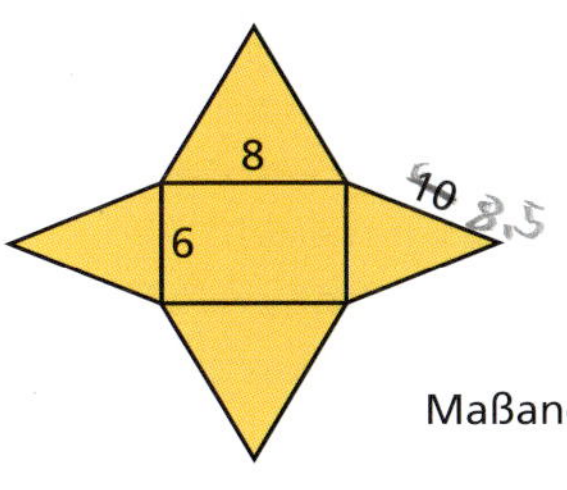

Maßangaben in Zentimeter

2. Zeichne von einer 6 cm hohen Pyramide ein Schrägbild in Kavalierperspektive. Von der Grundfläche ist Folgendes bekannt:

a) Sie ist ein Quadrat mit einer Seitenlänge von 8 cm.

b) Sie ist quadratisch und hat einen Flächeninhalt von 25 cm^2.

c) Sie ist ein 6 cm langes Rechteck mit einem Umfang von 22 cm.

d) Sie ist ein gleichseitiges Dreieck mit der Seitenlänge von 4,5 cm.

3. Auf einem Würfel mit einer Kantenlänge von 3,5 cm steht eine quadratische Pyramide mit gleicher Grundkantenlänge. Die Gesamthöhe des zusammengesetzten Körpers beträgt 10 cm. Zeichne ein Schrägbild.

Wahre Größen bestimmen

Das Zweitafelbild eines Körpers enthält nicht alle Körperkanten in wahrer Länge. Die Begrenzungsflächen sind oft verzerrt dargestellt. Die wahre Größe einer Kante und die wahre Gestalt einer Fläche können durch Konstruktion bestimmt werden.
Beispiel:
Zu einer im Zweitafelbild dargestellten geraden rechteckigen Pyramide ABCDS sollen die wahre Länge der Seitenkante s, der Neigungswinkel α in wahrer Größe und die wahre Gestalt der Seitenfläche BCS bestimmt werden.

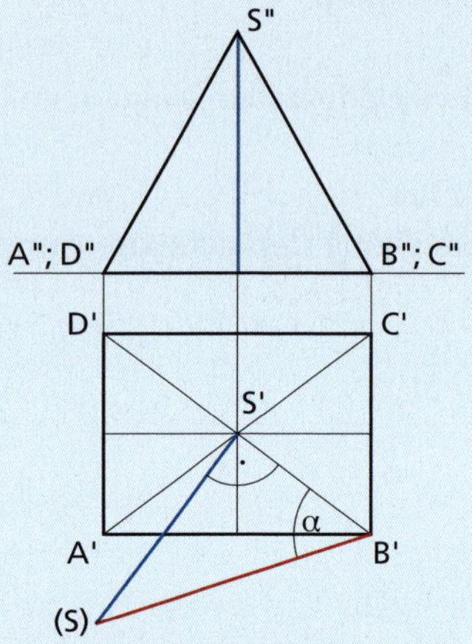

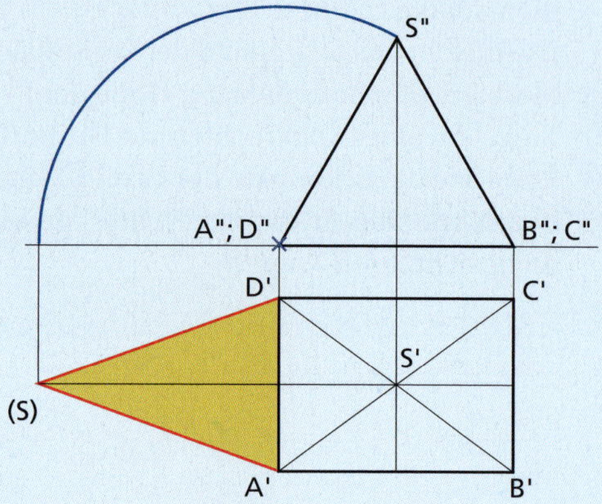

Aufgaben

1. Analysiere die Darstellungen in den Bildern ① und ②.
   a) Gib die Bestimmungslinien für die Konstruktion des Punktes H(S) an.
   b) Begründe, warum die wahre Länge der Seitenkante s durch die Strecke $\overline{B'(S)}$ dargestellt wird.

2. a) Konstruiere eine quadratische Pyramide mit a = 3 cm und h = 4 cm im Zweitafelbild.
   b) Bestimme die wahre Größe der Seitenkante s durch Konstruktion.
   c) Bestimme die Länge von s rechnerisch und vergleiche mit deinem Ergebnis aus b).
   d) Bestimme die wahre Gestalt einer Seitenfläche der quadratischen Pyramide. Nutze die Konstruktion aus b).
   e) Bestimme die wahre Größe des Neigungswinkels α durch Konstruktion und Messen. Setze dazu die Konstruktion aus b) bzw. aus d) fort.

3. a) Konstruiere das Zweitafelbild einer rechteckigen Pyramide mit a = 4 cm, b = 3 cm und h = 3,5 cm.
   b) Bestimme durch Konstruktion die wahre Länge der Seitenkante s.
   c) Bestimme durch Konstruktion die wahre Gestalt der Seitenflächen. Beachte den Unterschied zwischen quadratischen und rechteckigen Pyramiden.

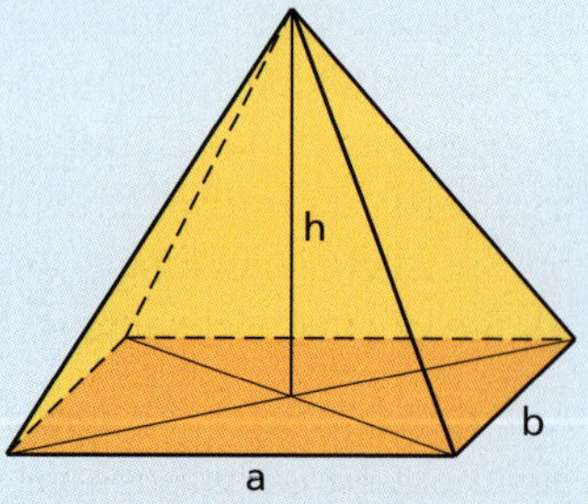

Nutze gegebenenfalls ein Computerprogramm zum Konstruieren und Messen.

5.3 Pyramide, Kegel und Kugel berechnen

Volumen von Pyramide und Kegel ermitteln

Die Cheopspyramide ist die größte und bekannteste Pyramide Ägyptens. Die riesigen Steinquader wurden Hunderte von Kilometern transportiert und dann bis zu einer Höhe von fast 150 m übereinandergetürmt. Davon beeindruckt soll NAPOLEON gesagt haben, dass man mit den Steinen um ganz Frankreich eine 3 m hohe und 30 cm breite Mauer errichten könne. Zur Überprüfung der Behauptung von NAPOLEON muss man das Volumen der Pyramide berechnen (siehe S. 154).

Die Formel für das Volumen kann durch die Untersuchung von Spezialfällen entwickelt werden.

1. In einem **Würfel** mit der Kantenlänge a schneiden sich die vier Raumdiagonalen im Würfelmittelpunkt S. Verbindet man die Eckpunkte jeder Seitenfläche mit diesem Punkt S, entstehen sechs volumengleiche Pyramiden mit einer quadratischen Grundfläche und der Körperhöhe h.

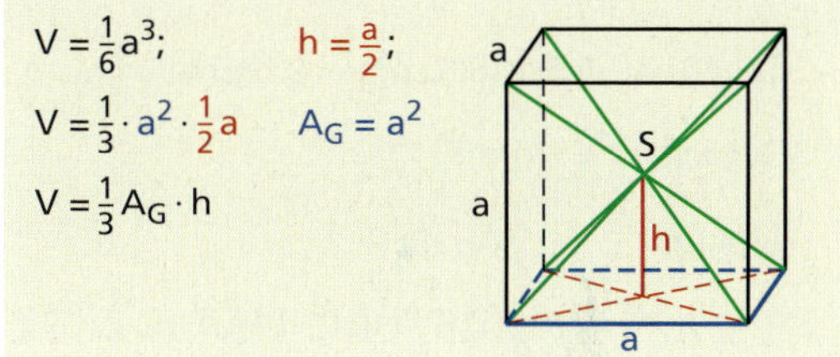

2. Jedes **dreiseitige Prisma** lässt sich in drei volumengleiche dreiseitige Pyramiden zerlegen, wobei eine der drei Pyramiden sowohl die gleiche Grundfläche A_G als auch die gleiche Höhe h wie das Prisma besitzt. Für das Volumen der dreiseitigen Pyramide gilt erneut: $V = \frac{1}{3}A_G \cdot h$

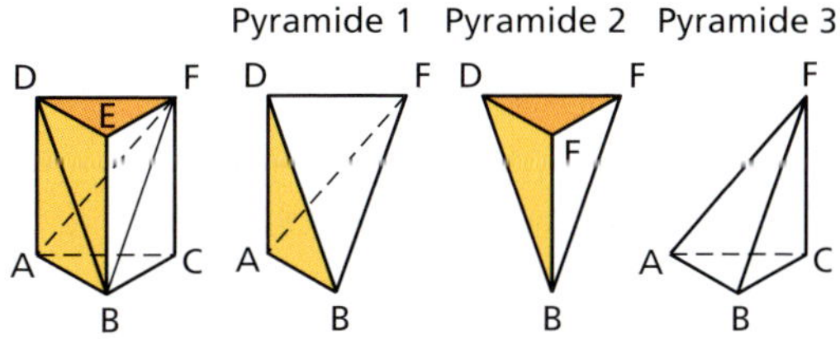

Diese Erkenntnis kann man auf Pyramiden mit einem n-Eck als Grundfläche verallgemeinern.

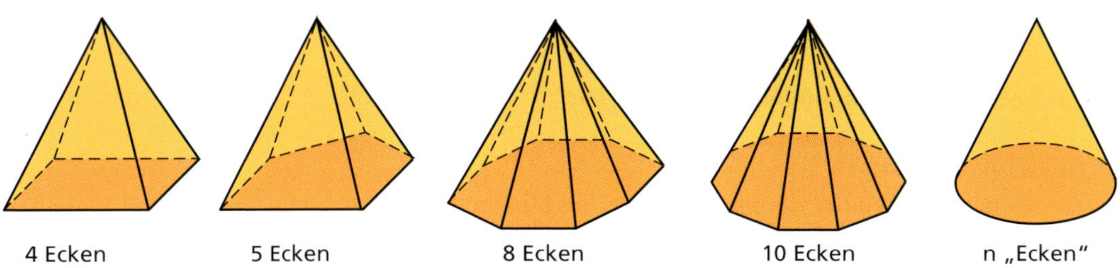

Wird n immer größer, so nähert sich die Grundfläche einem Kreis an. Demzufolge muss die Volumenformel, die für die Pyramide hergeleitet wurde, auch für den Kegel gelten.

Man findet eine Volumenformel für den Kegel auch, indem man einen Vergleichskörper betrachtet. Hierzu untersucht man einen Zylinder und einen Kegel, welche die gleiche Grundfläche und Höhe besitzen. Jetzt lässt sich z. B. mit einem Füllversuch zeigen, dass das Volumen des Kegels genau dreimal in den Zylinder „passt“ (siehe S. 157, Nr. 4).

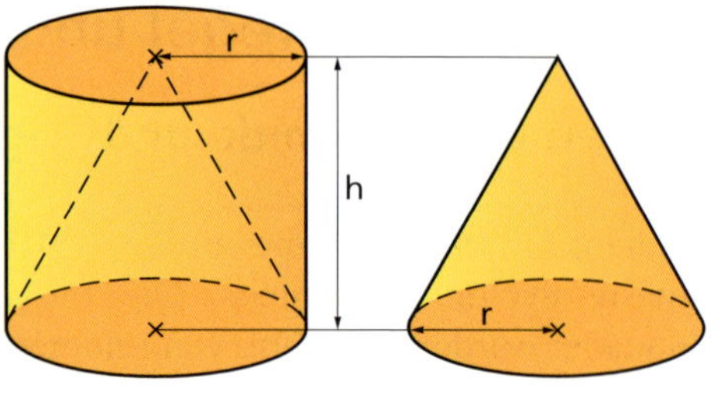

Zusammenfassend kann man formulieren:

Das **Volumen** V einer Pyramide und eines Kegels ist gleich einem Drittel des Produktes aus dem Inhalt ihrer Grundfläche A_G und der Körperhöhe h.

$V = \frac{1}{3} A_G \cdot h$ speziell für den Kreiskegel: $V = \frac{1}{3} \cdot \pi \cdot r^2 \cdot h$

Die Cheopspyramide war bei der Fertigstellung 146,6 m hoch und hatte eine quadratische Grundfläche mit einer Seitenlänge von 232,5 m. Berechne das Volumen.

Skizze:

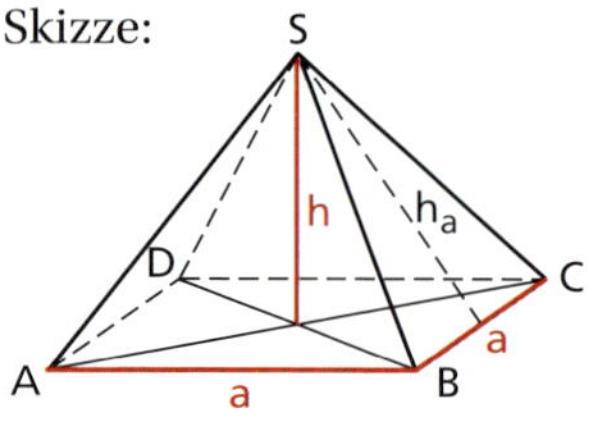

Gegeben: h = 146,6 m; a = 232,5 m

Gesucht: V (in m^3)

Lösung: $V = \frac{1}{3} A_G \cdot h$

$V = \frac{1}{3} (232{,}5\ m)^2 \cdot 146{,}6\ m$

$V = 2\,641\,548{,}75\ m^3 \approx 2{,}642$ Mio. m^3

Antwort: Das Volumen betrug etwa 2,642 Mio. m^3.

Ein Kegel hat einen Grundkreisradius von 10 cm und eine Höhe von 15 cm. Berechne das Volumen des Kegels.

Gegeben: r = 10 cm; h = 15 cm Gesucht: V (in cm^3)

Skizze:

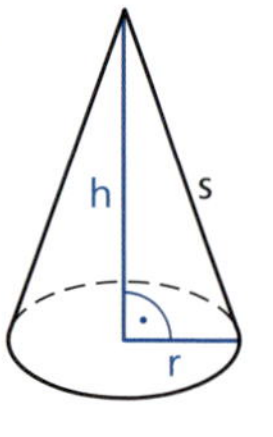

Lösung: $V = \frac{1}{3} A_G \cdot h$

$V = \frac{1}{3} \pi \cdot r^2 \cdot h$

$V = \frac{1}{3} \pi \cdot (10\ cm)^2 \cdot 15\ cm = 1570\ cm^3 \approx 1600\ cm^3$

Antwort: Das Volumen beträgt ca. 1600 cm^3.

Probiere es selbst:

Berechne das Volumen der Körper mit folgenden Maßen:

a) Pyramide mit quadratischer Grundfläche: a = 5 cm; h = 7,5 cm
b) Pyramide mit rechteckiger Grundfläche: a = 2,5 dm; b = 4,1 dm; h = 7,4 dm
c) Kegel mit r = 2 cm und h = 4 cm
d) Kegel mit d = 5 dm und s = 75 cm

Volumen einer Kugel

Beim Gewinnen von Volumenformeln wurden bisher geeignete Vergleichskörper untersucht, die gemeinsame Eigenschaften hatten, z. B. gleiche Grundflächen und gleiche Höhen.

Vor diesem Problem stand bereits um 1629 FRANCESCO BONAVENTURA CAVALIERI, ein Schüler GALILEIS.

Er stellte fest, dass zwei Körper volumengleich sind, wenn sie die gleiche Höhe haben, die gleiche Grundfläche besitzen und in den Schnittflächen, die in gleicher Höhe parallel zur Grundfläche entstehen, übereinstimmen.

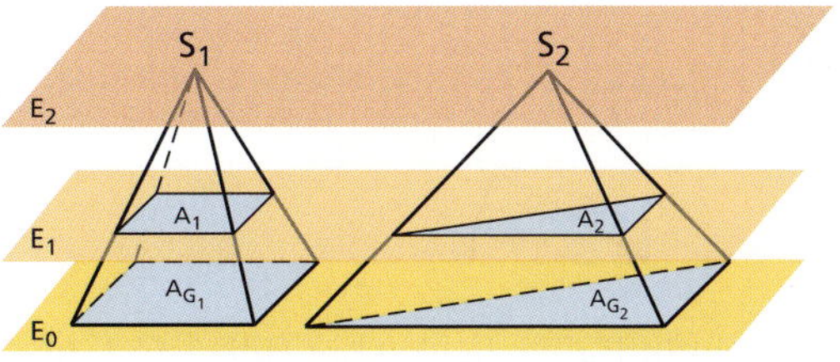

Dieses Prinzip wird auch **Satz des Cavalieri** genannt.

Nimm CDs oder Münzen und lege sie so übereinander, dass sie einen geraden Zylinder ergeben.

Verschiebe die CDs bzw. Münzen nun so, dass ein schiefer Zylinder entsteht.

Beide Zylinder haben das gleiche Volumen.

Da eine Kugel keine Grundfläche hat, aber symmetrisch ist, kann ein Teil der Kugel (eine Halbkugel) untersucht werden.
Eine Kugel kann in zwei volumengleiche Halbkugeln mit einem Kreis als Grundfläche zerlegt werden.
Die Höhe einer Halbkugel ist gleich dem Radius r.
Als Vergleichskörper werden ein Kreiszylinder mit h = r und ein Kegel mit h = r verwendet.

Für die drei Körper gilt: $V_{Kegel} < V_{Halbkugel} < V_{Zylinder}$

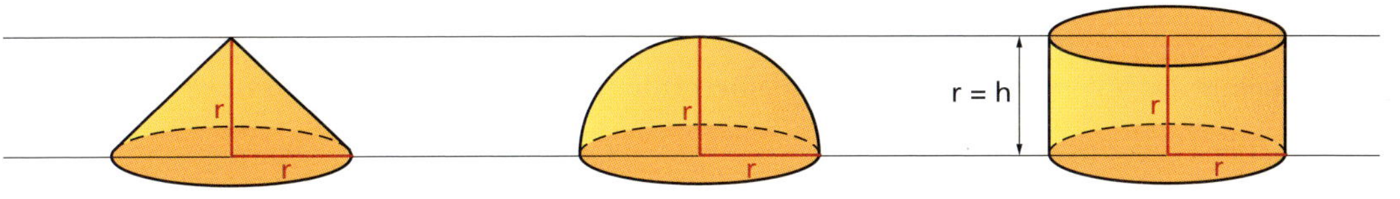

$V_{Kegel} = \frac{1}{3}\pi \cdot r^3$ $V_{Halbkugel} = ?$ $V_{Zylinder} = \pi \cdot r^3 = \frac{3}{3}\pi \cdot r^3$

Vergleiche, z. B. bei Schüttversuchen, führen zur Vermutung: $V_{Halbkugel} = \frac{2}{3}\pi r^3$

Dies ist gleichbedeutend mit: $V_{Halbkugel} = V_{Zylinder} - V_{Kegel}$

Nach dem Satz des Cavalieri kann man einen Kreiszylinder mit dem Radius r und der Höhe r betrachten, aus dem ein Kreiskegel mit gleicher Grundfläche und gleicher Höhe herausgeschnitten worden ist. Der entstandene Restkörper wird mit einer Halbkugel mit dem Radius r verglichen.

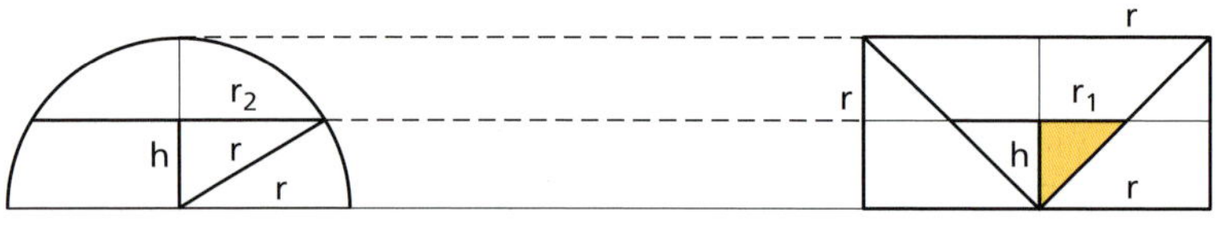

Die Schnittflächen in gleicher Höhe sind inhaltsgleich, denn es gilt für den Kreis in der Halbkugel und für den entstandenen Kreisring im Zylinder:

$A_{Kreis} = \pi \cdot r_2^2$

Nach dem Satz des Pythagoras gilt:

$r_2^2 = r^2 - h^2$

$A_{Kreis} = \pi (r^2 - h^2)$

$A_{Kreisring} = \pi (r^2 - r_1^2)$

Für das gleichschenklige Dreieck gilt:

$r_1 = h$

$A_{Kreisring} = \pi (r^2 - h^2)$

Somit gilt: $A_{Kreis} = A_{Kreisring}$

Damit sind alle Voraussetzungen des Satzes von Cavalieri erfüllt. Vergleichskörper und Halbkugel haben gleiches Volumen. Somit gilt:

$V_{Halbkugel} = \frac{2}{3}\pi r^3$ und $V_{Kugel} = \frac{4}{3}\pi r^3$

> Für das Volumen V einer Kugel mit dem Radius r gilt: $V = \frac{4}{3}\pi r^3$

Berechnen des Volumens einer Kugel

Berechne das Volumen eines Balls, der einen Durchmesser von 15 cm hat.

Gegeben: $d = 15\text{ cm};\ r = 7{,}5\text{ cm}$ Gesucht: V

Planfigur:

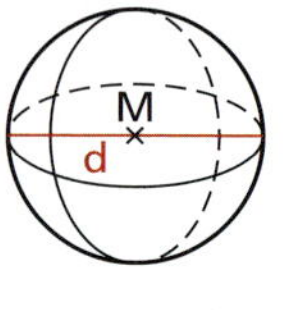

Lösung:
$V = \frac{4}{3}\pi r^3$
$V = \frac{4}{3}\pi \cdot (7{,}5\text{ cm})^3$
$V = 1\,767{,}15\text{ cm}^3$

Antwort: Der Ball hat ein Volumen von ca. 1767 cm^3.

Probiere es selbst:

Berechne jeweils das Volumen der Kugeln mit folgenden Radien bzw. Durchmessern:

a) $r = 4{,}5$ cm b) $d = 4{,}8$ dm c) $r = 3{,}9$ m d) $d = 8$ mm e) $r = 31$ km

Erste Schritte

1. Wie ändert sich das Volumen einer quadratischen Pyramide, wenn sich
   a) ihre Höhe verdoppelt (halbiert)?
   b) die Grundfläche verdreifacht (halbiert)?
   c) sowohl die Höhe als auch Grundkante verdoppelt (halbiert)?

2. a) Berechne jeweils Höhe und Länge der Seitenkanten beider Pyramiden.
   a) Berechne den Rauminhalt jeder Pyramide.
   b) Zeichne jede Pyramide im Schrägbild und im Zweitafelbild.

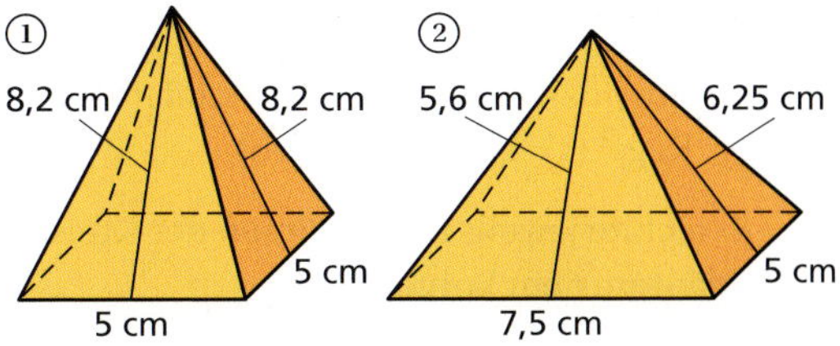

3. Die quadratische Grundfläche der Pyramide am Eingang des Louvre hat eine Seitenlänge von etwa 35,43 m. Sie ist 21,65 m hoch (siehe S. 159).
Berechne ihr Volumen und vergleiche mit dem der Cheopspyramide.

4. Baut aus Pappe einen „offenen Kreiszylinder“ und einen „offenen“ Kreiskegel mit gleich großen Höhen und gleich großen Grundflächen.
Bestätigt mithilfe eines Experimentes die Volumenformel für Kreiskegel. Füllt dazu den Kreiskegel mit Sand und füllt den Inhalt des Kreiskegels dann so oft in den Kreiszylinder, bis er vollständig gefüllt ist (siehe S. 154).

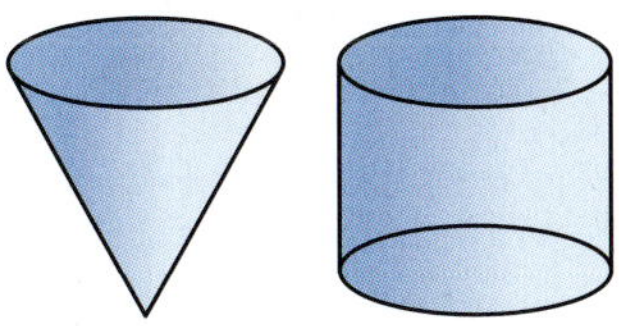

5. Berechne jeweils das Volumen der Kreiskegel. Erläutere dein Vorgehen.

a) $r = 4$ cm; $h = 6$ cm	b) $d = 12$ cm; $h = 7$ cm	c) $s = 9$ m; $h = 50$ cm
d) $r = 5$ cm; $s = 8$ cm	e) $A_G = 12\text{ cm}^2$; $h = 6$ cm	f) $A_M = 46\text{ cm}^2$; $r = 3$ cm

6. Berechne jeweils die Höhe der Kreiskegel. Erläutere dein Vorgehen.

a) $V = 5{,}5\text{ cm}^3$; $r = 2{,}2$ cm	b) $V = 638{,}8\text{ m}^3$; $r = 15$ m	c) $V = 410{,}5\text{ m}^3$; $r = 70$ dm
d) $V = 15{,}6\text{ dm}^3$; $d = 7{,}0$ dm	e) $V = 818\text{ m}^3$; $d = 25$ m	f) $V = 42{,}7\text{ dm}^3$; $d = 56$ cm

7. Berechne jeweils den Radius der Kreiskegel. Erläutere dein Vorgehen.

a) $V = 17\text{ cm}^3$; $h = 2$ cm	b) $V = 857\text{ m}^3$; $h = 20$ m	c) $V = 9{,}73\text{ m}^3$; $h = 1{,}90$ m
d) $V = 81{,}14\text{ dm}^3$; $h = 12$ dm	e) $V = 7{,}566\text{ m}^3$; $h = 1{,}23$ m	f) $V = 555\text{ m}^3$; $h = 15$ m

8. Ein tropfender Wasserhahn verliert pro Sekunde einen Tropfen Wasser von 2 mm Durchmesser. Wie viele Tage dauert es, bis ein Liter Wasser verloren gegangen ist?

9. Berechne das Volumen einer Hohlkugel mit dem inneren Radius r_i von 20 mm und dem äußeren Radius r_a von 25 mm. Gib Beispiele für Hohlkugeln an.

10. Berechne jeweils Radius und Durchmesser der Kugeln mit folgenden Rauminhalten:

a) 12 cm^3	b) 5 m^3	c) $7\,l$
d) 14 dm^3	e) 120 ml	f) $27\,000\text{ mm}^3$

Weiterführende Aufgaben

1. Wie ändert sich das Volumen eines Kegels?
Prüfe jeweils am Beispiel. Lege dazu den Radius vom Grundkreis und die Höhe des Kegels selbst fest. Formuliere allgemeine Aussagen.
a) Die Höhe wird verdoppelt und der Grundkreisradius bleibt gleich.
b) Der Grundkreisradius wird verdoppelt und die Höhe bleibt gleich.

2. Zeichne das Netz und das Zweitafelbild der Körper. Berechne ihr Volumen.
a) Kegel ($r = 2$ cm; $h = 4$ cm) b) Kegel ($d = 5$ cm; $s = 6$ cm)

3. Berechne jeweils das Volumen der Kreiskegel, die durch folgende Rotationen entstehen. Erläutere dein Vorgehen.

a) 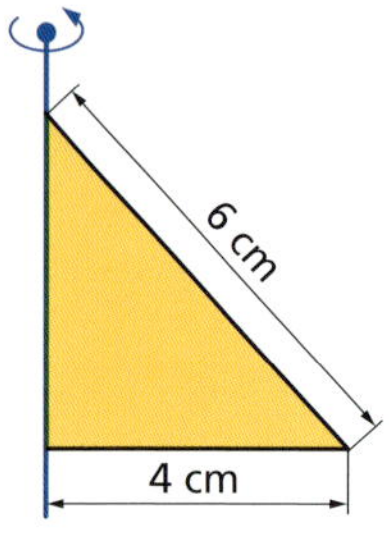

b) 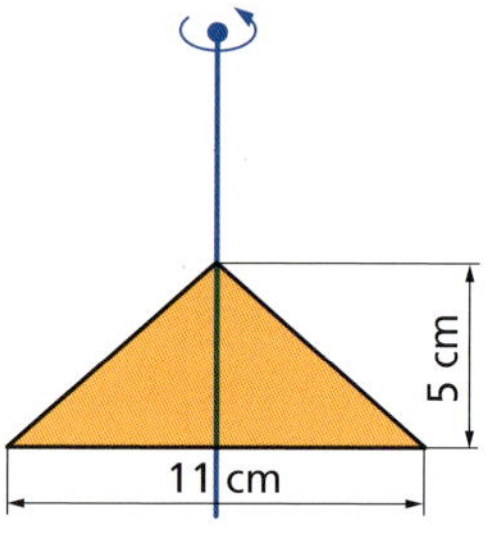

c) 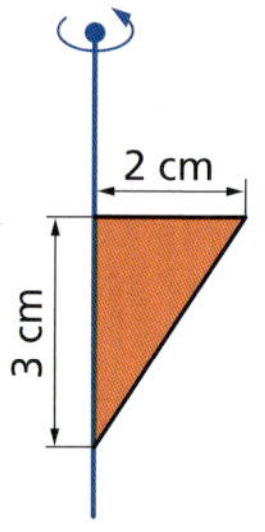

4. Aus einem Würfel mit einer Kantenlänge von 7,0 cm wird die größtmögliche Kugel gefräst. Wie groß ist ihr Volumen? Gib den entstandenen „Abfall" in Prozent an.

5. In einen Würfel mit einer Kantenlänge von 0,7 dm wurden vier halbkugelförmige Hohlräume mit jeweils einem Durchmesser von 0,3 dm gefräst. Die Mittelpunkte der Hohlräume liegen in den Schnittpunkten der Diagonalen der Seitenflächen.
a) Zeichne die Draufsicht und die Vorderansicht des Körpers.
b) Wie groß ist der prozentuale Abfall?
c) Welche Masse hat das Werkstück, wenn es aus Fichtenholz mit einer Dichte von $\varrho = 0{,}5\,\frac{\text{g}}{\text{cm}^3}$ besteht?
d) Auf wie viel Prozent erhöht sich der Abfall, wenn die Hohlräume auf allen sechs Seiten des Würfels gefräst werden?

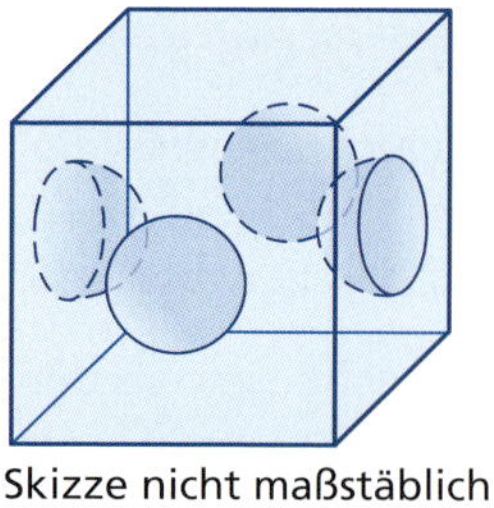
Skizze nicht maßstäblich

6. Wie ändert sich das Volumen einer Kugel? Begründe.
a) Der Radius wird verdoppelt.
b) Der Durchmesser wird verdreifacht.
c) Der Radius wird halbiert.
d) Der Durchmesser wird verzehnfacht.

7. Das nebenstehende Schrägbild stellt einen Quader mit einer kegelförmigen Ausbohrung dar. (Maße in Millimeter)
a) Zeichne den Körper in der Vorderansicht und in der Draufsicht.
b) Berechne das Volumen der kegelförmigen Ausbohrung.
c) Berechne auch das Volumen des verbleibenden Restes.

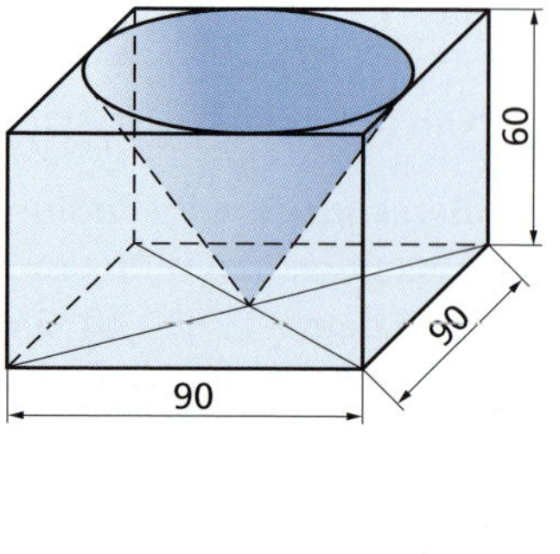

Oberflächeninhalt von Pyramiden und Kegeln berechnen

Der Louvre – ehemals Palast der Könige und Prinzen Frankreichs – ist heute Kunstpalast und beherbergt eines der reichsten Museen der Welt. Es zählt jährlich mehr als fünf Millionen Besucher.

Den Eingang gestaltete der Architekt IOEH MING PEI als quadratische Pyramide aus Stahl, Aluminium und Glas.

Es wäre interessant zu wissen, wie viel Quadratmeter Glas für die 21,65 m hohe und 35,40 m breite quadratische Pyramide benötigt wurden.

Zur Berechnung des **Oberflächeninhaltes** A_O werden die Flächeninhalte aller Begrenzungsflächen addiert (Grundfläche A_G und Mantelfläche A_M). Dies gilt auch für Pyramide und Kegel.

Der **Oberflächeninhalt** A_O einer Pyramide oder eines Kegels ist gleich der Summe aus **Grundfläche** A_G und **Mantelfläche** A_M.

Die Mantelfläche einer Pyramide ist die Summe der Seitenflächen.

$A_O = A_G + A_M$ $\qquad$ $A_M = A_1 + A_2 + \ldots$

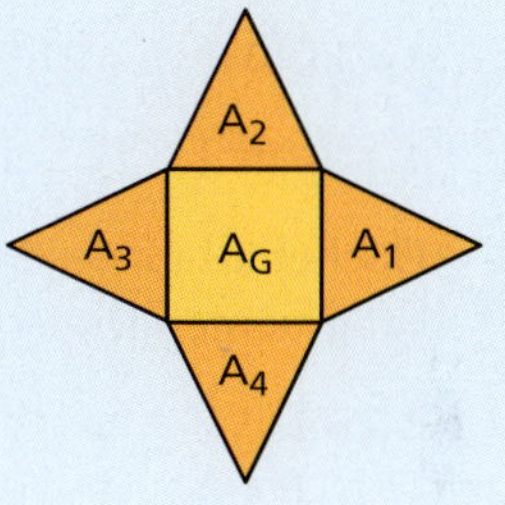

Die Seitenflächen sind Dreiecke. Ihr Flächeninhalt kann berechnet werden, wenn die Grundkantenlänge a und die Seitenflächenhöhe h_a bekannt sind.

Die Pyramidenspitze S, der Fußpunkt M der Körperhöhe h und der Fußpunkt L der Seitenhöhe h_a bilden ein rechtwinkliges Dreieck. Auch die Punkte A, M, S und L, C, S bilden rechtwinklige Dreiecke. Diese rechtwinkligen Dreiecke nennt man **Stützdreiecke.** Für Berechnungen kann der Satz des Pythagoras angewendet werden.

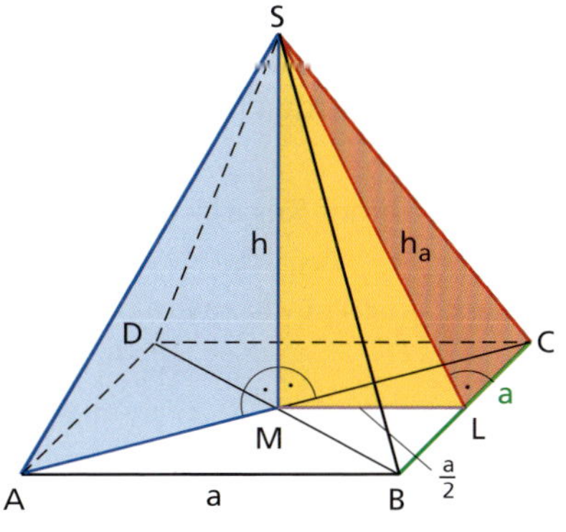

In geraden, quadratischen Pyramiden sind alle Seitenflächen zueinander kongruent.
Untersucht man hingegen eine gerade, rechteckige Pyramide mit den Grundkanten a und b ($a \neq b$), so sind nur die gegenüberliegenden Seitenflächen zueinander kongruent. Die Höhen zueinander benachbarter Seitenflächen unterscheiden sich ebenfalls. Sie werden mit h_a und h_b bezeichnet und können mit dem Satz des Pythagoras berechnet werden.

Zusammenhänge zwischen Länge der Grundkante a, Seitenhöhe h_a, Seitenkante s, Körperhöhe h und der Diagonalen d der Grundfläche in **quadratischen Pyramiden:**

Im △ SML gilt: $h_a^2 = h^2 + \left(\frac{a}{2}\right)^2$

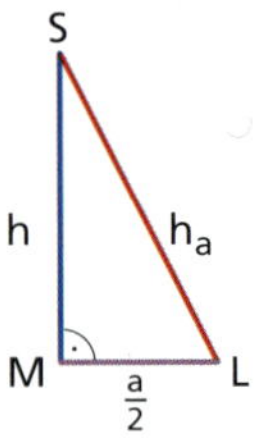

Im △ SLC gilt: $s^2 = h_a^2 + \left(\frac{a}{2}\right)^2$

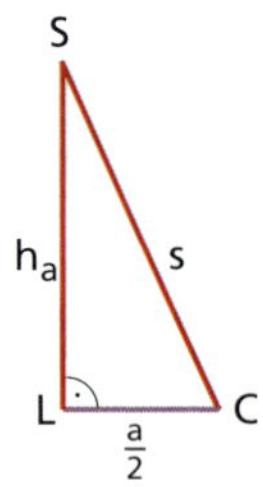

Im △ AMS gilt: $s^2 = h^2 + \left(\frac{d}{2}\right)^2$

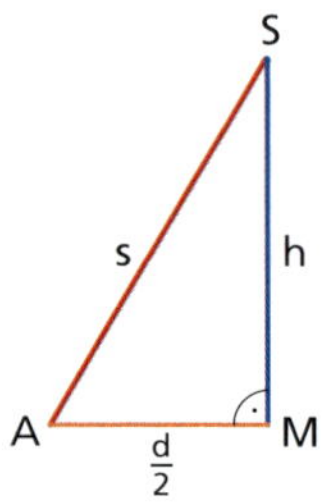

Im Quadrat ABCD gilt: $d^2 = a^2 + a^2 = 2a^2$

$\left(\frac{d}{2}\right)^2 = \left(\frac{a}{2}\right)^2 + \left(\frac{a}{2}\right)^2 = \frac{a^2}{2}$

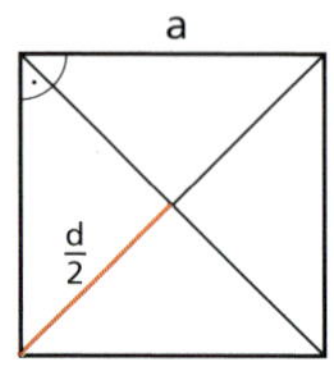

In **rechteckigen Pyramiden** mit den Grundkanten a und b gelten z. B. die Beziehungen:

$h_a^2 = h^2 + \left(\frac{b}{2}\right)^2$; $h_b^2 = h^2 + \left(\frac{a}{2}\right)^2$; $s^2 = h_b^2 + \left(\frac{b}{2}\right)^2 = h_a^2 + \left(\frac{a}{2}\right)^2$

Wie viel Quadratmeter Glas wurden für die Pyramide des Louvre (Kantenlänge 35,40 m; Höhe 21,65 m) benötigt?

Gegeben: $a = 35{,}40\ \text{m}$; $h = 21{,}65\ \text{m}$

Skizze:

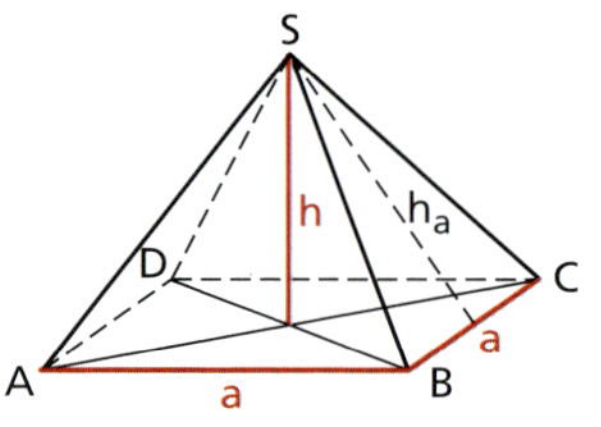

Gesucht: A_M (in m^2)

Lösungsidee: Flächeninhalt des Mantels setzt sich aus vier kongruenten Dreiecksflächen A_D zusammen.

Lösung:

$A_M = 4 \cdot A_D$

$A_M = 4 \cdot \frac{a \cdot h_a}{2} = 2 \cdot a \cdot h_a$

$A_M \approx 2 \cdot 35{,}40\ \text{m} \cdot 27{,}96\ \text{m}$

$A_M \approx 1\,979{,}57\ \text{m}^2$

Nebenrechnung:

$h_a^2 = h^2 + \left(\frac{a}{2}\right)^2$

$h_a = \sqrt{(21{,}65\ \text{m})^2 + \left(\frac{35{,}40\ \text{m}}{2}\right)^2}$

$h_a = \sqrt{782{,}0125\ \text{m}^2}$

$h_a \approx 27{,}96\ \text{m}$

Antwort: Es wurden rund 1 980 m^2 Glas benötigt.

Die **Oberfläche eines Kegels** setzt sich aus Grundfläche und Mantelfläche zusammen.

Es gilt: $A_O = A_G + A_M$ $\quad A_G = \pi \cdot r^2$

Die Mantelfläche ist ein Kreissektor. Es gilt:

$A = \frac{\alpha}{360°} \cdot \pi \cdot s^2 \qquad b = \frac{\alpha}{360°} \cdot 2\pi \cdot s$

Somit gilt: $\mathbf{r = \frac{\alpha}{360°} \cdot s}$ $\quad$ wegen $b = u = 2\pi r$

Daraus folgt: $A_M = \pi \cdot \frac{\alpha}{360°} \cdot s \cdot s = \pi \cdot r \cdot s$

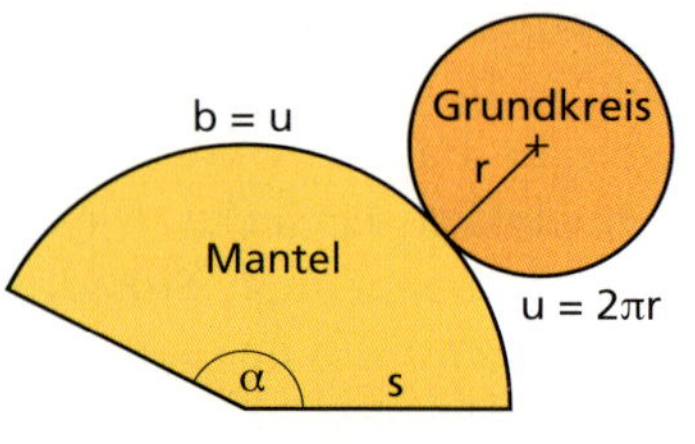

Für den **Oberflächeninhalt A_O** eines geraden Kreiskegels mit dem Grundkreisradius r und der Mantellinie s gilt:

$A_O = A_G + A_M$; $\quad A_G = \pi \cdot r^2$; $\quad A_M = \pi \cdot r \cdot s$

$A_O = \pi \cdot r(r + s)$

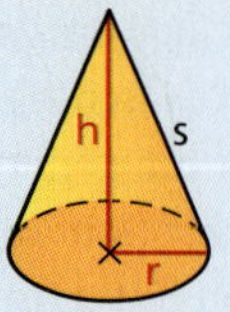

Ein Kegel hat einen Grundkreisradius von 10 cm und eine Höhe von 15 cm. Berechne den Oberflächeninhalt des Kegels.

Gegeben: $r = 10\text{ cm}; h = 15\text{ cm}$ Gesucht: A_O (in cm^2) Skizze:

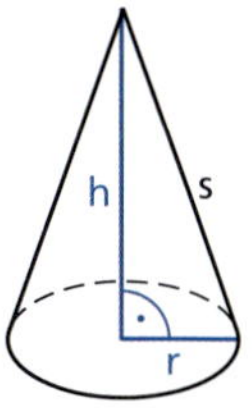

Lösung: $A_O = \pi \cdot r(r + s)$

$A_O = \pi \cdot 10\text{ cm}(10\text{ cm} + \sqrt{325}\text{ cm})$

$A_O = 880{,}5\text{ cm}^2 \approx 881\text{ cm}^2$

NR: $s = \sqrt{h^2 + r^2}$

$s = \sqrt{(15\text{ cm})^2 + (10\text{ cm})^2}$

$s = \sqrt{325}\text{ cm}$

Antwort: Der Oberflächeninhalt beträgt ca. 881 cm^2.

Probiere es selbst:

Berechne jeweils den Oberflächeninhalt der Kreiskegel. Erläutere dein Vorgehen.

a) $r = 9\text{ cm};\ s = 19\text{ cm}$ b) $r = 40{,}4\text{ m};\ s = 75{,}8\text{ m}$ c) $r = 9{,}36\text{ dm};\ s = 159{,}65\text{ dm}$
d) $d = 51\text{ mm};\ s = 149\text{ mm}$ e) $d = 20{,}3\text{ cm};\ s = 387\text{ mm}$ f) $d = 9{,}52\text{ m};\ s = 703\text{ cm}$

Erste Schritte

1. Berechne den Inhalt der Mantelfläche A_M und den Oberflächeninhalt A_O einer Pyramide mit den angegebenen Größen. Arbeitet zu zweit und kontrolliert eure Ergebnisse.
a) quadratische Grundfläche: $a = 5\text{ cm}; h = 7{,}5\text{ cm}$
b) quadratische Grundfläche: $a = 0{,}8\text{ dm}; h_a = 1{,}2\text{ m}$
c) quadratische Grundfläche: $A_G = 2{,}25\text{ m}^2; s = 1{,}2\text{ m}$
d) rechteckige Grundfläche: $a = 2{,}5\text{ dm}; b = 4{,}1\text{ dm}; h = 7{,}4\text{ dm}$
e) rechteckige Grundfläche: $h = 4{,}5\text{ cm}; s = 5{,}2\text{ cm}; a = 3{,}6\text{ cm}$
f) rechteckige Grundfläche: $a = 0{,}3\text{ m}; b = 1{,}2\text{ m}; s = 2{,}2\text{ m}$

2. Das Dach des Standplatzes der Mülltonnen soll neu gedeckt werden. Es hat die Form einer quadratischen Pyramide mit den Maßen $a = 4{,}5\text{ m}$ und $h = 1{,}25\text{ m}$.
a) Wie viele Dachziegel werden benötigt, wenn man für einen Quadratmeter 48 Ziegel braucht?
b) Mit welchen Kosten ist zu rechnen, wenn gleichzeitig 15 Müllstandplätze mit einem Kostenaufwand von 42 € pro Quadratmeter zu decken sind?

3. Berechne jeweils die Mantelfläche der Kreiskegel. Erläutere dein Vorgehen.
a) $r = 27\text{ cm};\ s = 40\text{ cm}$ b) $r = 32{,}8\text{ dm};\ s = 81{,}1\text{ dm}$ c) $d = 50\text{ m};\ s = 38\text{ m}$
d) $d = 95\text{ cm};\ s = 70{,}4\text{ cm}$ e) $A_O = 913\text{ cm}^2;\ r = 4\text{ cm}$ f) $A_O = 422{,}9\text{ m}^2;\ r = 3{,}6\text{ m}$

4. Berechne die Mantellinie des Kreiskegels.
a) $r = 8\text{ cm};\ h = 12\text{ cm}$ b) $r = 6{,}4\text{ m};\ h = 8{,}3\text{ m}$ c) $d = 14\text{ dm};\ h = 9\text{ dm}$
d) $d = 20{,}8\text{ cm};\ h = 15{,}2\text{ cm}$ e) $A_M = 560\text{ cm}^2;\ r = 7\text{ cm}$ f) $A_M = 826\text{ m}^2;\ r = 130\text{ dm}$

5. Berechne jeweils den Radius der Kreiskegel. Erläutere dein Vorgehen.
a) $A_M = 83\text{ cm}^2;\ s = 8\text{ cm}$ b) $A_M = 71{,}4\text{ m}^2;\ s = 6{,}2\text{ m}$
c) $A_M = 32{,}0\text{ cm}^2;\ A_O = 45{,}0\text{ cm}^2$ d) $A_O = 64\text{ m}^2;\ A_M = 25\text{ m}^2$
e) $s = 13\text{ cm};\ h = 12\text{ cm}$ f) $s = 3{,}7\text{ cm};\ h = 2{,}8\text{ cm}$

Oberflächeninhalt einer Kugel angeben

Beim Zylinder und beim Kegel konnten die Mantelflächen in eine Ebene abgewickelt werden. Dadurch war es möglich, auch für diese Körper Netze zu zeichnen und Oberflächeninhalte zu ermitteln. Bei Kugeln ist dieser Weg nicht möglich. Beim Versuch, eine Apfelsine zu schälen und die Schalen in eine Ebene zu legen, wird dies deutlich.

Um den Oberflächeninhalt einer Kugel zu bestimmen, muss ein anderer Weg gefunden werden.

Die Oberfläche eines Fußballs besteht z. B. aus regelmäßigen Fünf- und Sechsecken.
Verbindet man in Gedanken alle Eckpunkte mit dem Kugelmittelpunkt, so erhält man näherungsweise Pyramiden mit dem Kugelradius r als Höhen.

Die Fünfecke und Sechsecke (die Grundflächen der Pyramiden) bilden zusammen die Oberfläche der Kugel. Die Annäherung an eine Kugeloberfläche wird mit zunehmender Anzahl der Teilflächen immer besser.

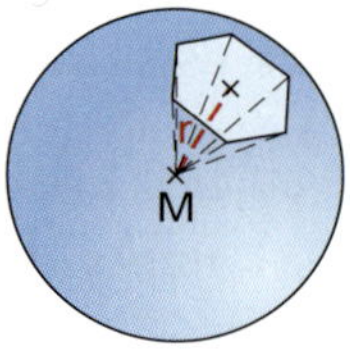

Es gilt für die Pyramiden: $V_1 = \frac{1}{3}A_{G_1} \cdot r$ $\quad V_2 = \frac{1}{3}A_{G_2} \cdot r$ $\quad V_3 = \frac{1}{3}A_{G_3} \cdot r$ usw.

Für das Volumen der Kugel gilt dann:

$$V = V_1 + V_2 + V_3 + \ldots + V_n$$

$$V = \frac{1}{3}A_{G_1} \cdot r + \frac{1}{3}A_{G_2} \cdot r + \frac{1}{3}A_{G_3} \cdot r + \ldots + \frac{1}{3}A_{G_n} \cdot r$$

$$V = \frac{1}{3}r\,(A_{G_1} + A_{G_2} + A_{G_3} + \ldots + A_{G_n})$$

Da alle Grundflächen zusammen die Oberfläche der Kugel bilden, gilt: $V = \frac{1}{3}r \cdot A_O$

Man setzt für V die Formel zur Berechnung des Kugelvolumens ein: $\frac{4}{3}\pi r^3 = \frac{1}{3}r \cdot A_O$

Die Formel wird nach A_O aufgelöst:

$$\frac{4}{3}\pi r^3 = \frac{1}{3}r \cdot A_O \qquad | \cdot 3$$

$$4\pi r^3 = r \cdot A_O \qquad | : r$$

$$4\pi r^2 = A_O$$

> Für den Oberflächeninhalt einer Kugel gilt: $A_O = 4\pi r^2$

Berechnen des Oberflächeninhalts einer Kugel

Wie groß ist der Oberflächeninhalt A_O des Fußballs, wenn sein Durchmesser 22 cm beträgt?

Gegeben: $d = 2r = 22$ cm, $r = 11$ cm Gesucht: A_O Planfigur:

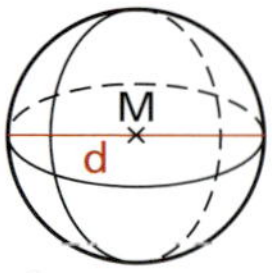

Lösung: $A_O = 4\pi r^2$

$A_O = 4\pi \cdot (11\text{ cm})^2$

$A_O = 1520{,}53\text{ cm}^2$

Antwort: Der Fußball hat einen Oberflächeninhalt von ca. 1520 cm^2.

Probiere es selbst:

Berechne jeweils Radius und Durchmesser der Kugeln mit folgenden Oberflächeninhalten:

a) $16\,cm^2$ b) $77\,mm^2$ c) $100\,m^2$ d) $66\,dm^2$ e) $516\,km^2$

Erste Schritte

1. Ein Basketball hat einen mittleren Durchmesser von 24 cm. Wie viel Quadratzentimeter Leder ist zu seiner Herstellung erforderlich, wenn man 25 % Verschnitt rechnet?

2. Die Lunge eines Menschen enthält rund $4 \cdot 10^8$ Lungenbläschen mit je einem Durchmesser von 0,2 mm. Berechne den Oberflächeninhalt aller Lungenbläschen eines Menschen.

3. Die halbkugelförmige Kuppel einer Kirche soll gereinigt werden. Wie groß ist die Fläche, die bearbeitet werden muss, wenn die Kuppel einen Durchmesser von 12 m hat?

4. Die Größe von Handbällen gibt man mit dem Umfang u an.
a) Wie groß ist der Oberflächeninhalt bei einem Jugendhandball mit u = 54 cm?
b) Wie viel Quadratzentimeter Leder werden für die Herstellung eines Jugendhandballes benötigt, wenn mit 20 % Verschnitt gerechnet wird?
c) Welches Volumen hat solch ein Handball, wenn das Leder eine Stärke von 5 mm hat?

5. OTTO VON GUERICKE führte 1654 den Versuch mit den luftleer gepumpten „Magdeburger Halbkugeln" durch.
Bei dem Versuch gelang es 16 Pferden nicht, diese Kugeln zu trennen. Die Halbkugeln hatten einen Durchmesser von etwa einer drei viertel Magdeburger Elle (eine Magdeburger Elle entspricht etwa 55 cm).
Berechne den Oberflächeninhalt einer solchen Kugel.

6. Angenommen, die Erde hätte die Gestalt einer Kugel. Ihr mittlerer Radius würde 6 371 km betragen. Berechne mit diesen Angaben näherungsweise die Größe der Erdoberfläche.

7. a) Vor euch liegt eine Kugel aus Plastik oder Styropor.
Wie könnt ihr experimentell den Durchmesser der Kugel bestimmen?
b) Protokolliert eure Versuche und wertet diese aus.
Was könnt ihr über die Genauigkeit aussagen?

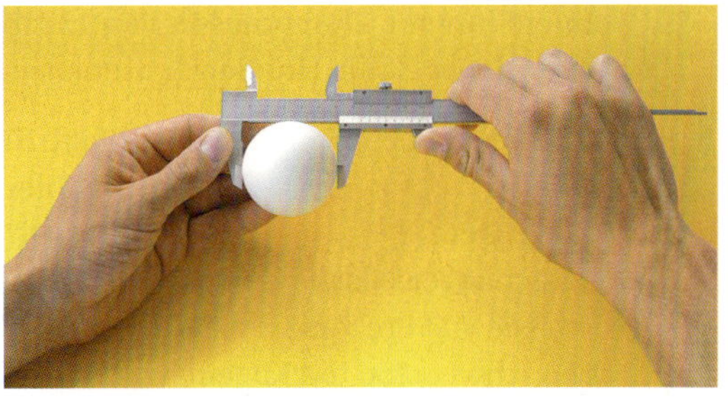

Weiterführende Aufgaben

1. Die Aussichtsetage des Berliner Fernsehturms befindet sich in einem kugelförmigen Teil. Diese Kugel hat einen Durchmesser von 24 m. Sie wurde zur Fußball-WM 2006 als Fußball verkleidet.

a) Ermittle das Volumen und den Oberflächeninhalt dieser Kugel.

b) Bestimme das Verhältnis dieser Kugel zu einem normalen Fußball, der einen Umfang von mindestens 68 cm und höchstens 70 cm hat.

c) Wie groß müsste ein Fußballspieler sein, der die Kugel des Fernsehturms spielen könnte?

2. Die Reichstagskuppel des Deutschen Bundestags zieht viele Besucher an. Die Kuppel ist ein Entwurf des Architekten SIR NORMAN FOSTER. Sie hat einen Durchmesser von 40 m und eine Höhe von 23 m. Die Glasfläche der Kuppel wird regelmäßig gereinigt.

a) Fertige eine Skizze der Kuppel an.

b) Bestimme die ungefähre Glasfläche, die die Fensterputzer reinigen müssen.

c) Für die Reinigung werden acht Fensterputzer eingesetzt. Wie viele Stunden benötigen sie, wenn ein Fensterputzer in einer Stunde ca. 40 m^2 schafft?

d) Wie viele Tage bleibt die Reichstagskuppel für Besucher geschlossen?

e) Die Reichstagskuppel soll für die Reinigung der Fenster nur eine Woche geschlossen werden. Wie viele Fensterputzer müssen nun eingesetzt werden?

3. Die Kugeln beim Boccia haben folgende Durchmesser:

Metallkugel: 7,2 cm $\left(\text{Dichte: } 3{,}9\,\frac{\text{g}}{\text{cm}^3}\right)$;

Holzkugel: 2,4 cm $\left(\text{Dichte: } 1{,}4\,\frac{\text{g}}{\text{cm}^3}\right)$

a) Berechne die Masse der Kugeln.

b) Stimmt die Aussage, dass die Holzkugel nur etwa ein Drittel des Oberflächeninhalts der Metallkugel besitzt? Begründe deine Aussage.

4. a) Welches Volumen hat eine Hohlkugel mit einem äußeren Durchmesser von 1,36 dm und einem inneren Durchmesser von 13 cm?

b) Wie schwer ist die Hohlkugel, wenn sie aus Kupfer besteht?

5. Beim Kugelstoßen gelten folgende Maße für Wettkampfkugeln:

① Männer d = 12,1 cm

② Schüler d = 10,7 cm

③ Schülerinnen d = 9,9 cm

a) Berechne jeweils die Volumen der Kugeln und vergleiche sie.

b) Um wie viel Prozent ist die Kugel der Schüler kleiner als die der Männer?

c) Wie schwer sind die Kugeln, wenn ihre Dichte 7,86 $\frac{\text{g}}{\text{cm}^3}$ beträgt?

5.4 Gemischte Aufgaben

1. Die Cheopspyramide hatte nach ihrer Fertigstellung eine Höhe von 146,5 m und eine Grundkantenlänge von 232,5 m. Durch Witterungseinflüsse und den Abbau der äußeren Beschichtung hat die Pyramide jetzt nur noch eine Höhe von 137 m und eine Grundkantenlänge von 227,5 m.

a) Berechne die Differenz der beiden Volumina.

b) Überprüfe, ob Napoleon mit der ihm zugeschriebenen Äußerung recht hatte, dass man mit den Steinen der Pyramide um ganz Frankreich eine Mauer von 3 m Höhe und 30 cm Breite bauen kann. Nimm zur Vereinfachung an, dass Frankreich die Form eines Quadrats mit dem Flächeninhalt von 551 500 km^2 hat (siehe S. 153).

c) Wie hoch könnte eine 30 cm breite Mauer aus den Steinen der Cheopspyramide um Thüringen sein, wenn du zur Vereinfachung annimmst, dass Thüringen die Form eines Quadrats mit einer Fläche von 16 000 km^2 hat?

d) Ermittle das Gewicht der Blöcke (siehe Abbildung) aus Kalkstein und Granit.
(1 m^3 Kalkstein wiegt 2,5 t, das entspricht etwa dem Gewicht von drei Autos vom Typ VW Golf, und 1 m^3 Granit wiegt 2,8 t.)

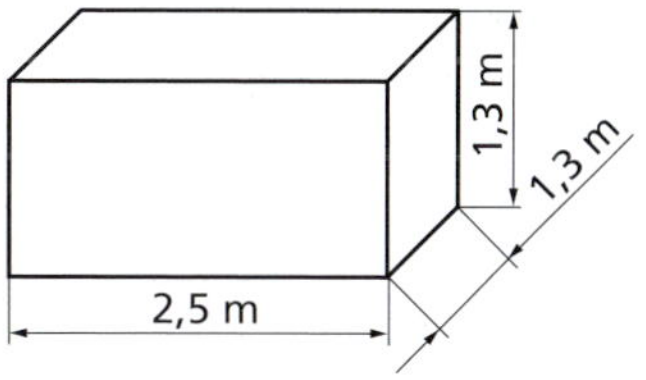

e) Berechne jeweils das Gewicht der Pyramide früher und heute, wenn man nur Kalkstein oder nur Granit verwendet hätte.

2. In welchem Verhältnis stehen die Volumina der folgenden berühmten Pyramiden:

Stufenpyramide des Djoser:	Grundkantenlänge 109 m; Höhe 60 m
Pyramide des Cheops:	Grundkantenlänge 232,5 m; Höhe 146,5 m
Pyramide des Cheheren (Sohn des Cheops):	Grundkantenlänge 216 m; Höhe 136,4 m
Pyramide des Mykerino:	Grundkantenlänge 108 m; Höhe 70 m
Pyramide für den aztekischen Gott Quetzalcoatl (größte Pyramide der Welt):	Grundfläche 18,2 ha; Höhe 54 m

3. Für eine Festveranstaltung sollen Seitenkanten einer Pyramide mit elektrischen Lichterketten behangen werden. Wie lang muss die Lichterkette mindestens sein, wenn die Pyramide 5 m hoch ist und die Grundseiten der rechteckigen Pyramide 8 m lang und 12 m breit sind?

4. Eine quadratische Pyramide ist in verschiedenen Darstellungsformen gegeben. Welche Maße in wahrer Größe können jeweils aus der Zeichnung entnommen werden?

a)
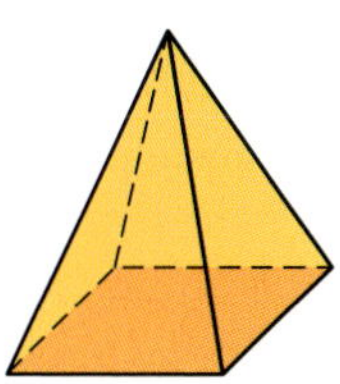

b)
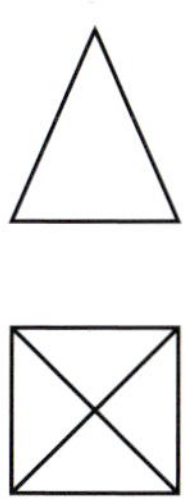

c)
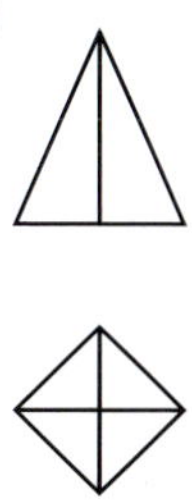

d)
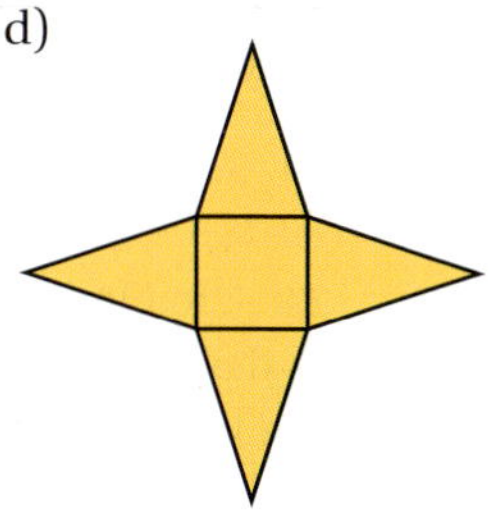

5. In unten stehender Tabelle beziehen sich die Angaben auf eine gerade Pyramide mit rechteckiger Grundfläche. Ergänzt die fehlenden Werte.
Teile die Aufgaben mit deinem Banknachbarn auf. Kontrolliert eure Lösungen gegenseitig.

	a in cm	b in cm	h in cm	s in cm	d in cm	h_a in cm	h_b in cm	V in cm^3	A_G in cm^2	A_M in cm^2
a)	5	4	7							
b)	12		15					480		
c)		12		12,5	15					
d)		6		17,6					42	
e)	13							390	117	
f)				14,54		13,46	14,12			

6. Berechne den Oberflächeninhalt der jeweils dargestellten Pyramide.

a)
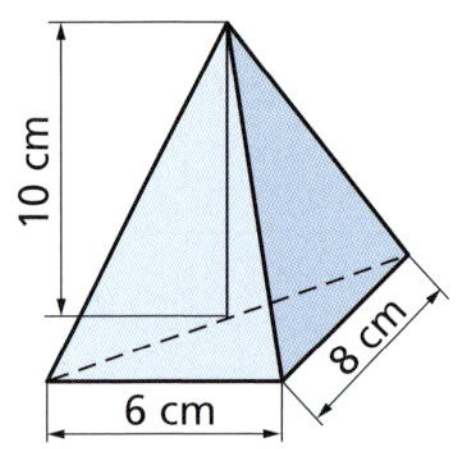

b)
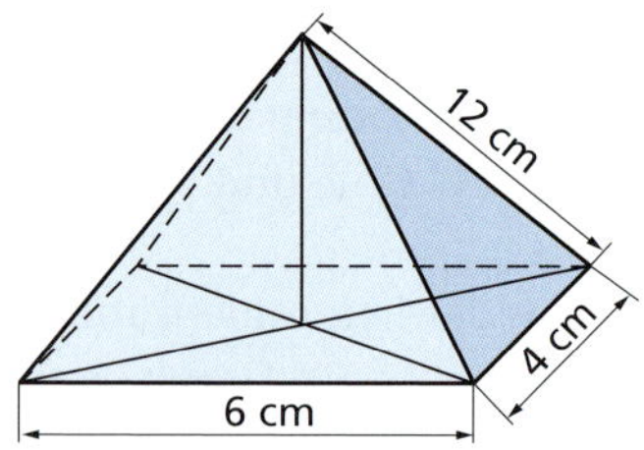

c)
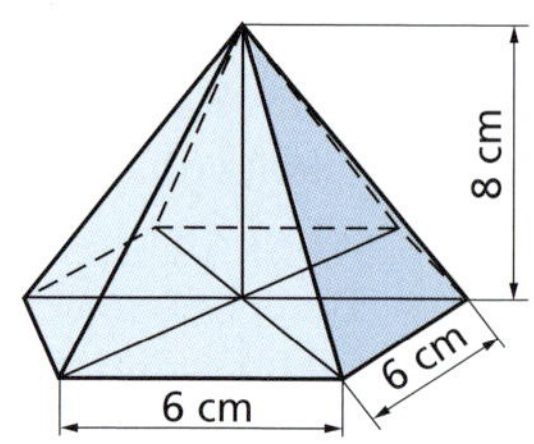

7. Die Grundkante einer quadratischen Pyramide, die zu Werbezwecken aufgestellt wurde, ist 2 m lang. Außerdem ist sie 3 m hoch.
a) Wenn sie mit Werbematerialien beklebt werden soll: Welche Fläche steht dafür zur Verfügung?
b) Eine Bauvorschrift besagt, dass für ein Volumen von mehr als 10 m^3 eine Sondergenehmigung notwendig ist. Stelle eine entsprechende Berechnung auf.
c) Die Seitenkanten werden aus Stabilitätsgründen mit einer Aluminiumschiene verstärkt. Wie viel Meter Schiene werden gebraucht?

8. Wie schwer ist ein Schmuckanhänger aus Gold mit einer quadratischen Pyramidenform? Er hat eine Seitenkantenlänge von 2 cm und eine Grundfläche von 25 mm^2.

9. Bei einer Pyramide bleibt die Grundfläche gleich groß. Die Spitze wird verschoben, die Höhe der Pyramide bleibt unverändert.
a) Wie verändert sich das Volumen?
b) Welche Aussagen kannst du zur Oberfläche dieser Pyramide treffen?

10. Aus einem Würfel aus Buchenholz wird eine größtmögliche Pyramide hergestellt. Der Würfel hat eine Kantenlänge von 8 cm.
a) Stelle die Pyramide im Schrägbild dar.
b) Gib das Volumen und die Masse der Pyramide an.
c) In welchem Verhältnis steht das Volumen der Pyramide zum Volumen des Würfels? Gib den Abfall in Prozent an.

11. Die beiden quadratischen, pyramidenförmigen Dächer der Turmspitzen einer Kirche sollen mit Dachziegeln gedeckt werden ($a = 12$ m; $h_a = 14$ m).
Von der Firma werden 47,00 € pro Quadratmeter für die Dacharbeiten berechnet.
1 m^2 Dachziegel kosten 20,00 €.
Berechne die Kosten für dieses Dach, wenn man mit 5 % Verschnitt und Bruch rechnen muss.

12. Auf einem quadratischen Turm mit der Grundkantenlänge a = 3,50 m und einer Höhe von 10 m befindet sich ein pyramidenförmiges Dach. Die Seitenkanten s der Pyramide sind 8 m lang.
a) Skizziere das Schrägbild des Turmes in einem geeigneten Maßstab.
b) Berechne den Flächeninhalt des Daches und das Volumen des zusammengesetzten Körpers.

13. Berechne die fehlenden Angaben für Kreiskegel. Arbeitet zu zweit.

	r	h	s	A_G	A_M	A_O	V
a)	4 cm	8 cm					
b)		3 m	5 m				
c)			9 mm	124 mm^2			
d)				12,7 cm^2	25,1 cm^2		
e)					4,89 m^2	6,32 m^2	

14. Berechne Volumen und Oberflächeninhalt der folgenden Kreiskegel.
Vermute zunächst, welcher Kreiskegel das kleinste Volumen und den kleinsten Oberflächeninhalt besitzt. Begründe deine Entscheidung.

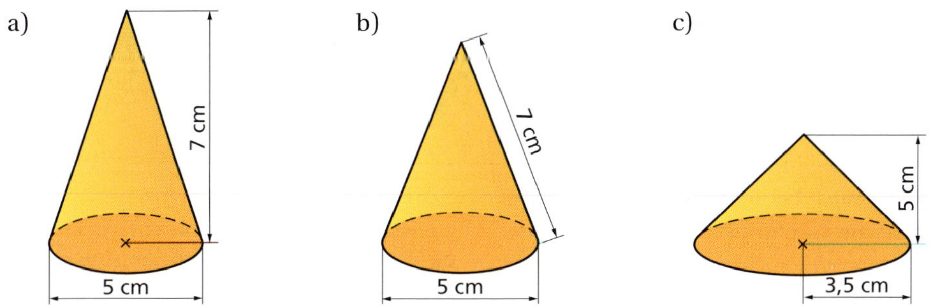

15. Ein 25 cm hoher Kegel hat einen Grundkreisradius von 8 cm. Gesucht sind sein Volumen, die Länge der Seitenlinie, die Mantelfläche und die Oberfläche.

16. Von einem Kegel mit dem Grundkreisradius von 20 cm ist bekannt, dass die Seitenlinie eine Länge von 25 cm hat. Berechne die Höhe, die Mantelfläche und das Volumen des Kegels. Wie groß ist seine Grundfläche?

17. Der Grundkreis eines Kegels hat einen Durchmesser von 14 cm. Seine Höhe beträgt 10 cm. Berechne sein Volumen, die Länge der Seitenlinie und den Oberflächeninhalt.

18. Zum Schutz gegen Kälte werden in einer Gärtnerei über die jungen Stecklinge 10 cm hohe Hütchen in Kegelform gestülpt, die einen Durchmesser von 8 cm haben.
Wie viel Quadratmeter Papier werden für 400 Stecklinge benötigt, wenn man die Klebekante unberücksichtigt lässt?

19. Sabrinas kleine Schwester hat zur Einschulung eine Schultüte bekommen. Sie ist 80 cm groß, hat an der Öffnung einen Durchmesser von 20 cm und die Form eines Kegels.
Nenne drei Gründe, warum es nicht sinnvoll ist, diese Tüte vollständig mit Gummibärchen zu füllen. Vergiss nicht, mathematisch zu begründen!

20. Ein Kegel und ein Kreiszylinder haben gleich große Grundflächen. In welchem Verhältnis stehen die Höhen beider Körper zueinander, wenn sie dasselbe Volumen haben?

21. Ein rechtwinkliges Dreieck ABC mit $\gamma = 90°$; $a = 12$ cm; $b = 5$ cm rotiert in folgender Weise:
a) um die Seite a b) um die Seite b c) um die Seite c
Wie groß ist das Volumen des jeweiligen Drehkörpers?

22. Wenn körnige Stoffe aufgeschüttet werden, entsteht ein Schüttkegel. Der Neigungswinkel des Schüttkegels (auch Böschungswinkel genannt) ist vom Schüttgut abhängig. Er beträgt für feuchten Sand etwa 45° und für Getreide etwa 30°.
a) Berechne, wie viel Kubikmeter Sand ein 8 m hoher kegelförmiger Haufen enthält.
b) Ermittle, wie viel Kubikmeter Getreide ein Kegel mit einen Umfang von 24 m enthält.

23. Der nebenstehende Artikel erschien in der Westfälischen Rundschau am 9. 9. 2008.
Wenn eine Straße einbricht, wurde oftmals unbemerkt das Erdreich unter ihr weggespült.
Schätze das Volumen des „verschwundenen“ Erdreichs aus den Angaben des Zeitungsartikels ab.
Benutze dazu einmal das Volumen einer Halbkugel und das Volumen eines Kegels. Erläutere die Genauigkeit deiner Abschätzung.
Wie viele Lkw-Ladungen Füllmaterial müssen herangeschafft werden, um dieses Loch wieder zu füllen?
Recherchiere dazu, wie groß das Fassungsvermögen eines Lkws ist.

Krater ohne Einschlag
Eine Szene im chinesischen Ort Guangzhou in der Provinz Guangdong: Im Zentrum eines Kraters liegt ein Auto, die Straße war unter dem Fahrzeug zusammengebrochen. Das Loch ist gut fünf Meter tief und hat einen Durchmesser von rund 15 Metern, wie die örtlichen Medien berichteten. Die Untersuchungen über die Ursache dauern an. (Reuters)

24. Während einer vierstündigen Arbeitszeit erzeugt ein Bagger aus der abgetragenen Erde einer Baugrube einen Schüttkegel von 2,5 m Höhe. Welchen ungefähren Durchmesser hat dieser Kegel, wenn die Baugrube die Maße 9 m × 6 m × 1,5 m aufweist und vollständig ausgebaggert wurde?

25. Leon behauptet, dass sich das Volumen eines Kegels verdoppelt, wenn man den Radius verdoppelt. Lisa dagegen meint, dass sich das Volumen eines Kegels vervierfacht, wenn der Radius verdoppelt wird. Was meinst du dazu? Begründe.

26. Ein Schüttgutbehälter hat die Form eines oben offenen Kreiszylinders mit kegelförmigem Abschluss (unten). Der größte Umfang beträgt 9,5 m. Die Mantellinie des Kegels hat eine Länge von 2,4 m. Die Gesamthöhe des Behälters beträgt 3,5 m.

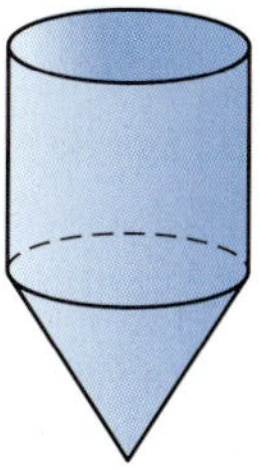

a) Berechne das Fassungsvermögen des Behälters.
b) Berechne die Innenfläche des offenen Behälters.

27. Aus einem Kreiszylinder mit einem Durchmesser d = 24 cm und einer Höhe h = 22 cm wurde ein größtmöglicher Kegel herausgefräst.
a) Berechne das Volumen des Restkörpers.
b) Der Restkörper wird außen rot, innen blau gefärbt.
Berechne die Inhalte der zu färbenden Flächen.

28. Ein symmetrischer Doppelkegel aus Stahl $\left(\varrho = 7{,}8\,\frac{\text{g}}{\text{cm}^3}\right)$ hat eine Gesamtlänge von 20 cm. Er ist 5,6 kg schwer. Berechne den Oberflächeninhalt des Doppelkegels.

29. a) Wie ändert sich das Volumen des Körpers bei folgenden Änderungen:
(1) x wird verdoppelt
(2) y wird verdoppelt
b) Gib jeweils eine Funktionsgleichung an:
(1) V als Funktion von x
(2) V als Funktion von y

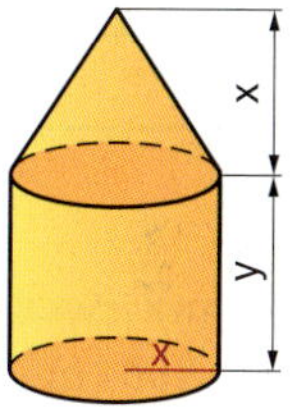

30. In Bonn wurde im Juni 1992 die Bundeskunsthalle eröffnet, deren Wahrzeichen drei kegelförmige Lichttürme sind.
Die mit Edelstahl und Glas verkleideten Spitzen der Türme haben eine Mantellinie von 3 397 cm und einen Durchmesser von 1 528 cm.

a) Berechne den Flächeninhalt der verkleideten Flächen der drei Türme.
b) Fertige ein Modell aus Zeichenkarton oder aus Papier in einem geeigneten Maßstab an.

31. Im Märchen „Hans im Glück“ hatte Hans einen Klumpen Gold als Lohn bekommen. Dieser Goldbrocken sollte so groß sein wie der Kopf von Hans. Nehmen wir an, der Kopf hat eine Kugelform und einen Durchmesser von 20 cm.
a) Wäre Hans wirklich in der Lage, den Goldklumpen selber zu tragen? Begründe.
b) Berechne den Durchmesser des Goldklumpens bei einer Masse von 10 kg.

32. Eine Eistüte hat an ihrer Öffnung meist einen Durchmesser von 5 cm und ist insgesamt ca. 12 cm hoch.

a) Wie viel Softeis passt dort hinein, wenn man sie vollständig füllt und zusätzlich noch eine etwa 6 cm hohe, kegelförmige Spitze daraufsetzt?

b) Der Kalorienbedarf eines Menschen liegt bei etwa 2 500 Kilokalorien pro Tag.
Ein Liter Sahneeis hat etwa 2 200 Kilokalorien. Wie viel Prozent seines täglichen Kalorienbedarfs hat der Eisnascher bereits gedeckt, wenn er das Softeis aufgegessen hat?
Die Kalorien der Eiswaffel können getrost vernachlässigt werden.

33. Aus einem Würfel mit einer Kantenlänge von 12 cm soll ein Kegel mit einem Durchmesser von 8 cm so ausgefräst werden, dass die Höhe des Kegels $\frac{2}{3}$ der Kantenlänge des Würfels entspricht. Zeichne eine Planfigur und berechne das Volumen des Restkörpers.

34. Von einer Kugel ist jeweils nur eine Größe bekannt. Berechne die restlichen Größen.
Arbeite mit deinem Banknachbarn zusammen. Teilt euch die Aufgaben auf und kontrolliert eure Ergebnisse gegenseitig.

	r in cm	d in cm	u in cm	A_O in cm^2	V in cm^3
a)	5,3				
b)			110,6		
c)					817,28
d)		42			
e)				73,62	

35. Berechne jeweils den Kugelradius. Erläutere dein Vorgehen.

a) $V = 100\ cm^3$ b) $A_O = 314\ cm^2$ c) $V = 1000\ dm^3$ d) $V = 1\ l$ e) $A_O = 1000\ mm^2$

36. Eine Halbkugel, ein Kegel und ein Zylinder haben gleiche Grundfläche und gleiche Höhe.
In welchem Verhältnis stehen die Rauminhalte und die Oberflächeninhalte zueinander?
In welchem Verhältnis stehen Rauminhalte und Oberflächeninhalte zweier Kugeln zueinander, deren Radien sich wie 1 : 3 verhalten?

37. Die Granitkugel hat einen Durchmesser von ca. 1,80 m.
Ermittle alle Angaben zu diesem Kunstwerk.

38. Um wie viel Prozent nimmt das Volumen einer Kugel zu, wenn ihr Radius um 10 % größer wird?

39. Berechne den Radius einer Kugel, bei der die Maßzahlen von Oberfläche und Volumen übereinstimmen.

40. Eine Kugel ist einem Kreiszylinder einbeschrieben. In welchem Verhältnis stehen der Oberflächeninhalt der Kugel und der Mantelflächeninhalt des Kreiszylinders zueinander?

41. Ein Quarzkristall (siehe Abbildung rechts)besteht aus einem regelmäßigen sechsseitigen Prisma mit einer Grundkante a = 1,7 cm und einer Höhe h = 6,2 cm sowie zwei aufgesetzten Pyramiden mit den Seitenkanten s = 2,5 cm.
Der Kristall hat eine Masse von 145 g.
a) Berechne die Dichte von Quarz.
b) Vergleiche deinen errechneten Wert mit den Werten eines Nachschlagewerks.

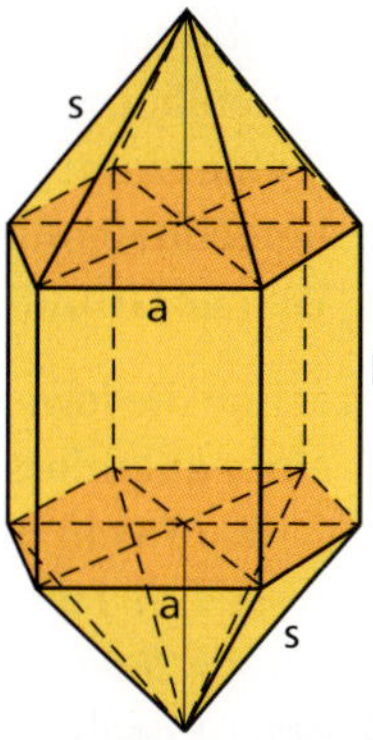

42. Entscheide, welcher der folgenden Körper das größte Volumen hat.
Schätze zuerst und rechne dann.
Skizziere die Körper.
a) ein Würfel mit a = 7 cm
b) ein Quader mit l = 20 cm; b = 5 cm und h = 3 cm
c) eine quadratische Pyramide mit a = 6 cm und h = 30 cm
d) ein Kreiskegel mit r = 8 cm und h = 5 cm
e) ein Kreiszylinder mit u = 15,5 cm und h = 6 cm
f) eine Kugel mit r = 5 cm

43. Angenommen, die nebenstehende Eistüte wäre echt und mit richtigem Eis gefüllt (siehe S. 139):
Wie viele Liter Eis hätte man für eine Kugel verwenden müssen? Schätze zuerst und ermittle dann das Volumen.

44. Aus einem würfelförmigen Styroporblock mit der Kantenlänge 40 cm wurde eine 30 cm hohe regelmäßige quadratische Pyramide herausgeschnitten, deren Boden eine Kantenlänge von 35 cm hat. Diese wird dann oben auf einen identischen Styroporblock aufgeklebt.
a) Zeichne eine Planfigur.
b) Berechne den Oberflächeninalt dieses Gebildes.

45. Berechne Volumen V und Oberflächeninhalt A_O folgender Körper.

a) 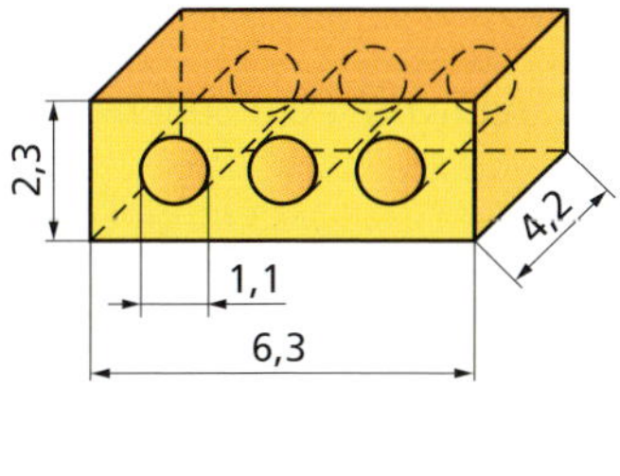

b) 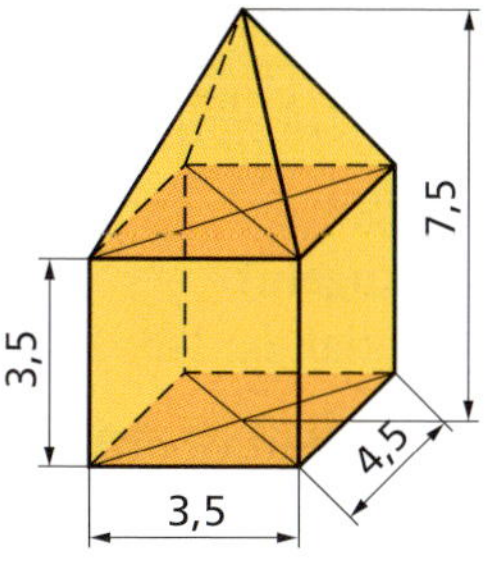

c) 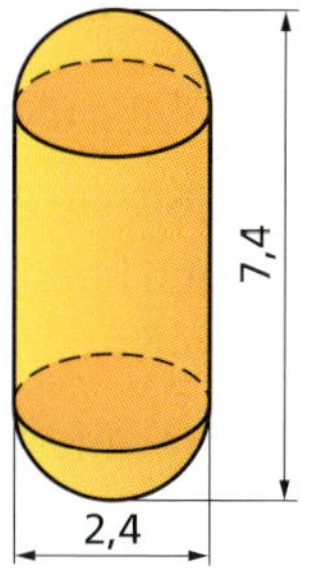

(Maßangaben in Meter)

46. Was ist schwerer?
Eine Kugel aus Styropor mit einem Durchmesser von 1000 mm oder 100 Stahlkugeln mit einem Durchmesser von jeweils 1 mm?
Hinweis: $\varrho\,(\text{Styropor}) = 0{,}02\,\frac{\text{g}}{\text{cm}^3}$; $\varrho\,(\text{Eisen}) = 7{,}8\,\frac{\text{g}}{\text{cm}^3}$

Teste dich selbst

1. a) Zeichne das Schrägbild einer geraden Pyramide, deren rechteckige Grundfläche die Seitenlängen 12 cm und 18 cm hat und deren Seitenkante 25 cm lang ist.
Wähle einen geeigneten Maßstab.
b) Berechne Volumen und Oberflächeninhalt dieser Pyramide.
c) Welche Grundfläche hat ein Kegel gleichen Volumens, der halb so hoch ist?

2. Berechne die jeweils angegebenen Größen
a) einer quadratischen Pyramide,
① $a = 15$ cm; $h = 18$ cm (V, A_M)
② $a = 7{,}8$ cm; $h_a = 9{,}4$ cm (V, A_O)
③ $V = 260\ l$; $h = 7{,}2$ dm (a, A_G)
b) eines Kegels.
① $r = 6{,}5$ cm; $h = 11$ cm (V, A_M)
② $d = 7{,}8$ cm; $s = 10$ cm (V, A_O)
③ $V = 250\ \text{cm}^3$; $h = 1{,}2$ dm (r, s)

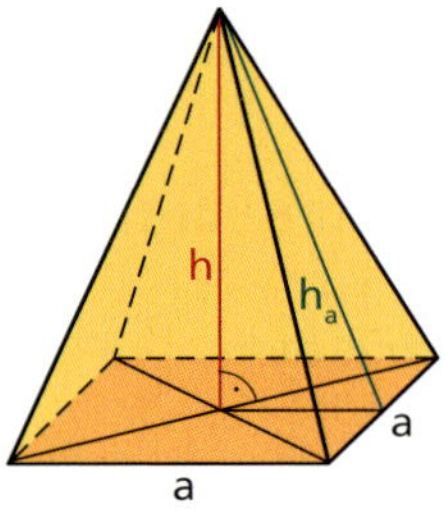

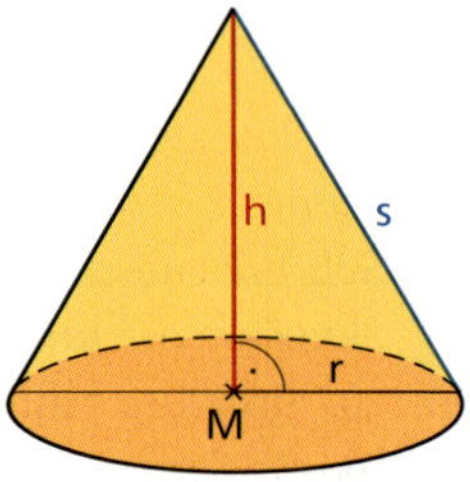

3. Ein kegelförmiger Messbecher soll $500\ \text{cm}^3$ fassen. Welche Maße könnten der Radius r und die Höhe h des Messbechers haben? Gib zwei Möglichkeiten an.

4. Eine quadratische Pyramide mit gleich langen Seitenkanten hat ein Volumen von $125\ \text{cm}^3$. Wie hoch ist sie, wenn ihre Grundkante $a = 2{,}5$ cm beträgt?

5. Ein Zelt hat die Form einer quadratischen Pyramide. Wie viel Quadratmeter Zeltplanenstoff braucht man für den Zeltmantel, wenn das Zelt 1,8 m hoch ist und ein Volumen von $3{,}75\ \text{m}^3$ hat?

6. Ein Kegel hat einen Durchmesser von 12 cm und eine Höhe von 14 cm.
a) Berechne die Masse m, wenn der Kegel aus Stahl $\left(\text{Dichte } 7{,}85\ \frac{\text{g}}{\text{cm}^3}\right)$ besteht.
b) Welche Masse hätte der Kegel, wenn er aus Marmor $\left(\text{Dichte } 2{,}7\ \frac{\text{g}}{\text{cm}^3}\right)$ bestehen würde?
c) Um wie viel Prozent ist der Kegel aus Stahl schwerer als der aus Marmor?

7. Berechne das Volumen und den Oberflächeninhalt
a) einer Kugel mit dem Radius von 5,7 cm,
b) einer Halbkugel mit einem Durchmesser von 8,6 cm.

8. Aus einem Bleiwürfel $\left(\text{Dichte } 11{,}3\ \frac{\text{g}}{\text{cm}^3}\right)$ mit einer Kantenlänge von 4 cm sollen sechs gleich große Kugeln gegossen werden.
Welchen Radius besitzen die Kugeln?
Wie groß ist der Oberflächeninhalt und die Masse einer Kugel?

9. a) Berechne das Volumen und den Oberflächeninhalt des nebenstehenden Körpers.
b) Wie verändert sich das Gesamtvolumen, wenn man den mittleren Zylinder nur halb so hoch, aber dafür doppelt so breit macht und die beiden aufgesetzten Körper entsprechend anpasst?
Die Höhe des Kegels soll aber nicht verändert werden.

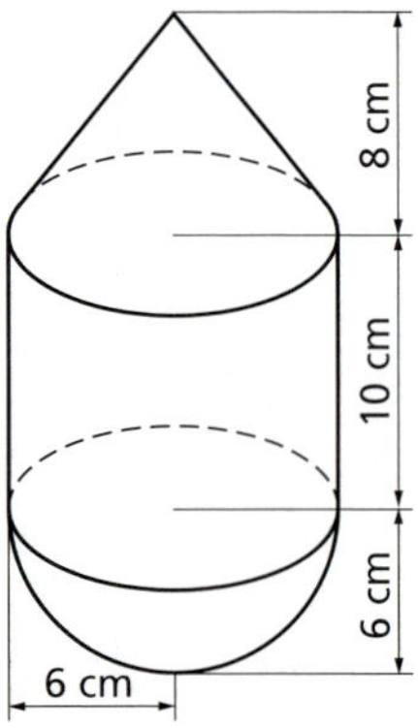

	Pyramide	Kreiskegel	Kugel
Beschreiben **Schrägbild**	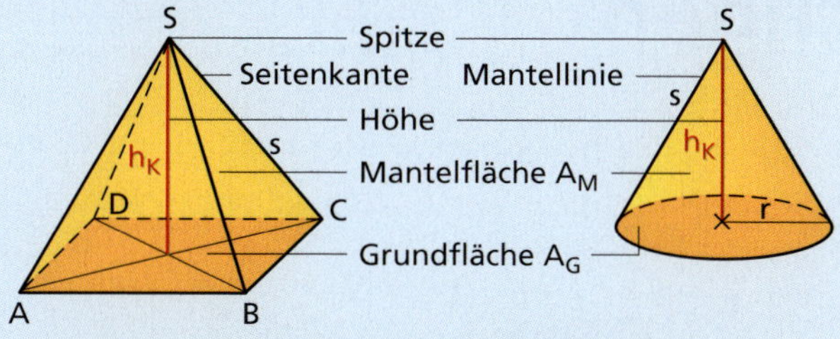		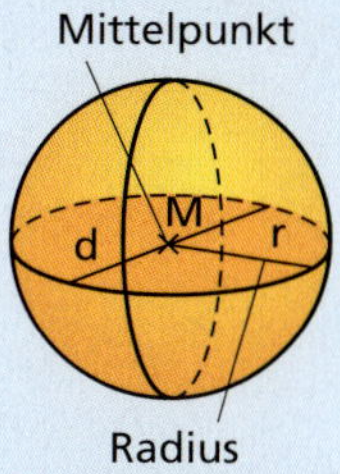

	Pyramide	Kreiskegel	Kugel
Darstellen **Zweitafelbild**	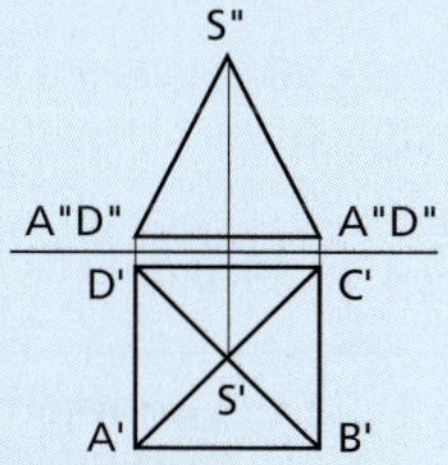	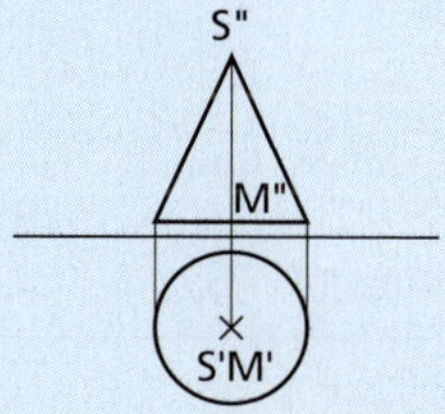	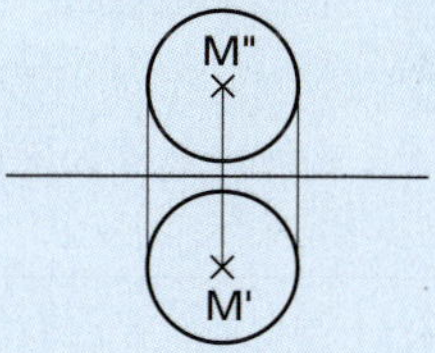
Körpernetz	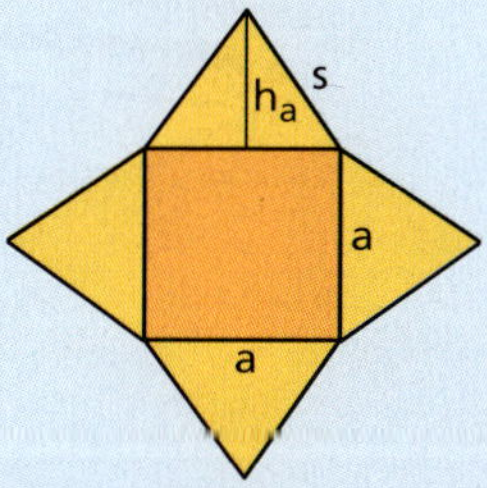	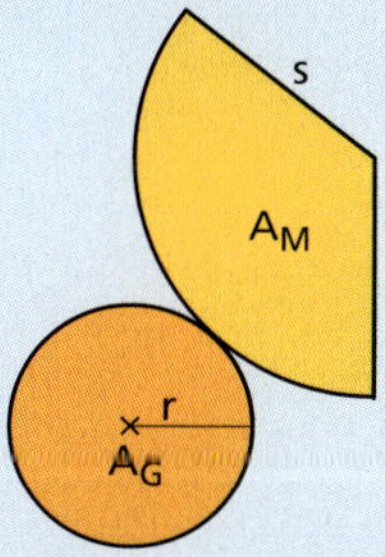	

	Pyramide	Kreiskegel	Kugel
Berechnen **Volumen**	$V = \frac{1}{3} \cdot A_G \cdot h$ quadratische Pyramide: $V = \frac{1}{3} \cdot a^2 \cdot h$	$V = \frac{1}{3} \cdot A_G \cdot h$ $V = \frac{1}{3} \cdot \pi \cdot r^2 \cdot h$	$V = \frac{4}{3} \cdot \pi \cdot r^3$
Oberflächen-inhalt	$A_O = A_G + A_M$ quadratische Pyramide: $A_O = a^2 + 4 \cdot \frac{1}{2} \cdot a \cdot h_a$ $A_O = a^2 + 2 \cdot a \cdot h_a$	$A_O = A_G + A_M$ $A_O = \pi \cdot r^2 + \pi \cdot r \cdot s$ $A_O = \pi \cdot r \cdot (r + s)$	$A_O = 4 \cdot \pi \cdot r^2$

6 Mit Wahrscheinlichkeiten rechnen

Kindersegen
Eine Familie hat zwei Kinder.
Wie groß ist die Wahrscheinlichkeit, dass es zwei Mädchen sind?

Menüauswahl
In einer Kantine stehen zwei Suppen und drei Hauptgerichte zur Auswahl.
Wie groß ist die Wahrscheinlichkeit, dass Herr Hillmann ohne zu überlegen, die Tomatensuppe und das Fischgericht auswählt?
Wie viele verschiedene Menüzusammenstellungen gibt es?

Verspätung im Nahverkehr
Anhand von Untersuchungen hat man festgestellt, dass in einem Jahr 35 % der Züge Verspätung hatten und 25 % der Anschlusszüge verpasst wurden.
Wie groß ist die Wahrscheinlichkeit, dass man den Anschlusszug erreicht, obwohl der erste Zug Verspätung hatte?

Wir konstruieren Glücksräder

Sicherlich kennt ihr von verschiedenen Veranstaltungen (Sommerfest, Stadtteilfest, Werbeveranstaltungen usw.) das Glücksrad. Wenn man daran dreht und ein bestimmtes Feld trifft, gibt es meist einen mehr oder weniger großen Gewinn. Dabei spielt der Zufall eine große Rolle.
Der Zusammenhang von Mathematik und Zufall soll in diesem Kapitel näher untersucht werden. Dabei ist ein Glücksrad recht hilfreich, daher sollt ihr nach der folgenden Anleitung ein eigenes, kleines Glücksrad bauen.

Materialien

Ihr benötigt:
- DIN-A4-Pappe (Karteikartenstärke, etwa 160 $\frac{g}{m^2}$) für das Gestell
- weitere Pappe, um einige Kreisscheiben zu basteln
- mehrere Druckknöpfe für die Mitte der Kreisscheiben
- etwas Schnur (Band), damit das Gestell aufrecht stehen bleibt
- eine Stecknadel als Drehachse für die Kreisscheibe
- ein Stückchen Radiergummi, um die Stecknadel zu halten
- Zirkel, Geodreieck, Stifte

Bauanleitung

Baut zunächst den Ständer für das Glücksrad. Nehmt dazu die große Pappe und faltet sie einmal längs und dann quer, wie es die nebenstehenden Bilder zeigen.

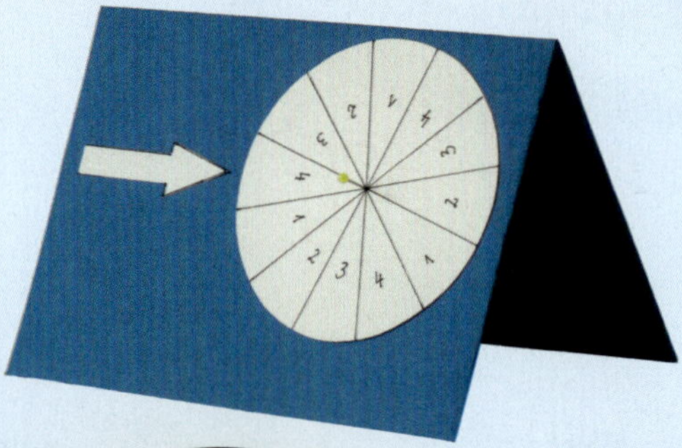

Stanzt jetzt mit einem Locher zwei Löcher in den unteren Rand der Pappe und zieht das Band so hindurch, dass der Ständer nicht mehr auseinandergehen kann.

Baut zunächst die Zahlenscheiben (Typ G12) des Glücksrades. Zeichnet dazu einen Kreis mit dem Durchmesser 10 cm auf ein Stück Pappe und unterteilt diesen Kreis in zwölf gleiche Teile (jeweils einen Winkel von 30° abmessen).

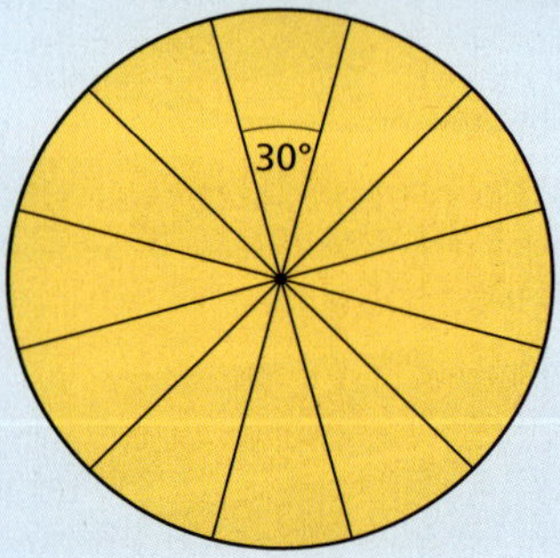

Stecht in die *Mitte* der Scheibe vorsichtig ein kleines Loch. Es soll nur so groß sein, dass der Druckknopf darin befestigt werden kann.

Der Druckknopf dient zur Stabilisierung der Scheibe, damit sie länger hält.

Später wird durch den Druckknopf die Stecknadel geschoben und an dem Ständer befestigt. Der Radiergummi hält die Stecknadel etwas fester.

Vergesst nicht, eine Markierung (Pfeil) auf den Ständer zu zeichnen, damit ihr wisst, wo die „erdrehte" Zahl abzulesen ist.

Fertigt nun erst einmal vier Scheiben nach dem nebenstehenden Muster an.

Kontrolliert, ob euer Glücksrad „rund" läuft und nicht beim Drehen behindert wird. Ist das Loch auch genau in der Mitte?

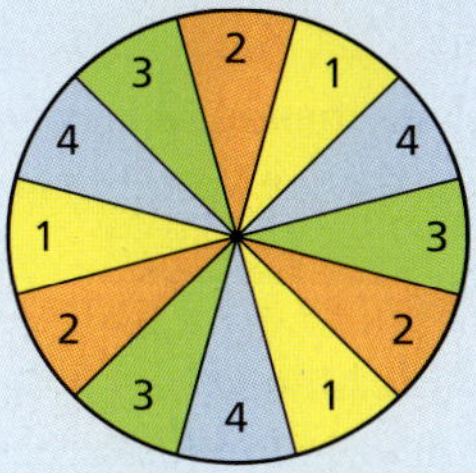

Scheibe A

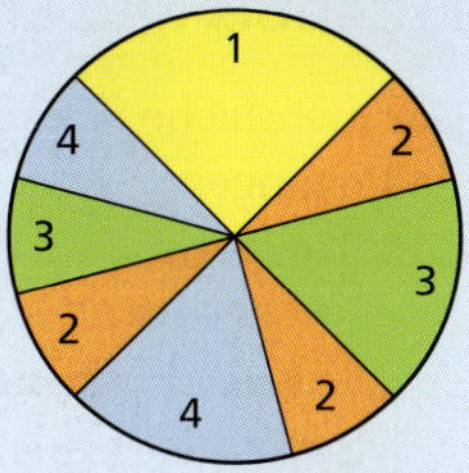

Scheibe B

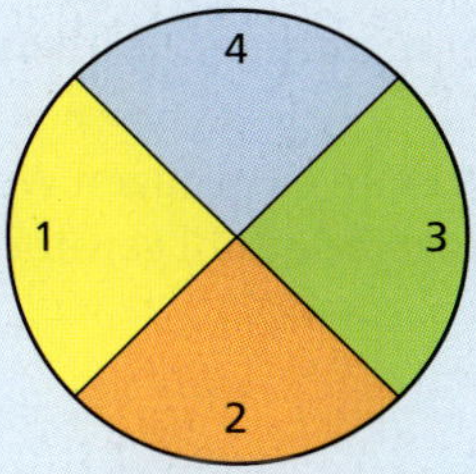

Scheibe C

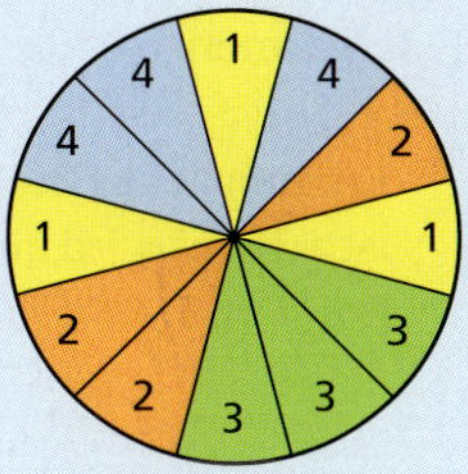

Scheibe D

Experimente

1. Arbeitet in Gruppen und verwendet die vier Glücksräder.
2. Stellt für jedes Glücksrad eine Vermutung auf, wie groß die Wahrscheinlichkeit für das Erdrehen der einzelnen Ziffern ist. Diskutiert und begründet eure Vorschläge.
3. Überprüft eure Vermutung, indem ihr jedes Glücksrad 50mal dreht und die Ergebnisse in einer Strichliste erfasst.
4. Stellt eure Ergebnisse in einem geeigneten Diagramm dar.
5. Wählt nun zwei Glücksräder aus und kombiniert diese in einem Zufallsexperiment.
   Beispiel: Wie groß ist die Wahrscheinlichkeit, dass beim Drehen der Scheibe A *und* der Scheibe C jeweils die Zahl 1 erreicht wird.
6. Überprüft eure Vermutung, indem ihr den Zufallsversuch 50mal durchführt.
7. Erfasst die Ergebnisse in einer Strichliste und stellt diese in einem Diagramm dar.

Versuch	Glücksrad A		Glücksrad C	
	eine 1	keine 1	eine 1	keine 1
1				
2				
3				

8. Diskutiert in der Gruppe, wie sich die Wahrscheinlichkeit für dieses Ereignis ermitteln lässt, ohne das Zufallsexperiment durchführen zu müssen.
9. Wie kann man den Verlauf des Zufallsexperiments grafisch veranschaulichen?

Ergebnis und Ereignis

Das mehrfache Wiederholen eines zufälligen Vorgangs unter gleichen Bedingungen, z. B. das zehnmalige Werfen eines Würfels, nennt man **Zufallsexperiment.**

Die **Ergebnismenge** ist die Menge aller möglichen Ergebnisse eines Zufallsexperimentes, beim Werfen eines Würfels also $\Omega = \{1; 2; 3; 4; 5; 6\}$.

Jede Teilmenge einer Ergebnismenge Ω wird **Ereignis** genannt.

Ein mögliches Ereignis beim einmaligen Werfen eines Würfels ist z. B. „es wird eine ungerade Zahl gewürfelt", also $E = \{1; 3; 5\}$.

Absolute und relative Häufigkeit

Die **absolute Häufigkeit** $H_n(E)$ gibt an, wie oft ein bestimmtes Ereignis E bei n Wiederholungen eines Vorgangs aufgetreten ist.
Die **relative Häufigkeit** $h_n(E)$ eines Ereignisses E beim n-maligen Wiederholen eines Vorgangs ergibt sich als Quotient aus der absoluten Häufigkeit und der Anzahl der Wiederholungen:

$$h_n(E) = \frac{H_n(E)}{n}$$

Beim 50-maligen Würfeln werden die nebenstehenden absoluten Häufigkeiten für die Augenzahlen ermittelt.
Es ergeben sich daraus die relativen Häufigkeiten bezogen auf 50 Würfe.

	1	2	3	4	5	6
H_n	9	10	7	11	6	7
h_n	0,18	0,20	0,14	0,22	0,12	0,14

$h_n(1) = 0{,}18$

$h_n(1) = \frac{9}{50} \mathrel{\widehat{=}} 18\,\%$

Wahrscheinlichkeit

Die relativen Häufigkeiten für das Eintreten eines Ereignisses E bei hinreichend großer Anzahl von Versuchen schwanken um einen festen Wert, der **Wahrscheinlichkeit** P(E) genannt wird. Nach der Laplace-Regel wird die Wahrscheinlichkeit P(E) eines Ereignisses wie folgt berechnet:

$$P(E) = \frac{\text{Anzahl der für E günstigen Ergebnisse}}{\text{Anzahl der möglichen Ergebnisse}}$$

Beim einmaligen Werfen eines (idealen) Würfels beträgt die Wahrscheinlichkeit für das Ereignis „Augenzahl 5":

$P(5) = \frac{1}{6} = 0{,}167 = 16{,}7\,\%$

Aufgaben

1. Gib für folgende Zufallsexperimente die Ergebnismenge an:
a) Werfen einer Reißzwecke
b) Werfen einer Münze
c) Ziehen eines roten Königs aus einem verdeckt liegenden Skatspiel
d) Farbe einer Ampel
e) Ziehen eines Loses

2. Mit einem Würfel wird zweimal geworfen.
Gib für folgende Ereignisse entweder die Menge oder die Bedingung an:
a) E: Die Augensumme soll 4 sein.
b) E = {(1; 2); (2; 3); (3; 4) (4; 5); (5; 6)}
c) E: Das Produkt der Zahlen soll 6 sein.
d) E = {(1; 1); (2; 2); (3; 3); (4; 4); (5; 5); (6; 6)}
e) E: Die Augensumme soll 5 sein.
f) E = {(1; 2); (2; 4); (3; 6)}

3. Ein Würfel wird mehrfach geworfen. Es zeigen sich folgende Zahlen:
6; 3; 2; 2; 1; 4; 4; 3; 1; 5; 2; 2; 6; 3; 2; 4; 6; 3; 4
Mit welcher absoluten bzw. relativen Häufigkeit treten die einzelnen Zahlen auf?

4. Wie groß ist die Wahrscheinlichkeit,
a) mit einem Würfel eine ungerade Zahl zu werfen,
b) aus einem Skatspiel eine Karte zu ziehen, auf der eine Zahl abgebildet ist,
c) bei zweimaligem Werfen einer Münze zweimal Zahl zu haben?

5. In einer Urne befinden sich blaue und gelbe Kugeln. Ermittle jeweils die Wahrscheinlichkeit (in Prozent), beim Ziehen einer Kugel eine blaue auszuwählen.

	a)	b)	c)	d)	e)	f)
blaue Kugeln	8	5	30	20	30	4
gelbe Kugeln	8	10	15	100	20	96

6. Von 28 Schülern der Klasse 8a haben 4 Schüler ihre Hausaufgaben in Mathematik nicht und 7 Schüler nur unvollständig angefertigt. Aus Zeitgründen wählt die Lehrerin nach dem Zufallsprinzip ein Heft zur Kontrolle aus.
Wie groß ist die Wahrscheinlichkeit, dass sich in diesem Heft
a) eine unvollständige Hausaufgabe,
b) eine vollständige Hausaufgabe,
c) keine Hausaufgabe befindet?

7. Robert hat ein Glücksrad mit vier Symbolen gebaut, mehrmals gedreht und dazu nebenstehendes Säulendiagramm erstellt.
a) Wie oft hat er sein Glücksrad gedreht?
b) Wie könnte eine Einteilung seines Glücksrades aussehen?
c) Zeichne deine Variante.

6.1 Mehrstufige Zufallsversuche untersuchen

In einer Familie mit zwei Kindern kann es zwei Mädchen, ein Mädchen oder kein Mädchen geben. Diese drei Möglichkeiten sind aber nicht gleichwahrscheinlich, wie manchmal angenommen wird. Bei einem „Pärchen" gibt es zwei Fälle, das Mädchen oder der Junge kann zuerst geboren worden sein.
Vorgänge mit zufälligem Ergebnis, die aus mehreren Teilvorgängen bestehen, nennt man **mehrstufige Zufallsversuche.**

So kann man z. B. eine Münze und eine Reißzwecke gleichzeitig oder nacheinander auf einen Tisch werfen und untersuchen, welche Seiten jeweils oben liegen. Egal, wie man vorgeht, es sind immer vier Ergebnisse möglich.

Tabelle ausfüllen

Die Ergebnisse lassen sich tabellarisch darstellen.

Reißzwecke / Münze	Spitze oben	Spitze unten
Wappen	Wappen und Spitze oben	Wappen und Spitze unten
Zahl	Zahl und Spitze oben	Zahl und Spitze unten

In solchen Tabellen, die auch als **Mehrfeldertafeln** bezeichnet werden, können zusammengesetzte Ergebnisse sehr anschaulich dargestellt werden.

Baumdiagramme zeichnen

Eine weitere Veranschaulichung kann durch **Baumdiagramme** erfolgen. Hierbei werden auch stufenweise alle möglichen Fälle dargestellt. Teilvorgänge werden nacheinander betrachtet, auch wenn sie in Wirklichkeit gleichzeitig ablaufen.

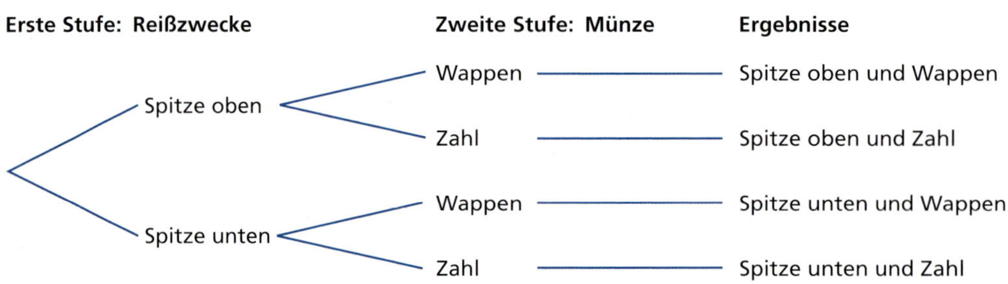

Zur Untersuchung könnte auch ein Baumdiagramm gewählt werden, bei dem auf der ersten Stufe die Lage der Münze betrachtet wird. Baumdiagramme werden auch genutzt, um herauszufinden, wie viele unterschiedliche Wege möglich sind, um von einem Punkt A über einen Punkt B zu einem dritten Punkt C zu gelangen. An Kreuzungen muss man sich oft entscheiden, welchen Weg man wählt.

Auf einer Karte befinden sich drei Punkte A, B und C, die durch drei Wege 1, 2 und 3 im ersten Teil und durch zwei Wege I und II im zweiten Teil miteinander verbunden sind. Es sollen alle Wege herausgefunden werden, die man von A nach C gehen könnte.

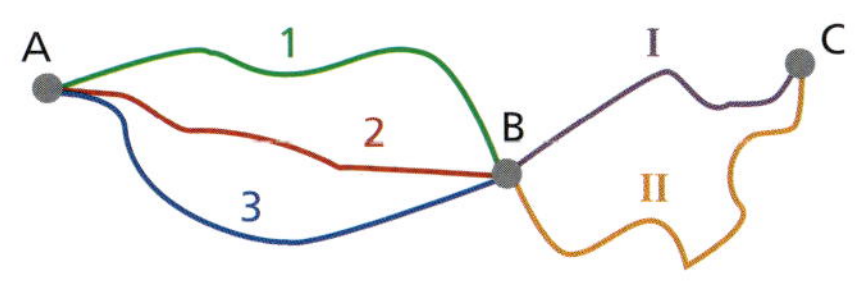

Von A nach B sind es auf der ersten Stufe drei Möglichkeiten und von B nach C auf der zweiten Stufe zwei Möglichkeiten.
Die Anzahl aller möglichen Fälle für den Gesamtvorgang lässt sich berechnen, wenn die Anzahl der Entscheidungsmöglichkeiten jeder Stufe miteinander multipliziert werden:

$3 \cdot 2 = 6$

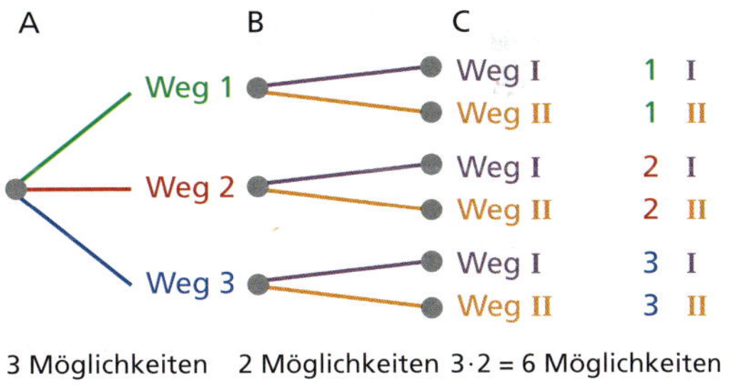

Auch die Geburt zweier Kinder kann man als Zusammensetzung zweier Teilvorgänge ansehen, die nacheinander ablaufen. Jedes Ergebnis des ersten Teilvorganges kann mit jedem Ergebnis des zweiten Teilvorganges kombiniert werden (siehe S. 180).

Eine Familie bekommt nacheinander zwei Kinder, Mehrlingsgeburten werden nicht einbezogen. Bei jeder Geburt kann entweder ein Junge (J) oder ein Mädchen (M) geboren werden.

Das nebenstehende Baumdiagramm stellt diesen zweistufigen Vorgang dar.

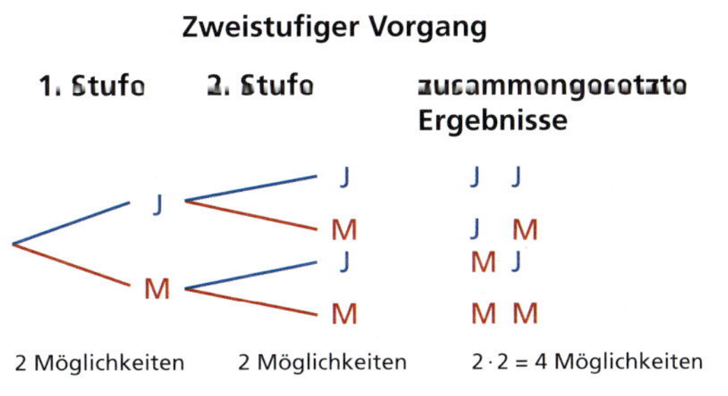

Beim Untersuchen und Darstellen mehrstufiger Vorgänge in Baumdiagrammen sind folgende Schritte wichtig:

1. Es müssen alle Teilvorgänge bestimmt werden, die nacheinander oder gleichzeitig ablaufen. Es muss geprüft werden, welche Ergebnisse der Teilvorgänge von Interesse sind.
2. Die Teilvorgänge werden nacheinander (dem zeitlichen Ablauf entsprechend) angeordnet.
3. Es werden Pfade gezeichnet. Jedes Ergebnis eines Teilvorgangs ist wieder Ausgangspunkt für alle Ergebnisse des folgenden Teilvorgangs. Es wird mit allen Teilvorgängen so verfahren.
4. Jeder fortlaufende Pfad entspricht einem zusammengesetzten Ergebnis.

Pfadregeln anwenden

Wahrscheinlichkeiten zusammengesetzter Ergebnisse lassen sich leicht berechnen.

Beim Berechnen von Wahrscheinlichkeiten zusammengesetzter Ergebnisse mehrstufiger Vorgänge kann die Häufigkeitsinterpretation der Wahrscheinlichkeit verwendet werden.

So ist z. B. die Wahrscheinlichkeit für die Geburt eines Jungen oder eines Mädchens etwa 50 %.
Bei 100 Geburten kann man daher im Mittel damit rechnen, dass 50 Jungen und 50 Mädchen geboren werden.
Bei 50 Geburten sind dann im Durchschnitt 25 Jungen und 25 Mädchen zu erwarten.
Die 50 Familien, die bei der ersten Geburt Mädchen bekommen haben, bekommen dann bei der zweiten Geburt wahrscheinlich auch 25 Jungen bzw. 25 Mädchen.
Die Wahrscheinlichkeit für jede der vier Möglichkeiten bei der zweiten Geburt beträgt also 25 %.

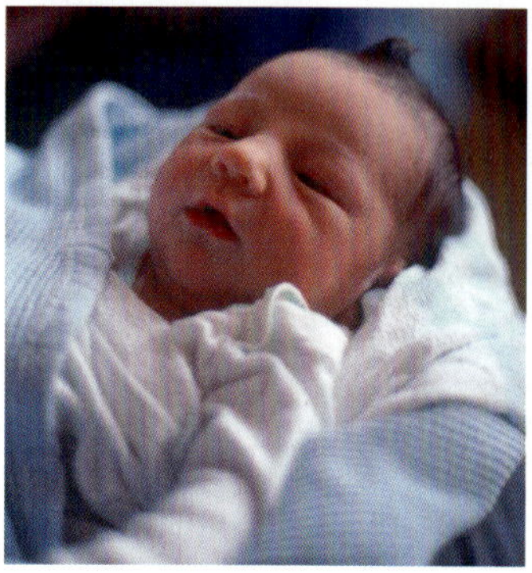

Diese Wahrscheinlichkeit von 25 % gilt nicht nur für 100 Familien, sondern generell.

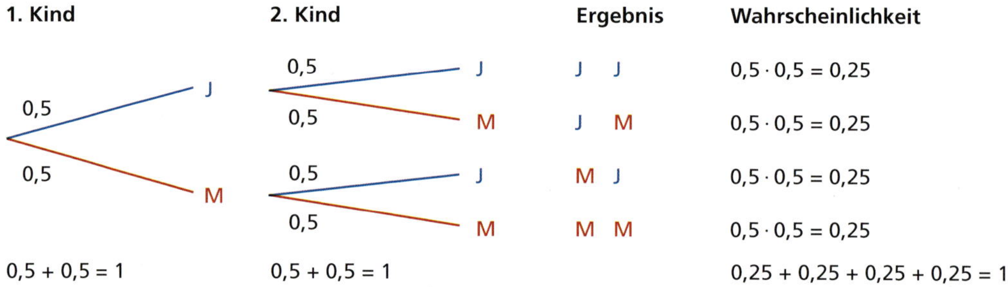

Stellt man die Frage, wie viele Familien ein „Geschwisterpärchen", also einen Jungen und ein Mädchen erwarten können, so erhält man als Ergebnis 50 %, denn: $0{,}25 + 0{,}25 = 0{,}5$
Die Wahrscheinlichkeit für gleichgeschlechtliche Geschwister beträgt ebenfalls 50 %.

1. Pfadregel (Produktregel)
In einem vollständigen Baumdiagramm ist die Wahrscheinlichkeit für ein zusammengesetztes Ergebnis gleich dem Produkt der Wahrscheinlichkeiten längs des Pfades.

2. Pfadregel (Summenregel)
Bilden mehrere zusammengesetzte Ergebnisse ein Ereignis, so ist die Wahrscheinlichkeit des Ereignisses gleich der Summe der Wahrscheinlichkeiten der einzelnen Ergebnisse.

Hinweise:
- Bei der Verzweigung eines Baumes ist die Summe der Wahrscheinlichkeiten aller weiterführenden Pfade gleich 1.
- Die Summe der Wahrscheinlichkeiten aller Ergebnisse mehrstufiger Vorgänge ist immer 1.

Wir betrachten im Folgenden ein einfaches Zufallsexperiment.

In einer Schüssel befinden sich drei rote, drei blaue und zwei grüne Kugeln. Eine Kugel soll zweimal hintereinander mit geschlossenen Augen gezogen werden.

Je nachdem, ob wir die Kugel wieder zurücklegen, bevor wir das nächste Mal ziehen, oder die Kugel nicht zurücklegen, ergeben sich unterschiedliche Wahrscheinlichkeiten für die einzelnen Ergebnisse.

Ziehen mit Zurücklegen

Eine Kugel wird zweimal hintereinander mit geschlossenen Augen gezogen. Die Farbe wird notiert und die jeweilige Kugel dann zurückgelegt.

Baumdiagramm

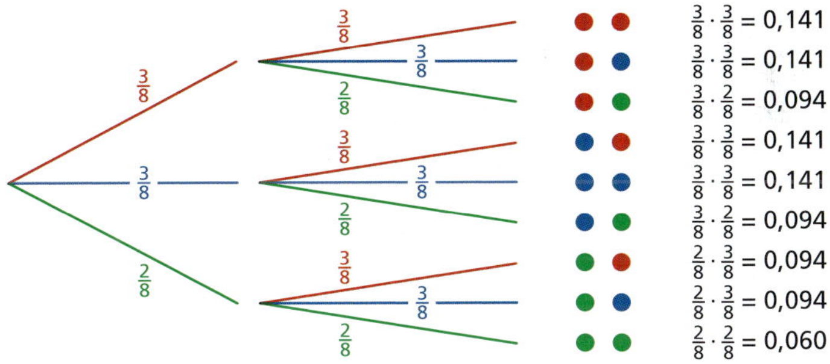

Ziehen ohne Zurücklegen

Eine Kugel wird zweimal hintereinander mit geschlossenen Augen gezogen. Die Farbe wird notiert und die jeweilige Kugel **nicht** zurückgelegt.

Bevor wir das zugehörige Baumdiagramm zeichnen, müssen wir untersuchen, wie sich die veränderte Versuchsdurchführung auf die möglichen Ergebnisse auswirkt.

Wird die Kugel nach dem ersten Ziehen nicht zurückgelegt, so verringert sich die Anzahl der Kugeln vor dem zweiten Ziehen. Es sind dann nur noch sieben Kugeln in der Schüssel.

Baumdiagramm

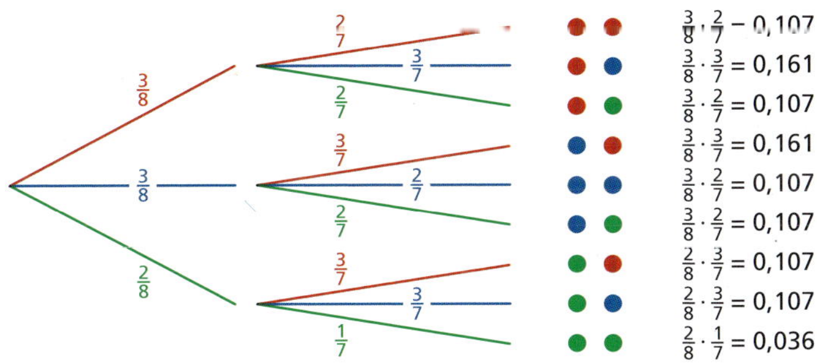

Probiere es selbst:

Untersuche die Wahrscheinlichkeiten für die folgenden Ereignisse für das oben dargestellte zweistufige Zufallsexperiment sowohl für den Fall „mit Zurücklegen“ als auch für den Fall „ohne Zurücklegen“:

a) Es wird zweimal eine rote Kugel gezogen. 19,1 % / 10,7 %

b) Es wird beide Mal keine blaue Kugel gezogen.

c) Es wird erst eine grüne Kugel und dann eine rote Kugel gezogen.

Vereinfachte Baumdiagramme nutzen

Es soll untersucht werden, mit welcher Wahrscheinlichkeit nach dem zweimaligen Würfeln mit einem Würfel die folgenden Ereignisse auftreten:

A: Es tritt genau eine 6 auf.

B: Es tritt keine 6 auf.

C: Es tritt mindestens eine 6 auf.

In den Ereignissen A, B und C interessieren nur Aussagen über die 6. Daher kann man die Ergebnisse 1, 2, 3, 4 und 5 zu dem Ergebnis „keine 6“ zusammenfassen. Im Baumdiagramm erscheinen anstelle von sechs Pfaden auf jeder Stufe nur zwei Pfade.

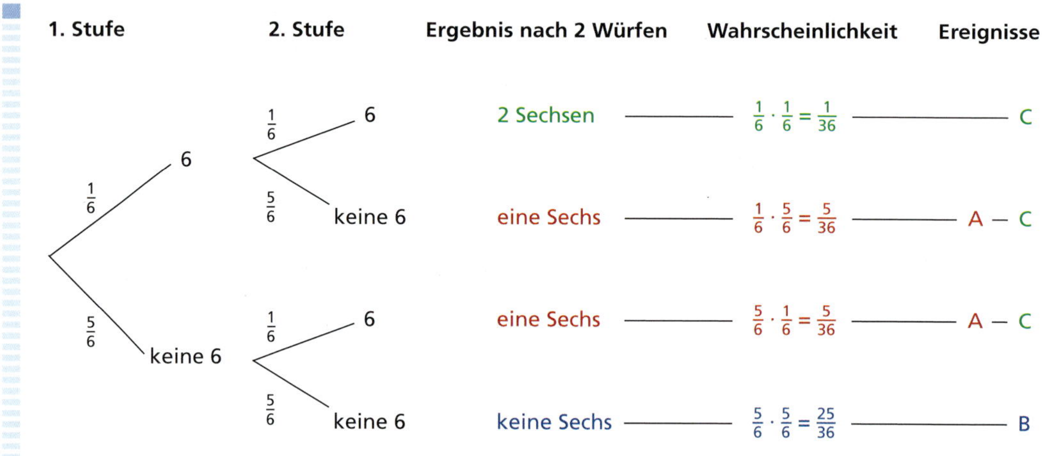

Aus dem Baumdiagramm ist ersichtlich:

A: $P(A) = 2 \cdot \frac{5}{36} = \frac{5}{18} = 0{,}278 = 27{,}8\,\%$

B: $P(B) = \frac{5}{6} \cdot \frac{5}{6} = \frac{25}{36} = 0{,}694 = 69{,}4\,\%$

C: $P(\overline{C}) = P(B) = 0{,}694 = 69{,}4\,\%$

$P(C) = 1 - P(\overline{C}) = 1 - 0{,}694 = 0{,}306 = 30{,}6\,\%$

Zu dem Ereignis C gehören alle Ergebnisse außer dem Ergebnis „Es tritt bei den zwei Würfen keine 6 auf“. Das Ereignis B ist also das Gegenereignis zu C. Bevor man drei Wahrscheinlichkeiten berechnet und addiert, ist es einfacher, mit dem Gegenereignis zu arbeiten.

Hinweis:
Um die Wahrscheinlichkeit zu berechnen, dass ein Ergebnis mindestens einmal auftritt (d. h. ein sogenanntes „Mindest-Ereignis“ ist), berechnet man die Wahrscheinlichkeit des Gegenereignisses: „Das Ereignis tritt bei keiner der Wiederholungen auf“.

P(mindestens einmal A) = 1 – P(keinmal A)

Ist die Anzahl gleicher Stufen in einem Baumdiagramm zu groß, kann folgender Weg gewählt werden:

1. Es werden zwei oder drei Stufen des Baumdiagramms gezeichnet und untersucht, ob sich die Wahrscheinlichkeiten der Ergebnisse auf den Stufen ändern.
2. Die Wahrscheinlichkeit des gesuchten Ereignisses für zwei oder drei Stufen wird bestimmt.
3. Der Rechenweg wird auf die entsprechende Anzahl der Stufen übertragen und die gesuchte Wahrscheinlichkeit wird berechnet.

Mit einem Würfel wird zehnmal hintereinander gewürfelt. Es soll die Wahrscheinlichkeit dafür ermittelt werden, dass keine 6 auftritt.

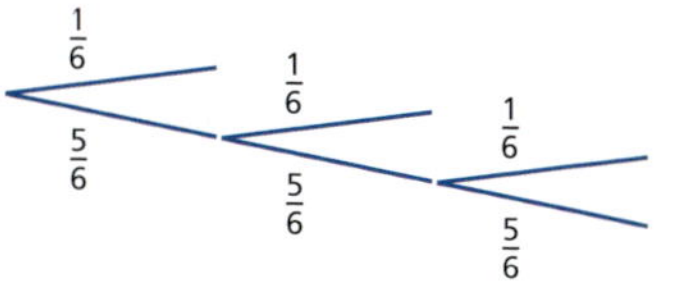

Für zwei Würfe gilt: $P(\text{keine } 6) = \frac{5}{6} \cdot \frac{5}{6} = \left(\frac{5}{6}\right)^2$

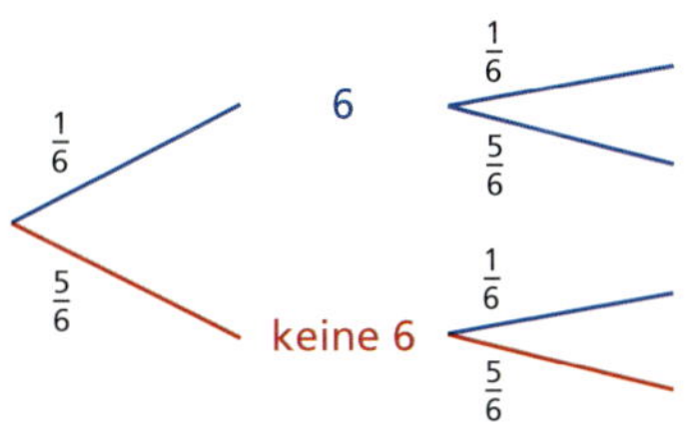

2. Stufe	Ergebnis	Wahrscheinlichkeit
6	zwei Sechsen nach zwei Würfen	$\frac{1}{6} \cdot \frac{1}{6} = \frac{1}{36}$
keine 6	eine Sechs nach zwei Würfen	$\frac{1}{6} \cdot \frac{5}{6} = \frac{5}{36}$
6	eine Sechs nach zwei Würfen	$\frac{5}{6} \cdot \frac{1}{6} = \frac{5}{36}$
keine 6	keine Sechs nach zwei Würfen	$\frac{5}{6} \cdot \frac{5}{6} = \left(\frac{5}{6}\right)^2 = \frac{25}{36}$

Für zehn Würfe gilt: Der Pfad zum Ergebnis „keine 6“ muss 10-mal benutzt werden.

$$P(\text{keine } 6) = P(\overline{6}) = \frac{5}{6} \cdot \frac{5}{6} \cdot \frac{5}{6} \cdot \frac{5}{6} \cdot \frac{5}{6} \cdot \frac{5}{6} \cdot \frac{5}{6} \cdot \frac{5}{6} \cdot \frac{5}{6} \cdot \frac{5}{6}$$

$$P(\text{keine } 6) = P(\overline{6}) = \left(\frac{5}{6}\right)^{10} = 0{,}16 = 16\,\%$$

Die Wahrscheinlichkeit dafür, dass bei den zehn Würfen keine 6 auftritt, beträgt 16 %.

Probiere es selbst:

1. Aus einer Lostrommel mit 10 Gewinnlosen und 50 Nieten kann Chris nacheinander zwei Lose ziehen. Wie groß ist seine Chance
a) genau ein Gewinnlos, b) zwei Gewinnlose, c) nur Nieten
zu ziehen?

2. Zwei Spieler werfen abwechselnd jeweils zweimal hintereinander eine Münze.
Spieler 1 bekommt einen Punkt, wenn bei beiden Würfen die gleiche Seite der Münze oben liegt.
Spieler 2 bekommt einen Punkt, wenn sich die oben liegenden Seiten der Münzen bei beiden Würfen unterscheiden.
Jeder Spieler darf 100-mal werfen.
Wer hat bei diesem Spiel die besseren Chancen?
Begründe.

Erste Schritte

1. Neben dem Computer hat das Handy eine zentrale Bedeutung im heutigen Leben. Kaum jemand möchte darauf verzichten, jederzeit erreichbar zu sein bzw. den Kontakt zu anderen Menschen aufnehmen zu können. Die Ergebnisse einer Befragung wurden in einem Baumdiagramm dargestellt. Leider ist die Grafik unvollständig.

a) Beschreibe den Sachverhalt, den dieses Baumdiagramm darstellt, und ergänze die fehlenden Angaben.

b) Wie viele Mädchen haben kein Handy? Wie viele Jungen haben ein Handy?

c) Sarah rechnet: $\frac{480}{800} \cdot \frac{9}{10} = \frac{432}{800} = 54\,\%$

Deute den Bruch und das prozentuale Ergebnis in Bezug auf den gegebenen Sachverhalt.

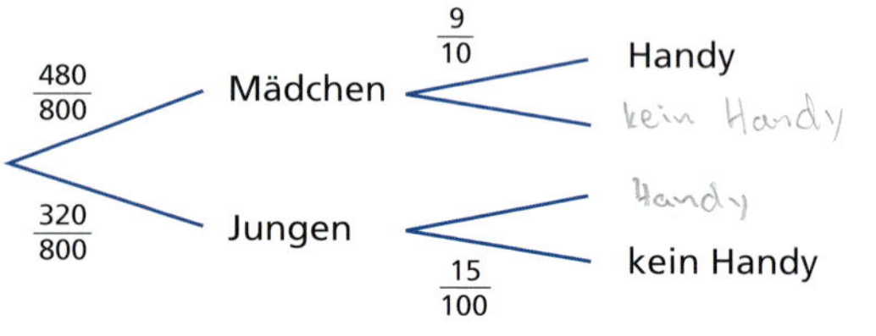

2. Aus einem Skatspiel (32 Karten) wird eine Karte gezogen.
Wie groß ist die Wahrscheinlichkeit dafür, dass

a) eine Dame, b) ein König,

c) eine Karokarte, d) die Karodame

gezogen wird?

3. Wie groß ist die Wahrscheinlichkeit dafür, dass zwei gleichzeitig gezogene Skatkarten

a) zwei Karokarten,

b) zwei Karten einer Farbe,

c) zwei Damen sind?

4. Nebenstehend sind die Netze zweier Würfel abgebildet. Es wird zunächst der gelbe und danach der blaue Würfel geworfen. Danach wird die Summe der geworfenen Zahlen gebildet.

a) Zeichne ein zu dieser Situation passendes Baumdiagramm.

b) Notiere die Wahrscheinlichkeiten an die Pfade.

c) Berechne die Wahrscheinlichkeit für die Summe 11.

d) Berechne ebenso die Wahrscheinlichkeiten für die Summen 9 und 10.

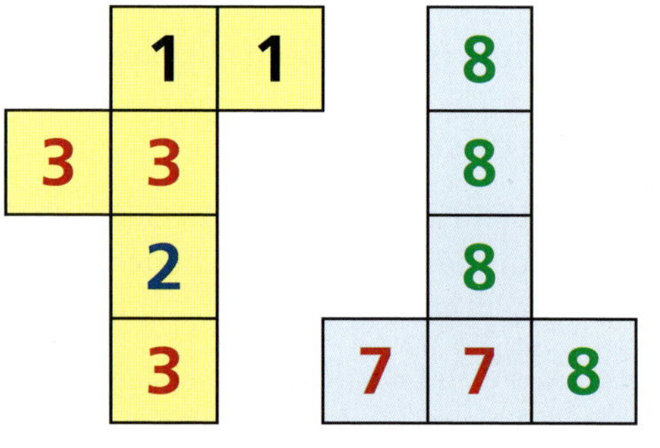

5. a) Übertrage den nebenstehenden Baum in dein Heft.

b) Trage in die blauen Kästchen die fehlenden Wahrscheinlichkeiten ein.

c) Erstelle eine ähnliche Aufgabe mit jeweils drei Verzweigungen.

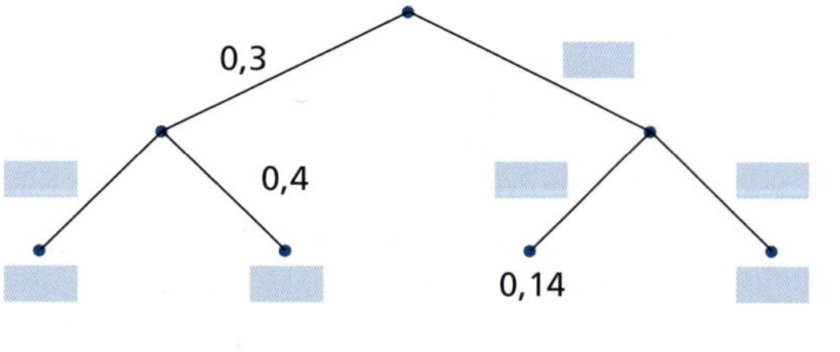

Weiterführende Aufgaben

1. In einer Unterhaltungssendung kann ein Kandidat einen Schatz finden. Er muss sich zuerst entscheiden, ob er durch Tor eins oder durch Tor zwei geht. Hinter jedem Tor befindet sich eine rote, eine gelbe und eine blaue Schatzkiste, von denen er eine öffnen muss.

a) Gib zu der Beschreibung mögliche Teilvorgänge an.

b) Stelle die zusammengesetzten Ergebnisse in einem Baumdiagramm dar.

c) Ermittle die Wahrscheinlichkeiten für das Eintreten der Teilergebnisse der Vorgänge.
Der Kandidat A bevorzugt kein Tor und keine farbige Schatzkiste.
Seine Wahl ist rein zufällig.
Mit welcher Wahrscheinlichkeit findet er den Schatz in der gelben Kiste hinter Tor 2?

2. In einer Urne befinden sich fünf blaue und drei rote Kugeln.
Melanie zieht eine Kugel, notiert die Farbe und legt sie wieder in die Urne zurück. Dasselbe wiederholt sie noch einmal.

a) Zeichne ein Baumdiagramm mit allen Wahrscheinlichkeiten dazu.

b) Wie groß ist die Wahrscheinlichkeit, zwei unterschiedliche Farben zu ziehen?

c) Wie groß ist die Wahrscheinlichkeit, zwei rote Kugeln zu ziehen?

d) Wie ändern sich die Wahrscheinlichkeiten, wenn *ohne* Zurücklegen gezogen wird?

Urnenexperimente
In den bisherigen Beispielen wurden z. B. Bonbons aus undurchsichtigen Tüten, Kaugummis aus Automaten usw. gezogen.
In der Mathematik werden solche Experimente meist als Urnenexperimente bezeichnet.
Als Urne bezeichnet man dabei ein undurchsichtiges Gefäß, in dem sich meist bunte Kugeln befinden, die dann einzeln oder mit einem Griff blind gezogen werden.

HINWEIS

3. In einer Schüssel befinden sich zwei rote, vier blaue und zwei grüne Kugeln. Eine Kugel soll zweimal hintereinander mit geschlossenen Augen gezogen werden. Die Farbe wird notiert und die jeweilige Kugel dann zurückgelegt (siehe S. 183).

a) Zeichne für den genannten Vorgang ein dazugehöriges Baumdiagramm und gib die Wahrscheinlichkeiten der einzelnen Pfade an.

b) Mit welchen Wahrscheinlichkeiten treten nach dem Ziehen folgende Ereignisse ein:
(1) die zweite Kugel ist rot,
(2) es werden zwei nicht rote Kugeln gezogen,
(3) es werden genau zwei rote Kugeln gezogen?
Bevor du die Wahrscheinlichkeiten berechnest, zeichne ein vereinfachtes Baumdiagramm und gib dafür die Wahrscheinlichkeitsverteilung an.

6.2 Gemischte Aufgaben

1. Beim einmaligen Würfeln mit einem Spielwürfel gibt es folgende Ereignisse. Gib jeweils das Gegenereignis in Worten und als Menge an. Berechne die Wahrscheinlichkeit der Ereignisse und der Gegenereignisse. Arbeitet zu zweit.

a) Es wird eine gerade Zahl gewürfelt.

b) Es wird eine Primzahl gewürfelt.

c) Es wird eine gerade Primzahl gewürfelt.

d) Es wird eine ungerade Primzahl gewürfelt.

e) Es wird eine Zahl gewürfelt, die größer als 4 ist.

f) Es wird eine Zahl gewürfelt, die kleiner als 1 ist.

2. Eine Kontrolle auf einer viel befahrenen Straße ergab bei 3 570 Fahrzeugen, dass 427 Fahrzeugführer zu schnell fuhren und 88 Fahrzeugführer nicht angeschnallt waren.

a) Schätze die Wahrscheinlichkeit, dass Fahrer an dieser Stelle zu schnell fahren.

b) Schätze die Wahrscheinlichkeit, dass sich Fahrer in dieser Region nicht anschnallen.

3. Gedreht werden zwei Glücksräder.

a) Wie groß ist die Wahrscheinlichkeit, mit beiden Rädern eine 3 zu erreichen?

b) Wie groß ist die Wahrscheinlichkeit, eine Summe unter 6 zu erreichen?

c) Mit welcher Wahrscheinlichkeit wird ein Pasch (d. h. zwei gleiche Zahlen) erreicht?

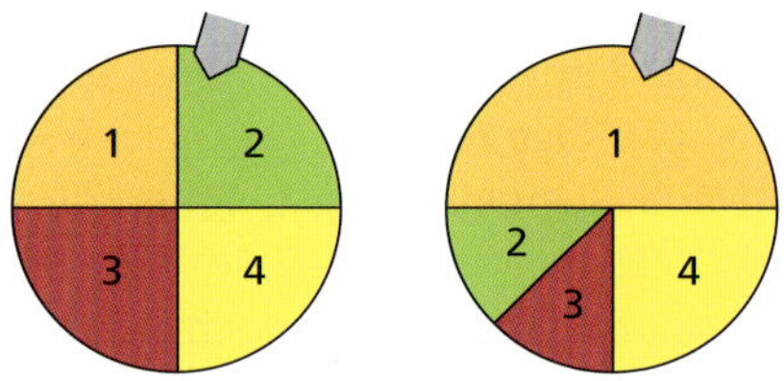

4. Ein Sportclub veröffentlicht folgende Statistik über seine 149 Mitglieder, die entweder Fußball oder Volleyball spielen:

	Fußball	Volleyball	Summe
männlich	56	27	83
weiblich	28	38	66

a) Zeichne ein Baumdiagramm aus diesen Angaben. Die erste Stufe soll das Geschlecht sein.

b) Berechne die Wahrscheinlichkeit, bei zufälliger Auswahl ein Clubmitglied zu finden, das

A: weiblich ist und Fußball spielt,
B: männlich ist,
C: weder männlich noch Volleyballer ist,
D: Volleyball spielt.

c) Ist die Mitgliedschaft in der Fußball- oder Volleyballmannschaft geschlechtsabhängig?

5. Die Hamburger Bürger wurden 2010 zu einem Volksentscheid aufgerufen. Von den 1 251 686 Wahlberechtigten stimmten 276 304 für die vierjährige und 218 065 für die sechsjährige Grundschule.

a) Wie groß war die Wahlbeteiligung, wenn man von ungültigen Stimmzetteln absieht?

b) Stelle den Sachverhalt in einer Vierfeldertafel und in einem Baumdiagramm dar.

c) Um die vierjährige Grundschule durchzusetzen, mussten sich mindestens 20 % aller Wahlberechtigten für diese Schulform entscheiden. Ist das erreicht worden?

6. Bei einer Polizeikontrolle untersuchten die Beamten 250 Autos mit jugendlichen Fahrern, deren Alter bis 27 Jahre betrug, und 750 Autos mit Fahrern, die älter waren. Bei den jugendlichen Fahrern wurden 50, bei den älteren Fahrern 80 Fahrzeuge mit Mängeln festgelegt.

a) Erstelle aus diesen Angaben ein Baumdiagramm und eine Vierfeldertafel.

b) Entscheide und begründe, ob die Wahrscheinlichkeit für ein mangelhaftes Auto von den betrachteten Altersgruppen der Fahrer abhängig war.

c) Zeige, dass die Wahrscheinlichkeit, bei dieser Verkehrskontrolle ein Auto mit Mängeln zu entdecken, 0,13 betrug.

d) Wie viele Autos mit Mängeln können bei der Kontrolle der nächsten 200 Autos erwartet werden, wenn von derselben Wahrscheinlichkeit ausgegangen wird?

e) Mit welcher Wahrscheinlichkeit gilt für die nächsten zehn Autos:

A: Mindestens ein Auto ist mangelhaft. B: Mehr als ein Auto ist mangelhaft.

C: Kein Auto ist mangelhaft. D: Mehr als neun Autos sind mangelhaft.

7. Bei der Herstellung bunter magnetischer Figuren treten unabhängig voneinander Fehler in der Farbgebung und Fehler in der Haftfähigkeit auf.
Die Wahrscheinlichkeit für einen Farbfehler beträgt 5 %, ein Fehler in der Haftfähigkeit liegt bei 2 %.

Eine Figur wird zufällig der Produktion entnommen. Berechne die Wahrscheinlichkeit für folgende Ereignisse:

A: Die Figur hat sowohl einen Farb- als auch einen Haftungsfehler.

B: Die Figur ist fehlerfrei.

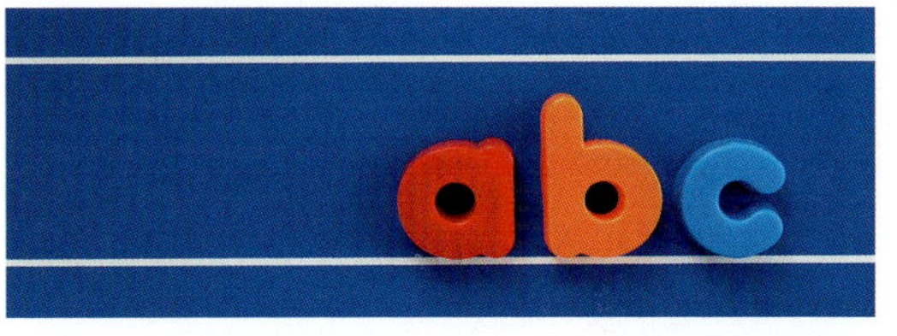

8. Ein Doppelkopfspiel besteht aus 48 Spielkarten. Gegenüber einem Skatspiel fehlen die Karten mit den Ziffern 7 und 8, dafür kommt jede Karte doppelt vor. Es soll zweimal jeweils eine Karte gezogen und wieder zurückgelegt werden.
Mit welcher Wahrscheinlichkeit treten die folgenden Ereignisse ein:

a) eine Zahlkarte und eine Bildkarte

b) zwei Zahlkarten

c) zwei Könige

d) mindestens eine Dame

e) ein Bube und eine Zahlkarte

f) ein König oder eine Dame

9. Bei einer Verkehrszählung an einer Straße wurde festgestellt, dass 25 % der vorbeifahrenden Fahrzeuge Lkws bzw. Kleintransporter, 60 % Pkws und der Rest andere Fahrzeuge waren.
Bestimme die Wahrscheinlichkeit dafür, dass bei gleicher Zusammensetzung des Fahrzeugstroms für zwei vorbeifahrende Fahrzeuge Folgendes zutrifft:

a) Es sind genau zwei Pkws.

b) Es ist ein Pkw und ein Lkw bzw. Kleintransporter.

c) Es ist mindestens ein Pkw.

d) Es sind keine sonstigen Fahrzeuge darunter.

10. In einer achten Klasse mit insgesamt 16 Mädchen und 9 Jungen sollen zwei Teilnehmer für den „Tag der offenen Schultür" per Los ausgewählt werden. Wie groß sind die Wahrscheinlichkeiten dafür, dass beim Losen zwei Jungen bzw. zwei Mädchen ausgewählt werden?

11. Die Gegner eines Bahnprojekts sind bei der Volksabstimmung deutlich gescheitert. 58,8 % der Teilnehmer an der Abstimmung votierten für das Bahnprojekt und 41,2 % dagegen.
Die Wahlbeteiligung lag bei 48,3 %.

a) Stelle den Sachverhalt in einem Baumdiagramm und in einer Vierfeldertafel dar.

b) Die Gegner des Bahnprojekts hätten den Neubau nur verhindern können, wenn sich bei der Volksabstimmung mindestens ein Drittel der ca. 7,6 Millionen Wahlberechtigten gegen diesen Umbau entschieden hätten. Wie viele Personen hätten dann mindestens gegen den Bahnhofsumbau stimmen müssen? Wie groß war die Anzahl der Gegner des Bahnprojekts bei der Volksabstimmung wirklich?

12. Die folgende Tabelle zeigt die auf Wochen gerundete Aufenthaltsdauer eines Patienten mit Hüftknochenbruch im Krankenhaus:

Aufenthaltsdauer	3	4	5	6	7	8	9	10
Wahrscheinlichkeit	0,05	0,1	0,13	0,26	0,18	0,11	0,08	0,09

a) Mit welcher Wahrscheinlichkeit dauert der Aufenthalt im Krankenhaus länger als sechs Wochen?

b) Skizziere die Wahrscheinlichkeitsverteilung in einem geeigneten Diagramm.

13. Man hat zum Öffnen einer verschlossenen Tür ein Schlüsselbund mit acht Schlüsseln zur Verfügung und weiß, dass nur einer passt. Mit welcher Wahrscheinlichkeit passt beim Probieren

a) der erste Schlüssel,

b) der erste Schlüssel nicht?

14. Die Sicherheit eines Flugzeuges wird bestimmt durch die Wahrscheinlichkeit, dass die Motoren im Zeitraum zwischen zwei Wartungen nicht ausfallen. Für jedes Triebwerk sei die Wahrscheinlichkeit, dass es streikt, 0,2 %.
Ist ein zweimotoriges oder ein viermotoriges Flugzeug sicherer, wenn ein zweimotoriges noch mit einem Triebwerk und ein viermotoriges noch mit zwei Triebwerken fliegt?

15. Das sogenannte „Teilungsproblem" findet sich schon in alten arabischen Manuskripten und wurde vom italienischen Mathematiker Luca Pacioli im Jahr 1494 in folgender Form gestellt: „Eine Brigade spielt Ball. Eine Partie ist zehn Punkte wert. Sieger ist diejenige Mannschaft, die zuerst 60 Punkte erreicht. Jede Mannschaft setzt zehn Dukaten ein. Durch unvorhergesehene Umstände kann das Spiel nicht zu Ende gebracht werden. Die eine Seite hat 50 Punkte, die andere 20 Punkte erzielt. Man möchte wissen, welcher Teil des Einsatzes jeder Seite zufällt."
Verschiedene Mathematiker lösten das Problem unterschiedlich. So gab Pacioli selbst das Verhältnis 5 : 2 der erreichten Punkte an.
Im Jahre 1654 tauschten die französischen Mathematiker Pierre de Fermat (1601 bis 1665) und Blaise Pascal (1623 bis 1662) ihre Gedanken zur Lösung des Problems in einem Briefwechsel aus.
Pascal löste das Problem, indem er für jede Mannschaft die Wahrscheinlichkeit für den Gewinn des Spiels berechnete, indem man es fiktiv zu Ende spielt.
Löse das Teilungsproblem in der pascalschen Weise.

Faires Spiel

Emilia und Jessica untersuchen anhand des Spieles „Süße Sieben", wann ein Spiel fair ist oder wie man ein unfaires Spiel durch Ändern der Spielregel fair machen kann.

Sie benutzen dazu einen Würfel „W12" (Dodekaeder) und spielen nach folgenden Regeln:

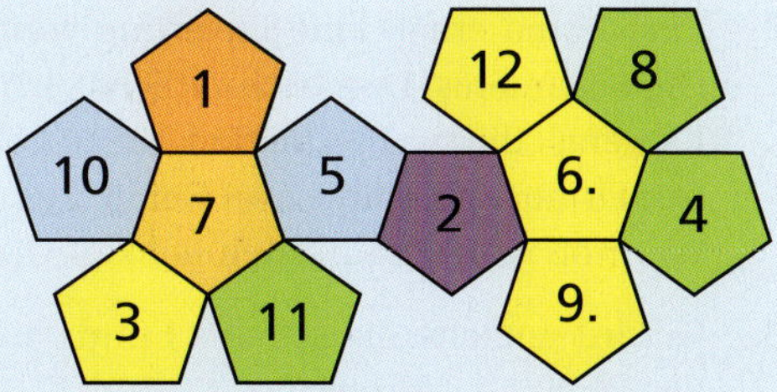

- Würfelt Emilia eine durch 3 teilbare Zahl, bekommt sie von Jessica 5 Bonbons.
- Würfelt Jessica eine durch 5 teilbare Zahl, bekommt sie von Emilia 8 Bonbons.
- Wirft Emilia eine 4, 8 oder 11, muss Jessica 3 Bonbons zahlen.
- Bekommt Jessica eine 7, so zahlt Emilia 21 Bonbons.
- Würfelt Emilia eine 2, muss Jessica an sie 4 Bonbons zahlen, wirft sie eine 1, zahlt Jessica 2 Bonbons an sie.

Hat eines der beiden Mädchen einen Spielvorteil? Warum?
Diskutiere mit deinem Sitznachbarn und erläutere die Gewinnsituationen.

Es scheint sinnvoll, in einer Tabelle festzuhalten, wer welche Gewinnchancen hat und was er dabei gewinnt (p = Wahrscheinlichkeit für den Gewinn, G = Gewinn in Bonbons):

		Emilias Gewinn	Jessicas Gewinn
Eine durch 3 teilbare Zahl:	$p = \frac{4}{12}$, $G = 5$	$\frac{4}{12} \cdot 5 = \frac{20}{12}$	
Eine durch 5 teilbare Zahl:	$p = \frac{2}{12}$, $G = 8$		$\frac{2}{12} \cdot 8 = \frac{16}{12}$
Eine 4, 8 oder 11:	$p = \frac{3}{12}$, $G = 3$	$\frac{3}{12} \cdot 3 = \frac{9}{12}$	
Die 7 erscheint:	$p = \frac{1}{12}$, $G = 21$		$\frac{1}{12} \cdot 21 = \frac{21}{12}$
Die 2 erscheint:	$p = \frac{1}{12}$, $G = 4$	$\frac{1}{12} \cdot 4 = \frac{4}{12}$	
Die 1 erscheint:	$p = \frac{1}{12}$, $G = 2$	$\frac{1}{12} \cdot 2 = \frac{2}{12}$	
Bilanz für jedes Mädchen:		$\frac{35}{12}$	$\frac{37}{12}$

Die Bilanzen ergeben für Emilia

$$\frac{20}{12} + \frac{8}{12} + \frac{4}{12} + \frac{2}{12} = \frac{35}{12}$$

und für Jessica

$$\frac{16}{12} + \frac{21}{12} = \frac{37}{12}.$$

Und dies, obwohl es für Jessica nur halb so viele Gewinnsituationen gibt.

Auf lange Sicht betrachtet hat Emilia pro Spielrunde einen Gewinn von $\frac{35}{12}$ Bonbons und Jessica einen Gewinn von $\frac{37}{12}$ Bonbons. Somit ist das Spiel unfair.

Würde z. B. Emilia für das Erscheinen der „2" von Jessica sechs Bonbons bekommen, wäre das Spiel wieder fair.

Finde andere Lösungsmöglichkeiten.

Wir können formulieren: Ein Spiel ist genau dann fair, wenn jeder Spieler auf lange Sicht betrachtet denselben Gewinn erwarten kann.

Konstruiert eigene Spiele, z. B. durch das Werfen zweier verschiedenfarbiger Würfel oder durch das Ziehen von Karten oder das Drehen eines Glücksrades oder das Ziehen bunter Kugeln aus einer Urne oder ...

Teste dich selbst

1. Nebenstehendes Baumdiagramm resultiert aus dem zweifachen Werfen eines idealen Würfels.
Nenne die dazu passenden Ereignisse.

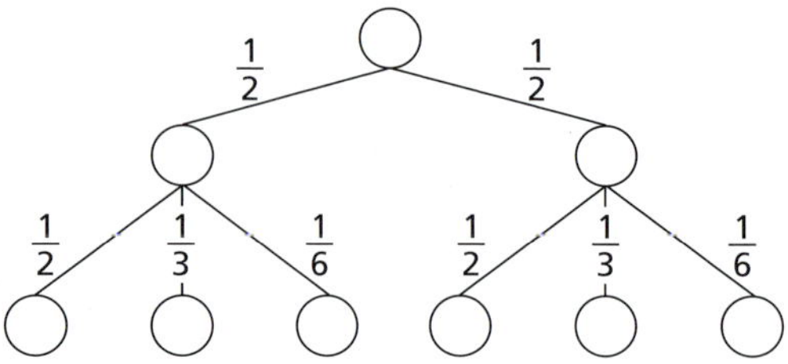

2. Eine Firma erhält eine Lieferung von 200 Digitalkameras. Durchschnittlich 0,5 % der Kameras dieser Produktion sind defekt. Der Firmenchef wählt zwei Geräte aus, um sie zu testen.
Wie groß ist die Wahrscheinlichkeit, dass beide Kameras einwandfrei funktionieren?

3. Es wird zunächst die Scheibe 1 und danach die Scheibe 2 gedreht.

a) Erstelle ein vollständiges Baumdiagramm aller möglichen Ergebnisse.

b) Berechne die Wahrscheinlichkeiten für grün → grün, blau → rot, rot → blau.

c) Wie groß ist die Wahrscheinlichkeit für das Drehen zweier gleicher Farben?

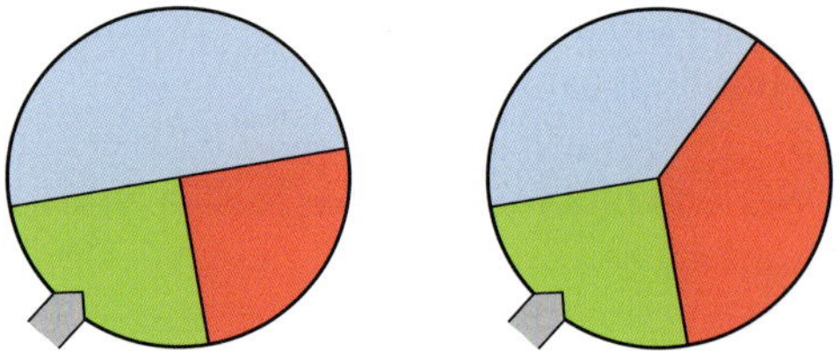

4. In einem Behälter befinden sich vier rote und sechs blaue Kugeln. Jemand zieht „auf gut Glück" hintereinander zwei Kugeln, wobei die Kugel jedes Mal wieder zurückgelegt wird.

a) Stelle den Vorgang in einem Baumdiagramm dar.

b) Berechne die Wahrscheinlichkeit dafür, dass zwei blaue Kugeln gezogen werden.

c) Berechne die Wahrscheinlichkeit dafür, dass mindestens eine rote Kugel gezogen wird.

d) Berechne die Wahrscheinlichkeit dafür, dass genau eine blaue Kugel gezogen wird.

5. Beim Werfen einer Reißzwecke können zwei Ergebnisse eintreten:
Spitze oben (O) oder Spitze unten (U). Die Wahrscheinlichkeiten sind: $P(O) = 0{,}4$; $P(U) = 0{,}6$

a) 500 Reißzwecken fallen zu Boden. Wie viele Reißzwecken werden vermutlich mit der Spitze nach oben zeigen?

b) Berechne die Wahrscheinlichkeit für das Ereignis „Zwei Spitzen zeigen nach oben" beim zweimaligen Werfen. Verwende ein Baumdiagramm.

6. Bei Gitterziegeln haben erfahrungsgemäß $\frac{1}{15}$ eine falsche Form und 15 % sind leicht beschädigt. Liegt nur einer dieser Mängel vor, gelten sie als brauchbar und werden zum halben Preis verkauft.
Ein intakter Ziegel kostet 1,25 €.
Für den Bau einer Sporthalle werden 8 600 Gitterziegel geordert.

a) Wie viele Ziegel können zum halben Preis bezogen werden?

b) Wie viele Ziegel muss der Händler ersetzen, weil sie beide Mängel haben?

c) Was kosten dann die 8 600 Ziegel insgesamt?

Mehrstufige Zufallsversuche

Bei mehrstufigen Zufallsversuchen sind die Ergebnisse zusammengesetzt.
Eine vollständige Unterscheidung aller möglichen Fälle kann in einer Mehrfeldertafel oder in einem Baumdiagramm erfolgen.

Mehrfeldertafel **Baumdiagramm**

Werfen zweier Reißzwecken:

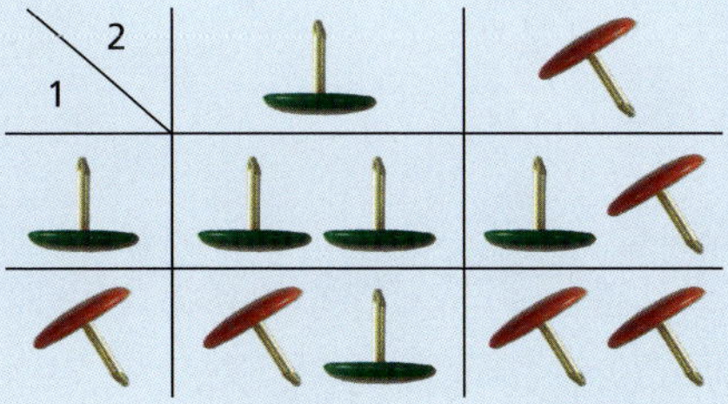

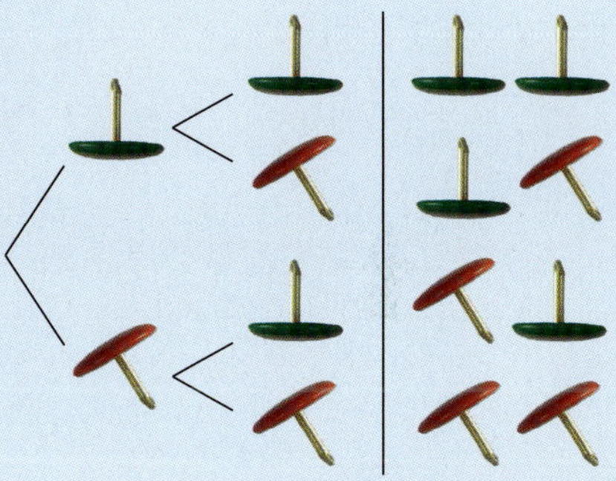

Pfadregeln

P() = 0,41

P() = 0,59

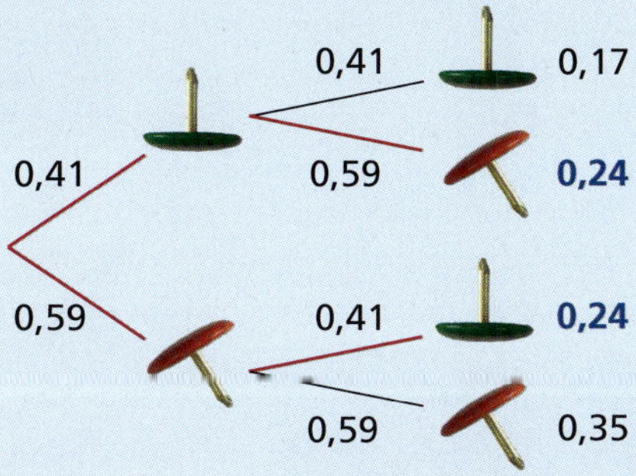

1. Pfadregel (Produktregel):
Die Wahrscheinlichkeit eines zusammengesetzten Ergebnisses ist gleich dem Produkt der Wahrscheinlichkeiten entlang einem Pfad.

2. Pfadregel (Summenregel):
Die Wahrscheinlichkeit eines Ereignisses ist die Summe der Wahrscheinlichkeiten der dazugehörigen Ergebnisse.

A:
Genau eine Spitze zeigt nach oben

A = {(, ); (, )}

P(A) = 0,41 · 0,59 + 0,41 · 0,59

P(A) = 0,24 + 0,24 = 0,48

7 Aufgabenpraktikum

Mit Zahlen und Symbolen umgehen

Du kannst mit rationalen Zahlen sicher rechnen, hast Terme aufgestellt und umgeformt, mit binomischen Formeln gearbeitet sowie lineare Gleichungen gelöst.
Welche Problemlösestrategien hast du benutzt?
Welche Verfahren stehen dir zur Verfügung, um die Lösung zu überprüfen?

Beziehungen und Veränderungen beschreiben und erkunden

Du kannst lineare Funktionen mit den Gleichungen $y = mx + n$ in verschiedenen Formen darstellen und zur Beschreibung von Vorgängen benutzen.
Welchen Einfluss haben die Parameter m und n auf den Verlauf der dazugehörigen Funktionsgraphen?

Ebene und räumliche Strukturen nach Maß und Form erfassen

Zahlreiche Beziehungen zwischen Seiten und Winkeln in Dreiecken wurden genutzt, um Dreiecke konstruieren und berechnen zu können.
Du hast neben Prismen und Zylindern auch Pyramiden, Kegel und Kugeln untersucht und deren Oberflächeninhalt und Volumen bestimmt.
Wann sind zwei Dreiecke zueinander kongruent?
Welche Gemeinsamkeiten gibt es zwischen Pyramide und Kegel?

Mindmap – Zusammenhänge anschaulich darstellen

In der Mathematik spielen Begriffe, Beziehungen zwischen ihnen sowie Begriffseigenschaften eine große Rolle.

Die vielen Informationen zu einem Thema machen es oft schwierig, Zusammenhänge zwischen ihnen zu erkennen. Dies ist aber eine wichtige Voraussetzung für ein erfolgreiches Lernen.

Eine besondere Form des Lernens bieten Mindmaps, sogenannte „Gedankenkarten". Hier geht es darum, Informationen zu sammeln, Zusammenhänge zu finden und diese anschaulich abzubilden.

Vorgehen

1. In die Mitte eines unlinierten Blattes wird der zentrale Begriff, das zentrale Thema, geschrieben.
2. Die weitere Entwicklung der Mindmap soll die Ergebnisse der Beratung in der Gruppe abbilden. Diese Ideensammlung wird auch „Brainstorming" genannt.
3. Ausgehend von diesem zentralen Begriff werden Hauptäste gezeichnet, an denen mithilfe von Schlüsselworten diese erste Begriffsebene dargestellt wird.
4. Nun lässt sich eine weitere Ebene einfügen, indem die Hauptäste verzweigt werden. Diese Äste sollten dünner gezeichnet werden.
5. Je nachdem, wie viele Begriffe und Begriffsmerkmale in der Gruppe gefunden werden, lässt sich die Mindmap auch durch eine dritte und vierte Ebene von Ästen ergänzen.
6. Wichtig ist auf jeden Fall, dass bei der Gestaltung der Mindmap die Übersichtlichkeit erhalten bleibt. So können die Schlüsselwörter und einzelne Äste bzw. ihre Verzweigungen auch farblich hervorgehoben.

Hier wurde eine Mindmap zum Thema „Lineare Funktionen" begonnen. Dieser Begriff steht in der Mitte des Blatts und bildet den „Stamm". Die „Äste" unserer Mindmap stellen dar, was man mit linearen Funktionen machen kann.

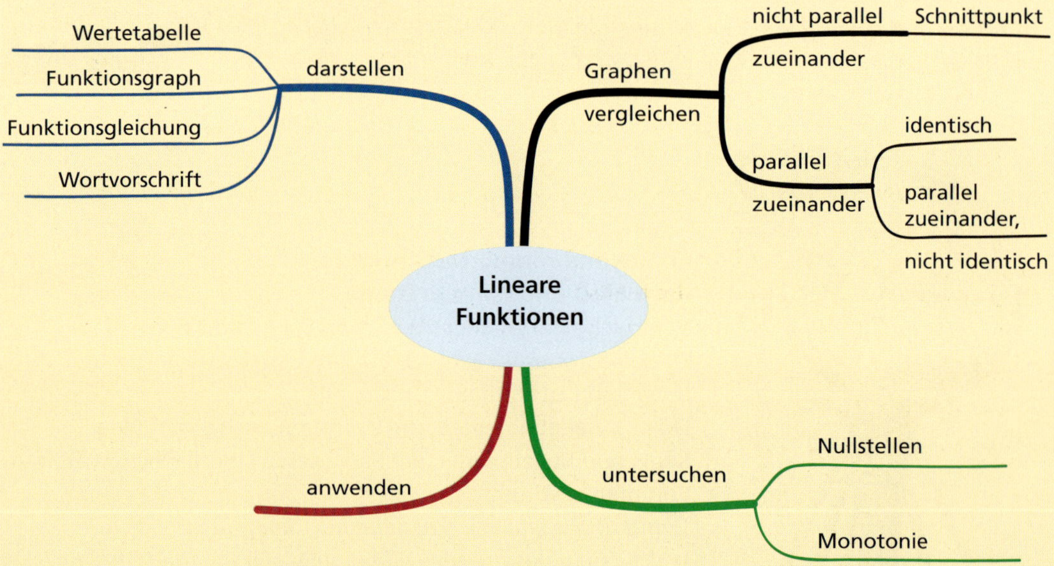

7.1 Aufgaben zum Üben

1. a) Fasse folgenden Term zusammen: $-3a + 6b - 8a + 3a - 9b - 2a$
b) Setze in dem oben angegebenen Term Klammern, sodass der Wert des Terms gleichbleibt. Begründe deine Entscheidung.
c) Bestimme den Wert des Terms für $a = -2$ und $b = 3$.

2. Die Seitenlängen eines Dreiecks sind zusammen 24 cm lang. Die Seite a ist 2 cm länger als die Seite b. Die Seite c ist 4 cm länger als die Seite b.
a) Welche der angegebenen Gleichungen gibt den Sachverhalt wieder? Begründe.
① $2x + x + 4 = 24$ ② $3x + 6 = 24$ ③ $3(x + 4) = 24$ ④ $x + x + 2 + x + 4 = 24$
b) Bestimme die Seitenlängen des Dreiecks.
c) Kannst du das Dreieck konstruieren? Begründe. Beschreibe das Dreieck.

3. a) Gib jeweils einen einfachen Term für den Flächeninhalt des gesamten Rechtecks und für den Flächeninhalt der orange gefärbten Rechtecke an.
b) Bestimme die Länge und Breite der weißen Fläche ① mit einem Flächeninhalt von 8 cm^2.
c) Beschreibe den Umfang des gesamten Rechtecks mit einem Term.

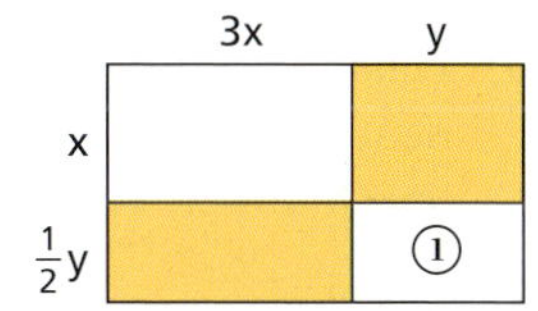

4. Max will zu seinem Geburtstag mit seinen fünf Gästen ins Spaßbad gehen. Eine Eintrittskarte für drei Stunden kostet allerdings 12 €. Jede weitere Stunde kostet dann 5 €. Eine Gruppenkarte für vier Personen, die auch drei Stunden gültig ist, kostet 42 €. Max will 80 € mitnehmen und allen Geburtstagsteilnehmern noch ein Getränk ausgeben.

a) Wie viel Euro muss Max mindestens für den Eintritt ins Bad bezahlen? Wie lange können er und seine Gäste dann bleiben, ohne nachzahlen zu müssen?
b) Melanie findet die Idee ganz toll und will zu ihrem Geburtstag mit immerhin acht Gästen auch ins Spaßbad. Sie will mit ihren Freundinnen aber den gesamten Nachmittag von 14.00 Uhr bis 18.00 Uhr bleiben. Wie viel Euro sollte Melanie mindestens mitnehmen, um den Eintritt bezahlen zu können?
c) Stelle in einem Koordinatensystem den Zusammenhang zwischen dem Eintrittspreis für sechs Personen und der Aufenthaltsdauer von einer bis zu 6 Stunden dar. Betrachte sowohl nur den Einzelpreis als auch die Eintrittspreise bei Nutzung der Gruppenkarte.

5. Micha behauptet: „Wenn ich die Summe von drei aufeinanderfolgenden natürlichen Zahlen durch 6 teile, dann ist das Ergebnis wieder eine natürliche Zahl.“ Er nennt die Zahlen 1, 2 und 3.
a) Gib ein weiteres Beispiel dafür an, dass Michas Behauptung richtig ist.
b) Prüfe, ob die Aussage generell für alle natürlichen Zahlen gilt, wie es Micha behauptet. Gib gegebenenfalls ein Gegenbeispiel an.
c) Wie müsste man die Behauptung von Micha korrigieren, damit die Teilbarkeit durch 6 für natürliche Zahlen gilt? Begründe deinen Vorschlag.

6. Nach fast 20 min hat Rennschnecke Anton erst 75 cm zurückgelegt.
Rennschnecke Susi ist da schon 9 cm weiter. Anton legt nun im Endspurt pro Minute 5 cm und Susi nur 4 cm zurück.

a) Beschreibe die Zieleinkunft nach 120 cm.

b) Begründe deinen „Zieleinlauf" rechnerisch und grafisch.

7. Der Umfang eines Rechtecks beträgt 42 cm.
Die eine Rechtecksseite ist 4 cm länger als die andere.

a) Berechne die Länge der beiden Rechtecksseiten.

b) Zeichne das Rechteck in dein Heft.

c) Berechne den Flächeninhalt des Rechtecks.

8. a) Welche Gleichung gehört zu den in der nebenstehenden Abbildung dargestellten Graphen? Begründe.

① $y = -2x + 4$

② $y = -\frac{1}{3}x$

③ $y = 4$

④ $y = x + 1$

⑤ $y = x + 2$

⑥ $y = -x - 3$

b) Notiere die Schnittpunkte folgender Graphen: B und A, F und A, B und C.

c) Beschreibe jede Gleichung mit einem Satz.

d) Welche der dargestellten Graphen gehören zu den linearen Funktionen? Begründe.

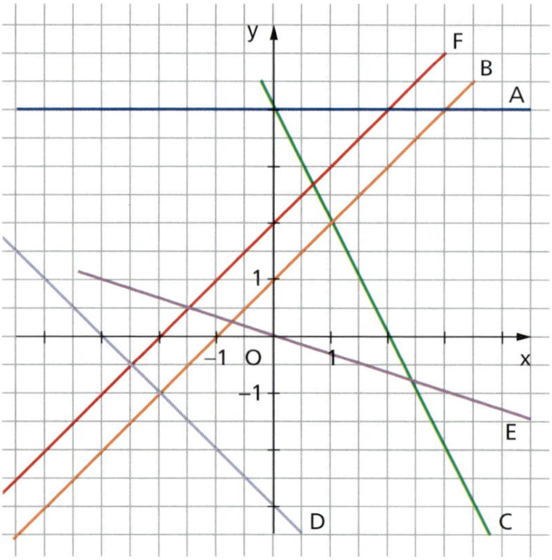

9. Paul (14 Jahre) hat zur Konfirmation insgesamt 1200 € erhalten.
Er möchte das Geld so anlegen, dass er seinen Führerschein, der voraussichtlich 1500 € kosten wird, selbst finanzieren kann.
Folgende Angebote stehen zur Auswahl:

① 4 % Zinsen bei einer Laufzeit von vier Jahren

② 5 % Zinsen auf das Anfangskapital bei einer Laufzeit von vier Jahren

③ steigende Zinssätze: 1. Jahr 3 %; 2. Jahr 4 %; 3. Jahr 5 %; 4. Jahr 6 %

a) Berate Paul.

b) Stelle die Entwicklung des Kapitals für die jeweiligen Angebote in geeigneten Diagrammen bzw. im Koordinatensystem dar.

10. Gegeben ist die lineare Funktion mit der Gleichung $y = -2x + 4$.

a) Beschreibe den Verlauf des Graphen der Funktion und bestimme die Nullstelle.

b) Gib die Gleichung einer Funktion an, deren Graph parallel zu $y = -2x + 4$ verläuft.

11. Die Gefäße werden gleichmäßig mit Wasser gefüllt. Der Wasserspiegel steigt in Abhängigkeit von der Zeit unterschiedlich an. Ordne jedem Graphen ein Gefäß zu. Begründe.

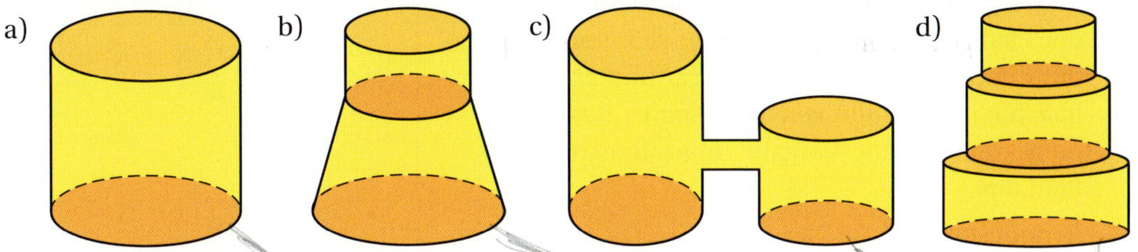

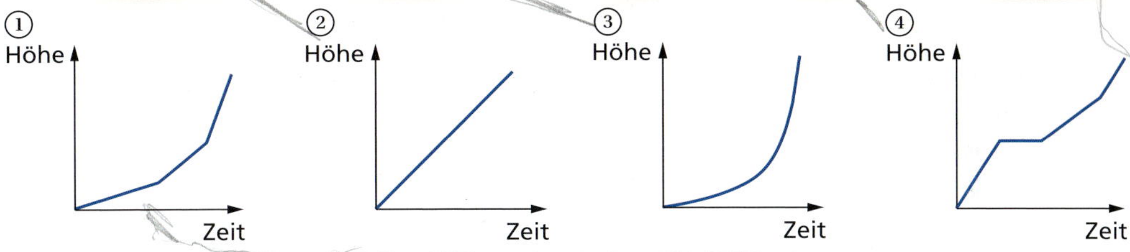

12. In einem Koordinatensystem sind drei Graphen von Funktionen sowie ausgewählte Punkte vorgegeben.

a) Lies die Gleichungen für die Graphen der Funktionen f(x); g(x) und h(x) ab.

b) Kontrolliere dein Ergebnis von f(x) rechnerisch.

c) Die drei Geraden bilden eine Dreiecksfläche. Berechne deren Flächeninhalt, indem du zuvor die Streckenlängen rechnerisch bestimmst (1 LE ≙ 1 cm).

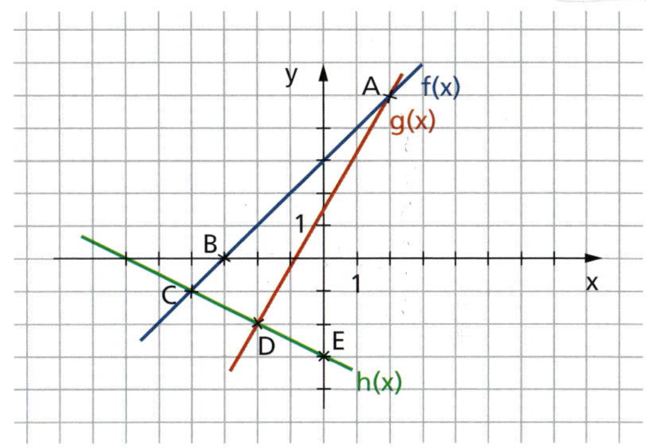

13. Ein Autohersteller präsentiert drei neue Modelle auf einer Messe. Damit die Kunden vergleichen können, hat er den jeweiligen Spritverbrauch in Tabellen und Diagrammen dargestellt.

a) Vom Einsteigermodell ist noch das nebenstehende Diagramm vorhanden. Wie viel Liter Benzin verbraucht das Fahrzeug durchschnittlich auf 100 km?

b) Das Mittelklassemodell verbraucht laut Hersteller durchschnittlich 1 *l* mehr auf 100 km als das Einsteigermodell. Übernimm das Koordinatensystem in dein Heft und zeichne den Graphen mit ein.

c) Der Spritverbrauch des Luxusmodells wurde in Form einer Tabelle dargestellt. Vervollständige den Vergleich.

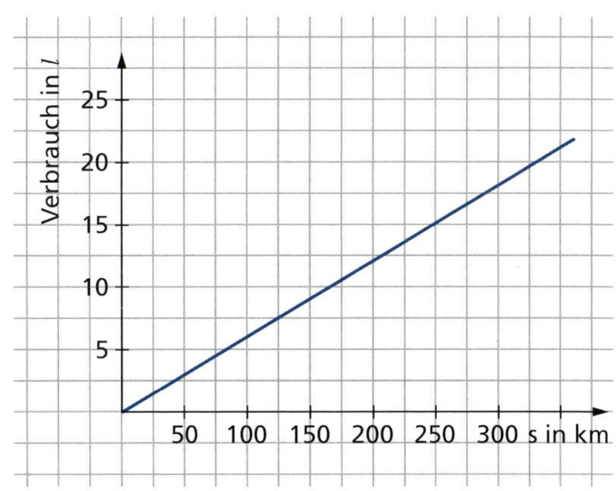

Strecke in km	40	80	120	160	200
Verbrauch in *l*	3,6	7,2	10,8	14,4	18

14. Mithilfe dreier Rettungsteams sollen die Schiffbrüchigen, deren Funksignale im Punkt (6 | 4) geortet wurden, gerettet werden. Jedes Rettungsteam bewegt sich von links nach rechts im Suchquadrat und erhält für den gradlinigen Kurs seines Rettungskreuzers als Vorgabe eine lineare Funktion.

Rettungsteam I: $y = \frac{1}{2}x + 2$

Rettungsteam II: $y = -\frac{1}{4}x + 6$

Rettungsteam III: $y = x - 2$

a) Zeichne die Kurse der Rettungskreuzer in ein Koordinatensystem (s. Abbildung) und trage die Position der Schiffbrüchigen ein.

b) Welche Rettungsmannschaft stößt auf die Schiffbrüchigen? Beschreibe dein Vorgehen.

c) Wie müssten die Vorgaben in Form der Funktionsgleichungen der beiden anderen Teams verändert werden, damit auch diese die Schiffbrüchigen erreichen? Gib einen möglichen „Kurs" an und prüfe ihn.

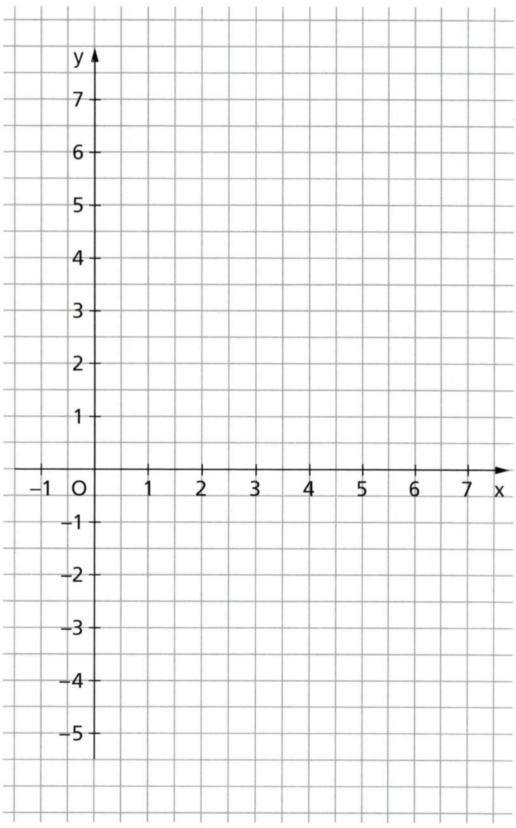

15. a) Welche Flächen und Körper können den untenstehenden Formeln zugeordnet werden? Finde gegebenenfalls mehrere Möglichkeiten.

$u = 2\pi \cdot r$

$u = a + b + c$

$V = \frac{1}{3}\pi \cdot r^2 \cdot h$

$u = 2(a + b)$

$V = \frac{1}{3} A_G \cdot h$

$A = \frac{g \cdot h}{2}$

$u = 4a$

$V = \frac{1}{3} a \cdot b \cdot h$

$A_M = \pi \cdot r \cdot s$

$A_O = a \cdot b + a \cdot h_b + b \cdot h_a$

$A_O = \pi \cdot r(r + s)$

$V = a \cdot b \cdot c$

b) Gib an, was mit der jeweiligen Formel berechnet werden kann. Finde gegebenenfalls mehrere Möglichkeiten.

c) Fertige zu jeder Formel eine passende Skizze der Fläche bzw. des Körpers an.

16. Konstruiere jeweils aus den gegebenen Stücken ein Dreieck. Welche Dreiecksart liegt vor?

a) $c = 5{,}4$ cm; $\alpha = 70°$; $\beta = 45°$

b) $a = 4{,}2$ cm; $\beta = 105°$; $\gamma = 50°$

c) $b = 35$ mm; $\gamma = 90°$; $\alpha = 60°$

d) $a = 7{,}6$ cm; $b = 4{,}3$ cm; $c = 5{,}2$ cm

17. Konstruiere die Dreiecke. Fertige die Planfigur an. Beschreibe eine Konstruktion deiner Wahl.

a) $a = 6{,}2$ cm; $b = 1{,}7$ cm; $\alpha = 45°$ b) $a = 5{,}1$ cm; $b = 7{,}3$ cm; $\beta = 47°$

c) $c = 6{,}5$ cm; $a = 4{,}8$ cm; $\gamma = 86°$ d) $b = 4{,}2$ cm; $a = 5{,}6$ cm; $\alpha = 112°$

18. Gib je ein drittes Stück so an, dass das Dreieck nach dem vorgegebenen Kongruenzsatz eindeutig konstruierbar ist. Konstruiere jeweils das Dreieck.

a) $b = 4{,}8$ cm; $c = 6{,}4$ cm (sws) b) $a = 7$ cm; $\gamma = 48°$ (wsw)

c) $a = 5{,}6$ cm; $c = 8{,}2$ cm (sss) d) $\alpha = 60°$; $\gamma = 42°$ (wsw)

19. Konstruiere das Dreieck und fertige eine Konstruktionsbeschreibung an.

$a = 3{,}9$ cm; $b = 4{,}6$ cm; $c = 51$ mm

20. Konstruiere aus den jeweils gegebenen Stücken ein Dreieck.

a) Entscheide zuvor mithilfe einer Planfigur, welche Dreiecke möglicherweise nicht eindeutig konstruierbar sind.

b) Gib im Fall der Konstruierbarkeit den Kongruenzsatz und die Konstruktionsbeschreibung an.

① $\alpha = 60°$; $\beta = 40°$; $c = 4$ cm
② $b = 6{,}2$ cm; $\alpha = 110°$; $\gamma = 90°$
③ $b = 3{,}6$ cm; $\gamma = 55°$; $\alpha = 70°$

21. Die Entfernung von Adorf nach Behausen soll bestimmt werden. Da zwischen den beiden Orten ein See liegt, kann die Strecke nicht direkt gemessen werden.
Von einem Hügel in Calke aus wurden die Entfernungen nach Adorf mit 7 km und nach Behausen mit 9 km bestimmt.
Der Winkel, unter dem man von Calke aus Adorf und Behausen sieht, beträgt 120°.
Zeichne das Dreieck im Maßstab 1 : 100 000 und bestimme die Entfernung von Adorf nach Behausen.

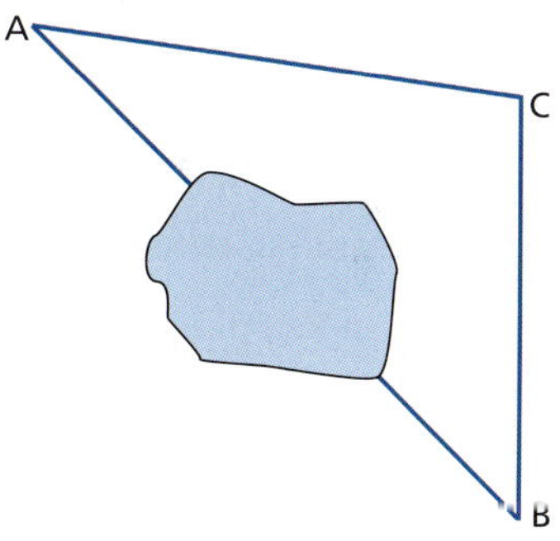

22. Zeige, dass die Dreiecke ABC und ABD in der Abbildung rechts kongruent sind.

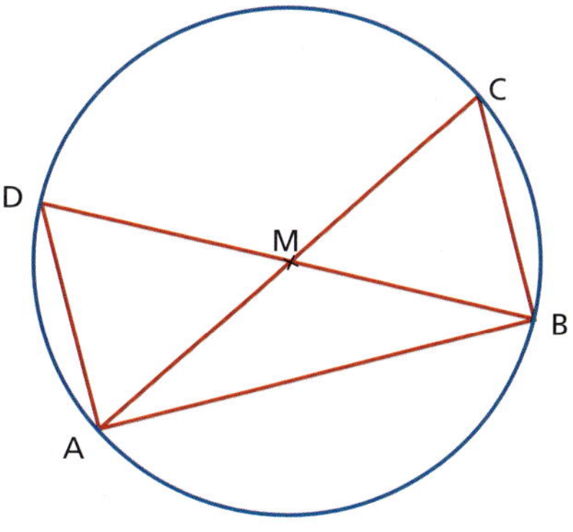

$\overline{AD} = \overline{BC}$

23. Ein Rechteck hat eine Länge von 8 cm und eine Breite von 5 cm.
Skizziere das Rechteck und beschrifte es.

a) Ronja behauptet, die Diagonale d des Rechtecks ist 9 cm und die Diagonale e ist 9,5 cm lang. Stimmt das? Begründe.

b) Tim behauptet, dass die Diagonalen das Rechteck jeweils in zwei kongruente Dreiecke teilen. Überprüfe Tims Behauptung.

c) Ronja meint, dass alle entstandenen Dreiecke gleichschenklig sein müssen. Überprüfe Ronjas Aussage.

24. Berechne das Volumen des dargestellten Körpers.

$\overline{AB} = \overline{CD} = 24{,}0$ cm

$\overline{BC} = \overline{AD} = 18{,}0$ cm

$\overline{EF} = 16{,}0$ cm

$h = 8{,}0$ cm

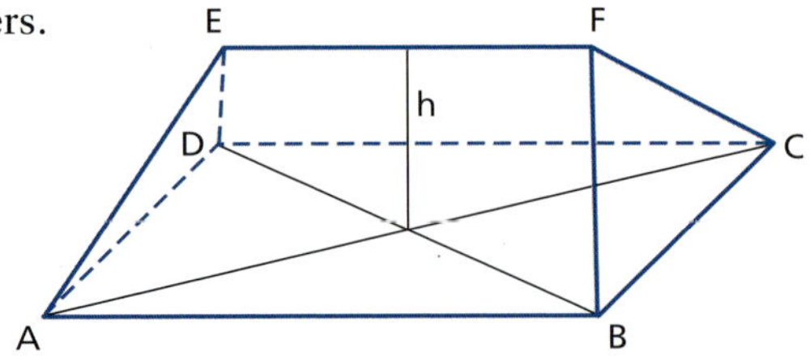

25. Jens sagt zu Björn:
„Wenn du einen Körper betrachtest und sowohl von oben als auch von vorn ein Quadrat siehst, dann muss es wohl ein Würfel sein."
Björn sagt: „Das stimmt nicht." Er zeichnet einen anderen Körper.
Was für einen Körper könnte Björn gezeichnet haben? Skizziere deinen Vorschlag.

26. Die Abbildung zeigt zwei Werkstücke mit jeweils einer Dichte von $7{,}85\,\frac{\text{g}}{\text{cm}^3}$.

Das erste Werkstück besteht aus einer Halbkugel und einem Kegel. Das zweite Werkstück ist zylindrisch.

Welches der beiden dargestellten Werkstücke ist schwerer?

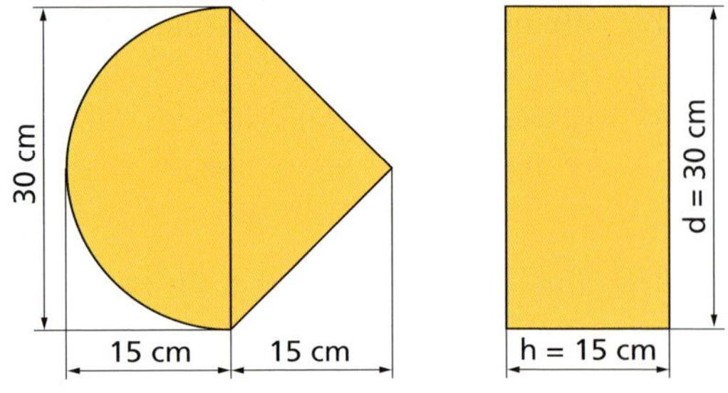

27. Wie ändert sich das Volumen eines Kreiskegels, wenn seine Höhe gleichbleibt, aber der Grundkreisradius verdoppelt wird?

28. In welchem Verhältnis stehen die Volumen zweier Kugeln zueinander, deren Radien sich wie 2 : 1 verhalten?
Was kannst du über das Verhältnis der Oberflächeninhalte aussagen?

29. Ein Sektglas mit einem Durchmesser von 7,5 cm und einer Höhe von 13 cm wird bis zum Rand gefüllt.

a) Bestimme das Volumen in Milliliter.

b) Wie viel Milliliter sind im Glas, wenn dieses nur bis zur halben Höhe gefüllt wird?
Bestimme den Anteil am möglichen Gesamtvolumen auch in Prozent.
Was müsste man für ein Glas Sekt bezahlen, das nur bis zur halben Höhe gefüllt ist, wenn ein randvoll gefülltes Sektglas sechs Euro kosten würde?

c) Wie viel Prozent sind noch im Glas, wenn es nur bis 1 cm unter den Rand gefüllt ist?

d) Welcher der angegebenen Füllgraphen passt zu dem Sektglas? Begründe.

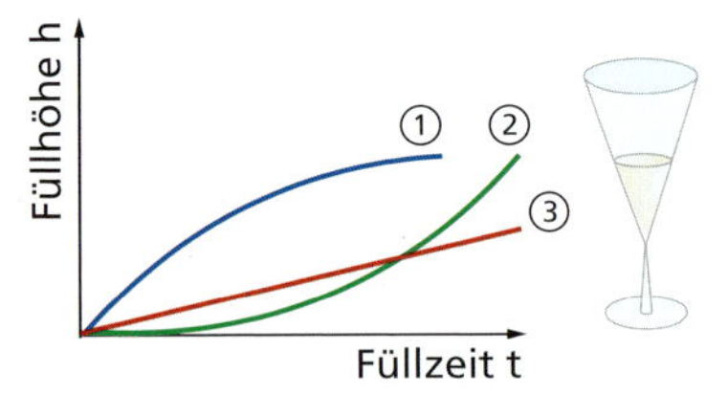

30. Frau Bernhard besitzt ein zylindrisches Gefäß mit einem Innendurchmesser von 10,0 cm und einer Höhe von 7,5 cm.

a) Wie viel Liter fasst dieses Gefäß?

b) In welcher Höhe muss sie einen Eichstrich anbringen, um die Füllmenge $\frac{1}{4}$ Liter anzuzeigen?

31. Die Abbildungen zeigen die Netze zweier Körper. Um welche Körper handelt es sich? Ermittle die Rauminhalte und die Oberflächeninhalte dieser beiden Körper.

a)

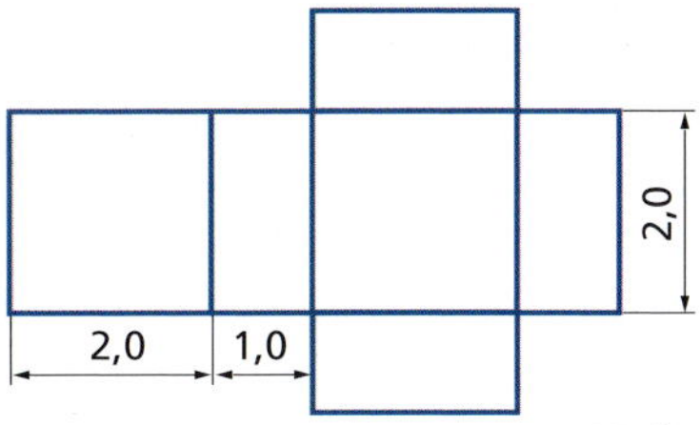

b)

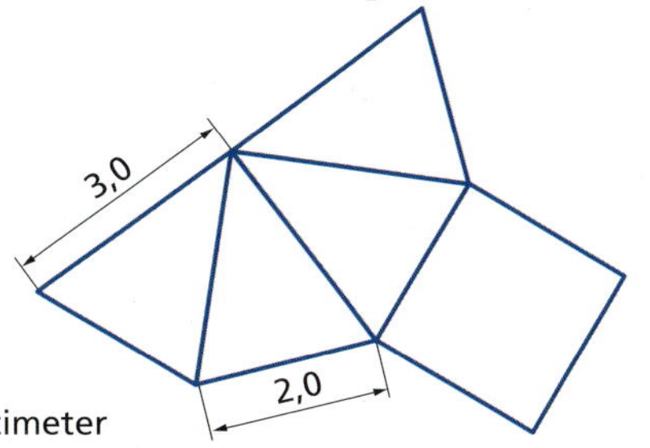

Maßangaben in Zentimeter

32. Die folgende Abbildung zeigt geometrische Körper:

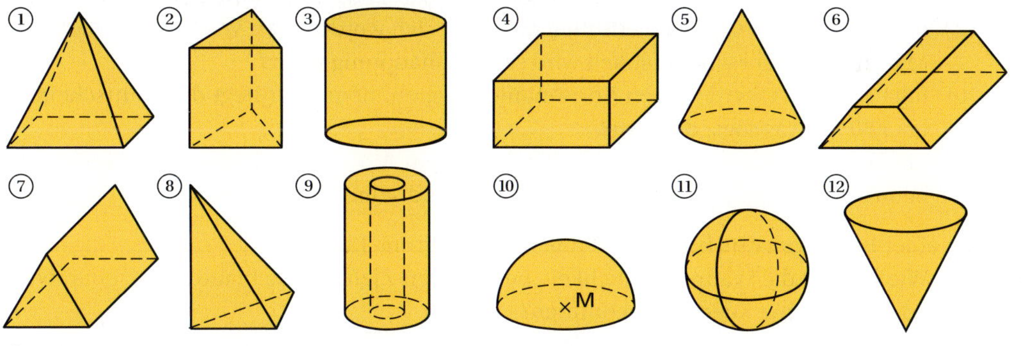

a) Welche Körper sind es? Gib ihnen jeweils einen Namen. Benenne möglichst genau.
b) Gib von allen Körpern, wenn möglich, die Form ihrer Grundfläche an.

33. Aus einem Stahlwürfel soll die größtmögliche Kugel herausgefräst werden.
a) Wie groß ist der prozentuale Abfall, wenn die Kantenlänge des Würfels 6,15 cm beträgt?
b) Zeige, dass dieser Prozentsatz unabhängig von der Größe des Würfels ist.

34. Wie sind die folgenden sechs Kugeln (aus gleichem Material) auf zwei Schalen einer Waage zu verteilen, damit Gleichgewicht entsteht?
Eine Kugel mit 4 cm Durchmesser, zwei Kugeln mit je 3 cm Durchmesser, eine Kugel mit 2 cm Durchmesser und zwei Kugeln mit je 1 cm Durchmesser.

35. Ein kegelförmiger Trichter hat einen Grundkreisradius von 8,0 cm und eine Höhe von 10,0 cm.
a) Wie viel Liter Flüssigkeit fasst dieses Gefäß?
b) Bis zu welcher Höhe füllt ein halber Liter Flüssigkeit diesen Trichter?

36. Aus 10 kg Blei mit einer Dichte von $11{,}3\,\frac{\text{g}}{\text{cm}^3}$ sollen Kugeln mit einem Durchmesser von 2 mm gegossen werden. Wie viele Kugeln lassen sich ohne Abfall herstellen?

37. Bei einem geraden Kegel ist eine Mantellinie genau so lang wie der Durchmesser d des Grundkreises.
a) Zeichne Grund- und Aufriss eines geraden Kegels für d = 5 cm. Zeichne das Netz dieses Kegels. Beschreibe die besondere Form der abgerollten Mantelfläche.
b) Berechne das Volumen und den Oberflächeninhalt eines geraden Kegels in Abhängigkeit von d.

38. Das Werkstück in der nebenstehenden Abbildung besteht aus Stahl $\left(\text{Dichte: } 7{,}85\,\frac{\text{g}}{\text{cm}^3}\right)$.

a) Wie schwer ist der Körper?

b) Dieser Körper wurde aus einem Zylinder hergestellt.

c) Wie viel Prozent Abfall ist minimal angefallen?

d) Berechne den Oberflächeninhalt des Körpers.

e) Zeichne den Körper im Zweitafelbild.

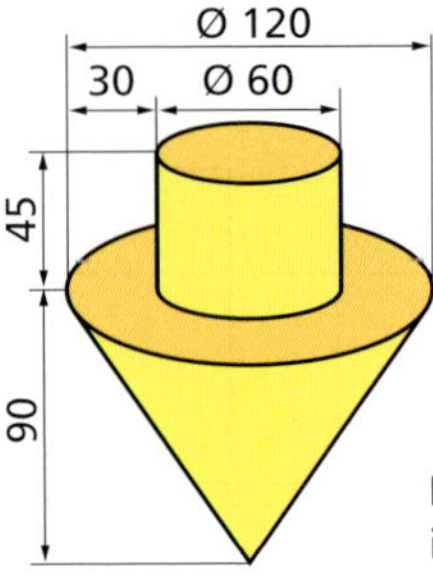

Maßangaben in Millimeter

39. Die Buchstaben A, B, D, E, G, H, I, K, L, M, N, O, P, R, S, T, U, W, Z werden auf Kärtchen geschrieben und in ein Kästchen gelegt. Ohne zu schummeln, wird „blind" eine Karte gezogen.

a) Gina möchte ein G ziehen. Wie wahrscheinlich ist es, dass sie enttäuscht wird?

b) Patrick will seine Chancen erhöhen und sagt: „Ich werde einen Vokal ziehen." Mit welcher Wahrscheinlichkeit wird seine Behauptung wahr?

c) Julia sagt: „Ich werde einen Konsonanten ziehen, denn hier liegt die Wahrscheinlichkeit über 50 %." Was sagst du dazu?

d) Mit leicht enttäuschtem Gesicht zieht André ein A. Er legt es nicht zurück und hofft nun, beim zweiten Zug ein B zu ziehen. Wie groß sind seine Chancen?

40. In einer Box liegen drei blaue, zwei rote und eine grüne Kugel.

a) Wie groß ist die Wahrscheinlichkeit, beim ersten Ziehen eine blaue Kugel, eine rote Kugel oder eine grüne Kugel zu bekommen?

b) Du ziehst zweimal hintereinander eine Kugel aus der Box und legst sie jeweils vor dem nächsten Zug wieder zurück.
Stelle den Sachverhalt in einem Baumdiagramm dar und gib die Anzahl der Möglichkeiten an.

41. Drei Münzen werden geworfen und es wird notiert, ob Wappen oder Zahl gefallen ist.

a) Welche Ergebnisse sind möglich? Notiere sie möglichst übersichtlich.

b) Wie wahrscheinlich ist es, dass genau zweimal Wappen fällt?

c) Wie wahrscheinlich ist es, dass zwei oder drei Münzen Wappen zeigen?

42. Gewürfelt wird mit einem weißen und einem blauen Würfel.

a) Wie viele verschiedene Ergebnisse gibt es beim Würfeln mit beiden Würfeln? Notiere sie.

b) Wie wahrscheinlich ist es, dass keiner der beiden Würfel eine Sechs zeigt?

c) Wie wahrscheinlich ist es, dass einer der beiden Würfel eine Primzahl zeigt?

43. Ein Glücksrad ist in fünf gleich große Sektoren eingeteilt. Es kommen nur die Farben Rot, Blau und Gelb vor. Zeichne das Glücksrad so, dass die Wahrscheinlichkeit dafür, dass weder die Farbe Rot noch die Farbe Blau erzielt wird, bei 60 % liegt.
Wie groß ist unter dieser Bedingung die maximale Wahrscheinlichkeit für die Farbe Rot? Erläutere deine Antwort.

44. Aus einer Urne mit fünf roten und einer blauen Kugel wird blind eine Kugel entnommen. Es stellt sich heraus, dass es eine rote Kugel ist.
Wie groß ist die Wahrscheinlichkeit, dass beim nächsten Mal eine rote Kugel gezogen wird?

45. Du hast mit einem Würfel dreimal hintereinander eine 2 geworfen. Wie wahrscheinlich ist es, dass du beim nächsten Wurf wieder eine 2 wirfst?

46. Zwei Würfel werden gemeinsam geworfen.

a) Wie wahrscheinlich ist es, dass die Augensumme 7 auftritt?
b) Wie wahrscheinlich ist es, dass beide Würfel keine 1 zeigen?
c) Wie wahrscheinlich ist eine Augensumme unter 2 oder über 11?
d) Wie wahrscheinlich ist es, dass die Augensumme ungerade ist?
e) Wie viele verschiedene Möglichkeiten gibt es insgesamt, mit zwei identischen Würfeln die Summen 2 bis 12 zu würfeln?
f) Nenne eine Augensumme, die eine Wahrscheinlichkeit von $\frac{1}{7}$ besitzt.

47. Den Schulhort einer Grundschule besuchen 180 der insgesamt 225 Grundschulkinder. 80 Mädchen sind „Hortkinder" und 117 aller Schulkinder sind Jungen.
a) Stelle die Zusammenhänge in einem Baumdiagramm dar.
Beschreibe die Bedeutung der Pfadwahrscheinlichkeiten in diesem Baumdiagramm.
b) Übertrage die Zusammenhänge in eine Vierfeldertafel und erläutere, wie man diese nutzen kann, um den Anteil der Jungen unter den „Hortkindern" zu ermitteln.
Gib auch den Anteil der „Hortkinder" unter den Jungen an.

48. Im Mai 2011 waren ca. 4,2 Millionen aller erwerbsfähigen Spanier arbeitslos. Das entsprach einer Arbeitslosenquote von etwa 20 %. Noch drastischer sah es bei den erwerbsfähigen Jugendlichen unter 25 Jahren aus. Es waren ca. 450 000 Jugendliche ohne Job, das waren etwa 44 % aller erwerbsfähigen spanischen Jugendlichen unter 25 Jahren.
a) Veranschauliche diese Zusammenhänge mithilfe einer Vierfeldertafel.

	Alter $<$ 25 Jahre	Alter $\geq$ 25 Jahre	
arbeitslos			
erwerbstätig			

b) Berechne den Anteil der arbeitslosen Spanier unter denjenigen erwerbsfähigen Spaniern, die 25 Jahre oder älter waren.
c) Aus der Vierfeldertafel lassen sich zwei Baumdiagramme entwickeln.
Ermittle für jedes Baumdiagramm die Pfadwahrscheinlichkeiten

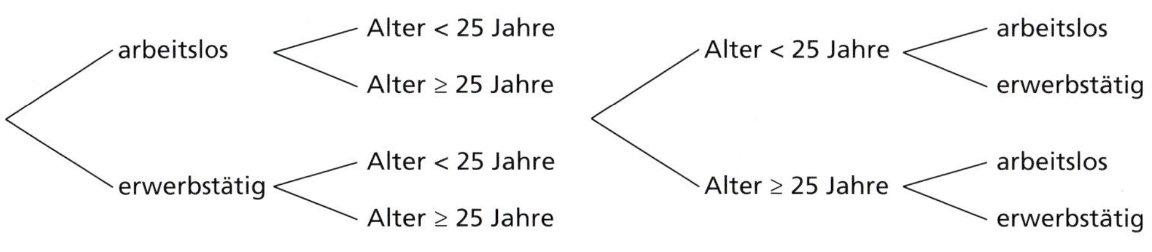

49. Ein Würfel wird zweimal geworfen. Wie groß ist die Wahrscheinlichkeit, dass
a) nur ungerade Zahlen,
b) nur Fünfen oder Sechsen,
c) nur Einsen,
d) nur Primzahlen geworfen werden?

7.2 Angebote zum Testen

Multiple-Choice-Test

Von den jeweils vorgegebenen Antworten kann eine oder können mehrere richtig sein. Die zugehörigen Buchstaben ergeben fortlaufend gelesen ein Zitat von Alfred Whitehead (1861–1947).

1. Wie wird ein Element der Definitionsmenge von Funktionen genannt?

R Probe | **E** Behauptung | **W** Argument | **E** Beispiel

2. Welche Punkte gehören zur linearen Funktion mit $y = 2x + 3$?

I $(4 \mid 11)$ | **S** $(0 \mid 3)$ | **I** $(-4 \mid 5)$ | **S** $\left(\frac{1}{2} \mid 4\right)$

3. Der Graph welcher linearen Funktion verläuft parallel zu der Funktion mit $y = -\frac{1}{2}x + 3$

R $y = \frac{1}{2}x + 3$ | **E** $y = -\frac{1}{2}x - 3$ | **I** $y = 2x + 3$ | **S** $y = 2x - 3$

4. Welche der Funktionsgleichungen beschreibt keinen der dargestellten Graphen?

R $y = -x + \frac{3}{2}$ | **A** $y = x - 1$

N $y = -x + 1$ | **D** $y = \frac{1}{2}x - 2$

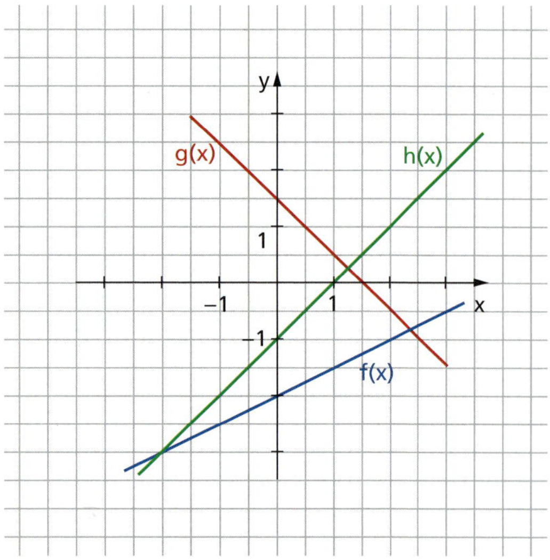

5. Wie wird in der Potenz a^n die Variable a bezeichnet?

H Basis | **A** Exponent

U Fundament | **S** Potenzwert

6. Welche Zehnerpotenz wird durch den Vorsatz Giga dargestellt?

K 10^6 | **Ä** 10^9

S 10^{12} | **E** 10^{15}

7. Aus der Summe $18x^2y - 9x^2 + 6x^2yz$ wurde ein gemeinsamer Faktor ausgeklammert. In welchen Fällen erfolgte das Ausklammern korrekt?

A $9x^2 \cdot \left(2y + \frac{2}{3}yz\right)$ | **L** $6x \cdot \left(3xy - \frac{3}{2}x + xyz\right)$ | **T** $3x^2 \cdot (6y - 3 + 2yz)$

8. Die Mittelsenkrechten eines Dreiecks schneiden sich in einem Punkt. Dieser Punkt ist der Mittelpunkt des

B Ankreises, | **N** Umkreises, | **D** Inkreises, | **E** Vorkreises.

9. Welche der Dreiecke mit den Dreiecksseiten a, b und c sind rechtwinklig?

I 6, 8, 10 | **N** 5, 7, 9 | **C** 3, 8, 10 | **C** 9, 12, 15

10. Wie lang ist die Diagonale in einem Rechteck mit a = 12 cm und b = 16 cm?

E d = 18 cm **H** d = 20 cm **R** d = 22 cm **E** d = 24 cm

11. Wie nennt man die längste Seite in einem rechtwinkligen Dreieck?

R Höhe **A** Tangente **S** Kathete **T** Hypotenuse

12. Wie lautet die Volumenformel für eine Pyramide?

K $V = A_G \cdot h$ **L** $V = \frac{1}{3} \cdot A_G \cdot h$ **Ä** $V = \frac{A_G \cdot h}{3}$ **R** $V = a \cdot b \cdot c$

13. Die in der Ebene abgerollte Mantelfläche eines geraden Kreiskegels ist ein

S Dreieck, **I** Viereck, **N** Kreis, **N** Kreisausschnitt.

14. Ein Kegel hat einen Grundkreisradius von 90 cm. Seine Mantellinie ist 15 dm lang. Wie hoch ist der Kegel?

O 14 cm **G** 1200 mm **I** 1,5 dm **E** 120 cm

15. Das nebenstehende Glücksrad wird zweimal gedreht.

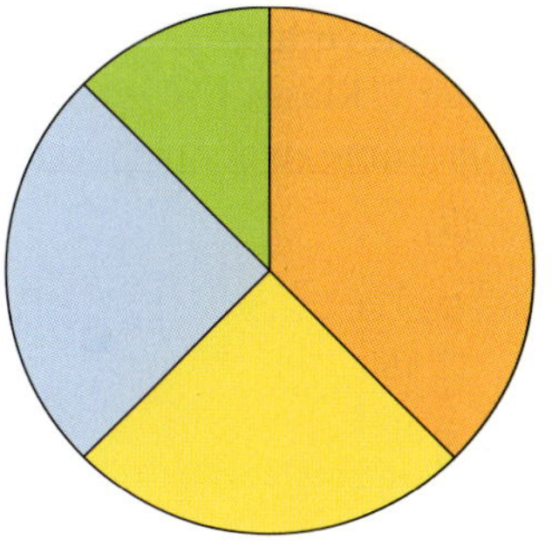

a) Wie groß ist die Wahrscheinlichkeit beim ersten Drehen das grüne Feld zu erreichen?

M $P = \frac{1}{4}$ **E** $P = \frac{1}{3}$

H $P = \frac{1}{6}$ **R** $P = \frac{1}{8}$

b) Wie groß ist die Wahrscheinlichkeit zweimal hintereinander das grüne Feld zu erreichen?

S $P = \frac{1}{2}$ **T** $P = \frac{1}{16}$

A $P = \frac{1}{64}$ **R** $P = \frac{1}{32}$

16. Wie groß ist die Wahrscheinlichkeit, beim Würfeln mit einem regulären Würfel eine gerade Zahl zu würfeln?

K $P = \frac{1}{6}$ **A** $P = \frac{1}{3}$ **L** $P = \frac{1}{2}$ **K** $P = \frac{2}{3}$

17. Wie groß ist die Wahrscheinlichkeit, zweimal hintereinander eine Sechs zu würfeln?

M $P = \frac{1}{6}$ **A** $P = \frac{1}{12}$ **U** $P = \frac{1}{24}$ **S** $P = \frac{1}{36}$

18. Bei welchen der folgenden Glückräder beträgt die Wahrscheinlichkeit, das grüne Feld zu treffen 25 %?

F

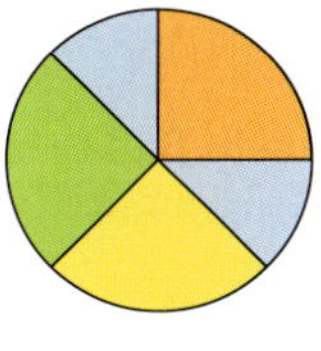

E

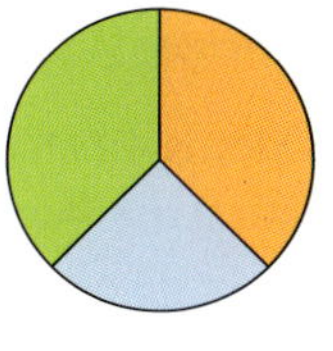

I

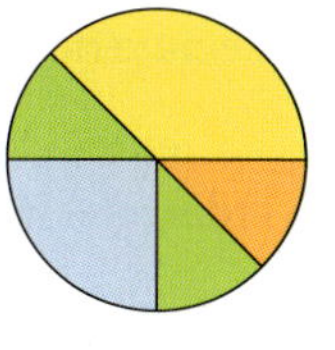

19. Wie viel ist $\frac{1}{3}$ von $\frac{6}{4}$?

S $\frac{1}{2}$ **A** $\frac{1}{4}$ **C** $\frac{2}{4}$ **H** $\frac{6}{12}$

Testaufgaben

1. a) Multipliziere aus und fasse zusammen.

① $(2a - 3b)(5b - a)$ ② $(3x + y)(x + y)$ ③ $(a^2 + 2a)(a - b)$

b) Klammere aus.

① $3a - 18a^2 + 6a^3$ ② $6x^2 + 12x$ ③ $5y^2 - 15y + 10$

c) Vereinfache.

① $\frac{24x^3y^2}{6x^2y}$ ② $\frac{-4x^3y^2z}{-6x^2yz^2}$ ③ $\frac{28x^2y^3}{7xy^2} + \frac{39x^2y^2}{13xy}$

2. Berechne ohne Hilfsmittel.

a) Das Doppelte einer natürlichen Zahl vermehrt um 6 ist 10. Wie heißt die Zahl?

b) Wie viel Prozent des Rechtecks sind rot, grün und blau dargestellt? Wie groß ist der Anteil der weißen Felder?

c) Berechne den Termwert $6x + 4x - 3y$ für $x = -2$ und $y = 3$.

d) Wie groß ist das Volumen eines Würfels mit $a = 2{,}5$ cm?

3. Justin verhandelt mit seinen Eltern über sein Taschengeld. In der 6. Klasse waren es 11 €, in der 7. Klasse 12 € und nun in der 8. Klasse 13 €. Als Grundlage für die Diskussion werden Diagramme zu der bisherigen Entwicklung der Höhe des Taschengelds angefertigt:

①

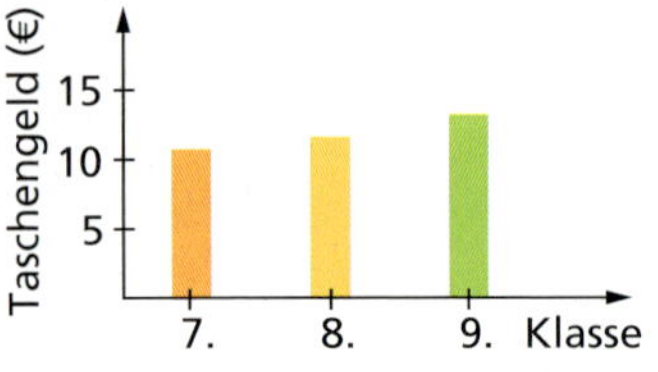

②

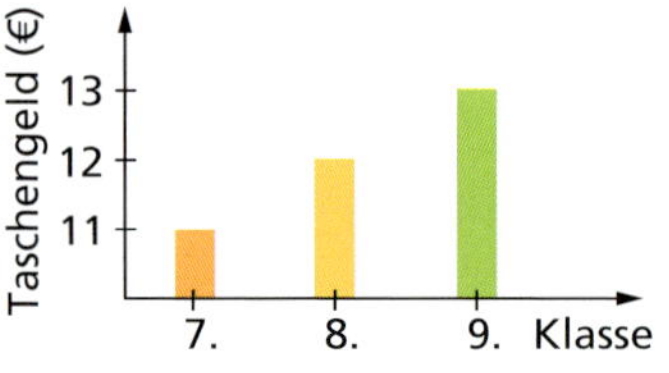

③

Welches der Diagramme wird dem Sachverhalt am ehesten gerecht? Begründe.

4. Die Seitenlängen eines Dreiecks sind zusammen 16 cm lang. Die Seite a ist doppelt so lang wie die Seite b. Die Seite c ist 4 cm länger als die Seite b.

a) Bestimme die Seitenlängen des Dreiecks. c = 7 · b = 3 a = 6

b) Kannst du das Dreieck konstruieren? Begründe. ja weil 555

5. Ein Kapital von 8 000 € wird zu 4 % p. a. verzinst.

a) Berechne die Zinsen nach einem Jahr.

b) Berechne das Endkapital nach einem Jahr.

c) Berechne das Endkapital nach fünfjähriger Verzinsung.

6. Kann aus einem Baumstamm mit dem kleinsten Durchmesser $d = 27$ cm ein Balken geschnitten werden, dessen Querschnitt ein Quadrat mit der Seitenlänge $a = 19$ cm ist? Begründe.

7. Zwei lineare Funktionen $f_1(x)$ und $f_2(x)$ schneiden einander im Punkt $S(-3|-2)$, dabei hat die erste Funktion den Anstieg $m = 1$ und die zweite Funktion den Anstieg $m = 2$.

a) Stelle beide Funktionen in einem Koordinatensystem dar.

b) Bestimme rechnerisch jeweils die Funktionsgleichung und die Nullstellen.

8. Im Koordinatensystem sind die Graphen von zwei linearen Funktionen dargestellt.

a) Gib zu jedem Graphen eine passende Gleichung an.

b) Lies die Koordinaten des Schnittpunkts der Geraden ab.

c) Überprüfe den Schnittpunkt durch Rechnung.

d) Notiere eine weitere Funktionsgleichung für einen Graphen, der zu dem Graphen ① parallel verläuft.

e) Ermittle den Flächeninhalt des Dreiecks, das von den Graphen ① und ② und der y-Achse gebildet wird, in FE (Flächeneinheiten).

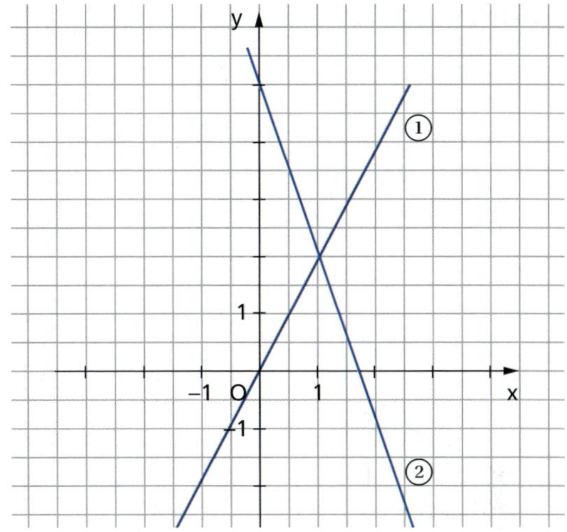

9. Ein Zug fährt seine Gäste in einem Vergnügungspark auf einem Kurs, der vereinfacht einem Dreieck ABC entspricht. Von A nach B sind es 2,4 km und von B nach C 1,8 km. Der Winkel bei der Station B beträgt 52°.

a) Skizziere den Sachverhalt.

b) Konstruiere das Dreieck ABC in einem geeigneten Maßstab und ermittle die Länge der Strecke $\overline{AC}$ durch Messen.

c) Der Zug benötigt 20 min für eine Runde. Gib die durchschnittliche Geschwindigkeit an.

d) Ermittle die Innenfläche des Dreieckskurses näherungsweise.

10. Tatjana hat aus dem Kegelvolumen von $V = 120\ cm^3$ und der Höhe $h = 4\ cm$ den Radius r berechnet und wundert sich, dass ihre Lösung nicht mit der ihrer Nachbarin übereinstimmt.
Finde in ihrem Lösungsweg den Fehler und beschreibe ihn. Korrigiere dann den Lösungsweg.

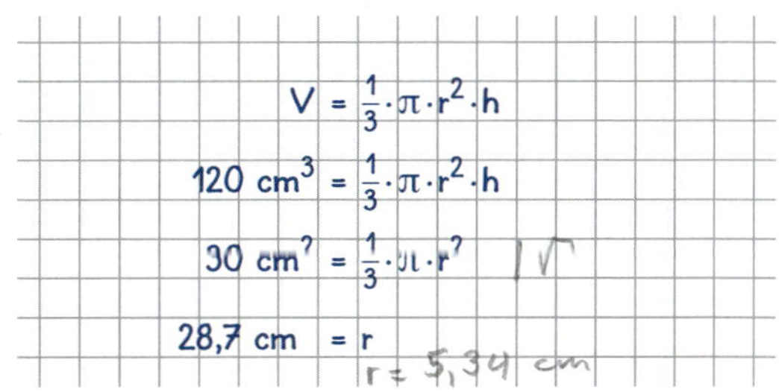

11. Eine quadratische Pyramide hat ein Volumen von 200 cm³. Bestimme mögliche Maße der Pyramide und notiere deinen Rechenweg. Gib zwei verschiedene Möglichkeiten an.

12. Eine Familie bestellt für die Silvesterfeier zwölf Pfannkuchen, von denen drei mit Senf gefüllt werden sollen, die äußerlich von den anderen nicht zu unterscheiden sind.

a) Kilian greift zuerst zu. Mit welcher Wahrscheinlichkeit bekommt er einen senfgefüllten Pfannkuchen?

b) Kilian hatte Pech und einen Pfannkuchen mit Senf erwischt. Als Nächste nimmt sich Nina einen Pfannkuchen. Mit welcher Wahrscheinlichkeit wählt sie einen mit Senf?

13. Katharina wirft dreimal hintereinander einen Spielwürfel (Hexaeder).
Wie groß ist die Wahrscheinlichkeit, dass sie mindestens zweimal die Augenzahl 3 erhält?

2/27 7,4 %

A Anhang

Lineare Funktionen

$y = f(x) = m \cdot x + n$ für $m \neq 0$	Gerade durch P(0; n) Definitionsbereich: $x \in \mathbb{R}$ Wertebereich: $x \in \mathbb{R}$ m: Anstieg (Steigung) n: Ordinatenabschnitt Nullstelle: $x_0 = -\frac{n}{m}$	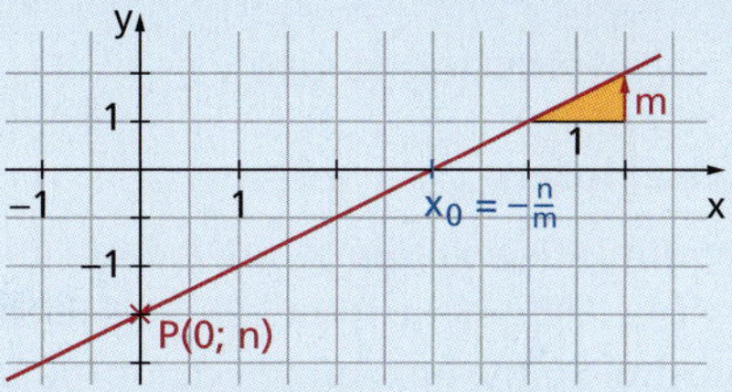

Kongruenzsätze für Dreiecke

sss	Dreiecke sind zueinander kongruent, wenn sie in drei Seiten übereinstimmen.
sws	Dreiecke sind zueinander kongruent, wenn sie in zwei Seiten und dem von ihnen eingeschlossenen Winkel übereinstimmen.
wsw	Dreiecke sind zueinander kongruent, wenn sie in einer Seite und den beiden anliegenden Winkeln übereinstimmen.
SsW	Dreiecke sind zueinander kongruent, wenn sie in zwei Seiten und in dem der längeren Seite gegenüberliegenden Winkel übereinstimmen.

Geometrische Körper

Kegel • Grundfläche ist ein Kreis • abgewickelte Mantelfläche ist ein Kreisausschnitt	$A_G = \pi \cdot r^2$ $A_M = \pi \cdot r \cdot s$ $s^2 = r^2 + h^2$ $A_O = A_G + A_M$ $V = \frac{1}{3} \cdot A_G \cdot h = \frac{\pi}{3} \cdot r^2 \cdot h$	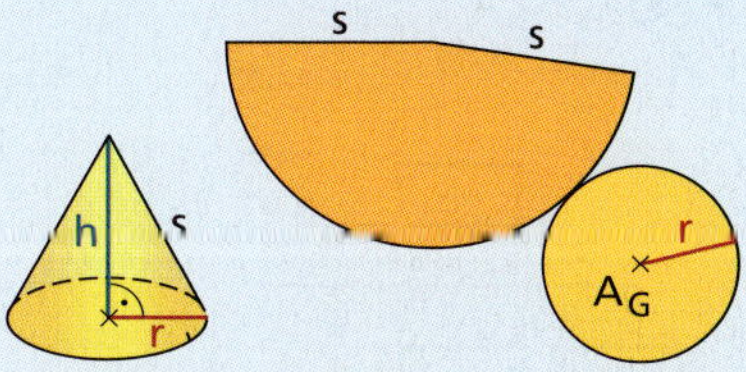
Kugel • alle Punkte im Raum haben vom Mittelpunkt M den gleichen Abstand r	$A_O = 4 \cdot \pi \cdot r^2$ $V = \frac{4 \cdot \pi}{3} \cdot r^3$	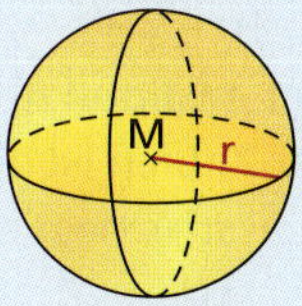
Quadratische Pyramide • Grundfläche ist ein Quadrat • Mantelfläche wird von vier zueinander kongruenten gleichschenkligen Dreiecken gebildet	$A_O = A_G + A_M$ $A_G = a^2$ $A_M = 2 \cdot a \cdot h_a$ $V = \frac{1}{3} \cdot A_G \cdot h$	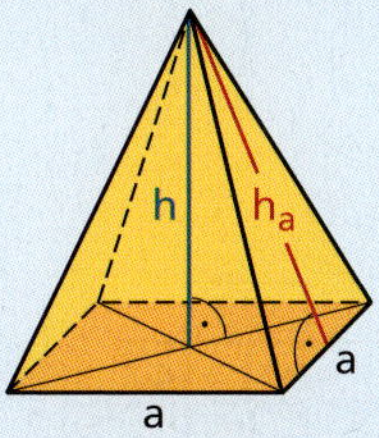

Lösungen „Fit in Mathematik“

Kapiteleinstieg (Seite 7)

Rätsel lösen

Der Jüngste bekommt n Taler, dann gilt
$n + (n + 100) + (n + 100 + 200) = 1600$; also $3 \cdot n + 400 = 1\,600$, also $n = 400$
Die drei Söhne bekommen dann 400 Reichstaler, 500 Reichstaler bzw. 700 Reichstaler.

Ein Amulett restaurieren

Diese Aufgabe ist als Einstieg in den wiederholenden Abschnitt nutzbar. Es lassen sich Fertigkeiten beim Konstruieren und Kenntnisse über den Kreis rekapitulieren.
Mögliche Vorgehensweise:
- Umriss der Scheibe auf ein Blatt Papier zeichnen
- zwei Sehnen einzeichnen
- jeweils die Mittelsenkrechte der Sehne konstruieren
- Schnittpunkt der Mittelsenkrechten ist der Mittelpunkt des Kreises
- zur Kontrolle Kreis zeichnen und somit das Amulett ergänzen

Schätzen

Schulhof: $61{,}5\ \text{m} \cdot 31{,}5\ \text{m} = 1\,937{,}25\ \text{m}^2 = 0{,}19\ \text{ha}$
Abweichung: $0{,}01\ \text{ha} = 1\,\%$

Rechnen mit rationalen Zahlen (Seite 9)

1. a)

−5
−7 | 2
−6 | −1 | 3
−7 | 1 | −2 | 5

b)

−48
8 | −56
20 | −12 | −44
9 | 11 | −23 | −21
−9 | 18 | −7 | −16 | −5

c)

25
−6 | 31
−14 | 8 | 23
−9 | −5 | 13 | 10
−5 | −4 | −1 | 14 | −4
−20 | 15 | −19 | 18 | −4 | 0

2. a) Bei der Addition negativer Zahlen ist die Summe stets negativ.

−23
−9 | −14
−7 | −2 | −12

b) Beispiellösung
Die Addition der beiden Zahlen in der mittleren Steinschicht muss Null ergeben. Dies ist z. B. möglich, indem man die zueinander entgegengesetzten Zahlen addiert.

0
−10 | +10
−6 | −4 | +14

c) Beispiellösung
Die Addition der beiden Zahlen in der mittleren Steinschicht muss eine positive Zahl ergeben.

+2
10 | −8
+30 | −20 | 12

3. a) Beispiellösung
Die Addition der beiden Zahlen in der dritten Steinschicht muss eine negative Zahl ergeben. Da man von oben nach unten vorgeht, ist jeweils die Umkehroperation der Addition, die Subtraktion, auszuführen.

−81
28 | −109
−54 | 82 | −191
−19 | −35 | 117 | −308

b) Beispiellösung
Die negativen Zahlen in der zweiten Ebene ergeben in der Summe wieder negative Zahlen. Deren Summe muss −43 ergeben.

−43
−19 | −24
−8 | −11 | −13
−3 | −5 | −6 | −7

c) Beispiellösung
Hier ist es sinnvoll, unten zu beginnen, um durch Addition zur −15 zu gelangen. Anschließend wird „nach rechts" aufgefüllt.

−18
−15 | −3
−20 | 5 | −8
−12 | −8 | 13 | −21

4. a) Der obere Stein ergibt sich jeweils durch Multiplikation der beiden darunter liegenden Steine.

−12000
150 | −80
−15 | −10 | 8
−3 | 5 | −2 | −4

b) Der obere Stein ergibt sich jeweils durch Multiplikation der beiden darunter liegenden Steine. Die Multiplikation mit der Null führt bereits in der zweiten Ebene zweimal zum Produkt Null. Ab der dritten Ebene sind alle Steine mit Null belegt.

0
0 | 0
0 | 0 | 0
−120 | 0 | 0 | −85
60 | −2 | 0 | −17 | 5

c) Der obere Stein ergibt sich jeweils durch Multiplikation der beiden darunter liegenden Steine. Man kann unten links beginnen. Durch die Null in der fünften Ebene ergibt sich als Produkt für den oberen Schlussstein ebenfalls die Null.

0
−1012500 | 0
270 | −3750 | 0
18 | 15 | −250 | 0
−6 | −3 | −5 | 50 | 0
−2 | 3 | −1 | 5 | 10 | 0

5. a) Vorrangregel; −94
b) Vorrangregel; 95
c) Vorrangregel; −22
d) Vorrangregel; 31
e) Vorrangregel; 12
f) Vorrangregel; 11
g) Vorrangregel; −7
h) Vorrangregel; 31
i) Vorrangregel; −39
j) Vorrangregel; −147
k) Vorrangregel; −3
l) Vorrangregel; −5533

Zuordnungen untersuchen (Seite 11)

1. a) $\frac{12\text{ m2}}{2{,}4\text{ kg}} = \frac{15\text{ m2}}{x} \Rightarrow x = 3\text{ kg}$
b) $250 \cdot 15\text{ g} = x \cdot 25\text{ g} \Rightarrow x = 150$ Figuren
c) Keine Aussage möglich.
d) Keine Aussage möglich.
e) $\frac{225\text{ g}}{1{,}35\text{ €}} = \frac{100\text{ g}}{x} \Rightarrow x = 0{,}60\text{ €}$
f) $2 \cdot 10\text{ h} = 5 \cdot x \Rightarrow x = 4\text{ h}$
g) $9 \cdot 11{,}5\text{ cm} = x \cdot 10{,}5\text{ cm} \Rightarrow x = 9{,}9 \Rightarrow$ 9 Dosen
h) $\frac{3\text{ Eier}}{0{,}45\text{ €}} = \frac{x}{1\text{ €}} \Rightarrow x = 6{,}\overline{6} \Rightarrow$ 6 Eier

2. a) 37,5 km
b) 3,50 €
c) 4 Kugeln
d) in 10 Tagen
e) $75\,\frac{\text{km}}{\text{h}}$
f) 9,10 €
g) 30 Schichten
h) 30 kg Sand
i) 25 Cent

Flächen berechnen (Seite 13)

1. Die beiden Figuren haben jeweils einen Umfang von 10 cm oder 20 Kästchenlängen.
Weitere Varianten:

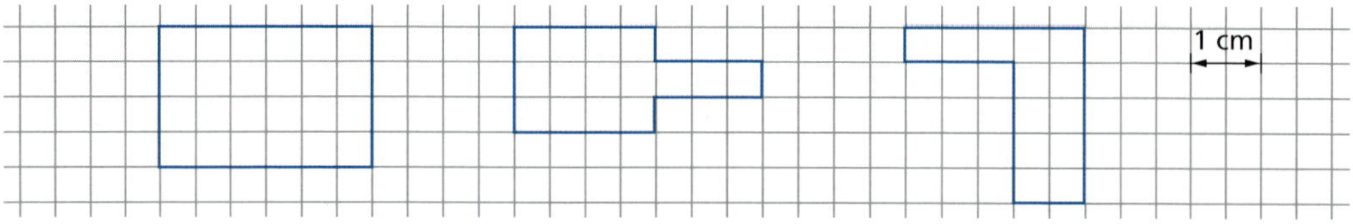

2. a) $A = 523\ \text{mm}^2$
$u = 108\ \text{mm}$

b) $A = 1137\ \text{cm}^2$
$u = 148\ \text{cm}$

c) $A = 385\ \text{m}^2$
$u = 164\ \text{m}$

3.

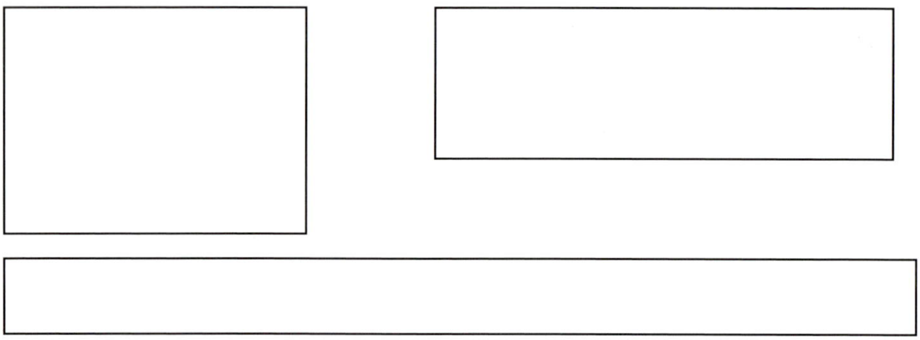

Der Flächeninhalt kann trotz gleichem Umfang verschieden sein.

4.

a) 6 Kästchen $\hat{=}$ $1{,}5\ \text{cm}^2$ — $A = \frac{1}{2} \cdot a \cdot b = \frac{1}{2} \cdot 2\ \text{cm} \cdot 1{,}5\ \text{cm} = 1{,}5\ \text{cm}^2$

b) 12 Kästchen $\hat{=}$ $3{,}0\ \text{cm}^2$ — $A = \frac{1}{2} \cdot a \cdot b = \frac{1}{2} \cdot 3\ \text{cm} \cdot 2\ \text{cm} = 3{,}0\ \text{cm}^2$

c) 8 Kästchen $\hat{=}$ $2{,}0\ \text{cm}^2$ — $A = \frac{1}{2} \cdot a \cdot b = \frac{1}{2} \cdot 2\ \text{cm} \cdot 2\ \text{cm} = 2{,}0\ \text{cm}^2$

d) 14 Kästchen $\hat{=}$ $3{,}5\ \text{cm}^2$ — $A = \frac{a + c}{2} \cdot h = \frac{3{,}5\ \text{cm}}{2} \cdot 2\ \text{cm} = 3{,}5\ \text{cm}^2$

e) 16 Kästchen $\hat{=}$ $4{,}0\ \text{cm}^2$ — $A = \frac{a + c}{2} \cdot h = \frac{4\ \text{cm}}{2} \cdot 2\ \text{cm} = 4{,}0\ \text{cm}^2$

f) 18 Kästchen $\hat{=}$ $4{,}5\ \text{cm}^2$ — $A = \frac{a + c}{2} \cdot h = \frac{4{,}5\ \text{cm}}{2} \cdot 2\ \text{cm} = 4{,}5\ \text{cm}^2$

g) 16 Kästchen $\hat{=}$ $4{,}0\ \text{cm}^2$ — $A = a \cdot b + \frac{1}{2} \cdot b \cdot c = 1{,}5\ \text{cm} \cdot 2\ \text{cm} + \frac{1}{2} \cdot 2\ \text{cm} \cdot 1\ \text{cm} = 4{,}0\ \text{cm}^2$

h) 16 Kästchen $\hat{=}$ $4{,}0\ \text{cm}^2$ — $A = a \cdot b + c \cdot d = 1{,}5\ \text{cm} \cdot 2\ \text{cm} + 1\ \text{cm} \cdot 1\ \text{cm} = 3{,}5\ \text{cm}^2$

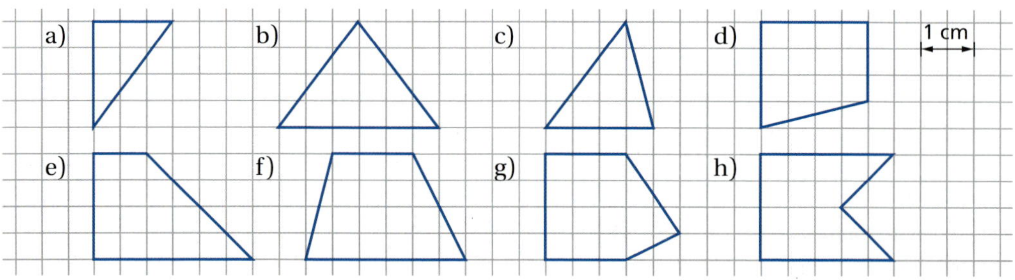

5. a) $A = \frac{1}{2} \cdot c \cdot h_c = \frac{1}{2} \cdot 5{,}2\ \text{cm} \cdot 1{,}4\ \text{cm} = 3{,}64\ \text{cm}^2$

b) $A = \frac{1}{2} \cdot a \cdot h_a = \frac{1}{2} \cdot 1{,}8\ \text{dm} \cdot 1{,}6\ \text{dm} = 1{,}44\ \text{dm}^2$

c) $A = \frac{1}{2} \cdot b \cdot h_b = \frac{1}{2} \cdot 3{,}2\ \text{dm} \cdot 2{,}4\ \text{dm} = 3{,}84\ \text{dm}^2$

d) $A = \frac{1}{2} \cdot c \cdot h_c = \frac{1}{2} \cdot 50\ \text{mm} \cdot 60\ \text{mm} = 1\,500\ \text{mm}^2$

e) $A = \frac{1}{2} \cdot c \cdot h_c = \frac{1}{2} \cdot 120\ \text{mm} \cdot 120\ \text{mm} = 7\,200\ \text{mm}^2$

f) $A = \frac{1}{2} \cdot c \cdot h_c = \frac{1}{2} \cdot 50\ \text{mm} \cdot 60\ \text{mm} = 1\,500\ \text{mm}^2$

g) Die Teilaufgaben d) und f) haben denselben Flächeninhalt, da sie in ihrer Höhe und Grundseite übereinstimmen.

Terme und Gleichungen verwenden (Seite 15)

1. a) 650 b) $\frac{17}{4}$ c) 100 d) 7 e) 1 f) 8 g) 4 h) 0 i) -2

2. a) ① $\frac{-4-5}{-3} = 3$ ② $[3 + (-3)] - [4 \cdot (-4)] = 16$ ③ $\frac{[12 + (-1)] \cdot (-2)}{11} = -2$

b) ①

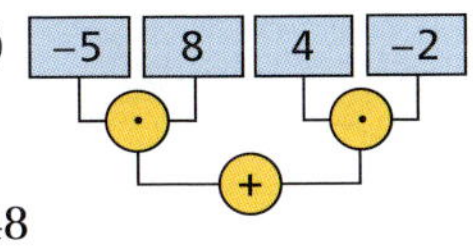

-48

②

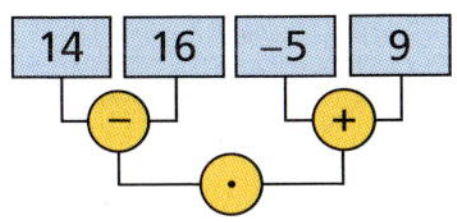

-8

③

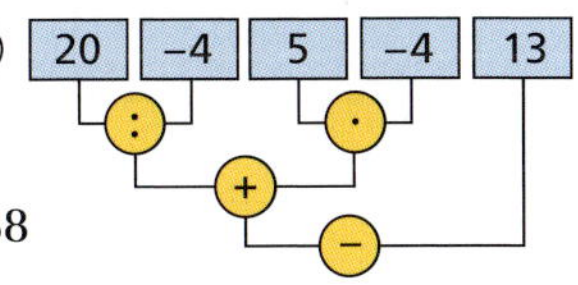

-38

3. a) $6a^2b$ b) $-3xy^2$ c) $-5abc - 9a^2bc$ d) $36x^3y^2z$

4. a) $6a^2b - 3ab^2$ b) $-4x^2y^3 + 12x^3y$ c) $-7r^2s^2q - 12r^2sq^2$ d) $-4{,}9a^3 + 3$

5. a) $3x \cdot (x+1)^2$ b) $(x+y)^2 - (x-y)^2$ c) $(x+y)^2 - (x-y)^2 = 4\,xy$

6. a) $x = 6$ b) $x = 2$ c) $x = 5$ d) $x = 8$

e) $x = 1{,}2$ f) $x = \frac{1}{4}$ g) $x = -\frac{18}{7}$ h) $x = -13$

i) $x = 4$ j) $x = -\frac{1}{23}$ k) $x = -\frac{3}{2}$ l) $x = -\frac{1}{2}$

m) $x = 1{,}4$ n) $x = \frac{8}{5}$ o) $x = -\frac{1}{2}$ p) $x = 4\frac{2}{3}$

7. a) $a = 4$ Probe: $6 - (3 \cdot 4) = -6$ $(5 \cdot 4) - 26 = -6$ $-6 = -6$ w. A.

b) $x = -5$ Probe: $7 + [(5 \cdot (-5) - 12] = 7 - 37 = -30$ $-30 = -30$ w. A.

c) $z = 7{,}5$ Probe: $(7 \cdot 7{,}5) + 9 - (18 \cdot 7{,}5) = 52{,}5 + 9 + 135 = -73{,}5$
$10 - (15 \cdot 7{,}5) + 29 = 10 - 112{,}5 + 29 = -73{,}5$ $-73{,}5 = -73{,}5$ w. A.

d) $b = -8$ Probe: $(-3 \cdot (-8)) - (9 - (8 \cdot (-8))) = 24 - 73 = -49$ $-49 = -49$ w. A.

e) $x_1 = 6$; Probe: $6^2 + 12 = 48$ $48 = 48$ w. A.
$x_2 = -6$ $(-6)^2 + 12 = 48$ $48 = 48$ w. A.

f) $L = \{\}$ Probe: $12x + 2 = 12x - 2$ $0 = 4$ f. A.

8.	a) $x = 9$	Probe:	$(4 \cdot 9) - 13 = 23$		$23 = 23$	w. A.
	b) $a = 4$	Probe:	$10 - (5 \cdot 4) = -10$	$(3 \cdot 4) - 22 = -10$	$-10 = -10$	w. A.
	c) $z = 6$	Probe:	$8 \cdot 6 - 7 = 41$	$17 + 4 \cdot 6 = 41$	$41 = 41$	w. A.
	d) $x = -5$	Probe:	$7 + [5 \cdot (-5) - 12] = 7 - 37 = -30$		$-30 = -30$	w. A.
	e) $b = -7$	Probe:	$[3 \cdot (-7)] - \{7 - [9 \cdot (-7)]\} = 21 - 70 = -49$		$-49 = -49$	w. A.
	f) $d = 3$	Probe:	$(-4 \cdot 3) - 2[(3 \cdot 3) - 8] = -12 - 2 = -14$		$-14 = -14$	w. A.

9. a) $3x - 7 = 29;\quad x = 12$ b) $(3x - 9) \cdot (-2) = -12;\quad x = 5$ c) $\frac{x}{3} + 2{,}4 = x - 3{,}6;\quad x = 9$

Körper darstellen und berechnen (Seite 17)

1. a)

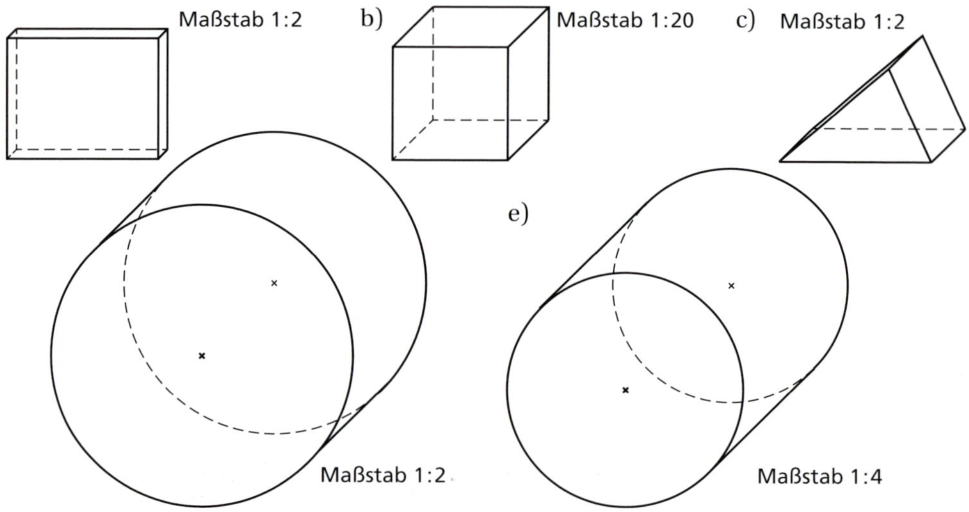

a) $V = 89{,}6\ cm^3$ $A_O = 126{,}4\ cm^2$ b) $V = 27\ dm^3$ $A_O = 54\ dm^2$
c) $V = 12{,}31\ cm^3$ $A_O = 36{,}1\ cm^2$ d) $V = 271{,}4\ cm^3$ $A_O = 236{,}2\ cm^2$
e) $V = 254{,}65\ cm^3$ $A_O = 223{,}66\ cm^2$

2. a) $a = 9$ cm; $b = 19{,}5$ cm; $c = 5{,}8$ cm $V = 1017{,}9\ cm^3 = 1{,}018\ l$
b) $A_O = 681{,}6\ cm^2$ $2\,500 \cdot 681{,}6\ cm^2 = 1\,704\,000\ cm^2 = 170{,}4\ m^2$
Es werden mindestens 171 m^2 Material benötigt. (Klebefalze wurden bisher nicht berücksichtigt!)

3. a) Das Volumen des Kreiszylinders verdoppelt sich auch.
b) Das Volumen des neuen Quaders ist nur noch ein Achtel des Volumens des alten Quaders.
c) Das Volumen des Kreiszylinders verdreifacht sich.

4. Das Volumen des Prismas beträgt ca. 108 dm^3, der Oberflächeninhalt ist etwa 117 dm^2 groß.
a) $V = 4712{,}4\ cm^3$ b) $V = 1728\ cm^3$ c) $V = 519{,}6\ cm^3$

5. Der Baumstamm hat eine Masse von ca. 1 Tonne (1088 kg).

6. Der Draht ist ca. 139 m lang.

Mit dem Zufall rechnen (Seite 19)

1. a) $\Omega = \{1; 2; 3; 4; 5; 6\}$ b) $\Omega = \{Z; W\}$
c) $\Omega = \{$alle 32 möglichen Karten$\}$ d) $\Omega = \{J; M\}$
e) $\Omega = \{MJ; JM; MM; JJ\}$

2. a) $E = \{(1; 3); (2; 2); (3; 1)\}$
b) Beim 2. Wurf wird eine um 1 höhere Augenzahl erzielt als beim 1. Wurf.
c) $E = \{(1; 6); (2; 3); (3; 2); (6; 1)\}$
d) Bei beiden Würfeln wird die gleiche Augenzahl erzielt.
e) $E = \{(1; 4); (2; 3); (3; 2); (4; 1)\}$
f) Die Augenzahl beim zweiten Wurf soll das Doppelte vom ersten Wurf sein.

3. a) $E_1 = \{(6)\}$ $E_2 = \{(3; 6)\}$ $E_3 = \{\,\}$ $E_4 = \{(1; 2; 3; 4; 5)\}$
$\overline{E}_1 = \{(1; 2; 3; 4; 5)\}$ $\overline{E}_2 = \{(1; 2; 4; 5)\}$ $\overline{E}_3 = \{(1; 2; 3; 4; 5; 6)\}$ $\overline{E}_4 = \{(4; 6)\}$
b) individuell, z. B.
E: Die Augensumme zweier Würfel ist kleiner als 6.
$E = \{(1, 1)\}; (1, 2); (1, 3); (1, 4); (2, 2); (2, 3)\}$

4. $H_n(1) = 4$; $h_n(1) = \frac{4}{25}$; $H_n(2) = 4$; $h_n(2) = \frac{4}{25}$; $H_n(3) = 3$; $h_n(3) = \frac{3}{25}$; $H_n(4) = 5$; $h_n(4) = \frac{5}{25}$;
$H_n(5) = 5$; $h_n(5) = \frac{5}{25}$; $H_n(6) = 4$; $h_n(6) = \frac{4}{25}$

5. a) $P = \frac{3}{6} = \frac{1}{2}$ b) $P = \frac{12}{32} = \frac{3}{8}$ c) $P = \frac{1}{4}$

6. a) 50 % b) 33,3 % c) 66,6 % d) 20 % e) 60 % f) 1 %

7. a) P = 23,3 % b) P = 60 % c) P = 16,7 %

Lösungen zu den „Teste dich selbst"-Aufgaben

Lineare Funktionen untersuchen (Seite 56)

1. a)

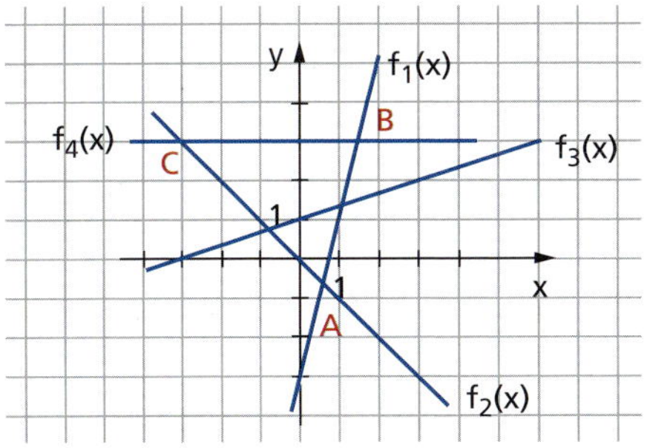

b) f_1: $x_0 = \frac{3}{4}$; f_2: $x_0 = 0$; f_3: $x_0 = -3$;
f_4: keine Nullstelle

c) $S_1(0|-3)$; $S_2(0|0)$; $S_3(0|1)$; $S_4(0|3)$

d) $P\left(\frac{3}{2}\middle|\frac{3}{2}\right)$ liegt auf dem Graphen $f_3(x)$

e) $A\left(\frac{3}{5}\middle|-\frac{3}{5}\right)$ B(1,5|3) C(-3|3)

$A = \frac{1}{2} \cdot 4{,}5\text{ LE} \cdot \frac{18}{5}\text{ LE} = 8{,}1\text{ FE}$

2. a) $y = -\frac{26}{35}x + \frac{3}{5}$ b) $y = \frac{7}{4}x + \frac{41}{4}$ c) $y = \frac{5}{6}x + \frac{9}{8}$

3. a) $y = 2x + 1$ b) $y = -3$ c) $y = -\frac{2}{3}x + 2$ d) $y = -\frac{1}{2}x - 2$

4. a)

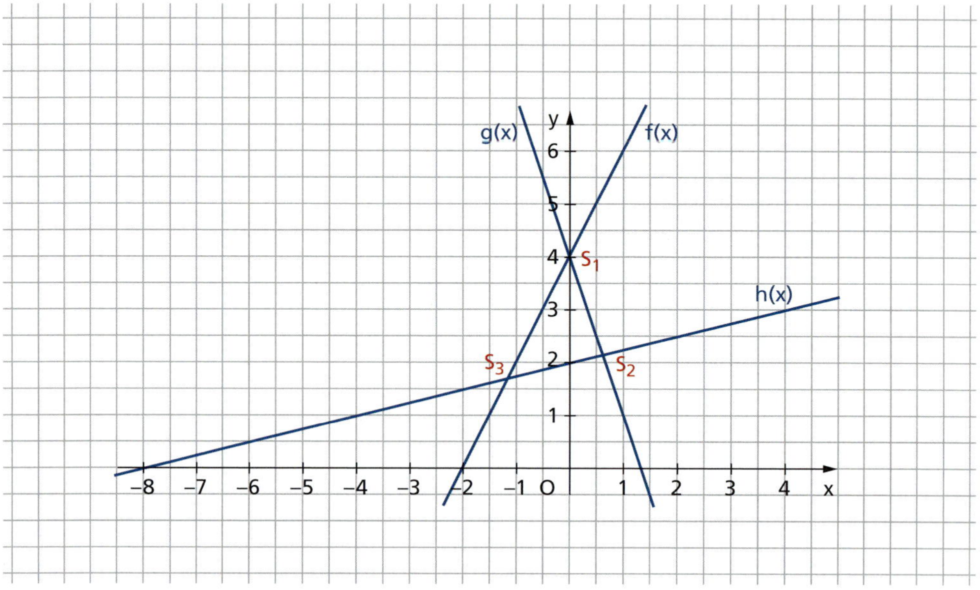

b) Schnittpunkt der Graphen von f(x) und g(x): $S_1(0\,|\,4)$

Schnittpunkt der Graphen von g(x) und h(x): $S_2\left(\frac{8}{13}\,\middle|\,\frac{28}{13}\right)$; abgelesen: $S_2(0{,}6\,|\,2{,}1)$

Schnittpunkt der Graphen von f(x) und h(x): $S_3\left(\frac{-8}{7}\,\middle|\,\frac{12}{7}\right)$; abgelesen: $S_3(-1{,}2\,|\,1{,}7)$

c) Nullstelle von f(x): –2 Nullstelle von g(x): $\frac{4}{3}$ Nullstelle von h(x): –8

5. a) *Beispiellösung:* b) *Beispiellösung:* c)

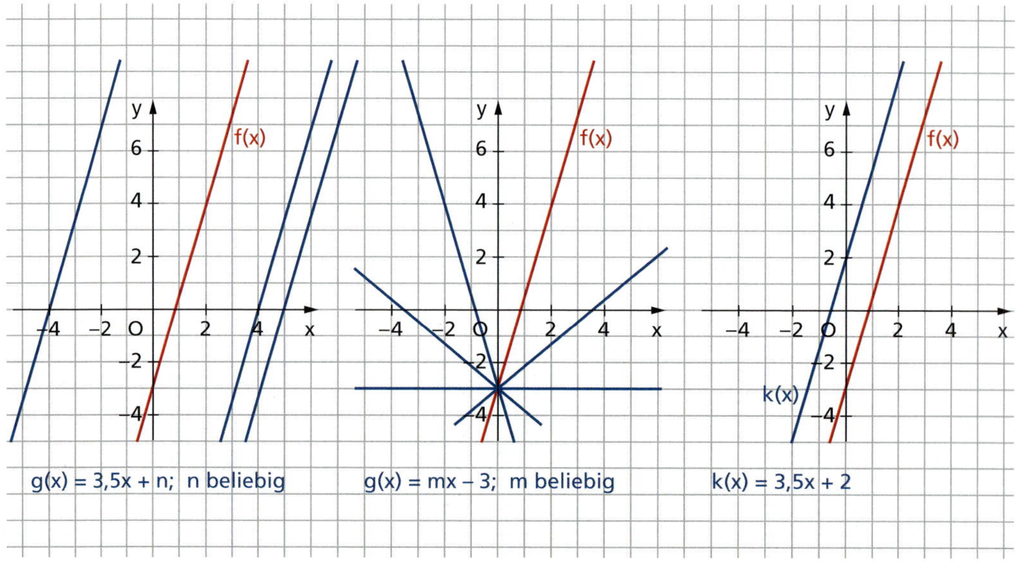

d) *Beispiellösung:*

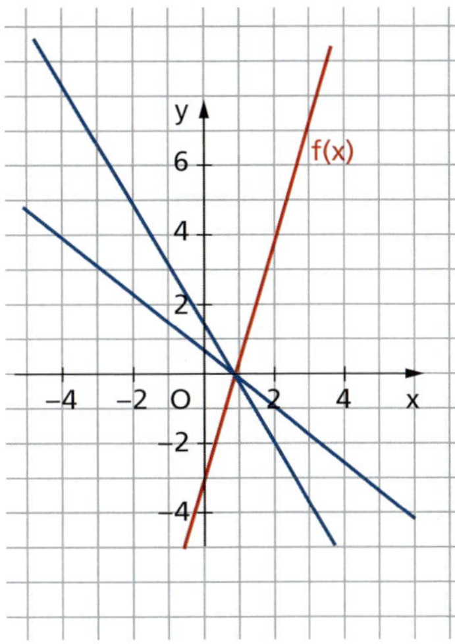

e) *Beispiellösung:*

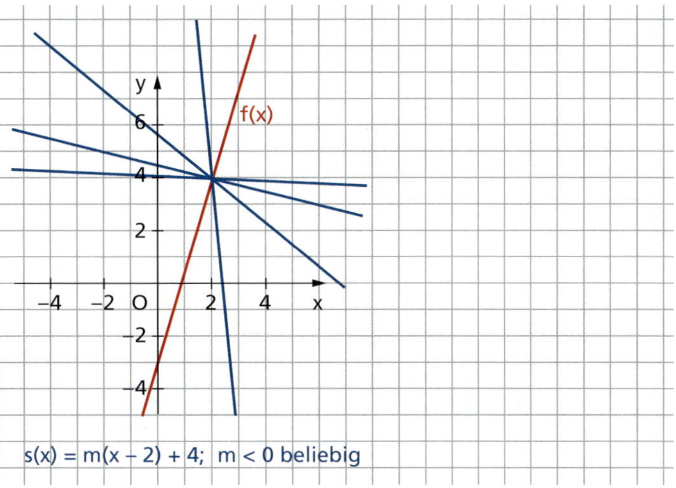

6. Die Beschreibung der Geradenstücke erfolgt hier von links nach rechts:

		①		②		③		④		
a) Anstieg	m =	-1	1	$\frac{1}{2}$	-3	0	$\frac{1}{2}$	1	$\frac{1}{2}$	2
b) Gleichung	f(x) =	$-x - 1$	$x - 1$	$\frac{1}{2}x + 1$	$-3x + 1$	1	$\frac{1}{2}x + 1$	x	$\frac{1}{2}x - \frac{1}{2}$	$2x - 2$
	D	$-2 \le x \le 2$		$-2 \le x \le 1$		$-2 \le x \le 2$		$-2 \le x \le 2$		
	W	$-1 \le y \le 1$		$-2 \le y \le 1$		$1 \le y \le 2$		$-2 \le y \le 2$		

Mit Variablen, Termen und Potenzen arbeiten (Seite 90)

1. a) $9x(1 - 2) = -9x$
b) $9x(x - 2)$
c) $9x(1 - 2x)$
d) $2r^2s^2t^2(-2rt^2 + 3s^2t - 4r^2s + 1)$

2. a) $3x + xy + 6y + 18$
b) $-6x^2 + 14xy - 8y^2$
c) $x^2 - 8xy + 16y^2$
d) $25x^2 + 60x + 36$
e) $16x^2 - y^2$
f) $-x^2 - 2xy - y^2$

3. a) ① $(x + y)(x - 4)$
② $(2a + 2b)(3a + 2b)$
③ $(2x - y)^2$
④ $(3x + 4y)(3x - 4y)$

b) Die binomischen Formeln lassen sich in ③ und ④ anwenden.

4. a) $(3a - 5b)(-2a + 6b) = -6a^2 + 18ab + 10ab - 30b^2 = -6a^2 + 28ab - 30b^2$ (Vorzeichenfehler)
b) $(3x + 9)^2 = 9x^2 + 54x + 81$ (gemischtes Glied nicht verdoppelt)
c) $25x^2 - 30x + 9 = (5x - 3)^2$ (der 2. Summand falsch ermittelt aus dem gemischten Glied 30x)

5. a) $(x + 4)(y - 9) = xy - 9x + 4y - 36$
b) $(2x - 14)^2 = 4x^2 - 54x + 196$
c) $(3x + 5)^2 = 9x^2 + 30x + 25$

6. a) $\frac{(a + b)\cdot(a + b)}{(a - b)\cdot(a + b)} = \frac{(a + b)^2}{a^2 - b^2}$
b) $\frac{24x^2y^3z}{36xy^2z} = \frac{2}{3}xy$
c) $\frac{12a}{25b^2} - \frac{8}{20ab} = \frac{48a^2 - 40b}{100ab^2} = \frac{12a^2 - 10b}{25ab^2}$

7. a) $7{,}5075 \cdot 10^{10}$ b) $1{,}28 \cdot 10^{17}$ c) $1{,}0408 \cdot 10^{14}$ d) $6{,}023 \cdot 10^{-11}$

8. a) 160 800 b) 350 c) 1 500 000 d) 0,05

9. $a = 12$ dm

10. $a = 30$ cm

11. a) $x_1 = 13$; $x_2 = -13$ b) $x = 7$ c) $x = 121$ d) $x = -0{,}4$

12. 465,89 €

13. Herr Lange: 705,83 € Frau Klein: 675,00 €

14. a) Anfangskapital: 12 278,27 € b) Anfangskapital: 14 178,38 €

Dreiecke untersuchen und konstruieren (Seite 134)

1.

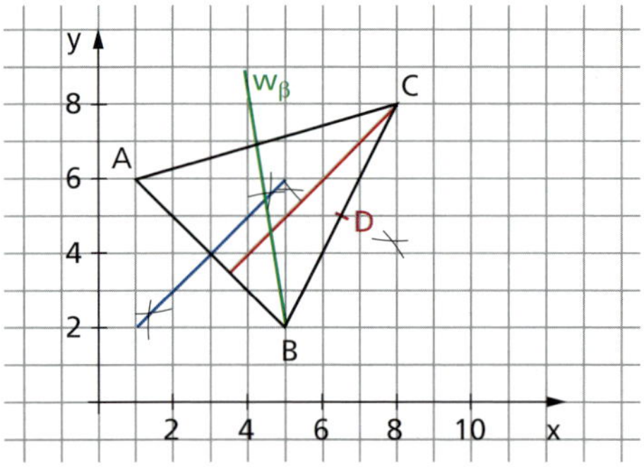

Flächeninhalt des Dreiecks ABC:
z. B. Rechteck RSTU mit
R(1|2), S (8|2), T (8|8) und U (1|8)
untersuchen und rechtwinklige Dreiecke subtrahieren

$A_D = 42$ FE – 7 FE – 9 FE – 8 FE

$A_D = 18$ FE

2. Teildreiecke sind: ABF, BCF, ABC, AED, ECD, ACD

kongruente Dreiecke:

ABF und ECD Begründung z. B.: Die Dreiecke stimmen in einer Seite (gegenüberliegende Rechtecksseiten) und zwei Winkeln (rechter Winkel und Wechselwinkel FAB und ECD an geschnittenen Parallelen) überein. wsw

ABC und ACD Begründung z. B.: Die Dreiecke stimmen in zwei Seiten (jeweils gegenüberliegende Rechtecksseiten) und dem eingeschlossenen Winkel (rechter Winkel) überein. sws

BCF und AED Begründung z. B.: Die Dreiecke stimmen in einer Seite (gegenüberliegende Rechtecksseiten) und zwei Winkeln (rechter Winkel und Wechselwinkel BCF und DAE an geschnittenen Parallelen) überein. wsw

3. ①

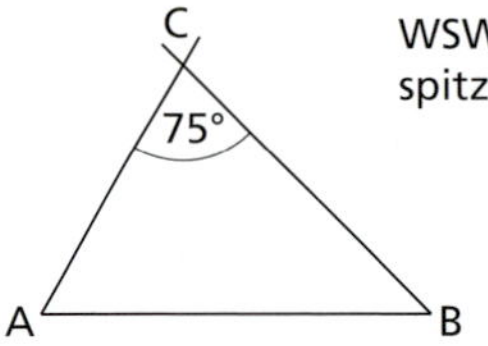

wsw
spitzwinklig

②

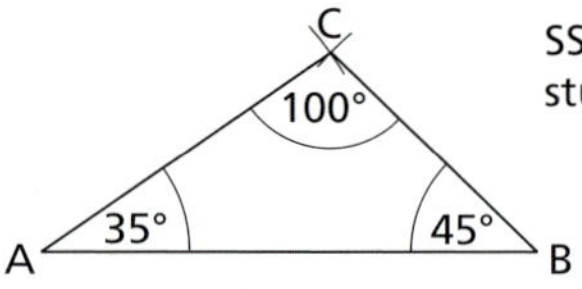

sss
stumpfwinklig

Maßstab 1 : 2

4. ① konstruierbar:
drittes gegebenes Stück z. B. a; wenn Dreiecksungleichung erfüllt, nach Kongruenzsatz sss
nicht konstruierbar:
drittes gegebenes Stück z. B. a; a ist kleiner oder gleich 7 cm (Dreiecksungleichung nicht erfüllt)
drittes gegebenes Stück z. B. β; Winkel liegt nicht der größeren Seite gegenüber

② konstruierbar:
drittes gegebenes Stück z. B. α; wenn Innenwinkelsumme erfüllt, nach Kongruenzsatz wsw
nicht konstruierbar:
drittes gegebenes Stück z. B. c; c ist kleiner als b (Winkel liegt nicht der größeren Seite gegenüber)
drittes gegebenes Stück z. B. α; Winkel ist größer oder gleich 113°

③ konstruierbar:
drittes gegebenes Stück z. B. b; nach Kongruenzsatz wsw
nicht eindeutig konstruierbar:
drittes gegebenes Stück z. B. β; Dreiecke sind nur ähnlich und nicht kongruent

5. Nach dem Kongruenzsatz wsw ist ein Dreieck eindeutig konstruierbar, somit kann der Standort des Senders exakt bestimmt werden.

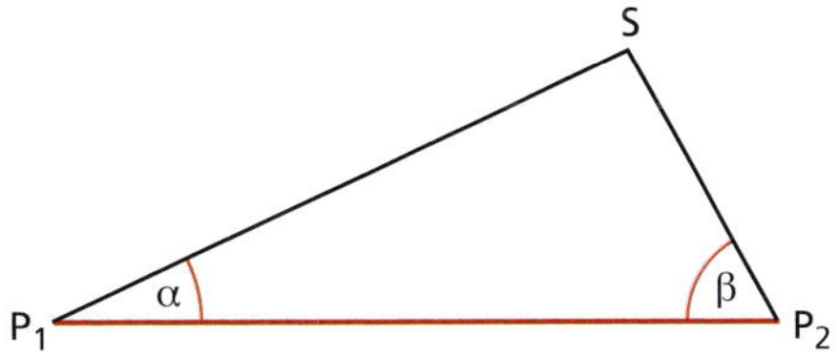

6. a) Aussage ist richtig: Es handelt sich dann um ein gleichschenkliges Dreieck.

b) Aussage ist richtig: Sind in einem Dreieck die Seiten gleich lang, so sind die Winkel gleich groß ($180° : 3 = 60°$).

c) Aussage ist richtig: Nach Innenwinkelsumme ist der dritte Winkel 90° groß und damit ein rechter Winkel.

d) Aussage ist falsch: Die restlichen beiden Innenwinkel können gleich groß sein.
(z. B.: $180° - 120° = 60°$; $60° : 2 = 30°$, die beiden anderen Innenwinkel sind jeweils 30° groß)

e) Aussage ist falsch: Auch in einem spitzwinkligen Dreieck existiert eine längste Seite, der dann der größte spitze Innenwinkel gegenüber liegt.

7. a)

b)

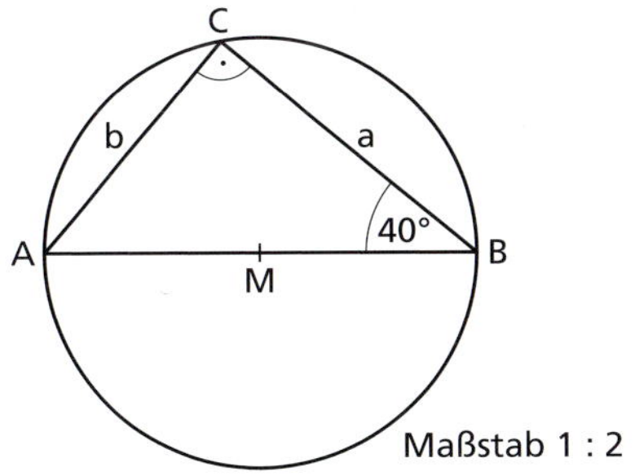

c) $a = 5{,}4$ cm
$b = 4{,}5$ cm

d) - Strecke $\overline{AB}$ zeichnen und Mittelpunkt M konstruieren.
- Thaleskreis zeichnen und im Punkt B Winkel 40° abtragen. Schnittpunkt des freien Schenkels mit dem Kreis ist Punkt C.
- Nach Satz des Thales ist der Winkel bei C 90° groß.
- Länge der Seite a über $\cos\beta$ und Länge der Seite b über $\sin\beta$ berechnen.

8. a) wahr
b) falsch, da Widerspruch zu a)
c) wahr
d) wahr
e) wahr

9. ① 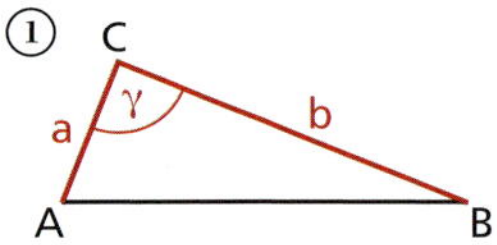

② 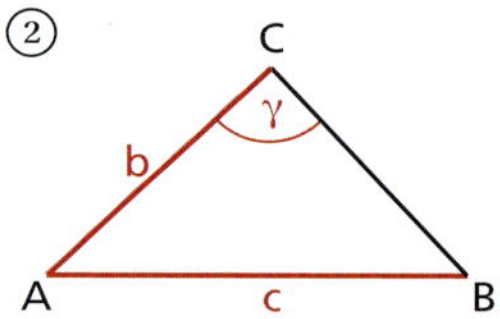

③ 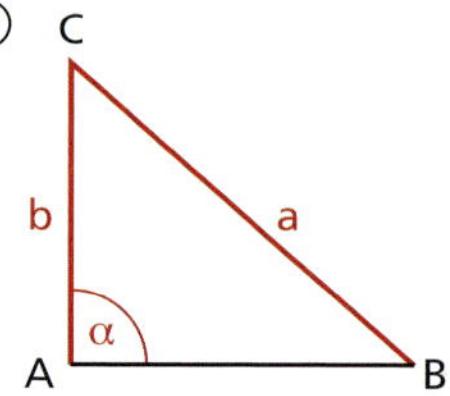

④ 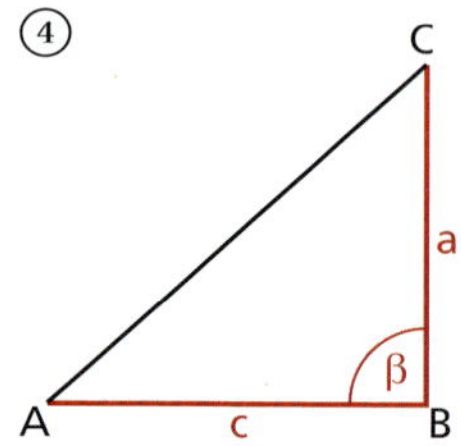

① $c = 5{,}4\ \text{cm}$ ② $a = 7{,}5\ \text{cm}$ ③ $c = 2{,}2\ \text{dm}$ ④ $b = 15{,}8\ \text{cm}$

10. a) Diagonale e

$e = \sqrt{2 \cdot (4\ \text{cm})^2}$

$e = 5{,}7\ \text{cm}$

b) Seitenlänge b

$b = \sqrt{(12\ \text{cm})^2 - (10\ \text{cm})^2}$

$b = 6{,}6\ \text{cm}$

c) Höhe h

$h = \sqrt{(3\ \text{cm})^2 - (2\ \text{cm})^2}$

$h = 2{,}2\ \text{cm}$

11. a) $e = a\sqrt{3}$ b) $x = 7 \cdot \sqrt{3}\ \text{cm} \approx 12\ \text{cm}$ c) $V \approx 333\ \text{cm}^3$ $A_O = 288\ \text{cm}^2$

12. a) $e = \sqrt{a^2 + \left(\frac{a}{2}\right)^2 + \left(\frac{a}{3}\right)^2} = \sqrt{\frac{49}{36}a^2} = \frac{7}{6}a$

b) $A_O = 2 \cdot \left(a \cdot \frac{a}{2} + a \cdot \frac{a}{3} + \frac{a}{2} \cdot \frac{a}{3}\right) = 2a^2$

$V = a \cdot \frac{a}{2} \cdot \frac{a}{3} = \frac{1}{6}a^3$

c) Abbildung im Maßstab 1 : 2 rechts

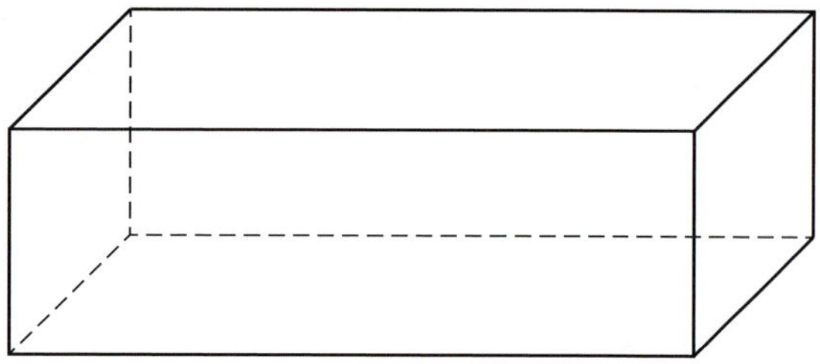

13. Der kürzeste Weg führt quer über zwei aneinandergrenzende Seitenflächen. Es muss jedoch herausgefunden werden, welche Seitenflächen die günstigsten sind. Dazu klappt man den Quader am besten auf, wobei es jedoch ausreichend ist, nur die tatsächlich genutzten Flächen zu betrachten. Es sind drei verschiedene Fälle zu unterscheiden. Die Lösung kann entweder durch maßstabsgerechtes Zeichnen und Ausmessen oder durch Rechnung gefunden werden:

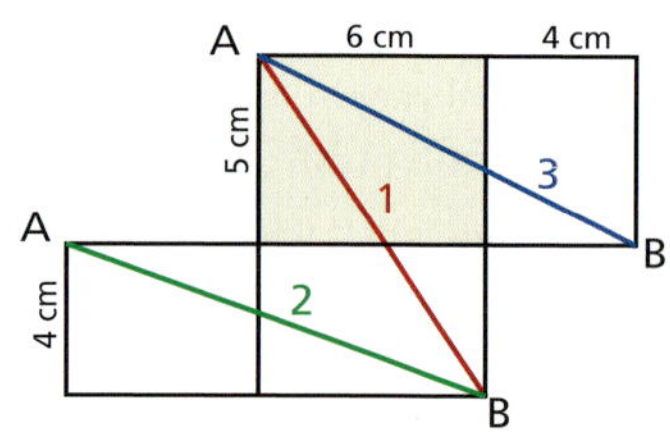

1: $\overline{AB} = 3\sqrt{13}\ \text{cm} \approx 10{,}8\ \text{cm}$ 2: $\overline{AB} = \sqrt{137}\ \text{cm} \approx 11{,}7\ \text{cm}$ 3: $\overline{AB} = 5\sqrt{5}\ \text{cm} \approx 11{,}2\ \text{cm}$

14. a) rechtwinklig, da $a^2 + b^2 = c^2$ b) spitzwinklig, da $a^2 + b^2 > c^2$

15. Skizze:

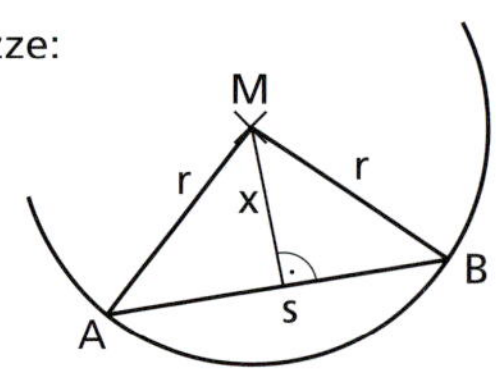

$x^2 = r^2 - \left(\frac{s}{2}\right)^2$

$x \approx 10{,}6\ \text{cm}$

16. Länge des Seiles: 30 m

Ausdehnung um 1 %: Länge des Seiles 30,3 m

$x^2 = (15{,}15\ \text{m})^2 - (15\ \text{m})^2$; $x \approx 2{,}13\ \text{m}$

Die Lampe befindet sich etwa 2,3 m über dem Erdboden. Fahrzeuge mit einer Höhe von 2,3 m können die Straße nicht passieren.

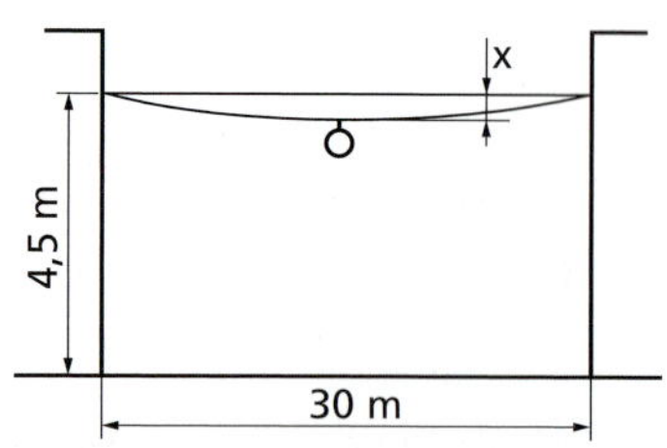

Pyramide, Kegel und Kugel untersuchen (Seite 172)

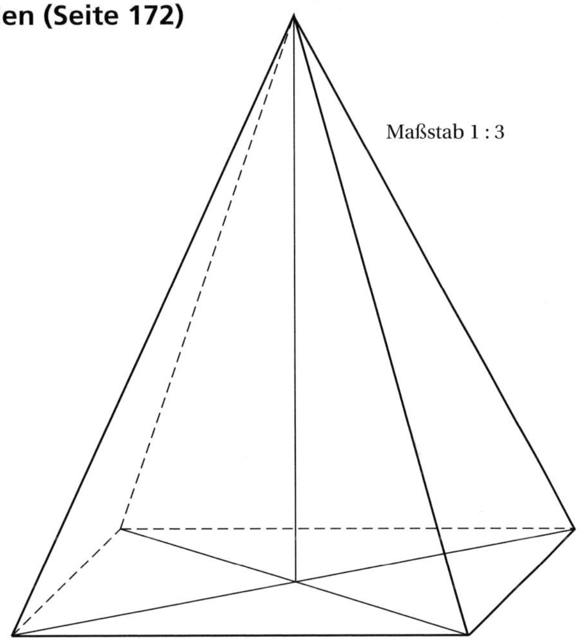

1. a) Siehe Zeichnung rechts

b) $V = \frac{1}{3} A_G \cdot h$

$V = \frac{1}{3} \cdot 18 \text{ cm} \cdot 12 \text{ cm} \cdot 22{,}5 \text{ cm}$

$V = 1620 \text{ cm}^3$

$d = \sqrt{a^2 + b^2}$ $\quad d \approx 21{,}6 \text{ cm}$

$h = \sqrt{s^2 - \left(\frac{d}{2}\right)^2}$ $\quad h \approx 22{,}5 \text{ cm}$

$A_O = A_G + A_M$ $\quad A_M = 2 \cdot A_1 + 2 \cdot A_2$

$A_O = a \cdot b + A_M$ $\quad A_M = a \cdot h_a + b \cdot h_b$

$A_O = 925{,}8 \text{ cm}^2$ $\quad A_M = 709{,}8 \text{ cm}^2$

$h_a = \sqrt{h^2 + \left(\frac{b}{2}\right)^2}$ $\quad h_a \approx 23{,}3 \text{ cm}$

$h_b = \sqrt{h^2 + \left(\frac{a}{2}\right)^2}$ $\quad h_b \approx 24{,}2 \text{ cm}$

c) $V = \frac{1}{3} \cdot A_G \cdot h$ $\quad V = 1620 \text{ cm}^3$

$h = 11{,}25 \text{ cm}$ $\quad A_G = \frac{3V}{h} = 432 \text{ cm}^2$

2. a) ① $V = 1\,350 \text{ cm}^3$; $A_M = 585 \text{ cm}^2$; ($h_a = 19{,}5 \text{ cm}$)

② $V = 174{,}4 \text{ cm}^3$; $A_O = 207{,}5 \text{ cm}^2$; ($h = 8{,}6 \text{ cm}$) ③ $a = 10{,}4 \text{ dm}$; $A_G = 108{,}2 \text{ dm}^2$

b) ① $V = 486{,}7 \text{ cm}^3$; $A_M = 261{,}4 \text{ cm}^2$; ($s = 12{,}8 \text{ cm}$)

② $V = 146{,}5 \text{ cm}^3$; $A_O = 170{,}3 \text{ cm}^2$; ($h = 9{,}2 \text{ cm}$) ③ $r = 4{,}5 \text{ cm}$; $s = 12{,}8 \text{ cm}$

3. *Beispiellösungen:* $h = 10 \text{ cm}$; $r = 6{,}9 \text{ cm}$ $\quad h = 15 \text{ cm}$; $r = 5{,}6 \text{ cm}$

4. $h = 60 \text{ cm}$ $\quad V = \frac{1}{3} \cdot A_G \cdot h$ $\quad h = \frac{3V}{A_G}$ $\quad h = \frac{375 \text{ cm}^3}{6{,}25 \text{ cm}^2}$

5. $A_M \approx 11 \text{ m}^2$ $\quad V = \frac{1}{3} \cdot A_G \cdot h$ $\quad A_G = \frac{3V}{h}$ $\quad A_G = 6{,}25 \text{ m}^2$; $a = 2{,}5 \text{ m}$

$h_a = \sqrt{\left(\frac{a}{2}\right)^2 + h^2}$ $\quad h_a \approx 2{,}2 \text{ m}$ $\quad A_M \approx 2 \cdot 2{,}5 \text{ m} \cdot 2{,}2 \text{ m}$

6. a) Stahl: $m = 4{,}143 \text{ kg}$ b) Mamor: $m = 1{,}425 \text{ kg}$

c) Um 190,7 % ist der Kegel aus Stahl schwerer.

7. a) $V \approx 775{,}7 \text{ cm}^3$; $A_O \approx 408{,}3 \text{ cm}^2$ b) $V \approx 166{,}5 \text{ cm}^3$; $A_O \approx 174{,}3 \text{ cm}^2$

8. $r = 1{,}37 \text{ cm}$ ($V = 10{,}\overline{6} \text{ cm}^3$) $\quad m = 120{,}5 \text{ g}$ $\quad A_O = 23{,}58 \text{ cm}^2 \approx 24 \text{ cm}^2$

9. a) $V_{Zylinder} = 1\,130{,}97 \text{ cm}^3$ $\quad V_{Halbkugel} = 452{,}39 \text{ cm}^3$

$V_{Kegel} = 301{,}59 \text{ cm}^3$ $\quad V_{Gesamtkörper} = 1884{,}95 \text{ cm}^3$

A_M (Zylinder) $\approx 377 \text{ cm}^2$ $\quad A_O$ (Halbkugel) $\approx 226 \text{ cm}^2$

A_M (Kegel) $\approx 188 \text{ cm}^2$ $\quad A_O$ (Gesamt) $\approx 791 \text{ cm}^2$

b) $V_{Zylinder} = 2\,261{,}95 \text{ cm}^3$ $\quad V_{Halbkugel} = 3\,619{,}11 \text{ cm}^3$

$V_{Kegel} = 1\,206{,}37 \text{ cm}^3$ $\quad V_{Gesamtkörper} = 7\,087{,}43 \text{ cm}^3$

Das Volumen vervierfacht sich annähernd.

Mit Wahrscheinlichkeiten rechnen (Seite 192)

1. Erster Wurf: gerade oder ungerade Zahl?
Zweiter Wurf: Ist die Zahl kleiner als 4, größer als 4, gleich 4?

2. $(0{,}995)^2 = 0{,}99 = 99\,\%$

3. a)

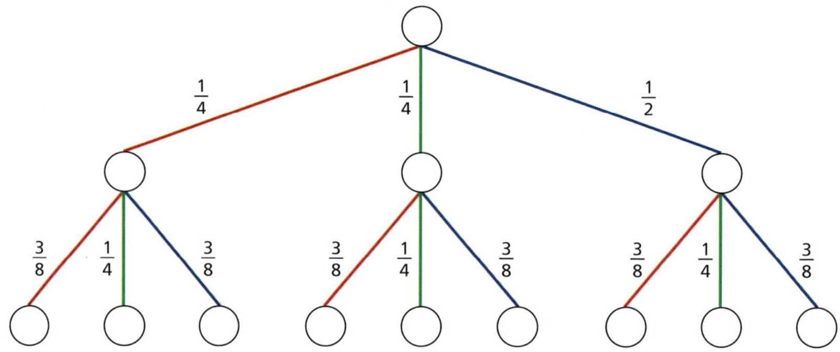

b) $\frac{1}{4} \cdot \frac{3}{8} = \frac{3}{32}$ rot → rot; $\frac{1}{4} \cdot \frac{3}{8} = \frac{3}{32}$ rot → blau; $\frac{1}{4} \cdot \frac{1}{4} = \frac{1}{16}$ grün → grün; $\frac{1}{2} \cdot \frac{3}{8} = \frac{3}{16}$ blau → rot; $\frac{1}{2} \cdot \frac{3}{8} = \frac{3}{16}$ blau → blau

c) Die Wahrscheinlichkeit für das Drehen zweier gleicher Farben beträgt
$P(\text{gleiche Farbe}) = \frac{3}{16} + \frac{1}{16} + \frac{3}{32} = \frac{11}{32}$.

4. a)

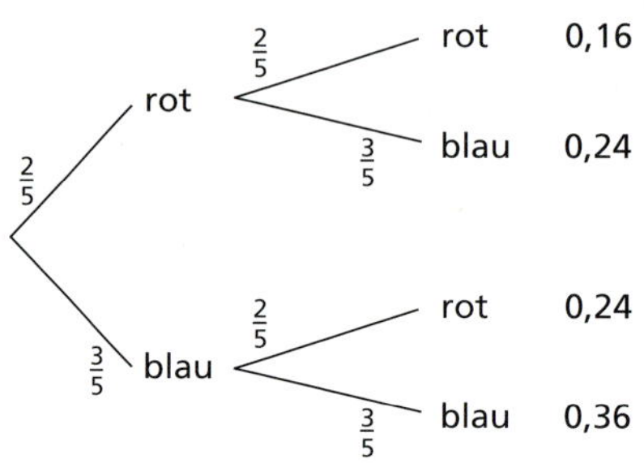

b) $P(\text{blau; blau}) = \frac{3}{5} \cdot \frac{3}{5} = \frac{9}{25} = 0{,}36$

c) $P(\text{mindestens einmal rot}) = \frac{2 \cdot 2}{5 \cdot 5} + \frac{2 \cdot 3}{5 \cdot 5} + \frac{3 \cdot 2}{5 \cdot 5} = 0{,}64$

d) $P(\text{genau einmal blau}) = \frac{2 \cdot 3}{5 \cdot 5} + \frac{3 \cdot 2}{5 \cdot 5} = 0{,}48$

5. a) etwa 200

b)

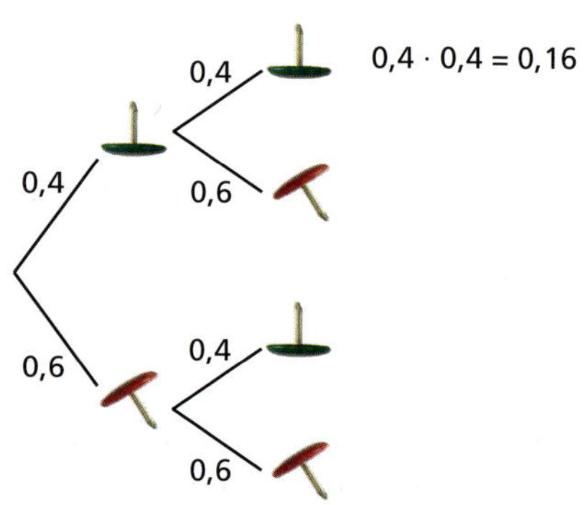

6. a) Die Wahrscheinlichkeit dafür, dass einer der Ziegel nur einen Mangel hat, liegt bei:
P(ein Mangel) $= \frac{85}{1500} + \frac{210}{1500} = \frac{59}{300}$. Damit folgt: $\frac{59}{300} \cdot 8\,600 = 1691$
Es sind 1691 Ziegel, die den halben Preis kosten: $1\,691 \cdot \frac{1{,}25}{2} = 1056{,}88$
Für die 1691 Ziegel sind 1056,88 € zu zahlen. (**)

b) Zu ersetzende Gitterziegel: $\frac{15}{1500} \cdot 8\,600 = 86$; Diese Ziegel kosten später 86 · 1,25 € = 107,50 €.
Ohne Abzug zu zahlende Ziegel: $\frac{1190}{1500} \cdot 8\,600 = 6\,823$; Das sind 6 823 · 1,25 € = 8528,75 €.

c) Damit kostet die Lieferung insgesamt: 8 528,75 € + 107,50 € + 1056,88 € = 9 693,13 €
Hinweis:
Da bei jeder Lieferung defekte Steine sein können, würde sich der Vorgang wiederholen.
Der normale Preis wäre gewesen: 8 600 · 1,25 € = 10 750 €.
Somit wurden 10 750,00 € – 9 693,13 € = 1 056,87 € gespart (deckt sich mit (**)).

Lösungen „Aufgabenpraktikum"

Motivationsseite (Seite 195)

Mit Zahlen und Symbolen umgehen
Strategien: z. B. Probieren, Vorwärtsarbeiten, Rückwärtsarbeiten
Verfahren: z. B. Einsetzen in die Ausgangsgleichung, grafisch Veranschaulichen

Beziehungen und Veränderungen beschreiben und erkunden
m: gibt den Anstieg (die Steigung) der Funktion an
n: heißt absolutes Glied und gibt an, wo die Gerade die y-Achse schneidet

Ebene und räumliche Strukturen nach Maß und Form erfassen
Zwei Dreiecke sind zueinander kongruent, wenn sie in allen drei Seiten, in zwei Seiten und dem eingeschlossenen Winkel, in zwei Winkeln und der eingeschlossenen Seite, in zwei Seiten und dem der größeren Seite gegenüberliegenden Winkel übereinstimmen.
Pyramide und Kegel sind Spitzkörper, deren Grundfläche aus n-Ecken bzw. Kreisen besteht.

7.1 Aufgaben zum Üben (Seite 197)

1. a) $-10a - 3b$
b) *Beispiellösung:* $-3a + (6b - 8a) + 3a - 9b - 2a$
c) $-10 \cdot (-2) - 3 \cdot (3) = 20 - 9 = 11$

2. a) ② und ④ spiegeln den Sachverhalt richtig wider.
Setzt man $b = x \rightarrow a = x + 2$; $c = x + 4$.
Aus $a + b + c = 24$ folgen dann die Gleichungen ② und ④.

b) Aus 2 $\rightarrow x = \frac{24 - 6}{3} \rightarrow b = 6$ cm; $a = 8$ cm; $c = 10$ cm

c) Da alle Dreiecksungleichungen erfüllt sind, ist nach Kongruenzsatz sss das Dreieck konstruierbar.
Das Dreieck ist rechtwinklig, da der Satz des Pythagoras erfüllt ist:
$(6\text{ cm})^2 + (8\text{ cm})^2 = (10\text{ cm})^2$

3. a) Gesamte Fläche: $3x^2 + \frac{5}{2}xy + \frac{1}{2}y^2$ gelbe Fläche: $\frac{5}{2}xy$

b) $\frac{1}{2}y \cdot y = 8 \rightarrow y = 4$ Länge: 4 cm, Breite: 2 cm

c) $4x + \frac{3}{2}y$ bzw. $8x + 3y$

4. a) 42 € + 24 € = 66 €
3 h Aufenthalt
14 € für Getränke

b) 9 Personen; 14.00 Uhr bis 18.00 Uhr = 4 h
2 Gruppenkarten (3 h; 4 Personen) = 84 €
1 Einzelkarte (3 h) = 12 €
9 Personen, 1 h (5 €) = 45 €
Melanie müsste mindestens 141 € mitnehmen, um mit ihren Gästen 4 h im Spaßbad bleiben zu können.

c) Siehe nebenstehende Grafik:

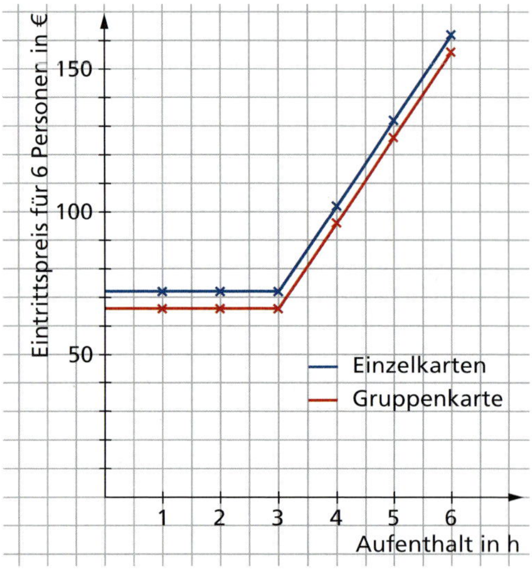

5. a) $7 + 8 + 9 = 24$; $24 : 3 = 8$

b) Michas Aussage gilt nicht für alle natürlichen Zahlen.
Gegenbeispiel: $4 + 5 + 6 = 15$ $6 \nmid 15$

c) Summe von drei aufeinanderfolgenden *geraden* natürlichen Zahlen
$2n + (2n + 2) + (2n + 4) = 6n + 6 = 6(n + 1)$

6. a) Anton: 75 cm
Susi: 84 cm

Anton: $75\text{ cm} + 9 \cdot 5\text{ cm} = 120\text{ cm}$
Susi: $84\text{ cm} + 9 \cdot 4\text{ cm} = 120\text{ cm}$

Beide Schnecken werden zeitgleich nach 9 min bei 120 cm durchs Ziel gehen.

b) Siehe nebenstehende Grafik:
Anton: $75 + 9 \cdot 5 = 120$
Susi: $84 + 9 \cdot 4 = 120$

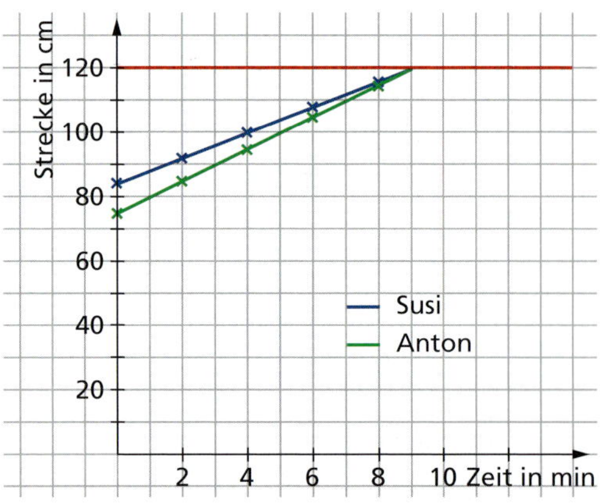

7. a) $u = 2(a + b)$ $a = b + 4$
$u = 2(b + 4 + b)$
$42 = 4b + 8$
$4b = 34$
$b = 8{,}5$ $a = 8{,}5 + 4 = 12{,}5$
Die Seiten sind 8,5 cm und 12,5 cm lang.

b) Siehe Skizze rechts im Maßstab 1:2.

c) $A = a \cdot b$
$A = 8{,}5\text{ cm} \cdot 12{,}5\text{ cm} = 106{,}25\text{ cm}^2$
Der Flächeninhalt beträgt $106{,}25\text{ cm}^2$.

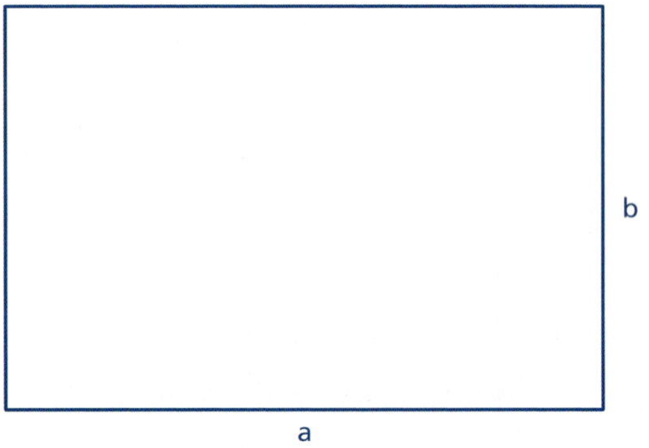

8. a) ① – C Gerade mit Anstieg $m = -2$, Schnittpunkt mit y-Achse bei $y = 4$
② – E Gerade mit Anstieg $m = -\frac{1}{3}$, Schnittpunkt mit y-Achse im Koordinatenursprung
③ – A Gerade parallel zu x-Achse, Schnittpunkt mit y-Achse bei $y = 4$
④ – B Gerade mit Anstieg $m = 1$, Schnittpunkt mit y-Achse bei $y = 1$
⑤ – F Gerade mit Anstieg $m = 1$, Schnittpunkt mit y-Achse bei $y = 2$
⑥ – D Gerade mit Anstieg $m = -1$, Schnittpunkt mit y-Achse bei $y = -3$

b) $S_{A/B}(3|4)$; $S_{1_{F/A}}(2|4)$; $S_{B/C}(1|2)$

c) ① y ist gleich dem um 4 vergrößerten negativen Doppelten der Zahl x.
② y ist gleich dem negativen Drittel der Zahl x.
③ y ist gleich der Zahl 4.
④ y ist gleich der um 1 vergrößerten Zahl x.
⑤ y ist gleich der um 2 vergrößerten Zahl x.
⑥ y ist gleich dem um 3 Verringerten des Negativen der Zahl x.

d) Linear sind alle die Funktionen, in denen die unabhängige Veränderliche x linear oder nicht auftritt. Das sind alle dargestellten Funktionen.

9. a) ① $K_n = K_0 \cdot \left(\frac{100 + p}{100}\right)^n$

$1\,200 \cdot \left(\frac{100 + 4}{100}\right)^4 = 1\,403{,}83$

Höhe des Kapitals nach 4 Jahren: 1 403,83 €

② $K_n = K + \frac{K \cdot p \cdot n}{100}$

$1\,200 + \frac{1\,200 \cdot 5 \cdot 4}{100} = 1\,440{,}00$

Höhe des Kapitals nach 4 Jahren: 1 440,00 €

③ $K_{n+1} = K_n + \frac{K_n \cdot p}{100}$

$K_0 = 1\,200$; $K_1 = 1\,236{,}00$
$K_2 = 1\,285{,}44$, $K_3 = 1\,349{,}71$,
$K_4 = 1\,430{,}69$

Höhe des Kapitals nach 4 Jahren: 1 430,69 €

Paul sollte Variante ② wählen.

b) Kapital nach 4 Jahren

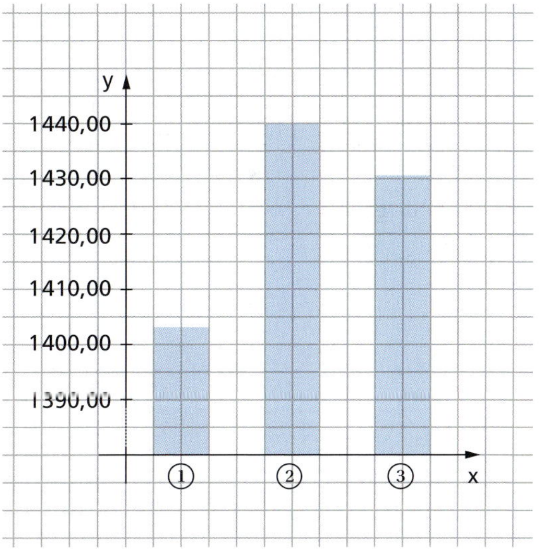

10. a) Der Graph der Funktion ist monoton fallend und schneidet die y-Achse im Punkt (0 | 4).
$0 = -2x_0 + 4$; $x_0 = 2$

b) *Beispiellösung:* $y = -2x$

11. Gefäß a: Diagramm ② Gefäß b: Diagramm ③
Gefäß c: Diagramm ④ Gefäß d: Diagramm ①

12. a) $f(x) = x + 3$ $g(x) = 1{,}5x + 1{,}5$ $h(x) = -0{,}5x - 3$

b) $f(0) = 3$; $y = 0 = x + 3 \rightarrow x = -3$

c) $\overline{AC} = \sqrt{6^2 + 6^2} = 8{,}49$ $\overline{AD} = \sqrt{4^2 + 7^2} = 8{,}06$ $\overline{CD} = \sqrt{2^2 + 1^2} = 2{,}24$

$A = s(s - \overline{AC})(s - \overline{AD})(s - \overline{CD}) = 9$ FE

13. a) Das Fahrzeug verbraucht durchschnittlich 6 l auf 100 km.

b) Siehe grüner Graph:

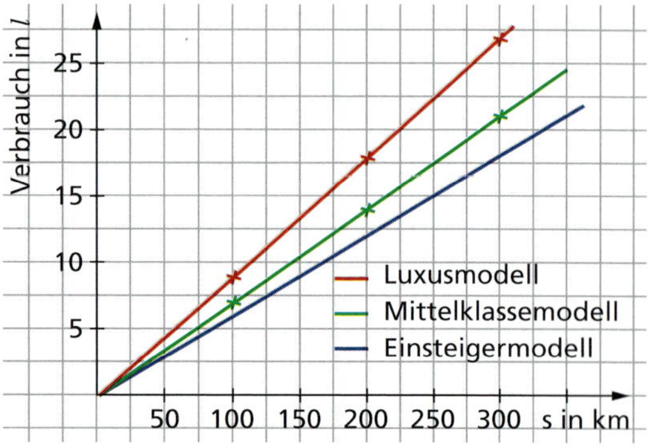

c) 200 km ≙ 18 l
100 km ≙ 9 l
Das Luxusmodell verbraucht auf 100 km 9 l Kraftstoff (siehe roter Graph).

d) Anhand des Anstiegs der Graphen kann man erkennen, welches Fahrzeug den geringeren Kraftstoffverbrauch hat (kleiner Anstieg – geringerer Verbrauch).

14. a) Siehe Abbildung rechts:

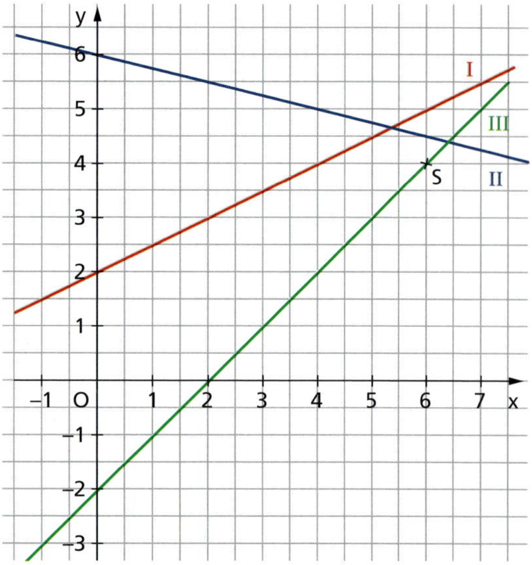

b) Der Graph der Funktion III geht durch S.
Der Punkt S gehört zur Funktion III.
Das Rettungsteam III trifft auf die Schiffbrüchigen.

c) *Beispiellösung siehe Abbildung unten:*
Der neue Kurs vom Rettungsteam I könnte lauten:
$y = \frac{1}{3}x + 2$
Der neue Kurs vom Rettungsteam II könnte lauten:
$y = -\frac{1}{3}x + 6$

Probe:

$y = \frac{1}{3}x + 2$ S(6 | 4)

$4 = \frac{1}{3} \cdot 6 + 2$

$4 = 4$

$y = -\frac{1}{3}x + 6$ S(6 | 4)

$4 = -\frac{1}{3} \cdot 6 + 6$

$4 = 4$

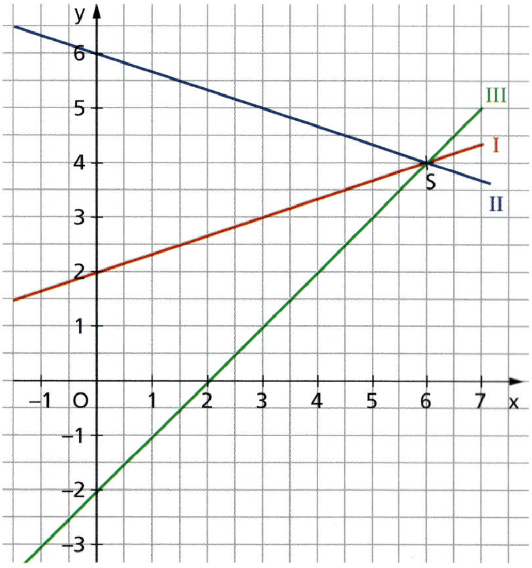

15. **Formel**	**a)**	**b)**	**c)**
$u = 2\pi \cdot r$	Kreis, Zylinder, Kegel	Umfang eines Kreises/ von Grund- bzw. Deckfläche	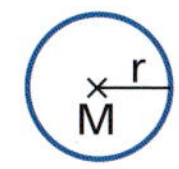
$u = a + b + c$	Dreieck, dreiseitiges Prisma, Dreieckspyramide	Umfang eines Dreiecks/ von Grund- bzw. Deck- und Seitenfläche der jeweiligen Körper	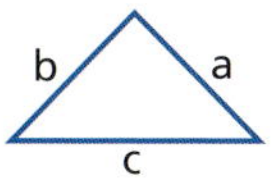
$u = 2(a + b)$	Rechteck, Parallelogramm, Drachen, Quader	Umfang der jeweiligen Flächen, Seitenflächen eines Quaders	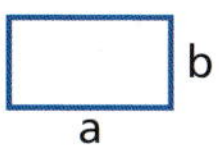
$u = 4a$	Raute, Quadrat, Würfel	Umfang der jeweiligen Flächen, Seitenflächen eines Würfels	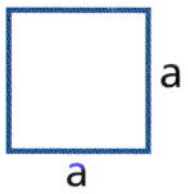
$V = \frac{1}{3} \cdot \pi \cdot r^2 \cdot h$	Kegel	Volumen eines Kegels	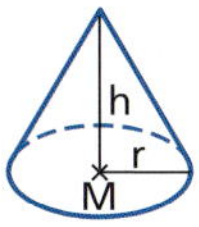
$V = \frac{1}{3} \cdot A_G \cdot h$	Kegel, Pyramide	Volumen eines Kegels bzw. einer Pyramide	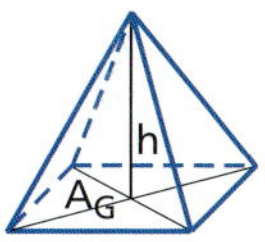
$V = \frac{1}{3} \cdot a \cdot b \cdot h$	Pyramide mit rechteckiger Grundfläche	Volumen einer Pyramide	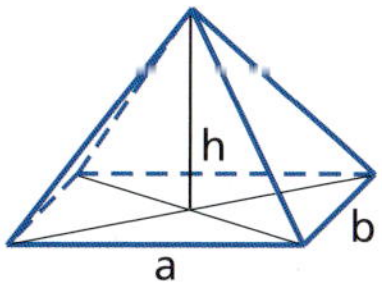
$V = a \cdot b \cdot c$	Quader	Volumen eines Quaders	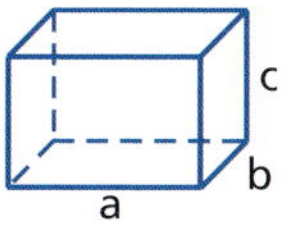
$A = \frac{g \cdot h}{2}$	Dreieck	Flächeninhalt eines Dreiecks	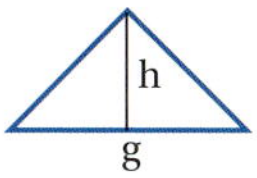
$A_M = \pi \cdot r \cdot s$	Kegel	Mantelflächeninhalt eines Kegels	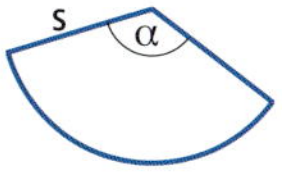

Formel	**a)**	**b)**	**c)**
$A_O = a \cdot b + a \cdot h_b + b \cdot h_a$	Pyramide mit rechteckiger Grundfläche	Oberflächeninhalt einer Pyramide	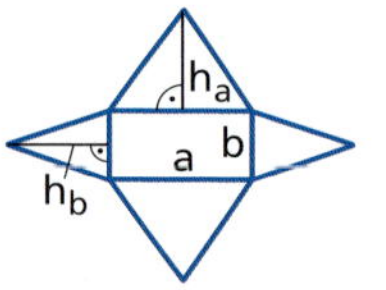
$A_O = \pi \cdot r(r + s)$	Kegel	Oberflächeninhalt eines Kegels	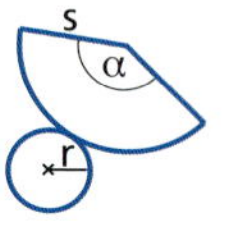

16. Abbildungen im Maßstab 1 : 2

a) spitzwinkliges, unregelmäßges Dreieck

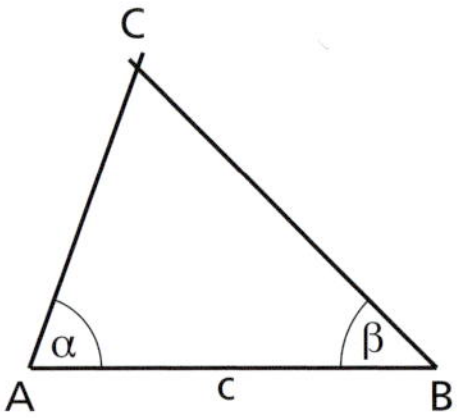

b) stumpfwinkliges, unregelmäßges Dreieck

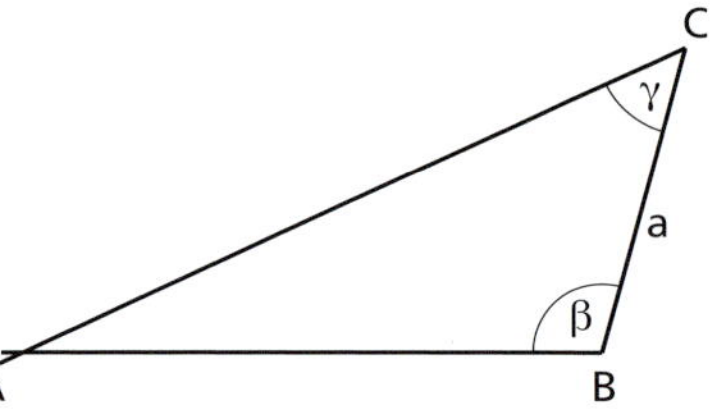

c) rechtwinkliges, unregelmäßges Dreieck

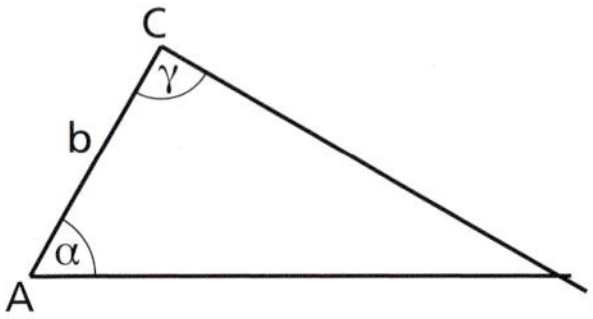

d) stumpfwinkliges, unregelmäßges Dreieck

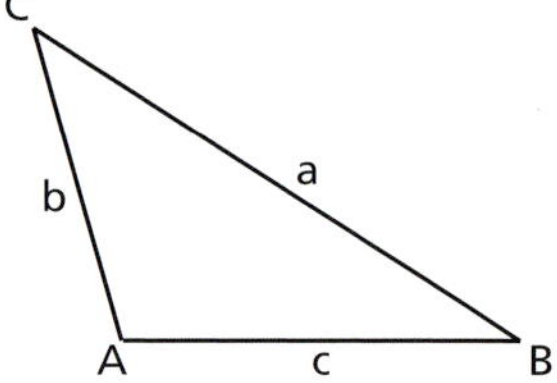

17. Abbildungen im Maßstab 1 : 2

a) Konstruktion nach SsW
Seite $\overline{AC}$ = b zeichnen; Winkel α antragen; Kreis um C mit Radius r = a schlagen; Schnittpunkt von Kreisbogen und freiem Schenkel ist B.

Planfigur: 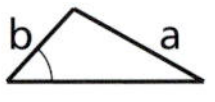

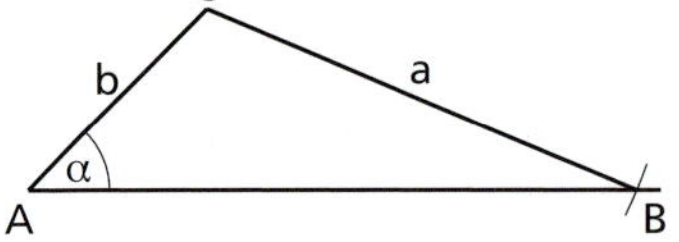

b) Konstruktion nach SsW
Seite $\overline{BC}$ = a zeichnen; Winkel β antragen; Kreis um C mit Radius r = b schlagen; Schnittpunkt von Kreisbogen und freiem Schenkel ist A.

Planfigur: 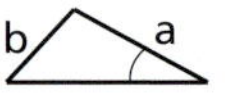

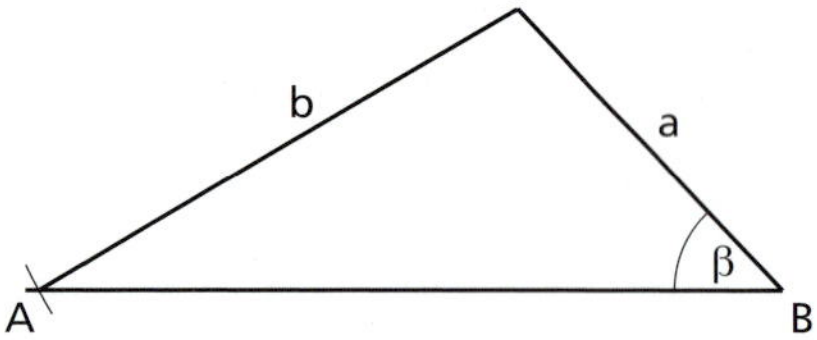

c) Konstruktion nach SsW
Seite $\overline{BC} = a$ zeichnen; Winkel γ antragen; Kreis um B mit Radius $r = c$ schlagen; Schnittpunkt von Kreisbogen und freiem Schenkel ist A.

Planfigur: 

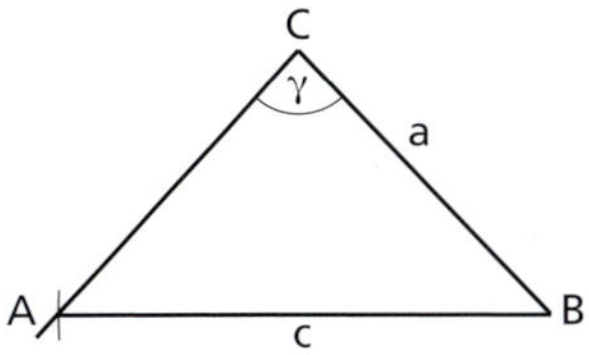

d) Konstruktion nach SsW
Seite $\overline{AC} = b$ zeichnen; Winkel α antragen; Kreis um C mit Radius $r = a$ schlagen; Schnittpunkt von Kreisbogen und freiem Schenkel ist B.

Planfigur: 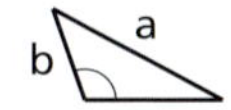

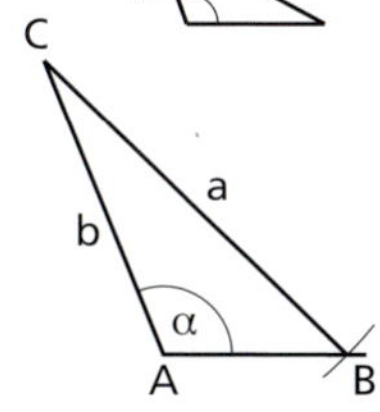

18. *Beispiellösungen:*
a) $\alpha = 60°$ b) $\beta = 20°$ c) $b = 10$ cm d) $b = 8$ cm

19. Konstruktion nach sss:
- Seite AB = c zeichnen
- Kreis um A mit radius r = b schlagen
- Kreis um B mit Radius r = a schlagen
- Schnittpunkt der beiden Kreisbogen ist C

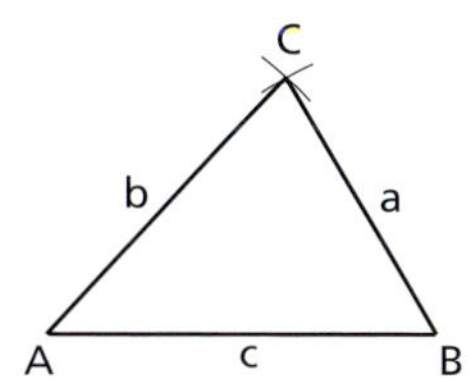

20. a) ① Konstruktion nach wsw
b) Seite $\overline{AB} = c$ zeichnen; Winkel α und β antragen; Kreis um C mit Radius $r = a$ schlagen; Schnittpunkt der freien Schenkel ist C.

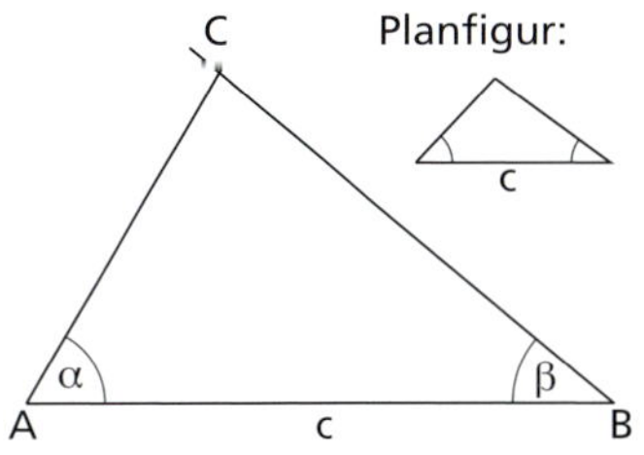

Planfigur:

② Die Angaben stellen kein Dreieck dar. Die Innenwinkelsumme ist größer als 180°.
$\alpha + \gamma = 200°$

① Konstruktion nach wsw
Seite $\overline{AC} = b$ zeichnen; Winkel α und γ antragen; Schnittpunkt der freien Schenkel ist B.

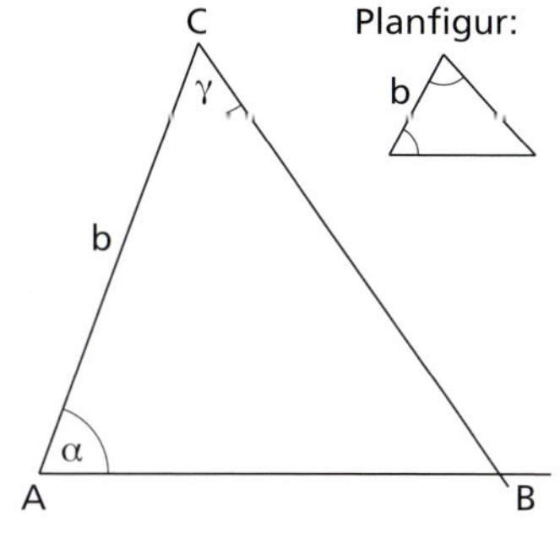

Planfigur:

21. Die Strecke $\overline{AB}$ ist ca. 7 cm lang. Dies entspricht einer realen Entfernung von Adorf nach Behausen von etwa 14 km.

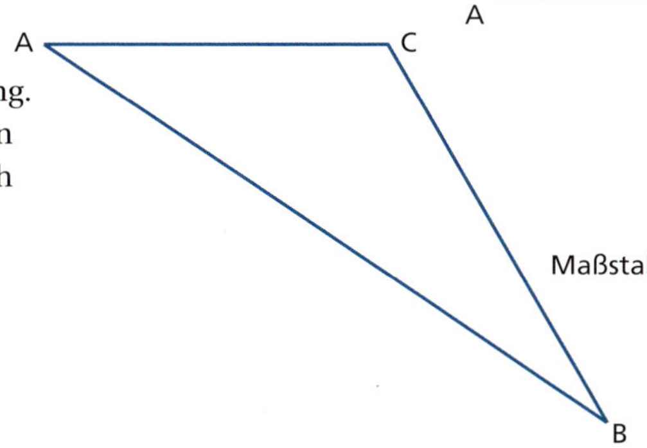

22. Peripheriewinkel über einer Kreissehne sind gleich groß. Damit sind die über der Sehne $\overline{AB}$ gebildeten Peripheriewinkel ADB und ACB gleich groß. Mit der Vorgabe $\overline{AD} = \overline{BC}$ sind die über der Sehne $\overline{AB}$ gebildeten Peripheriedreiecke symmetrisch (kongruent) zueinander. Symmetrieachse ist die Mittelsenkrechte der Sehnen $\overline{AB}$.

23. a) Die Aussage ist falsch. In einem Rechteck sind die Diagonalen gleich lang:
$e^2 = a^2 + b^2$ und $d^2 = a^2 + b^2$; $e^2 = d^2 \Rightarrow e = d$

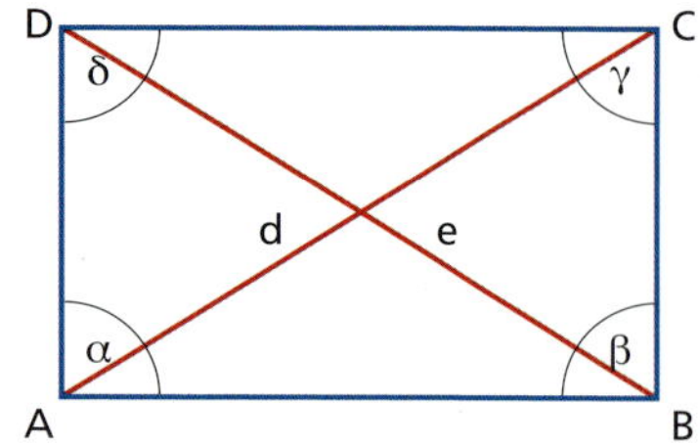

b) *Beispiellösung:* Tims Aussage ist wahr, denn je zwei Dreiecke stimmen in einer Seite (a bzw. b) und in den jeweils anliegenden Winkeln (Wechselwinkelsatz) überein.

c) *Beispiellösung:* Da die Diagonalen im Rechteck gleich lang sind und sich halbieren, sind auch jeweils zwei Seiten der jeweiligen Dreiecke gleich lang, deren dritter Eckpunkt der Rechteckmittelpunkt ist. Die Dreiecke, deren dritte Seite eine Diagonale des Rechtecks ist, sind nicht gleichschenklig.

24.

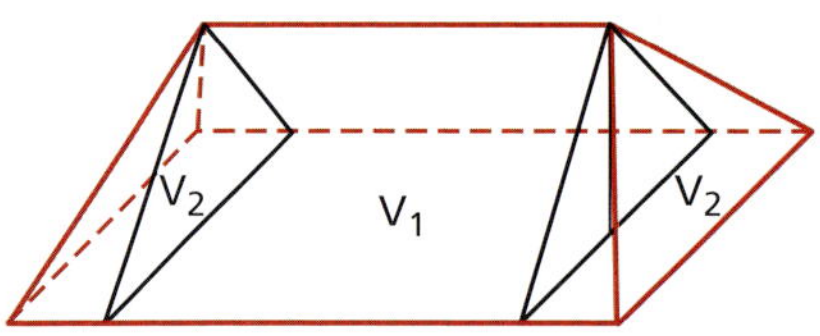

$V = V_1 + 2 \cdot V_2$

$V = \frac{\overline{BC} \cdot h}{2} \cdot \overline{EF} + 2 \cdot \frac{\overline{AB} - \overline{EF}}{2} \cdot \overline{BC} \cdot h \cdot \frac{1}{3}$

$V = \frac{18\text{ cm} \cdot 8\text{ cm}}{2} \cdot 16\text{ cm} + 8\text{ cm} \cdot 18\text{ cm} \cdot 8\text{ cm} \cdot \frac{1}{3}$

$V = 1\,152\text{ cm}^3 + 384\text{ cm}^3 = 1\,536\text{ cm}^3$

25. Björn kann einen liegenden Zylinder bzw. ein liegendes dreiseitiges Prisma gezeichnet haben.

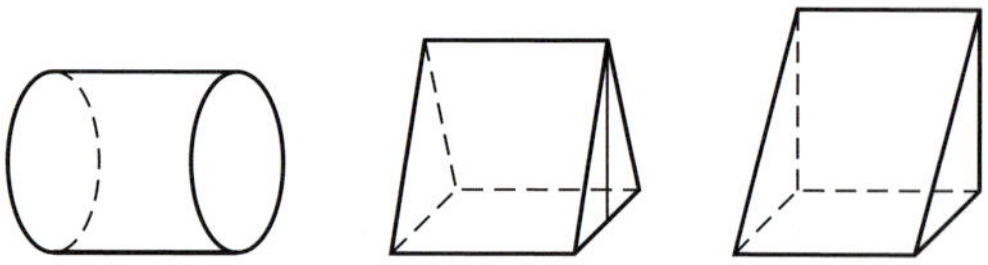

26. $h = r$

$V_{HK} = \frac{2}{3}\pi r^3$; $V_Z = \pi r^3$ $\qquad V_{HK} + VK = \frac{2}{3}\pi r^3 + \frac{1}{3}\pi r^3 = \pi r^3 = V_Z$

Beide Werkstücke sind gleich schwer.

27. Das Volumen vervierfacht sich.

28. $V_1 = \frac{4}{3}\pi {r_1}^3$ $\qquad V_2 = \frac{4}{3}\pi(2r_1)^3$ $\qquad V_2 = \frac{4}{3}\pi \mathbf{8}{r_1}^3$

$A_{O_1} = 4 \cdot \pi \cdot r^2$ $\qquad A_{O_2} = 4 \cdot \pi \cdot (2r)^2$ $\qquad A_{O_2} = 4 \cdot \pi \cdot \mathbf{4}r^2$

29. a) $V = 191{,}44$ ml

b) $r_{\text{halbe Höhe}} = 1{,}88$ cm
$V = 23{,}93$ ml
23,93 ml von 191,44 ml sind 12,5 %. Das halbvoll gefüllte Sektglas dürfte 0,75 € kosten.

c) $r_{\text{Höhe - 1cm}} = 3{,}46$ cm
$V = 150{,}44$ ml
150,44 ml von 191,44 ml sind 78,6 %.

d) Graph ①

30. a) $V = \frac{\pi}{4} d^2 \cdot h \rightarrow V = 590\ cm^3\ (589{,}05\ cm^3)$ $\quad V = 0{,}59\ dm^3 = 0{,}59\ l$

b) $\frac{h}{0{,}25\ l} = \frac{7{,}5\ cm}{0{,}59\ l} \rightarrow h = 3{,}2\ cm\ (3{,}18\ cm)$

31. a) $V = 2\ cm \cdot 2\ cm \cdot 1\ cm = 4\ cm^3$ (Quader)

$A_O = 2 \cdot (2\ cm \cdot 1\ cm + 2\ cm \cdot 2\ cm + 2\ cm \cdot 1\ cm) = 16\ cm^2$

b) Dreieckshöhe $h_D = \sqrt{8}\ cm$ $\quad$ Pyramidenhöhe $h_P = \sqrt{7}\ cm$

$V = \frac{1}{3} A_G \cdot h = \frac{1}{3} \cdot 4\ cm^2 \cdot \sqrt{7}\ cm \approx 3{,}5\ cm^3\ (3{,}53\ cm^3)$

$A_O = A_G + 4 \cdot A_D = 4\ cm^2 + 4 \cdot \frac{2cm \cdot \sqrt{8}\ cm}{2} \approx 15{,}3\ cm^2\ (15{,}313\ cm^2)$

32. a)
① (rechteckige) Pyramide
② dreiseitiges Prisma
③ Zylinder
④ Quader
⑤ Kegel
⑥ (vierseitiges) Prisma
⑦ (dreiseitiges) Prisma
⑧ (dreiseitige) Pyramide
⑨ Hohlzylinder
⑩ Halbkugel
⑪ Kugel
⑫ Kegel

b)
① Rechteck
② Dreieck
③ Kreis
④ Rechteck
⑤ Kreis
⑥ Trapez
⑦ Dreieck
⑧ Dreieck
⑨ Kreisring
⑩ Kreis
⑪ -
⑫ Kreis

33. a) $V_W = a^3 = (6{,}15\ cm)^3 = 232{,}6\ cm^3;$ $\quad V_K = \frac{\pi}{6} \cdot a^3 = 121{,}79\ cm^3$

Abfall: $110{,}8\ cm^3 \mathrel{\hat{=}} 47{,}64\,\%$

b) Es gilt: $\frac{V_W - V_K}{V_W} = \frac{x}{100} \rightarrow x = 100 \cdot \left(1 - \frac{\pi}{6}\right) = 47{,}64$

34.

$d_1 = 4$ cm;	$d_2 = 3$ cm;	$d_3 = 2$ cm;	$d_4 = 1$ cm
$V_1 = \frac{\pi}{6} \cdot (4\ cm)^3$	$V_1 = \frac{\pi}{6} \cdot (3\ cm)^3$	$V_1 = \frac{\pi}{6} \cdot (2\ cm)^3$	$V_1 = \frac{\pi}{6} \cdot (1\ cm)^3$
$V_1 = \frac{64}{6} \pi\ cm^3$	$V_1 = \frac{27}{6} \pi\ cm^3$	$V_1 = \frac{8}{6} \pi\ cm^3$	$V_1 = \frac{1}{6} \pi\ cm^3$
(1 Kugel)	(2 Kugeln)	(1 Kugel)	(2 Kugeln)

Kugel mit d = 4 cm liegt in einer Schale, alle anderen Kugeln in der anderen Schale.

35. a) $V = \frac{\pi}{3} r^2 \cdot h \rightarrow V \approx 670\ cm^3 = 0{,}67\ l$

b) $h' = 1{,}25r'$

$r' = 7{,}26\ cm;\ h' = 9{,}07\ cm$

36. Für eine Kugel gilt: $\varrho = \frac{m}{V} \rightarrow m = \varrho \cdot V \rightarrow m = 11{,}3 \frac{g}{cm^3} \cdot \frac{\pi}{6} (0{,}2\ cm)^3 = 0{,}473\ g$

$10\,000\ g : 0{,}0473\ g \rightarrow$ etwa 211 400 Kugeln

37. a) Zweitafelbild im Maßstab 1 : 2

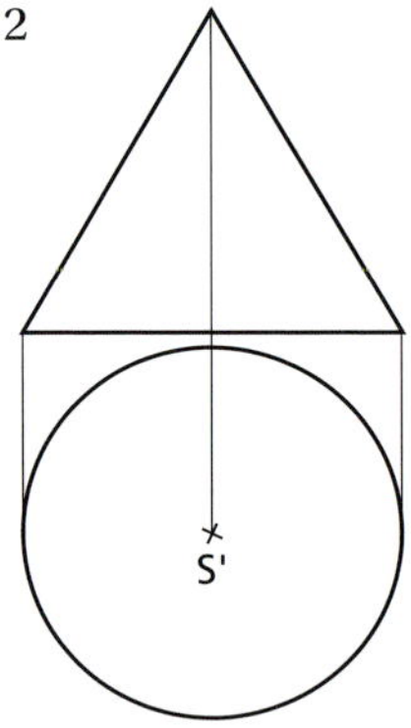

Netz im Maßstab 1 : 4

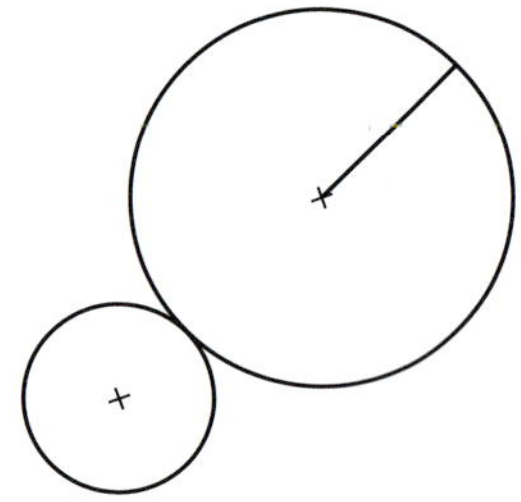

b) $V = \frac{1}{3} \cdot \pi\, r^2 \cdot h$

$V = \frac{1}{3} \cdot \pi \cdot \frac{d^2}{4} \cdot h$

$V = \frac{1}{12} \cdot \pi \cdot d^2 \cdot h$

$A_O = \pi \cdot r \cdot (r + s)$

$A_O = \pi \cdot \frac{d}{2} \cdot \left(\frac{d}{2} + d\right)$

$A_O = \pi \cdot \frac{3d^2}{4} = \frac{3}{4} \cdot \pi \cdot d^2$

38. a) $m = \varrho \cdot V_{Werkstück}$

$V_{Werkstück} = V_{Kegel} + V_{Zylinder} = \frac{1}{3}\pi r^2_{Kegel} h_{Kegel} + \pi r^2_{Zylinder} h_{Zylinder}$

$V_{Werkstück} = \frac{1}{3}\pi \cdot (6\text{ cm})^2 \cdot 9\text{ cm} + \pi \cdot (3\text{ cm})^2 \cdot 4{,}5\text{ cm} = 466{,}52\text{ cm}^3$

$m = \varrho \cdot V_{Werkstück} = 7{,}85\frac{\text{g}}{\text{cm}^3} \cdot 466{,}52\text{ cm}^3 = 3\,662{,}2\text{ g} = 3{,}662\text{ kg}$

b) $V_{Rohling} = r^2\pi \cdot h = (6\text{ cm})^2 \cdot \pi \cdot 13{,}5\text{ cm} = 1\,526{,}8\text{ cm}^3$

Abfall: $\frac{V_{Rohling} - V_{Werkstück}}{V_{Rohling}} \cdot 100 = \frac{1\,526{,}8\text{ cm}^3 - 466{,}5\text{ cm}^3}{1\,526{,}8\text{ cm}^3} \cdot 100 = 69{,}4\,\%$

c) $A_{Werkstück} = A_{O_{Kegel}} + A_{M_{Zylinder}} = \pi r_K\left(r_K + \sqrt{r^2_K + h^2_K}\right) + 2\pi r_Z h_Z$

$A_{Werkstück} = \pi \cdot 6\text{ cm} \cdot \left(6\text{ cm} + \sqrt{(6\text{ cm})^2 + (9\text{ cm})^2}\right) + 2\pi \cdot 3\text{ cm} \cdot 4{,}5\text{ cm} = 401{,}8\text{ cm}^2$

d) Maßstab 1 : 5

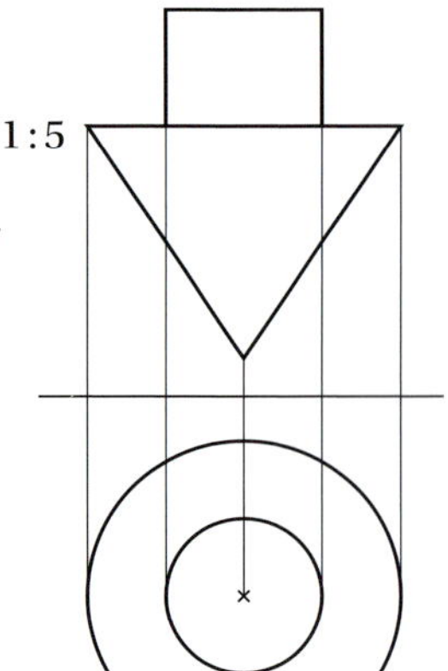

39. a) Die Wahrscheinlichkeit dafür, einen Buchstaben nicht zu ziehen, beträgt $\frac{100 \cdot 18}{19} = 94{,}7\,\%$.

b) Die Wahrscheinlichkeit dafür, einen von den fünf Vokalen zu ziehen, beträgt $\frac{100 \cdot 5}{19} = 26{,}3\,\%$.

c) Die Wahrscheinlichkeit dafür, einen der 14 Konsonanten zu ziehen, beträgt $\frac{100 \cdot 14}{19} = 73{,}7\,\%$. Sie liegt somit über 50 %, Julia hat recht.

d) Die Wahrscheinlichkeit dafür, einen bestimmten Buchstaben zu ziehen, beträgt
- bei 19 Buchstaben 5,3 %,
- bei 18 Buchstaben 5,7 %.

André hat somit beim zweiten Zug leicht erhöhte Chancen auf Erfolg.

40. a) blaue Kugel: $\frac{1}{2} = 50\,\%$; rote Kugel: $\frac{1}{3} = 33{,}3\,\%$; grüne Kugel: $\frac{1}{6} = 16{,}7\,\%$

b)

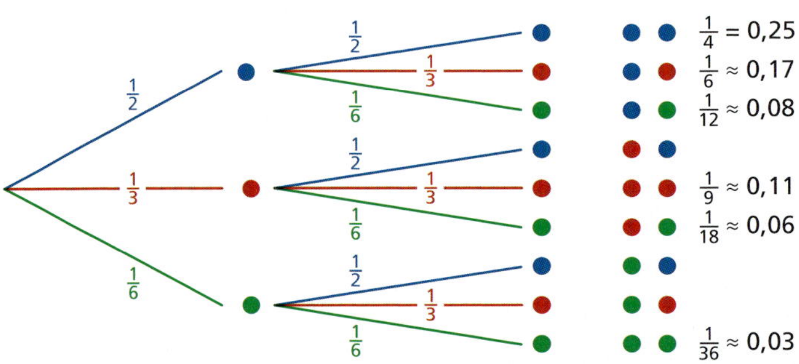

41. a) WWW ZZZ b) $\frac{3}{8}$ c) $\frac{4}{8}$
WWZ WZW ZWW
ZZW ZWZ WZZ (Andere übersichtliche Darstellungen sind möglich.)

42. a) Beim Würfeln mit zwei Würfeln gibt es 36 verschiedene Ergebnisse.
Betrachtung der Paare:

1; 1	1; 2	1; 3	1; 4	1; 5	1; 6	2; 1	2; 2	2; 3	2; 4	2; 5	2; 6
3; 1	3; 2	3; 3	3; 4	3; 5	3; 6	4; 1	4; 2	4; 3	4; 4	4; 5	4; 6
5; 1	5; 2	5; 3	5; 4	5; 5	5; 6	6; 1	6; 2	6; 3	6; 4	6; 5	6; 6

b) $\frac{25}{36}$ c) $\frac{27}{36}$ Es wurden hier auch die Paare mitgezählt, bei denen beide Würfe eine Primzahl ergeben haben. Sonst beträgt die gesuchte Wahrscheinlichkeit $\frac{18}{36}$.

43. *Beispiellösung:*
Damit die Wahrscheinlichkeit für „Gelb" (das ist „weder Rot noch Blau) 60 % beträgt, müssen drei Felder die Farbe Gelb haben. Gemäß der Zeichnung ist die Wahrscheinlichkeit für Rot 20 %. Nur wenn erlaubt ist, dass die Wahrscheinlichkeit für Blau 0 ist (kein Feld hat die Farbe Blau), kann diese Wahrscheinlichkeit vergrößert werden auf 40 %, nämlich indem für drei Felder die Farbe Gelb und für zwei Felder die Farbe Rot gewählt wird.

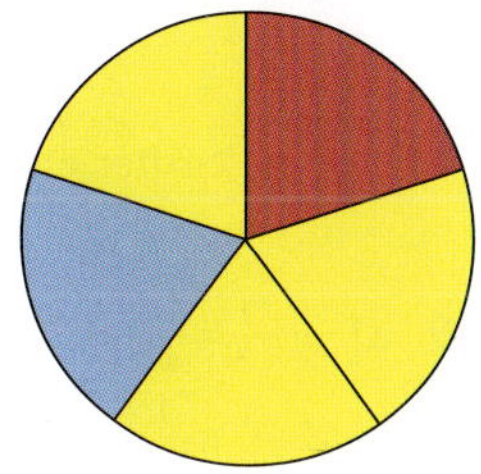

44. In der Urne befinden sich nur noch vier rote Kugeln. Die Wahrscheinlichkeit, eine rote Kugel zu ziehen, ist $\frac{4}{4} = 1$. Es handelt sich um ein sicheres Ereignis.

45. Die Wahrscheinlichkeit ändert sich nicht. Sie liegt nach wie vor bei $\frac{1}{6}$.

46. a) $\frac{6}{36}$
b) $\frac{25}{36}$
c) Eine Augensumme unter 2 ist nicht möglich. Die Wahrscheinlichkeit für 2-mal 6 ist $\frac{1}{36}$.
d) $\frac{1}{2}$
e) Es gibt insgesamt 21 Möglichkeiten.
f) Die Augensumme 6 hat die Wahrscheinlichkeit $\frac{1}{7} = \frac{3}{21}$ {(1; 5), (2; 4), (3; 3)}.

47. a)

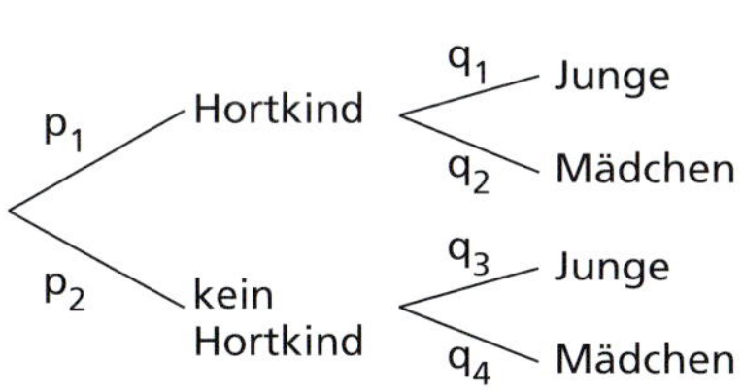

b)

	Hortkind	nicht Hortkind	
Junge	100	17	117
Mädchen	80	28	108
	180	45	225

$p_1 = \frac{180}{225}$; $p_2 = \frac{45}{225}$; $q_1 = \frac{100}{180}$; $q_2 = \frac{80}{180}$; $q_3 = \frac{17}{45}$; $q_4 = \frac{28}{45}$

Anteil der Jungen unter den Hortkindern: $\frac{100}{180} \approx 0{,}556$

Anteil der Hortkinder unter den Jungen: $\frac{100}{117} \approx 0{,}855$

48. a)
b)

	Alter < 25 Jahre	Alter ≥ 25 Jahre	
arbeitslos	44 % ≙ 0,45 Mio.	**3,75 Mio. ≙ 18,8 %**	20 % ≙ 4,2 Mio.
erwerbstätig	56 % ≙ 0,573 Mio.	16,23 Mio. ≙ 81,2 %	80 % ≙ 16,8 Mio.
	100 % ≙ 1,023 Mio.	19,98 Mio. ≙ 100 %	100 % = 21 Mio.

c) $p_1 = \frac{1{,}023}{21}$ $p_2 = \frac{19{,}98}{21}$ $p_1 = \frac{4{,}2}{21}$ $p_2 = \frac{16{,}8}{21}$

$q_1 = \frac{0{,}45}{1{,}023}$ $q_2 = \frac{0{,}573}{1{,}023}$ $q_1 = \frac{0{,}45}{4{,}2}$ $q_2 = \frac{3{,}75}{4{,}2}$

$q_3 = \frac{3{,}75}{19{,}98}$ $q_4 = \frac{16{,}23}{19{,}98}$ $q_3 = \frac{0{,}573}{16{,}8}$ $q_4 = \frac{16{,}23}{16{,}8}$

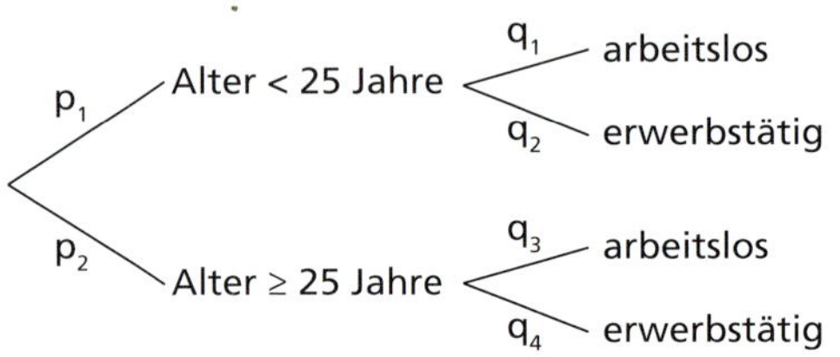

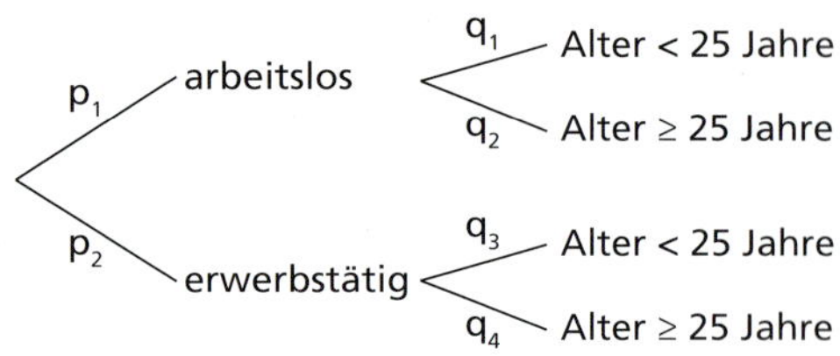

49. a) $\frac{1}{2} \cdot \frac{1}{2} = \frac{1}{4} = 0{,}25$ b) $\frac{1}{3} \cdot \frac{1}{3} = \frac{1}{9} \approx 0{,}11$

c) $\frac{1}{6} \cdot \frac{1}{6} = \frac{1}{36} \approx 0{,}03$ d) $\frac{1}{2} \cdot \frac{1}{2} = \frac{1}{4} = 0{,}25$

7.2 Angebote zum Testen

Multiple-Choice-Test (Seite 206)

1. W **2.** I, S, S **3.** E **4.** N **5.** H **6.** Ä **7.** L, T **8.** N **9.** I, C **10.** H

11. T **12.** L, Ä **13.** N **14.** G, E **15.** R, A **16.** L **17.** S **18.** F, I **19.** S, C, H

WISSEN HÄLT NICHT LÄNGER ALS FISCH.

Testaufgaben (Seite 208)

1. a) ① $-2a^2 + 13ab - 15b^2$
② $3x^2 + 4xy + y^2$
③ $a^3 + 2a^2 - a^2b - 2ab$

b) ① $3a(1 - 6a + 2a^2)$
② $6x(x + 2)$
③ $5(y^2 - 3y + 2)$

c) ① $4xy$
② $\frac{2xy}{3z}$
③ $7xy$

2. a) 2 b) rot: 20 %; grün: 10 %; blau: 50 %; weiß: 20 %
c) −29 d) $V \approx 15{,}6\ \text{cm}^3$

3. Die Erhöhung des Taschengeldes wirkt in Diagramm ① recht gering im Vergleich zu den anderen Diagrammen. In Diagramm ② beginnt die Achse für Taschengeld bei 10 €, deshalb erscheint die Erhöhung größer als in der Realität. Diagramm ③ bringt zwar die Taschengeldhöhe mit den Kreisdurchmessern in direkten Zusammenhang, veranschaulicht dann aber die Kreisflächeninhalte, sodass die Erhöhung ebenfalls vergrößert wirkt. Zusätzlich wird diese Wirkung noch durch die Farbgebung verstärkt.
Diagramm ① wird dem Sachverhalt am ehesten gerecht. Denn hier wurde weder an den Achseneinteilungen noch an der Diagrammform oder -farbe manipuliert.

4. a) $u = a + b + c$; $a = 2b$; $c = b + 4$; $16 = 2b + b + b + 4$; $16 = 4b + 4$; $b = 3$
Die Seitenlängen des Dreiecks betragen $a = 6$ cm, $b = 3$ cm und $c = 7$ cm.

b) Das Dreieck ist nach sss eindeutig konstruierbar, die Dreiecksungleichung ist auch erfüllt.

5. a) Zinsen: 320 € Endkapital: 8320 € b) 9733,22 €

6. ja; $\sqrt{a^2 + a^2} = e$ und $e < d$ 26,8 cm < 27 cm

7. a)

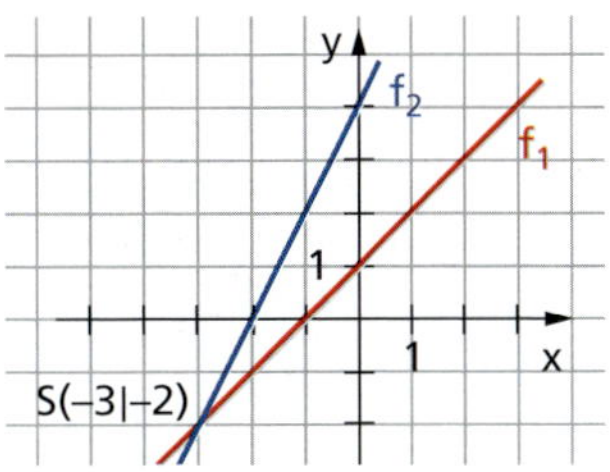

b) f_1: $y = x + 1$
f_2: $y = 2x + 4$

c) Nullstellen:
$x_{0_1} = -1$; $x_{0_2} = -2$

8. a) ① $y = 2x$ ② $y = -3x + 5$ b) $S(1\,|\,2)$

c) $L = \{(1\,|\,2)\}$ d) z. B. $y = 2x + 2$ e) $A = 2{,}5$ FE

9. a) Skizze:

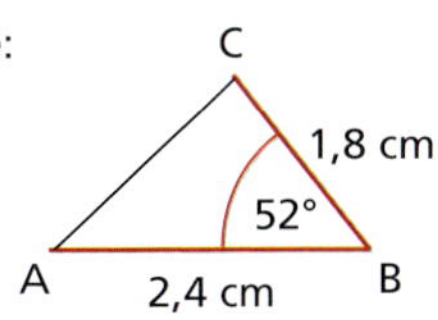

Länge: 6,1 km

b)

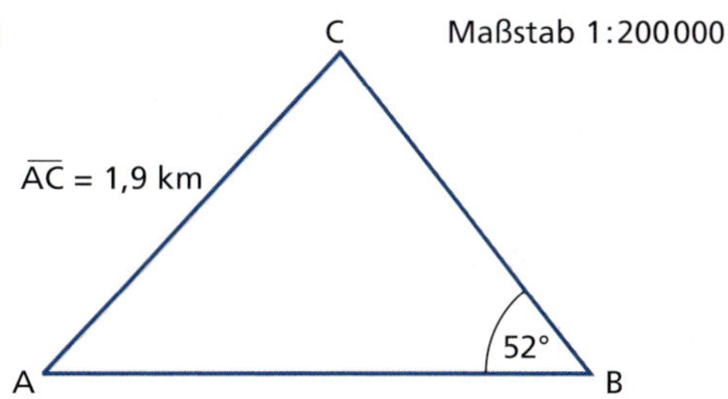

c) $v = 18{,}3\ \frac{\text{km}}{\text{h}}$ d) $A = 1{,}7\ \text{km}^2$

10. Tatjana hat vergessen die Wurzel zu ziehen.

$$30\ \text{cm}^3 = \frac{1}{3}\pi \cdot r^2 \qquad |:\left(\frac{1}{3}\pi\right)$$
$$28{,}6\ \text{cm}^2 = r^2 \qquad |\sqrt{\ }$$
$$r = 5{,}4\ \text{cm}$$

11. *Beispiellösung:*

① $a = 10$ cm und $h = 6$ cm, denn $200\ \text{cm}^3 = \frac{1}{3} \cdot 100\ \text{cm}^2 \cdot 6\ \text{cm}$

② $a = 5$ cm und $h = 24$ cm, denn $200\ \text{cm}^3 = \frac{1}{3} \cdot 25\ \text{cm}^2 \cdot 24\ \text{cm}$

12. a) $P(\text{Senf}) = \frac{3}{12} = \frac{1}{4} = 0{,}25$ b) $P(2\times\text{Senf}) = \frac{2}{11} \approx 0{,}18$

13. $\left(\frac{1}{6}\right)^3 + 3 \cdot \left(\frac{1}{6}\right)^2 \cdot \frac{5}{6} = 0{,}00463 + 0{,}06944 = 0{,}0741 = 7{,}41\,\%$

Register

Sätze am Dreieck

Satz des Thales

Wenn in einem Dreieck ABC der Punkt C auf dem Kreis mit dem Durchmesser $\overline{AB}$ liegt, so ist das Dreieck rechtwinklig mit dem rechten Winkel bei C.

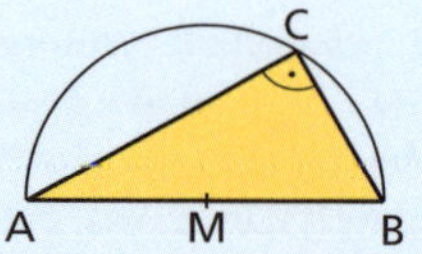

Satz des Pythagoras

Im rechtwinkligen Dreieck ABC mit dem rechten Winkel bei C gilt:

$a^2 + b^2 = c^2$

Dies bedeutet geometrisch:
Die beiden Quadrate über den Katheten haben zusammen den gleichen Flächeninhalt wie das Quadrat über der Hypotenuse.

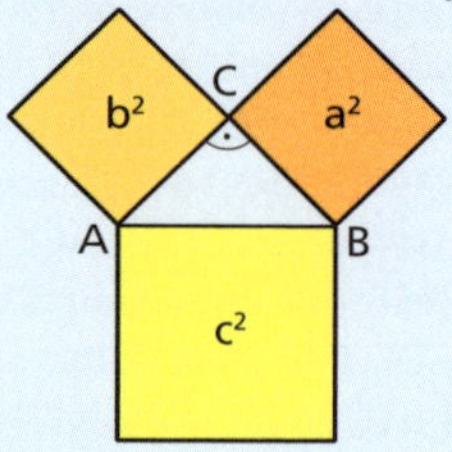

Körper mit gekrümmten Begrenzungsflächen

A_M Mantelfläche; A_O Oberfläche; V Volumen

Kreiszylinder

A_G Grundfläche

gerader Zylinder

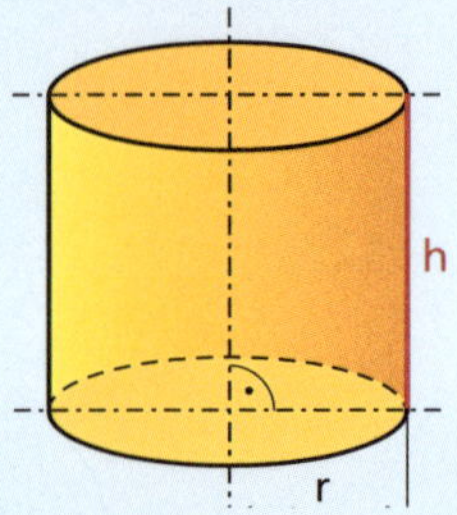

$A_G = \pi r^2$

$A_M = 2\pi rh$

$A_O = 2\pi r(r + h)$

$V = \pi r^2 h$

gerader Hohlzylinder

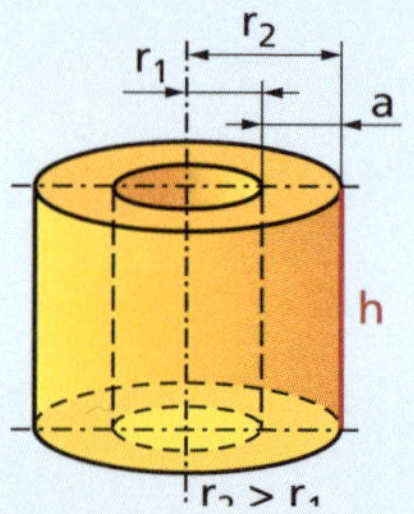

$r_2 > r_1$

$a = r_2 - r_1$ (Wanddicke

$A_G = \pi(r_2^2 - r_1^2)$

$A_M = 2\pi h(r_2 + r_1)$

$A_O = 2\pi(r_2 + r_1)(h + r_2 - r_1)$

$V = \pi h(r_2^2 - r_1^2)$

Kreiskegel

s Mantellinie, A_G Grundfläche

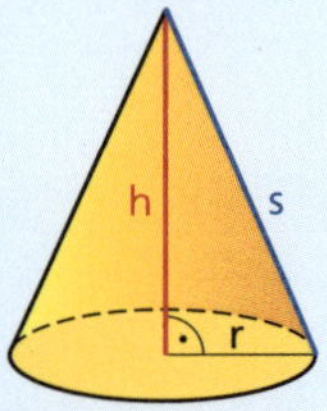

$s^2 = r^2 + h^2$

$A_G = \pi r^2$

$A_M = \pi rs$

$A_O = \pi r(r + s)$

$V = \frac{\pi}{3} r^2 h$

Kugel

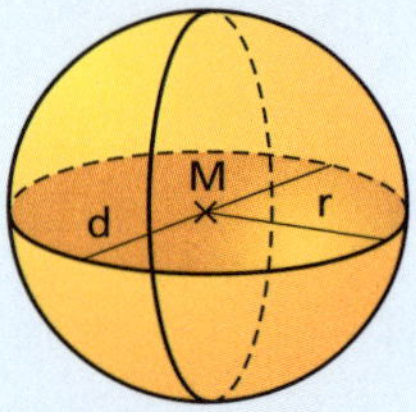

$A_O = 4\pi r^2$

$V = \frac{4\pi}{3} r^3$

Satz des Cavalieri (cavalierisches Prinzip)

Liegen zwei Körper zwischen parallelen Ebenen und haben sie in diesen und auch in allen parallelen Zwischenebenen inhaltsgleiche Schnittfiguren, so sind ihre Rauminhalte gleich.